普通高等教育"十一五"电子信息类规划教材

ARM 嵌入式系统教程

主　编　张　石
副主编　张新宇　鲍喜荣
参　编　佘黎煌　丁　山

机械工业出版社

本书首先引入嵌入式系统的基本概念，介绍了嵌入式系统中广泛使用的 ARM 技术，包括 ARM 处理器的体系结构、寻址方式、指令系统、汇编语言程序和 C 语言程序设计基础。之后介绍了基于 XScale 内核的 PXA270 处理器，以及基于 PXA270 处理器的实验教学系统。然后，以 PXA270 实验教学系统为硬件平台，介绍了嵌入式 Linux 应用程序和驱动程序的设计。最后介绍了三种基于 PXA270 处理器的应用实例的设计方案。

本书配有免费电子课件，欢迎选用本书作教材的老师登录 www.cmpedu.com 注册后下载。

本书内容全面，实例丰富，所列举的实例全部经过调试。本书可作为高等院校电子信息类专业高年级学生和研究生的教材，也可作为嵌入式系统应用工程技术人员的参考用书。

图书在版编目（CIP）数据

ARM 嵌入式系统教程/张石主编 .—北京：机械工业出版社，2008.8（2025.7 重印）
普通高等教育"十一五"电子信息类规划教材
ISBN 978-7-111-24553-7

Ⅰ. A… Ⅱ. 张… Ⅲ. 微处理器，ARM—高等学校—教材 Ⅳ. TP332

中国版本图书馆 CIP 数据核字（2008）第 096789 号

机械工业出版社（北京市百万庄大街 22 号 邮政编码 100037）
责任编辑：王保家 闫晓宇 版式设计：霍永明 责任校对：刘志文
封面设计：张 静 责任印制：常天培

河北虎彩印刷有限公司印刷

2025 年 7 月第 1 版第 12 次印刷
184mm×260mm · 19.75 印张 · 490 千字
标准书号：ISBN 978-7-111-24553-7
定价：49.80 元

电话服务　　　　　　　网络服务
客服电话：010-88361066　机 工 官 网：www.cmpbook.com
　　　　　010-88379833　机 工 官 博：weibo.com/cmp1952
　　　　　010-68326294　金 书 网：www.golden-book.com
封底无防伪标均为盗版　机工教育服务网：www.cmpedu.com

前　言

本书以嵌入式系统的开发为主线,全面系统地讲述了嵌入式系统开发的基本知识、基本流程和基本方法。以 Intel 公司的 PXA270 处理器和深圳市亿道电子技术有限公司的EELIOD实验教学系统为硬件平台,介绍了嵌入式系统的软硬件开发过程。

本书力求实用,侧重于嵌入式系统的开发过程,力争能够指导学生进行一个完整的嵌入式系统开发。

本书在内容的组织上共分 9 章,各章的具体内容如下:

第 1 章介绍了嵌入式系统开发的基础知识。包括嵌入式系统的概念、特点、应用、组成,以及嵌入式处理器、嵌入式操作系统和嵌入式系统开发工具,全面介绍了嵌入式系统开发的基本知识和概念。

第 2 章介绍了 ARM 体系结构的发展和特征,详细介绍了处理器工作状态、寄存器的组织、异常处理、ARM 存储器映射和 ARM 内核技术等内容。

第 3 章详细讲述了 ARM 处理器的寻址方式、ARM 指令系统中的各种指令,以及指令的应用场合及方法。

第 4 章介绍了 ARM 汇编语言程序设计的基本方法,详细讲解了 ARM 伪操作、伪指令,ARM 汇编语言中的符号、表达式、程序格式,以及 ARM 汇编语言与 C 语言混合编程的方法。

第 5 章简要介绍了 XScale 内核,然后介绍了基于 XScale 内核的 PXA270 处理器的一些特性以及功能模块。

第 6 章介绍了 PXA270 实验教学系统的硬件资源,详细介绍了实验教学系统的硬件设计,包括电源和时钟系统、存储系统、LCD 及触摸屏人机接口系统以及多种通信接口的应用电路。另外,通过介绍三个程序设计实例,给读者提供了 PXA270 实验教学系统的软件设计的方法和步骤。

第 7 章系统地介绍了嵌入式 Linux 操作系统,以及如何在嵌入式 Linux 下开发各种应用程序和设备驱动程序。为了对所介绍的重点知识有更进一步的理解,每一小节都给出了具体的实例。

第 8 章详细介绍了 ARM 开发工具和 ADS 集成开发环境的使用方法,并且给出了一些实例,以便于更好地进行应用程序开发与调试。

第 9 章介绍了三种基于 PXA270 处理器的应用实例的设计方案,包括 3G 手机、基于 PXA270 处理器的嵌入式流媒体播放器以及车载多媒体远程监控服务系统。

本书的编写是在多轮教学实践的基础上完成的。部分内容取材于作者的嵌入式系统科研开发项目、作者指导本科生参加全国大学生电子设计竞赛——嵌入式系统专题竞赛的参赛作品,以及作者参加 ARM 应用技术论文大奖赛获奖论文。

本书内容充实,系统全面,重点突出。阐述循序渐进,由浅入深。各章均安排了丰富的例题、思考题和习题,便于学生自学和自测。

本书配备有配套的实验教程和电子课件,便于高校开展嵌入式系统教学。

本书的编写得到了东北大学教务处和东北大学研究生院的教学立项支持。

本书的编写得到了机械工业出版社的大力支持和关心。本书的编写还得到了安谋咨询（上海）有限公司、深圳市亿道电子技术有限公司、英特尔（中国）有限公司的大力支持和帮助，他们为作者提供了大量的技术资料和技术支持。本书在编写过程中，还引用了参考文献所列论著的有关部分。在此向各公司和论著作者一并表示衷心的感谢。

本书的主编为张石教授，副主编为张新宇、鲍喜荣，参编人员有佘黎煌、丁山。研究生董建威、赵善国、贾晓楠、冯瑜、尚帅、齐晓龙也参加部分工作。

本书由东北大学王永军教授主审，东北大学李景华教授、辽宁大学牛斌教授、沈阳航空工业学院张芝贤教授、深圳市亿道电子技术有限公司何章龙工程师参与了本书的评审。在此表示衷心的感谢。

本书配有免费电子课件，欢迎选用本书作教材的老师登录出版社的教材服务网 www.cmpedu.com 注册后下戴。

由于作者水平有限，加上时间仓促，书中难免有一些错误和不足之处，恳请各位专家和读者批评指正。

张　石

目 录

第1章 嵌入式系统概述

本章首先从嵌入式系统的概念、特点、应用、组成等几个方面介绍嵌入式系统的基本知识，使学生对嵌入式系统建立起一个完整的概念。然后，介绍嵌入式处理器和嵌入式操作系统，列举了几种典型的嵌入式操作系统。最后对嵌入式系统开发工具进行了介绍，使学生了解如何选择开发工具进行嵌入式系统的开发。

1.1 嵌入式系统的概念

电子计算机诞生于 1946 年。20 世纪 70 年代，出现了微处理器，计算机才出现了历史性的变化。以微处理器为核心的微型计算机以其小型、价廉、高可靠性特点，迅速走出机房；基于高速数值解算能力的微型机，表现出的智能化水平引起了控制专业人士的兴趣，要求将微型机嵌入到一个对象体系中，实现对象体系的智能化控制。例如，将微型计算机经电气加固、机械加固，并配置各种外围接口电路，安装到大型舰船中构成自动驾驶仪或轮机状态监测系统。这样一来，计算机便失去了原来的形态与通用的计算机功能。为了区别于原有的通用计算机系统，把嵌入到对象体系中，实现对象体系智能化控制的计算机，称作嵌入式计算机系统。因此，嵌入式系统诞生于微型机时代，嵌入式系统的嵌入性本质是将一个计算机嵌入到一个对象体系中去。

以往按照计算机的体系结构、运算速度、结构规模、适用领域，将其分为大型计算机、中型机、小型机和微计算机，并以此来组织学科和产业分工，这种分类沿袭了约 40 年。近 10 年来，随着计算机技术的迅速发展，实际情况产生了根本性的变化，例如 20 世纪 70 年代末定义的微型机演变出来的个人计算机（PC），如今已经占据了全球计算机工业的 90% 市场，其处理速度也超过了当年大、中型计算机的定义。随着计算机技术和产品对其他行业的广泛渗透，以应用为中心的分类方法变得更为切合实际，也就是按计算机的嵌入式应用和非嵌入式应用将其分为嵌入式计算机和通用计算机。

通用计算机具有计算机的标准形态，通过装配不同的应用软件，以类同面目出现并应用在社会的各个方面，其典型产品为 PC；而嵌入式计算机则是以嵌入式系统的形式隐藏在各种装置、产品和系统中。

根据 IEEE 对嵌入式系统的定义：嵌入式系统是"用于控制、监视或者辅助设备、机器和车间运行的装置"（原文为 devices used to control, monitor, or assist the operation of equipment, machinery or plants）。这主要是从应用对象上加以定义，涵盖了软、硬件及辅助机械设备。

目前，国内普遍认同的嵌入式系统（Embedded Systems）定义是：以应用为中心、以计算机技术为基础、软件硬件可裁剪、适应应用系统对功能、可靠性、成本、体积、功耗严格要求的专用计算机系统。

嵌入式系统是将先进的计算机技术、半导体技术、电子技术和各个行业的具体应用相结合后的产物，这一点就决定了它必然是一个技术密集、资金密集、高度分散、不断创新的知识集成系统。

1.2　嵌入式系统的特点

从某种意义上来说，通用计算机行业的技术是垄断的。占整个计算机行业 90% 的 PC 产业，80% 采用 Intel 的 80x86 体系结构，芯片基本上出自 Intel、AMD、Cyrix 等几家公司。在几乎每台计算机必备的操作系统和文字处理器方面，Microsoft 的 Windows 及 Word 占 80% ~ 90%，凭借操作系统还可以搭配其他应用程序。因此当代的通用计算机工业的基础被认为是由 Wintel（Microsoft 和 Intel 于 20 世纪 90 年代初建立的联盟）垄断的工业。

嵌入式系统则不同，它是一个分散的工业，充满了竞争、机遇与创新，没有哪一个系列的处理器和操作系统能够垄断全部市场。即便在体系结构上存在着主流，但各不相同的应用领域决定了不可能有少数公司、少数产品垄断全部市场。因此嵌入式系统领域的产品和技术，必然是高度分散的，留给各个行业的中小规模高技术公司的创新余地很大。另外，社会上的各个应用领域是在不断向前发展的，要求其中的嵌入式处理器核心也同步发展，这也构成了推动嵌入式工业发展的强大动力。嵌入式系统工业的基础是以应用为中心的"芯片"设计和面向应用的软件产品开发。与通用计算机系统相比，嵌入式系统具有以下几个显著特点：

1. 嵌入式系统是专用的计算机系统

嵌入式系统通常是面向特定任务的，而不同于一般通用 PC 计算平台，是"专用"的计算机系统。

嵌入式系统是面向用户、面向产品、面向应用的，如果独立于应用自行发展，则会失去市场。嵌入式处理器的功耗、体积、成本、可靠性、速度、处理能力、电磁兼容性等方面均受到应用要求的制约，这些也是各个半导体厂商之间竞争的热点。

和通用计算机不同，嵌入式系统的硬件和软件都必须高效率地设计，量体裁衣、去除冗余，力争在同样的硅片面积上实现更高的性能，这样才能在具体应用对处理器的选择面前更具有竞争力。嵌入式处理器要针对用户的具体需求，对芯片配置进行裁剪和添加才能达到理想的性能，但同时还受用户订货量的制约。因此不同的处理器面向的用户是不一样的，可能是一般用户、行业用户或单一用户。

2. 嵌入式系统的生命周期较长

嵌入式系统和具体应用有机地结合在一起，它的升级换代也是和具体产品同步进行的，因此嵌入式系统产品一旦进入市场，就会有较长的生命周期。嵌入式系统中的软件，一般都固化在只读存储器中，而不是以磁盘为载体，可以随意更换，所以嵌入式系统的应用软件生命周期也和嵌入式产品一样长。另外，各个行业的应用系统和产品，和通用计算机软件不同，很少发生突然性的跳跃，嵌入式系统中的软件也因此更强调可继承性和技术衔接性，发展比较稳定。

嵌入式处理器的发展也体现出稳定性，一个体系一般要存在 8 ~ 10 年的时间。一个体系结构及其相关的片上外设、开发工具、库函数、嵌入式应用产品是一套复杂的知识系统，用户和半导体厂商都不会轻易地放弃一种处理器。

3. 嵌入式系统对软件的要求较高

嵌入式处理器的应用软件是实现嵌入式系统功能的关键，对嵌入式处理器系统软件和应用软件的要求也和通用计算机有所不同。

（1）软件要求固态化存储

为了提高执行速度和系统可靠性，嵌入式系统中的软件一般都固化在存储器芯片或单片机本身中，而不是存储于磁盘等载体中。

（2）软件代码要求高质量、高可靠性

尽管半导体技术的发展使处理器速度不断提高、片上存储器容量不断增加，但在大多数应用中，存储空间仍然是宝贵的，还存在实时性的要求。为此要求程序编写和编译工具的质量要高，以减少程序二进制代码长度、提高执行速度。

（3）系统软件（OS）的高实时性是基本要求

在多任务嵌入式系统中，对重要性各不相同的任务进行统筹兼顾的合理调度是保证每个任务及时执行的关键，单纯通过提高处理器速度是无法完成和没有效率的，这种任务调度只能由优化编写的系统软件来完成，因此系统软件的高实时性是基本要求。

4. 嵌入式系统需要实时操作系统和专用的开发工具

通用计算机具有完善的人机接口界面，在上面增加一些开发应用程序和环境即可进行对自身的开发。而嵌入式系统本身不具备自举开发能力，即使设计完成以后用户通常也是不能对其中的程序功能进行修改的，必须有一套开发工具和环境才能进行开发，这些工具和环境一般基于通用计算机上的软硬件设备以及各种逻辑分析仪、混合信号示波器等。

通用计算机具有完善的操作系统和应用程序接口（API），是计算机基本组成不可分离的一部分，应用程序的开发以及完成后的软件都在 OS 平台上面运行，但一般不是实时的。嵌入式系统则不同，应用程序可以没有操作系统直接在芯片上运行；但是为了合理地调度多任务，利用系统资源、系统函数以及和专家库函数接口，用户必须自行选配 RTOS 开发平台，这样才能保证程序执行的实时性、可靠性，并减少开发时间，保障软件质量。

1.3 嵌入式系统的应用

嵌入式技术成为当前微电子技术与计算机技术中的一个重要分支。以嵌入式计算机为核心的嵌入式系统是继 IT 网络技术之后，又一个新的技术发展方向。也使得计算机的分类从以前的巨型机、大型机、小型机、微型机之分变为了通用计算机和嵌入式计算机两大分类。

嵌入式技术的应用更是涉及电信、网络、信息家电、医疗、工业控制、航天、军事等各个领域，并日益广泛。嵌入式技术将成为后 PC 时代的主宰。

嵌入式系统在应用数量上远远超过了各种通用计算机，一台通用计算机的外部设备中就包含了 5～10 个嵌入式微处理器，键盘、鼠标、软驱、硬盘、显示卡、显示器、Modem、网卡、声卡、打印机、扫描仪、数码相机、USB 集线器等均是由嵌入式处理器控制的。

品种繁多的电子产品使用嵌入式技术，如 MP3、PDA、手机、智能玩具，网络家电、智能家电、车载电子设备等。

在工业和服务领域中，大量嵌入式技术也已经应用于工业控制、数控机床、智能工具、工业机器人、服务机器人等各个行业，正在逐渐改变着传统的工业生产和服务方式。

过去在工业过程控制、数控机床、电力系统、电网安全、电网设备监测、石油化工系统等方面，大部分低端设备主要采用是 8 位单片机。随着技术发展，目前许多设备除了进行实时控制，还须将设备状态、传感器的信息等在显示屏上实时显示，这为嵌入式技术的发展提供了广阔的技术前景。

信息家电将成为嵌入式系统最大的应用领域，只有按钮、开关的电器显然已经不能满足人们的日常需求。具有用户界面，能远程控制、智能管理的电器是未来的发展趋势，如冰箱、空调等的网络化、智能化等。

1.4　嵌入式系统的组成

嵌入式系统是"专用计算机系统"，它具有一般计算机组成的共性，也是由硬件和软件组成。

嵌入式系统的硬件是嵌入式系统软件环境运行的基础，它提供了嵌入式系统软件运行的物理平台和通信接口。嵌入式系统的硬件架构是以嵌入式处理器为中心，配置存储器、I/O设备、通信模块以及电源等必要的辅助接口组成。

嵌入式系统是"量身定做"的"专用计算机应用系统"，又不同于普通计算机组成，在实际应用中，嵌入式系统硬件配置非常精简，除了微处理器和基本的外围电路以外，其余的电路都可以根据需要和成本进行"裁剪"、"定制化"（Customize），非常经济、可靠。

嵌入式系统硬件核心是嵌入式微处理器，有时为了提高系统的信息处理能力，常常外接DSP 和 DSP 协处理器（也可内部集成）完成高性能信号处理。

随着计算机技术、微电子技术、应用技术的不断发展和纳米芯片加工工艺技术的发展，以微处理器为核心的集成多种功能的片上系统（SOC，System On Chip）已成为嵌入式系统的核心，在嵌入式系统设计中，要尽可能的选择能满足系统功能接口的 SOC，这些 SOC 集成了大量的外围 USB、UART、以太网、AD/DA、IIS 等功能模块。

嵌入式操作系统和嵌入式应用软件则是整个系统的控制核心，控制整个系统运行、提供人机交互的信息等。

对于功能简单、仅包括应用程序的嵌入式系统一般不使用操作系统，只有应用程序和设备驱动程序。但是当设计较复杂的程序时，可能就需要一个操作系统（OS）来管理、控制内存、多任务、周边资源等等。依据系统所提供的程序界面来编写应用程序，可以大大地减少应用程序员的负担。

对于使用操作系统的嵌入式系统来说，嵌入式系统软件结构一般包含四个层面：设备驱动层、实时操作系统（RTOS）、应用程序接口（API）层、实际应用程序层。由于硬件电路的可裁减性和嵌入式系统本身的特点，其软件部分也是可裁减的。

现代高性能嵌入式系统应用越来越广泛，使用操作系统成为必然的发展趋势。

1.5　嵌入式处理器

嵌入式系统的核心部件是各种类型的嵌入式处理器，据不完全统计，目前全世界嵌入式处理器的品种总量已经超过 1000 多种，流行体系结构有 30 多个系列。嵌入式处理器可以分成下面几类。

1. 嵌入式微处理器

嵌入式微处理器（Embedded Microprocessor Unit, EMPU）的基础是通用计算机中的CPU。在应用中，将微处理器装配在专门设计的电路板上，只保留和嵌入式应用有关的母板功能，这样可以大幅度减小系统体积和功耗。为了满足嵌入式应用的特殊要求，嵌入式微处理器虽然在功能上和标准微处理器基本是一样的，但在工作温度、抗电磁干扰、可靠性等方面一般都做了各种增强。

和工业控制计算机相比，嵌入式微处理器具有体积小、重量轻、成本低、可靠性高的优点，但是在电路板上必须包括 ROM、RAM、总线接口、各种外设等器件，从而降低了系统的可靠性，技术保密性也较差。嵌入式微处理器及其存储器、总线、外设等安装在一块电路板上，称为单板计算机，如 PC104 等。

嵌入式处理器目前主要有 Aml86/88、386EX、Power PC、68000/ColdFire、MIPS、ARM系列等。

本书的第 2 章将对 ARM 体系结构进行详细的介绍。

2. 嵌入式微控制器

嵌入式微控制器（Microcontroller Unit, MCU）又称单片机，顾名思义，就是将整个计算机系统集成到一块芯片中。嵌入式微控制器一般以某一种微处理器内核为核心，芯片内部集成 ROM/EPROM、RAM、总线、总线逻辑、定时/计数器、WatchDog、I/O、串行口、脉宽调制输出、A/D、D/A、EEPROM 等各种必要功能和外设。为适应不同的应用需求，一般一个系列的单片机具有多种衍生产品，每种衍生产品的处理器内核都是一样的，不同的是存储器和外设的配置及封装。这样可以使单片机最大限度地和应用需求相匹配，功能不多不少，从而减少功耗和成本。

和嵌入式微处理器相比，微控制器的最大特点是单片化，体积大大减小，从而使功耗和成本下降、可靠性提高。微控制器是目前嵌入式系统工业的主流。微控制器的片上外设资源一般比较丰富，适合于控制，因此称微控制器。

嵌入式微控制器目前的品种和数量最多，目前国内市场比较有代表性的 8/16 位通用系列包括：Intel 公司的 8051/96 系列，Freescale 公司的 MC68HC08/12、MC9S08/12 系列，Microchip 公司的 PIC 系列，Atmel 公司的 AVR 系列，TI 公司的 MSP430 系列，Cygnal 公司的 C8051F 系列。目前 MCU 占嵌入式系统约 70% 的市场份额。

3. 嵌入式 DSP 处理器

DSP 处理器对系统结构和指令进行了特殊设计，使其适合于执行 DSP 算法，编译效率较高，指令执行速度也较快。在数字滤波、FFT、谱分析等方面 DSP 算法正在大量进入嵌入式领域，DSP 应用正从在通用单片机中以普通指令实现 DSP 功能，过渡到采用嵌入式 DSP 处理器（Embedded Digital Signal Processor, EDSP）。嵌入式 DSP 处理器有两个发展来源，一是 DSP 处理器经过单片化、EMC 改造、增加片上外设成为嵌入式 DSP 处理器，TI 的 TMS320C2000/C5000 等属于此范畴；二是在通用单片机或 SoC 中增加 DSP 协处理器，例如 Intel 的 MCS-296 和 Infineon（Siemens）的 TriCore。

推动嵌入式 DSP 处理器发展的另一个因素是嵌入式系统的智能化，如各种带有智能逻辑的消费类产品，生物信息识别终端，带有加解密算法的键盘，ADSL 接入、实时语音压解系统，虚拟现实显示等。这类智能化算法一般都是运算量较大，特别是向量运算、指针线性寻址等较多，而这些正是 DSP 处理器的长处所在。

嵌入式 DSP 处理器比较有代表性的产品是 TI 公司的 TMS320 系列，ADI 公司的 Black-fin、SHARC、TigerSHARC、ADSP-21xx 系列，Freescale 公司的 DSP56000 系列。TMS320 系列处理器包括用于控制的 C2000 系列，移动通信的 C5000 系列，以及性能更高的 C6000 系列。

4. 嵌入式片上系统

随着 EDA 的推广和 VLSI 设计的普及化，及半导体工艺的迅速发展，在一个硅片上实现一个更为复杂的系统的时代已来临，这就是片上系统（SOC）。各种通用处理器内核将作为 SOC 设计公司的标准库，和许多其他嵌入式系统外设一样，成为 VLSI 设计中一种标准的器件，用标准的 VHDL 等语言描述，存储在器件库中。用户只需定义出其整个应用系统，仿真通过后就可以将设计图交给半导体工厂制作样品。这样除个别无法集成的器件以外，整个嵌入式系统大部分均可集成到一块或几块芯片中去，应用系统电路板将变得很简洁，对于减小体积和功耗、提高可靠性非常有利。

1.6　嵌入式操作系统

嵌入式操作系统是随着嵌入式系统的发展而出现的，它的出现大大推动了嵌入式系统的发展。嵌入式操作系统是一种支持嵌入式系统应用的操作系统软件，是嵌入式系统（包括硬，软件系统）极为重要的组成部分。它具有通用操作系统的基本特点，包括与硬件相关的底层驱动软件、系统内核、设备驱动接口、通信协议、图形界面、标准化浏览器等，能够有效管理越来越复杂的系统资源；能够把硬件虚拟化，使得开发人员从繁忙的驱动程序移植和维护中解脱出来；能够提供库函数、驱动程序、工具集以及应用程序。但它又有别于通常意义上的操作系统，通常来说，嵌入式系统具有体积小、可裁减、可靠性高等特征，大多数具有实时性强的特点。与通用操作系统相比，嵌入式操作系统在系统实时高效性，硬件的相关依赖性，软件固态化以及应用的专用性等方面具有较为突出的特点。

嵌入式操作系统是嵌入式系统的灵魂，它的出现大大提高了嵌入式系统开发的效率，减少了系统开发的总工作量，而且提高了嵌入式应用软件的可移植性。

嵌入式操作系统是嵌入式应用软件的基础和开发平台，它是一段嵌入在目标代码中的软件，用户的其他应用程序都建立在操作系统之上。嵌入式操作系统是一个可靠性和可信度很高的实时内核，将 CPU 时间、中断、I/O、定时器等资源都包装起来，留给用户一个标准的 API，并根据各个任务的优先级，合理地在不同任务之间分配 CPU 时间。

实时操作系统（RTOS）是针对不同处理器优化设计的高效率实时多任务内核，优秀的、商品化的 RTOS 可以面对几十个系列的嵌入式处理器（MPU、MCU、DSP、SOC 等）提供类同的 API 接口，这是 RTOS 基于设备独立的应用程序开发基础。因此基于 RTOS 上的 C 语言程序具有极大的可移植性。据专家测算，优秀 RTOS 上跨处理器平台的程序移植只需要修改 1%~5% 的内容。在 RTOS 基础上可以编写出各种硬件驱动程序、专家库函数、行业库函数、产品库函数，和通用性的应用程序一起，可以作为产品销售，促进行业内的知识产权交流，因此 RTOS 又是一个软件开发平台。

大多数嵌入式系统应用在实时环境中，因此嵌入式操作系统跟 RTOS 系统密切联系在一起。

嵌入式系统一般具有实时特点。所谓实时系统，是指一个优先等级高的任务能够获得立即的、没有延迟的服务，它不需要等候任何其他任务，而且在得到 CPU 的使用权后，它可以一直执行到工作结束或是有更高等级的进程出现为止。

一般操作系统只注重平均性能，如对于整个系统来说，所有任务的平均响应时间是关键，而不关心单个任务的响应时间。与之相比，嵌入式实时操作系统最主要的特征是性能上的"实时性"，也就是说系统的正确性不仅依赖于计算的逻辑结果，也依赖于结果产生的时间。

为了满足嵌入式系统的需要，嵌入式操作系统必须包括操作系统的一些最基本的功能，如中断处理与进程调度，用户可以通过 API 来使用操作系统。

RTOS 可以根据实际应用环境的要求对内核进行剪裁和重新配置，组成可根据实际的不同应用领域而有所不同。但以下几个重要组成部分是不太变化的：实时内核、网络组件、文件系统和图形接口等。

嵌入式操作系统可以作为嵌入式系统的软件开发平台。它最关键的部分是实时多任务内核，它的基本功能包括任务管理、定时器管理、存储器管理、资源管理、事件管理、系统管理、消息管理、队列管理、旗语管理等，这些管理功能是通过内核服务函数形式交给用户调用的，也就是 RTOS 的 API。

RTOS 的引入，解决了嵌入式软件开发标准化的难题。随着嵌入式系统中软件比重不断上升、应用程序越来越大，对开发人员、应用程序接口、程序档案的组织管理成为一个大的课题。引入 RTOS 相当于引入了一种新的管理模式，对于开发单位和开发人员都是一个提高。

基于 RTOS 开发出的程序，具有较高的可移植性，实现90%以上设备独立，一些成熟的通用程序可以作为专家库函数产品推向社会。嵌入式软件的函数化、产品化能够促进行业交流以及社会分工专业化，减少重复劳动，提高知识创新的效率。

嵌入式工业的基础是以应用为中心的芯片设计和面向应用的软件开发。实时多任务操作系统进入嵌入式工业的意义不亚于历史上机械工业采用三视图的贡献，对嵌入式软件的标准化和加速知识创新是一个里程碑。

目前，商品化的 RTOS 可支持从 8 位的 8051 到 32 位的 ARM、PowerPC 及 DSP 等几十个系列的嵌入式处理器。

嵌入式操作系统的种类繁多，但大体上可分为两种：商用型和免费型。

目前商用型的嵌入式操作系统主要有 VxWorks、Windows CE 、Psos、Palm OS、OS-9、LynxOS、QNX、LYNX 等。它们的优点是功能稳定、可靠，有完善的技术支持和售后服务，而且提供了如图形用户界面和网络支持等高端嵌入式系统要求的许多高级的功能。缺点是价格昂贵且源代码封闭性，这大大限制了开发者的积极性。

目前免费型的嵌入式操作系统主要有 Linux 和 μC/OS-Ⅱ，它们在价格方面具有很大的优势。比如嵌入式 Linux 操作系统以价格低廉、功能强大、易于移植而且程序源码全部公开等优点正在被广泛采用，成为新兴的力量。下面介绍几种典型的嵌入式操作系统。

1. 嵌入式实时操作系统 μC/OS-Ⅱ

μC/OS-Ⅱ是一个可裁减的、源码开放的、结构小巧、可剥夺型的实时多任务内核，主要面向中小型嵌入式系统，具有执行效率高、占用空间小、可移植性强、实时性能优良和可扩展性强等特点。

μC/OS-Ⅱ中最多可以支持 64 个任务，分别对应优先级 0 ~ 63，其中 0 为最高优先级。实时内核在任何时候都是运行就绪了的最高优先级的任务，是真正的实时操作系统。

μC/OS-Ⅱ最大程度上使用 ANSI C 语言开发，现已成功移植到近 40 多种处理器体系上。

μC/OS-Ⅱ结构小巧，最小内核可编译至 2KB（这样的内核没有太大实用性），即使包含全部功能如信号量、消息邮箱、消息队列及相关函数等，编译后的 μC/OS – Ⅱ 内核也仅有 6 ~ 10KB，所以它比较适用于小型控制系统。

μC/OS-Ⅱ具有良好的扩展性能，比如系统本身不支持文件系统，但是如果需要的话也可自行加入文件系统的内容。

2. 嵌入式操作系统 Windows CE

Windows CE 是针对有限资源的平台而设计的多线程、完整优先权、多任务的操作系统，但它不是一个硬实时操作系统。

高度模块化是 Windows CE 的一个鲜为人知的特性，这一特性有利于它对从掌上电脑到专用的工业控制器的用户电子设备进行定制。

Windows CE 操作系统的基本内核需要至少 200KB 的 ROM，它支持 Win32 API 子集、多种用户界面硬件、多种的串行和网络通信技术、COM/OLE 和其他的进程间通信的先进方法。Microsoft 公司为 Windows CE 提供了 Platform Builder 和 Embedded Visual Studio 开发工具。

Windows CE 有五个主要的模块：

- 内核模块：支持进程和线程处理及内存管理等基本服务；
- 内核系统调用接口模块：允许应用软件访问操作系统提供的服务；
- 文件系统模块：支持 DOS 等格式的文件系统；
- 图形窗口和事件子系统模块：控制图形显示，并提供 Windows GUI 界面；
- 通信模块：允许同其他的设备之间进行信息交换。

Windows CE 嵌入式操作系统最大的特点是能提供与 PC 类似的图形界面和主要的应用程序。

Windows CE 嵌入式操作系统的界面显示大多数在 Windows 里出现的标准部件，包括桌面、任务栏、窗口、图标和控件等。

这样，只要是对 PC 上的 Windows 比较熟悉的用户，可以很快地使用基于 Windows CE 嵌入式操作系统的嵌入式设备。

3. 嵌入式操作系统 Linux

Linux 类似于 UNIX，是一种免费的、源代码完全开放的、符合 POSIX 标准规范的操作系统。

Linux 能够自由传播并继承了 UNIX 内核，是对 UNIX 的简化和改进，它既保留了UNIX系统的高安全性，同时也使其操作更加简单方便，从而使单机用户也可以使用。UNIX内核指的是操作系统底层的核心程序代码。

因为 Linux 本身脱胎于 UNIX 系统，所以 Linux 程序与 UNIX 程序是十分相似的。事实上，UNIX 下编写的各种程序基本上都可以在 Linux 下编译和运行。

Linux 是由芬兰赫尔辛基大学（Helsinki）的研究生 Linus Torvalds 把 Minix 系统向 x86 移植的结果。

1991 年 10 月，Linus Torvalds 正式宣布 Linux 的第一个版本——0.02 版本，并将它发布在 comp. os. minix 新闻组上，免费供人们下载。

1992 年 1 月，大概只有 100 人开始使用 Linux，但他们为 Linux 的发展壮大作出了巨大贡献。他们对一些不合理的代码进行了改进，修补了代码错误并上传补丁。Linux 的腾飞最关键的因素是获得了自由软件基金（FSF）的支持，他们制定了一个 GNU 计划，该计划的目标就是要编写一个完全免费的 UNIX 版本—— 包括内核及所有相关的组件，可以让用户自由共享并且改写软件，而 Linux 正好符合他们的意愿。他们将 Linux 与其现有的 GNU 应用软件很好地结合起来，使 Linux 拥有了图形用户界面。

Linux 实际上只是提供了操作系统的内核，它实现了多任务和多用户功能、管理硬件、分配内存、激活应用程序。

1994 年 3 月，Linux 1.0 正式版发布，它的出现无异于网络的"自由宣言"。从此 Linux 用户迅速增加，Linux 的核心开发小组也日渐强大。Linux 的发展方法看起来很简单：所有黑客都可为其添加额外功能并完善其性能，并且进行集成并进行更多的改进、创新。Linux 发展过程中的这种随意性，造成发展过程中出现了各种各样的 Linux 版本。

1996 年，美国国家标准技术局的计算机系统实验室确认 Linux 版本 1.2.13（由 Open Linux 公司打包）符合 POSIX 标准。

1999 年起，多种 Linux 的简体中文发行版相继问世。国内自主创建的有 Blue Point Linux、Flag Linux、Xterm Linux 等，美国有 Xlinux、TurboLinux 等。

Linux 操作系统在短短的几年之内得到了非常迅猛的发展，这与 Linux 具有的良好特性是分不开的。Linux 几乎包含了 UNIX 的全部功能和特性，同时又有自己的一些特点。概括地讲，Linux 具有以下主要特性：

• 开放性

开放性是指系统遵循世界标准规范。遵照开放系统互联（Open System Inter-connection，OSI）世界标准规范，使得系统的兼容性很好，可以方便地和遵循标准的其他软件、硬件实现互联。核心源代码在互联网上免费共享，可以随时下载而不受任何制约。全球的开发人员参与开发，技术是开放的，所有的应用软件是开放的。

• 多用户

多用户是指系统资源可以被不同用户各自拥有和使用，即每个用户对自己的资源（例如：文件、设备）有特定的权限，互不影响。Linux 继承了 UNIX 的多用户特性。

• 多任务

多任务是现代计算机的最主要的一个特点。它是指计算机同时执行多个程序，而且各个程序的运行互相独立。Linux 系统调度每一个进程，平等地访问微处理器。由于 CPU 的处理速度非常快，其结果是，启动的应用程序看起来好像在并行运行。事实上，从处理器执行一个应用程序中的一组指令到 Linux 调度微处理器再次运行这个程序之间只有很短的时间延迟，用户是感觉不出来的。

• 良好的用户界面

Linux 向用户提供了三种界面：传统操作界面、系统调用界面和图形用户界面。Linux 的传统操作界面是基于文本的命令行界面，即 Shell，它既可以联机使用，又可在文件上脱机使用。Shell 有很强的程序设计能力，用户可方便地用它编制程序，从而为用户扩充系统功能提供了更高级的手段。可编程 Shell 是指将多条命令组合在一起，形成一个 Shell 程序，这个程序可以单独运行，也可以与其他程序同时运行。

系统调用界面是为用户提供编程时使用的界面。用户可以在编程时直接使用系统提供的系统调用命令。系统通过这个界面为用户程序提供低级、高效率的服务。

Linux 还为用户提供了图形用户界面。它利用鼠标、菜单、窗口、滚动条等，给用户呈现一个直观、易操作、交互性强的友好的图形化界面。

• 设备独立性

Linux 是具有设备独立性的操作系统，它的内核具有高度的适应能力。随着越来越多的程序员开发 Linux 系统，将会有更多的硬件设备加入到各种 Linux 内核和发行版本中。另外，由于用户可以免费得到 Linux 的内核源代码，因此，用户可以根据需要修改内核源代码，以便适应新增加的外部设备。

设备独立性是指操作系统把所有外部设备统一当作文件来看待，只要安装它们的驱动程序，任何用户都可以像使用文件一样，操纵、使用这些设备，而不必知道它们的具体存在形式。

具有设备独立性的操作系统，通过把每一个外部设备看作一个独立文件来简化、增加新设备的工作。当需要增加新设备时，系统管理员就在内核中增加必要的连接。这种连接（也称作设备驱动程序）能保证每次调用设备提供的服务时，内核能以相同的方式来处理它们。当新的或更好的外设被开发并交付给用户时，系统允许在这些设备连接到内核后，能不受限制地立即访问它们。设备独立性的关键在于内核的适应能力。其他操作系统只允许一定数量或一定种类的外部设备连接。而设备独立性的操作系统却能够容纳任意种类及任意数量的设备，因为每一个设备都是通过其与内核的专用连接进行独立访问的。

• 提供了丰富的网络功能

完善的内置网络是 Linux 的一大特点。Linux 在通信和网络功能方面优于其他操作系统。其他操作系统不包含如此紧密地和内核结合在一起的连接网络的能力，也没有内置这些联网特性的灵活性。而 Linux 为用户提供了完善的、强大的网络功能。

支持 Internet 是其网络功能之一。Linux 免费提供了大量支持 Internet 的软件，通过 Internet，用户能用 Linux 与世界上各个地区的人方便地通信。它内建了 http、ftp、dns 等功能，支持所有常见的网络服务，包括 ftp、telnet、NFS、TCP、IP 等，加上超强的稳定性，因此很多 ISP（Internet Service Providers）都是采用 Linux 来架设邮件服务器、FTP 服务器及 Web 服务器等各种服务器的。Linux 在最新发展的内核中还包含了一些通用的网络协议，如 IPv4、IPv6、AX.25、X.25、IPX、DDP（Appletalk）、NetBEUI、Netrom 等。用户能通过一些 Linux 命令完成内部信息或文件的传输。

Linux 不仅允许进行文件和程序的传输，还为系统管理员和技术人员提供了访问其他系统的接口。另外，还可以进行远程访问。通过这种远程访问的功能，一位技术人员能够有效地为多个系统服务，即使那些系统位于距离很远的地方。稳定的核心中目前包含的网络协议有 TCP、IPv4、IPX、DDP、AX 等。另外，还提供 Netware 的客户机和服务器，以及现在最热门的 Samba（让用户共享 Mircosoft Network 资源）。

● 可靠的系统安全

基于网络操作系统设计的基准，加强了系统的稳定性和安全性，尤其在超强的网络需求下表现出很强的健壮性。

Linux 采取了许多安全技术措施，包括对读/写进行权限控制、带保护的子系统、审计跟踪、核心授权等，这为网络多用户环境中的用户提供了必要的安全保障。

● 良好的可移植性

可移植性是指将操作系统从一个平台转移到另一个平台上，并使它仍然能按其自身的方式运行的能力。

Linux 是一种可移植的操作系统，能够在从微型计算机到大型计算机的任何环境中运行。可移植性为运行 Linux 的不同计算机平台与其他任何计算机进行准确而有效的通信提供了手段，不需要另外增加特殊的和昂贵的通信接口。

Linux 遵循国际标准，具有多种类型的接口实现系统软件方面的兼容。同时 Linux 系统有非常出色的对硬件的兼容性，可以实现从 PC 到 IBM 大型机的应用。

Linux 起初为基于 386/486 的 PC 开发，但现在 Linux 也可以运行在 DEC Alpha、SUN Sparc、M68000，以及 MIPS 和 PowerPC 等计算机上。

嵌入式 Linux（Embedded Linux）是指对 Linux 经过小型化裁剪后，能够固化在容量只有几百 KB 或几 MB 的存储器芯片或单片机中，应用于特定嵌入式场合的专用 Linux 操作系统。嵌入式 Linux 的开发和研究是目前操作系统领域的一个热点，主要有 RTLinux 和 uCLinux。

本书第 7 章将对嵌入式 Linux 做详细的介绍。

1.7 嵌入式系统开发工具

嵌入式处理器是一个复杂的高技术含量的系统，要在短时间内掌握并开发出所有功能是很不容易的，而市场竞争则要求产品能够快速上市，这一矛盾要求嵌入式处理器能够有容易掌握和使用的开发工具。

从事嵌入式开发的往往是非计算机专业人士，面对成百上千种处理器，选择是一个问题，学习掌握处理器结构及其应用更需要时间，因此以开发工具和技术咨询为基础的整体解决方案是迫切需要的。好的开发工具除能够开发出处理器的全部功能以外，还应当是用户友好的。目前嵌入式系统的开发工具主要包括下面几类。

1. 实时在线仿真系统

直到计算机辅助设计非常发达的今天，实时在线仿真系统（In-Circuit Emulator，ICE）仍是进行嵌入式应用系统调试最有效的开发工具。ICE 首先可以通过实际执行，对应用程序进行原理性检验，排除人的思维难以发现的设计逻辑错误。ICE 的另一个主要功能是在应用系统中仿真微控制器的实时执行，发现和排除由于硬件干扰等引起的异常执行行为。此外，高级的 ICE 带有完善的跟踪功能，可以将应用系统的实际状态变化、微控制器对状态变化的反应以及应用系统对控制的响应等以一种录像的方式连续记录下来，以供分析，在分析中优化控制过程。很多机电系统难以建立一个精确有效的数学模型，或是建立模型需要大量人力，这时采用 ICE 的跟踪功能对系统进行记录和分析是一个便捷而有效的方法。

嵌入式应用的特点和现实世界中的硬件系统有关，存在各种异变和事先未知的变化，这就给微控制器的指令执行带来了各种不确定性，这种不确定性只有通过 ICE 的实时在线仿真才能发现，特别是在分析可靠性时要在同样条件下多次仿真，以发现偶然出现的错误。ICE不仅是软、硬件排错工具，同时也是提高和优化系统性能指标的工具。

2. 高级语言编译器

C 语言作为一种通用的高级语言，大幅度提高了嵌入式系统工程师的工作效率，使之能够充分发挥出嵌入式处理器日益提高的性能，缩短产品进入市场时间。另外，C 语言便于移植和修改，使产品的升级和继承更迅速。更重要的是，采用 C 语言编写的程序易于在不同的开发者之间进行交流，从而促进了嵌入式系统开发的产业化。

区别于一般计算机中的 C 语言编译器，嵌入式系统中的 C 语言编译器要专门进行优化，以提高编译效率。使用优秀的嵌入式系统 C 编译器生成程序的代码长度和执行时间仅比以汇编语言编写的同样功能程序长 5%～20%。编译质量的不同，是区别嵌入式 C 编译器工具的重要指标。而 C 编译器与汇编语言工具相比残余的 5%～20% 效率差别，完全可以由现代微控制器的高速度、大存储器空间以及产品提前进入市场的优势来弥补。

新型的微控制器指令及 SOC 速度不断提高，存储器空间也相应加大，已经达到甚至超过了目前的通用计算机中的微处理器，为嵌入式系统工程师采用过去一直不敢问津的 C++语言创造了条件。C++语言强大的类、继承等功能更便于实现复杂的程序功能。但是C++语言为了支持复杂的语法，在代码生成效率方面不免有所下降。为此，1995 年初在日本成立的 Embedded C++技术委员会经过几年的研究，针对嵌入式应用制订了减小代码尺寸的 EC++标准。EC++保留了 C++的主要优点，提供对 C++的向上兼容性，并满足嵌入式系统设计的一些特殊要求。

C/C++/EC++引入嵌入式系统，使得嵌入式系统和个人计算机、小型机等之间在开发上的差别正在逐渐消除，软件工程中的很多经验、方法乃至库函数可以移植到嵌入式系统。在嵌入式系统开发中采用高级语言，还使得硬件开发和软件开发可以分工，从事嵌入式系统软件开发不再必须精通系统硬件和相应的汇编语言指令集。

另一种高级语言，Java 的发展则具有戏剧性。Java 本来是为设备独立的嵌入式系统设计的、为了提高程序继承性的语言，但是目前基于 Java 的嵌入式开发工具生成的代码的长度要比嵌入式 C 编译工具长 10 倍以上。因此 EC++很可能将成为未来的主流工具。

3. 源程序模拟器

源程序模拟器（Simulator）是在广泛使用的、人机接口完备的工作平台上，如小型机和PC，通过软件手段模拟执行为某种嵌入式处理器内核编写的源程序测试工具。简单的模拟器可以通过指令解释方式逐条执行源程序，分配虚拟存储空间和外设，供程序员检查；高级的模拟器可以利用计算机的外部接口模拟出处理器的 I/O 电气信号。不同档次和功能的模拟器工具价格差距巨大。

模拟器软件独立于处理器硬件，一般与编译器集成在同一个环境中，是一种有效的源程序检验和测试工具。但值得注意的是，模拟器毕竟是以一种处理器模拟另一种处理器的运行，在指令执行时间、中断响应、定时器等方面很可能与实际处理器有相当的差别。另外它无法和 ICE 一样，仿真嵌入式系统在应用系统中的实际执行情况。

本 章 小 结

本章主要介绍了嵌入式系统开发的基础知识，包括嵌入式系统的概念、特点、应用、组成，以及嵌入式处理器、嵌入式操作系统，并列举了几种典型的嵌入式操作系统，如 μC/OS-Ⅱ、Windows CE 和 Linux。最后介绍了嵌入式系统开发工具，内容涉及嵌入式系统开发的基本知识和概念。通过本章的学习，可使读者系统地建立起嵌入式系统开发的整体框架和知识体系。

思考题与习题

1.1　什么是嵌入式系统？试列举出三个生活中常见的嵌入式系统的例子。

1.2　嵌入式系统的组成有哪几部分？

1.3　嵌入式处理器可分为哪几类？

1.4　什么是嵌入式操作系统？它的主要功能有哪些？

1.5　嵌入式系统开发工具的主要作用是什么？

第 2 章　ARM 体系结构

ARM 是 Advanced RISC Machines 的缩写，具有多种含义，它既可以代表一个公司的名字，也可以代表一类嵌入式处理器，还可以代表一种技术。

1990 年，Advanced RISC Machines Limited 在英国剑桥成立，后来简称为 ARM limited，即 ARM 公司。ARM 公司是设计公司，是专门从事基于 RISC 芯片技术开发的公司，是知识产权（IP）供应商。

ARM 公司本身不直接从事芯片生产，主要出售芯片设计技术的授权。即靠转让设计许可，由合作公司生产各具特色的芯片。世界各大半导体生产商从 ARM 公司购买其设计的 ARM 微处理器核，根据各自不同的应用领域，加入适当的外围电路，从而形成自己的 ARM 微处理器芯片来进入市场。目前，全世界有几十家大的半导体公司都使用 ARM 公司的授权，因此不仅使 ARM 技术获得了更多的第三方工具、制造、软件的支持，又使整个系统成本降低，使产品更容易进入市场被消费者所接受，更具有竞争力。

目前，采用 ARM 技术知识产权核的微处理器，即通常所说的 ARM 微处理器，已遍及通信系统、网络系统、无线系统、消费类电子产品、工业控制等各类产品市场，基于 ARM 技术的微处理器应用约占据了 32 位 RISC 微处理器 75% 以上的市场份额，ARM 技术正在逐步渗入到人们生活的各个方面。

ARM 处理器核因为其卓越的性能和显著优点，已经成为高性能、低功耗、低成本嵌入式处理器核的代名词，得到了众多的半导体厂家和整机厂商的大力支持。

ARM 处理器已经占据了绝大部分 32 位、64 位高端嵌入式处理器的市场，形成了移动通信、手持计算、多媒体数字消费等嵌入式解决方案事实上的标准。

优良的性能和广泛的市场定位也极大地增加和丰富了 ARM 的资源，加速了基于 ARM 处理器的面向各种应用的系统芯片的开发和发展，使得 ARM 技术获得更大的和更加广泛的应用，确立了 ARM 技术和市场的领先地位。

采用 RISC 架构的 ARM 微处理器一般具有如下特点：

- 小体积、低功耗、低成本、高性能；
- 32 位/16 位双指令集；
- 全球众多的合作伙伴。

下面几节将详细介绍 ARM 的体系结构以及 ARM 中涉及的一些关键技术。

2.1　RISC 技术和流水线技术

2.1.1　计算机体系结构

从 1946 年第一台计算机诞生到现在，计算机已有 60 多年的历史。计算机的结构、功能及各种指标都有惊人的变化。尽管如此，计算机的体系结构仍然遵循第一台计算机的设计者美籍匈牙利数学家冯·诺依曼提出的"存储程序"模式。这种计算机称为冯·诺依曼结构计算机。

冯·诺依曼体系结构是将程序指令存储器和数据存储器合并在一起的存储器结构，提取指令和数据是通过一个单一的内部数据总线进行的，如图 2.1 所示。

哈佛体系结构是将程序指令存储和数据存储分开的存储器结构。它有两个或更多的数据总线，这就允许同时访问指令和数据，如图 2.2 所示。

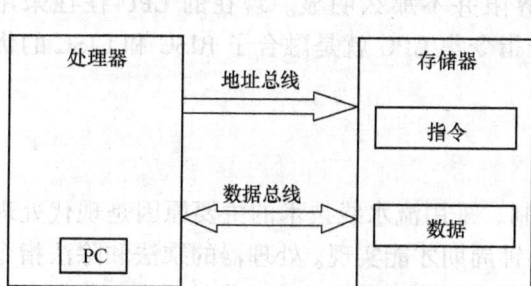

图 2.1　冯·诺依曼体系结构

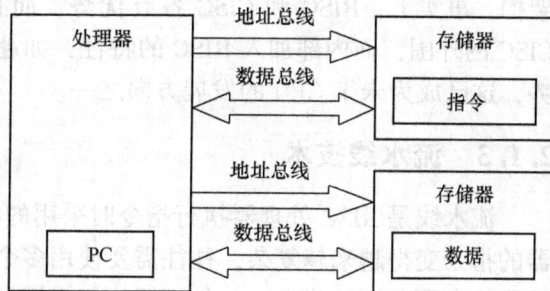

图 2.2　哈佛体系结构

哈佛体系结构的特点：

* 程序存储器与数据存储器分开；
* 提供了较大的存储器带宽；
* 适合于数字信号处理；
* 大多数 DSP 都是哈佛结构。

2.1.2　RISC 技术

传统的复杂指令集计算机（Complex Instruction Set Computer，CISC）偏重于由硬件执行指令，CISC 指令集设计的主要趋势是增加指令集的复杂度，因此使得 CISC 指令变得非常复杂。许多典型计算机的指令系统非常庞大，指令的功能相当复杂。而复杂指令集的高性能是以宝贵、有限的芯片面积为代价的。

在此基础上，1979 年美国加州大学伯克利分校提出精简指令集计算机（Reduced Instruction Set Computer，RISC），它的目标是设计出一套能在高时钟频率下周期执行，简单而有效的指令集，因此设计的重点在于用软件降低由硬件执行的指令的复杂度。

RISC 的中心思想是精简指令集的复杂度，简化指令实现的硬件设计，硬件只执行很有限的最常用的那部分指令，大部分复杂的操作则由简单指令合成。

RISC 思想大幅度提高了计算机性能价格比，随后包括 ARM 在内的商业化的 RISC 设计也证明了这个想法是成功的。

图 2.3 示出了 CISC 和 RISC 的不同。

RISC 的体系结构有以下几个特点：

* 使用大量的通用寄存器组，每个寄存器都可存放数据或地址；
* 在 Load/Store 结构中，处理器只处理在寄存

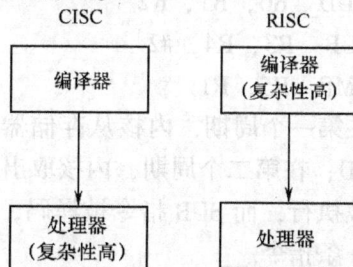

图 2.3　CISC 和 RISC

器中的数据，而不直接处理存储器中的数据，这样可以提高指令的执行效率，一般通过 Load/Store 指令完成数据在寄存器和存储器之间的传送；

- 简单的寻址模式；
- 采用固定长度的指令格式，简化指令解码；
- 采用流水线技术，在 2.1.3 节中将详细介绍流水线技术。

尽管 RISC 架构比 CISC 架构有更多的优点，但绝不能认为 RISC 架构就可以取代 CISC 架构，事实上，RISC 和 CISC 各有优势，而且界限并不那么明显。现在的 CPU 往往采用 CISC 的外围，而内部加入 RISC 的特性，如超长指令集 CPU 就是融合了 RISC 和 CISC 的优势，这已成为未来 CPU 的发展方向之一。

2.1.3　流水线技术

流水线是 RISC 处理器执行指令时采用的机制。采用流水线技术的主要原因是现代处理器的指令变得越来越复杂，往往需要使用多个时钟周期才能实现。处理器的乘法和除法指令就是这方面典型的代表。在处理器执行多周期指令过程中，系统总线通常处于空闲状态。如果在处理器中采用流水线技术的话，其总线逻辑就可以在执行指令的同时提前读入几条指令准备运行。

流水线的优点在于处理器执行多周期指令时，流水线可以同时使用这些指令时钟周期从指令队列中取指令。它也存在缺点：如果处理器执行了一条跳转指令的话，则流水线指令队列中的所有预取指令都必须被丢弃，并且需要从内存中取出新的指令序列；在内核执行一条指令前，需要更多的周期来充填流水线；另外，也会使某些段之间产生数据相关。

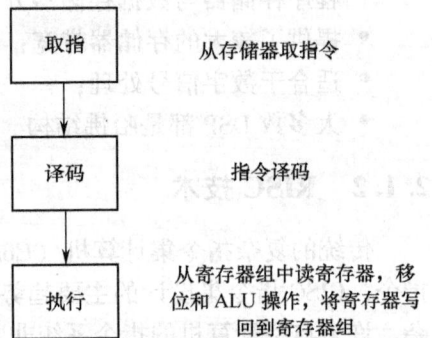

图 2.4　指令流水线功能段划分

以三级流水线为例，它分为取指、译码和执行三个功能段，各功能段完成的操作如图 2.4 所示。使用流水线，可在取下一条指令的同时译码和执行其他指令，从而加快执行速度。

下面用一个简单的例子来说明流水线的机制，如图 2.5 所示。在连续的地址空间放有以下三条指令：

ADD　R0，R1，R2
SUB　R3，R4，#2
CMP　R5，R1

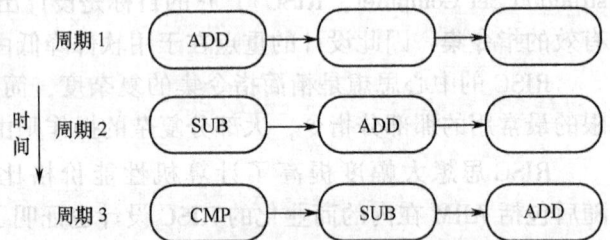

图 2.5　三级流水线

在第一个周期，内核从存储器取出指令 ADD；在第二个周期，内核取出指令 SUB，同时对 ADD 指令译码；在第三个周期，ADD 指令被执行，而 SUB 指令被译码，同时又取出 CMP 指令。流水线使得每个时钟周期都可以执行一条指令。

ARM7 的内核一般都为三级流水线，而 ARM9 的内核把流水线增加到了五级，增加了存储器访问段和回写段，这使得 ARM9 的处理能力大幅度提高，如图 2.6 所示。在 ARM10

中，流水线到达了六级。随着流水线级数的增加，每一段的工作量减小了，这使得处理器可以工作在更高的频率，同时也改善了性能。

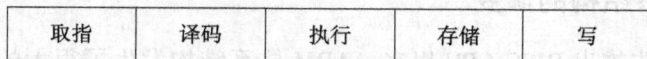

取指	译码	执行	存储	写

图 2.6　五级流水线

在第 5 章中介绍的 PXA270 处理器采用七级超级流水线结构。超级流水线结构由整型管道、存储器管道和 MAC 管道构成。整型管道包括七级流水线结构，取指令 1（分支目标缓冲器）→取指令 2→译码→寄存/移位→ALU 实现→状态执行→回写；存储器管道除包括整型管道的前五级外，后接三个高速缓存：数据 Cache1、数据 Cache2 和数据回写 Cache，共八级流水线结构；MAC 管道是 6～9 级的流水线结构，包括整型管道的前四级和四级 MAC 段，以及一个数据回写 Cache，其中 MAC2-4 的选通由数据决定。流水线结构级数越多越能提高指令的执行速度，使用分支目标缓冲器的目的在于成功地预知分支指令的结果。

2.2　ARM 体系结构简介

在介绍 ARM 体系结构以前，先介绍一下 ARM 核的命名规则。ARM 核的命名规则如下：

ARM {x} {y} {z} {T} {D} {M} {I} {E} {J} {F} {S}

x：系列。

　　x = 7 表示 AMR7 处理器核；

　　x = 9 表示 ARM9 处理器核；

　　x = 10 表示 ARM10 处理器核；

　　x = 11 表示 ARM11 处理器核。

y：存储管理/保护单元。

　　y = 2 表示带 Cache 和 MMU；

　　y = 3 表示物理地址标记的 Cache 和 MMU；

　　y = 4 表示 Cache 和 MPU；

　　y = 6 表示写缓冲但无 cache 大小。

z：Cache。

　　z = 0 表示标准 Cache 大小；

　　z = 2 表示缩小的 Cache；

　　z = 6 表示包含紧密耦合 SRAM（TCM）。

T：支持 Thumb 指令集，ARM V6 及以后的内核都自动包含 T。

D：支持片上 Debug。

M：内嵌硬件乘法器。

I：嵌入式 ICE，支持片上断点和调试点。

E：DSP 运算的增强指令。

J：使用 Jazelle 技术。

F：ARM 核通过向量浮点（VFP）结构支持硬件浮点。

S：可综合版本，意味着处理器内核是以源代码形式提供的。这种源代码形式又可以被编译成一种易于 EDA 工具使用的形式。

2.2.1　ARM 体系结构的演变

自从 1991 年率先推出 RISC CPU 以来，ARM 体系结构发生了很大的演变和提高，并且将继续保持不断发展。在十几年的发展过程中，一共有七个版本的体系结构，包括 V1 ~ V6 版本和 Cortex 版本，每一个体系结构版本代表了一套指令集定义和相应的功能框架，所有的体系结构保持了良好的向下兼容性。

1. V1 版本

本版本在 ARM1 中实现，但没有在商业中授权。它包括下列指令：

- 基本的数据处理指令（不包括乘法指令）；
- 基于字节、字和多字的读取和写入指令（Load/Store）；
- 包括子程序调用指令 BL 在内的跳转指令；
- 供操作系统使用的软件中断指令 SWI。

此版本中地址空间是 26 位的。

2. V2 版本

与 V1 版本相比，V2 版本增加了下列指令：

- 乘法指令和乘加法指令；
- 支持协处理器的指令；
- 对于 FIQ 模式，提供了额外的两个备份寄存器；
- SWP 指令及 SWPB 指令。

此版本仍然使用 26 位的地址空间。

3. V3 版本

V3 版本较以前的版本有比较大的变化，主要改进部分如下：

处理器的地址空间扩展到了 32 位，但除了版本 3G（V3 版本的一个变种）外的其他的版本是向前兼容的，支持 26 位的地址空间。

- 当前程序状态信息从原来的 R15 寄存器移到一个新的寄存器中，新的寄存器名为当前程序状态寄存器（CPSR）；
- 增加了备份程序状态寄存器（SPSR），用于在程序异常中断程序时，保存被中断的程序的程序状态；
- 增加了两种处理器模式，使操作系统代码可以方便的使用数据访问中止异常，指令预取中止异常和未定义指令异常；
- 增加了指令 MRS 和指令 MSR，用于访问 CPSR 和 SPSR；
- 修改了原来的从异常返回的指令。

此版本仍然未用于商业授权。

4. V4T 版本

V4T 版本以后的版本被用于商业授权。

V4T 版本增加了 T 变量，在原来 32 位指令集的基础上增加了一套 16 位 Thumb 指令集。提高了软件代码密度，并且在系统数据总线不足 32 位（8 位或 16 位数据总线的系统）的有限系统资源下提高了系统性能。

V4T 版本里的代表 CPU 是 ARM7TDMI 和 ARM922T。

ARM7TDMI 采用冯·诺依曼结构，具有三级流水线，可以提供 0.9MIPS / MHz 的性能，MIPS 是 Million Instructions Per Second（每秒百万条指令）的缩写。该内核不带有 MMU 和 MPU，用于嵌入式控制或简单的应用系统。

ARM922T 采用哈佛结构，五级流水线，可以提供 1.1MIPS / MHz 的性能。该内核具有全性能的 MMU，带有独立的指令和数据 Cache，可以应用于丰富的多媒体应用系统。

5. V5 版本

V5 版本相对于 V4 版本做了很多改进，比如增强了对于 ARM 和 Thumb 两套指令集之间进行切换的支持；扩展了指令集，增加了一些 DSP 运算的常见指令（在命名上用后缀 E 来标识），后来 V5 体系结构又增加了对 Java 指令的支持（后缀 J），衍生出 V5TEJ 的变种。

V5 版本体系结构里面的代表 CPU 是 ARM946E 和 ARM926EJ。

其中 ARM946E 属于 V5TE 体系结构，包含对 DSP 运算的增强型支持。它采用哈佛结构，具有五级流水线，可以提供 1.1MIPS / MHz 的性能，是一款性能优异的嵌入式控制处理器。并且拥有 MPU 和 Cache，对操作系统和软件的性能支持非常好。

ARM926EJ 是现在非常主流的应用处理器，除了良好的 DSP 运算能力之外，还拥有 Java 加速技术 Jazelle，可以使 Java 的性能最高提升 8 倍以上。它内含全性能的 MMU，支持所有主流的应用操作系统。

6. V6 版本

V6 版本在前一版本 V5 的基础上，进一步增强了 DSP 以及多媒体处理运算的支持，增加了 SIMD（Single Instruction Multiple Data）指令扩展，使常用的音频、视频处理性能得到了极大提升。

从这一版本开始，ARM 逐渐开始在 CPU 里面采用一些更新的增强型技术，主要有：

- Thumb-2 指令：该指令集可以提供更低的功耗、更高的性能和更紧凑的编码，比现用的 Thumb 技术性能提高 25%，比 ARM 技术减少 26% 的存储空间；
- IEM（Intelligent Energy Manager）技术：可以平均减少 25% 以上的处理器功耗；
- TrustZone 技术：是一种新的软硬件结合的安全解决方案，可以为系统设备提供一种新的安全功能标准。

ARM 公司发布的三款 ARM11 处理器，ARM1136J-S、ARM1176JZ-S 和 ARM1176JZ-S 都是 V6 体系结构的代表。其中 ARM1136J-S 和 ARM1176JZ-S 是两款高性能的应用处理器，ARM1156T2-S 是最新的嵌入式控制处理器。

7. Cortex 版本

2004 年 ARM 发布新的体系结构 V7，并将其命名为 Cortex（这是 ARM 首次为其体系结构命名）。在新版的体系结构中，ARM 将一如既往地采用最新技术提升体系结构的效率，并且在微控制器应用领域中将前所未有地增加低成本实现方案。

2.2.2 ARM 体系结构的特征

ARM 内核不是一个纯粹的 RISC 体系结构，这是为了使它能够更好地适应嵌入式系统。嵌入式系统的关键并不在于追求单纯的处理器速度，而在于有效的系统性能、代码密度高和低功耗，因此 ARM 指令集和单纯的 RISC 定义有以下几个方面的不同：

- 一些特定指令的周期数可变。并不是所有的 ARM 指令都是单周期的。例如：多寄存器装载/存储的指令的执行周期就是不确定的，需根据被传送的寄存器个数而定。如果是访问连续的存储器地址，就可以改善性能，因为连续的内存访问通常比随机访问要快。同时，代码密度也得到了提高，因为在函数的起始和结尾，多个寄存器的传输是很常用的操作；

- 内嵌桶形移位器产生了更为复杂的指令。内嵌桶形移位器是一个硬件部件，在一个输入寄存器被一条指令使用之前，内嵌桶形移位器可以处理该寄存器中的数据。它扩展了许多指令的功能，以此改善了内核的性能，提高了代码密度；

- Thumb 16 位指令集。ARM 内核增加了一套称之为 Thumb 指令的 16 位指令集，使得内核既能够执行 16 位指令，也能够执行 32 位指令，从而增强了 ARM 内核的功能。16 位指令与 32 位的定长指令相比较，代码密度可以提高约 30%；

- 条件执行。只有当某个特定条件满足时指令才会被执行。这个特点可以减少分支指令的数目，从而改善了性能，提高了代码密度；

- 增强指令。一些功能强大的数字信号处理器指令被加入到标准的 ARM 指令中，以支持快速的 16×16 位乘法操作及饱和运算。在某些应用中，传统的方法需要微处理器加上 DSP 才能实现。ARM 的这些增强指令，使得 ARM 处理器也能够满足这些应用的需要。

2.2.3　ARM 体系的变种

ARM 体系的变种是根据某些特定功能而定义的。下面将具体介绍一下 T 变种、M 变种、E 变种、J 变种、SIMD 变种。

1. T 变种（Thumb 指令集）

Thumb 指令集是将 ARM 指令集的一个子集重新编码而形成的一个指令集。ARM 指令长度为 32 位，Thumb 指令长度位为 16 位。当系统的数据总线宽度小于 32 位时，系统使用 Thumb 指令集要比使用 ARM 指令集的性能好。另外一个好处是代码尺寸，同样一段 C 代码，用 Thumb 指令编译的结果，其长度大约只占 ARM 编译结果的 65% 左右，可以明显地节省存储器空间。在大多数情况下，紧凑的代码和窄带宽的存储器系统，还会带来功耗上的优势。

与 ARM 指令集相比，Thumb 指令集也具有以下局限：

- 完成相同的操作，Thumb 指令通常需要更多的指令。因此，在对系统运行时间要求苛刻的应用场合，ARM 指令集更为适合；

- Thumb 指令集没有包含进行异常处理时需要的一些指令，因此在异常中断的低级处理时，还是需要使用 ARM 指令。这种限制决定了 Thumb 指令需要和 ARM 指令配合使用。

使用 ARM 指令集还是使用 Thumb 指令集，需要从存储器开销和性能要求两方面加以权衡考虑。

2. M 变种（长乘法指令）

M 变种增加了两条用于进行长乘法操作的 ARM 指令。其中一条指令用于实现 32 位整数乘以 32 位整数，生成 64 位整数的长乘法操作；另一条指令用于实现 32 位整数乘以 32 位整数，然后再加上 32 位整数，生成 64 位整数的长乘加操作。在需要这种长乘法的应用场合 M 变种很适合。

然而，在有些应用场合中，乘法操作的性能并不重要，但对于尺寸要求很苛刻，在系统实现时就不适合增加 M 变种的功能。

M 变种首先在 ARM V3 版本中引入。如果没有上述设计方面的限制，在 ARM V4 及其以后的版本中，M 变种是系统中的标准部分。对于支持长乘法 ARM 指令的 ARM 体系版本，使用字符 M 来表示。

3. E 变种（增强型 DSP 指令）

E 变种包含了一些附加的指令，这些指令用于增强处理器对一些典型的 DSP 算法的处理性能，主要包括：

- 几条新的实现 16 位数据乘法和乘加操作的指令；
- 实现饱和的带符号数的加减法操作的指令。所谓饱和的带符号数的加减法操作是在加减法操作溢出时，结果并不进行卷绕，而是使用最大的正数或最小的负数来表示；
- 进行双字数据操作的指令，包括双字读取指令 LDRD，双字写入指令 STRD 和协处理器的寄存器传输指令 MCRR/MRRC；
- Cache 预取指令 PLD。

E 变种用字符 E 表示。在 ARM V5 以前的版本，以及在非 M 变种和非 T 变种的版本中，E 变种是无效的。

在早期的一些 E 变种中，未包含双字读取指令 LDRD、双字写入指令 STRD、协处理器的寄存器传输指令 MCRR/MRRC 及 cache 预取指令 PLD，这种 E 变种记作 ExP，其中 x 表示缺少，P 代表上述的几种指令。

4. J 变种（Java 加速器 Jazelle）

ARM 的 Jazelle 技术将 Java 的优势和先进的 32 位 RISC 芯片完美地结合在一起。Jazelle 技术提供了 Java 加速功能，可以得到比普通 Java 虚拟机高得多的性能。与普通的 Java 虚拟机相比，Jazelle 使 Java 代码运行速度提高了 8 倍，而功耗降低了 80%。

Jazelle 技术使得程序员可以在一个单独的处理器上同时运行 Java 应用程序、已经建立好的操作系统、中间件及其他应用程序。与使用协处理器和双处理器相比，使用单独的处理器可以在提供高性能的同时，保证低功耗和低成本。

5. SIMD 变种（媒体功能扩展）

ARM 媒体功能扩展为嵌入式应用系统提供了高性能的音频和视频处理技术。

新一代的 Internet 应用系统、移动电话和 PDA 等设备需要提供高性能的流式媒体，包括音频和视频等；而且这些设备需要提供更加人性化的界面，包括语音识别和手写输入识别等。这样，就要求处理器能够提供很强的数字信号处理能力，同时还必须保持低功耗，以延长电池的使用时间。ARM 的 SIMD 媒体功能扩展为这些应用系统提供了解决方案。它为包括音频和视频处理在内的应用系统提供了优化功能。它可以使音频和视频处理性能提高 4 倍。其主要特点如下：

- 将音频和视频处理性能提高了 2~4 倍；
- 可以同时进行两个 16 位操作数或者 4 个 8 位操作数的运算；
- 提供了小数算术运算；

- 用户可以定义饱和运算的模式；
- 两套 16 位操作数的乘加/乘减运算；
- 32 位乘以 32 位的小数 MAC；
- 同时 8 位/16 位选择操作。

其主要应用领域包括：
- Internet 应用系统；
- 流式媒体应用系统；
- MPEG4 编码/解码系统；
- 语音和手写输入识别；
- FFT 处理；
- 复杂的算术运算；
- Viterbi 处理。

2.2.4　ARM 系列

ARM 处理器及其他厂商基于 ARM 体系结构的处理器目前包括以下几个系列：
- ARM7 系列；
- ARM9 系列；
- ARM9E 系列；
- ARM10E 系列；
- ARM11 系列；
- SecurCore 系列；
- Intel 公司的 StrongARM；
- Intel 公司的 XScale。

除了具有 ARM 体系结构的共同特点以外，每一系列的 ARM 处理器都有各自的特点和应用领域。下面将具体介绍每一系列的特点和应用领域。

1. ARM7 系列处理器

ARM7 内核采用冯·诺依曼体系结构，数据和指令使用同一条总线。采用 ARM V4T 结构，三级流水线，最适合用于对价位和功耗要求较高的消费类应用。

ARM7 系列处理器具有如下特点：
- 具有嵌入式 ICE-RT 逻辑，调试开发方便；
- 较低的功耗，适合对功耗要求较高的应用，如便携式产品；
- 能够提供 0.9MIPS/MHz 的三级流水线结构；
- 代码密度高并兼容 16 位的 Thumb 指令集；
- 对操作系统的支持广泛，包括 Windows CE、Linux、PalmOS 等；
- 指令系统与 ARM9 系列、ARM9E 系列和 ARM10E 系列兼容，便于用户的产品升级换代；
- 主频最高可达 130MIPS，高速的运算处理能力能胜任绝大多数的复杂应用；
- 提供 0.25μm、0.18μm 及 0.13μm 的生产工艺。

ARM7 系列包括以下几种类型的处理器内核：ARM7TDMI，ARM7TDMI-S，ARM7EJ-

S 和 ARM720T。

ARM7TDMI 是 ARM7 最具有代表性的内核，采用冯·诺依曼体系结构，三级流水线，执行 ARMV4 指令集。

ARM720T 是 ARM7 系列中最具有灵活性的成员，因为它包含了一个 MMU。MMU 的存在意味着 ARM720T 能够使用 Linux 和 Windows CE 等嵌入式操作系统。这一处理器还包括了一个 8KB 的统一 Cache。向量表可通过设置一个协处理器 CP15 来重定位到高向量地址上。

2. ARM9 系列处理器

ARM9 采用 ARMV4T 结构，五级流水线，指令与数据分离的 Cache，可在高性能和低功耗特性方面提供最佳性能。由于采用了五级流水线，ARM9 处理器能够运行在比 ARM7 更高的时钟频率上，改善了处理器的整体性能。

ARM9 处理器系列具有如下特点：

- 支持 32 位 ARM 指令集和 16 位 Thumb 指令集的 32 位 RISC 处理器；
- 五级流水线，指令执行效率更高；
- 单一的 32 位 AMBA 总线接口；
- 全性能 MMU，支持 Windows CE、Linux、Palm OS 等多种嵌入式操作系统；
- 统一的数据 Cache 和指令 Cache；
- 提供 0.18μm、0.15μm 及 0.13μm 的生产工艺。

ARM9 系列处理器包括 ARM920TDMI、ARM922T 和 ARM940T 三种类型的核。采用 ARM9 内核的主要应用领域有：下一代的无线设备，包括视频电话、PDA 等；数字消费类产品，包括机顶盒、家庭网关、MPEG4 播放器等；成像设备，包括打印机、数字摄像机等；汽车、通信和信息系统。

3. ARM9E 系列处理器

ARM9E 系列处理器使用单一的处理器内核提供了微控制器、DSP、Java 应用系统的解决方案，极大地减少了芯片面积和系统复杂程度。ARM9E 还提供了增强的 DSP 处理能力，很适合那些需要同时使用 DSP 和微控制器的应用场合。

ARM9E 处理器系列具有如下特点：

- 支持 32 位的 ARM 指令集和 16 位的 Thumb 指令集的 32 位 RISC 处理器；
- 包括了 DSP 指令集；
- 五级流水线；
- 在典型的 0.13μm 工艺下，主频可达到 300MIPS 的性能；
- 集成的实时跟踪和调试功能；
- 单一的 32 位 AMBA 总线接口；
- 可选的 VFP9 浮点处理协处理器；
- 在实时控制和三维图像处理时主频可达到 215MFLOPS（MFLOPS 表示每秒百万条浮点操作）的性能；
- 高性能的 AHB 系统；
- MMU 支持 WindowCE、Palm OS、Symbian OS、Linux 等操作系统；
- 统一的数据 Cache 和指令 Cache；
- 提供 0.18μm、0.15μm 及 0.13μm 的生产工艺。

ARM9E 系列处理器包括 ARM926EJ-S、ARM946E-S 和 ARM966E-S 三种类型的核。

采用 ARM9E 内核的处理器主要应用领域有：下一代的无线设备，包括视频电话和 PDA 等；数字消费类产品，包括机顶盒、家庭网关、MPEG4 播放器等；成像设备，包括打印机、数字摄像机等；网络设备，包括 VoIP、WirelessLAN、xDSL 等。

4. ARM10E 系列处理器

ARM10E 系列处理器具有高性能和低功耗的特点。它采用新的体系使其在所有 ARM 产品中具有最高的 MIPS/MHz。ARM10E 系列处理器采用了新的节能模式，提供 64 位的 Load/Store 体系，支持包括向量操作的满足 IEEE754 的浮点运算协处理器，系统集成更加方便，拥有完整的硬件和软件开发工具。

ARM10E 处理器系列具有如下特点：

- 支持 32 位的 ARM 指令集和 16 位的 Thumb 指令集的 32 位 RISC 处理器；
- 包括 DSP 指令集；
- 六级流水线；
- 在典型的 0.13μm 工艺下，主频可以达到 400MIPS 的性能；
- 单一的 32 位 AMBA 总线接口；
- 可选的 VFP10 浮点处理协处理器；
- 在实时控制和三维图像处理时主频可达到 650MFLOPS；
- 高性能的 AHB 系统；
- MMU 支持 Windows CE、Palm OS、Linux 等操作系统；
- 统一的数据 Cache 和指令 Cache；
- 提供 0.18μm、0.15μm 及 0.13μm 的生产工艺；
- 并行 load/store 部件。

ARM10E 系列处理器包括 ARM1020E、ARM1022E 和 ARM1026EJ-S 三种类型的核。

采用 ARM10E 内核的处理器主要应用领域有：下一代的无线设备，包括视频电话和 PDA 等；数字消费类产品，包括机顶盒、家庭网关、MPEG4 播放器等；工业控制，包括电动机控制和能量控制等。

5. ARM11 系列处理器

ARM11 系列处理器包括 ARM1156T2-S、ARM1156T2F-S、ARM1176JZ-S 和 ARM11JZF-S 四种类型的内核。ARM1156T2-S 和 ARM1156T2F-S 内核都基于 ARMV6 指令集体系结构，是首批含有 ARM Thumb-2 内核技术的产品，可进一步减少与存储系统相关的生产成本。这两类内核主要用于汽车网络和成像应用产品，提供了更高的 CPU 性能和吞吐量，并增加了许多特殊功能，可解决新一代装置的设计难题。体系结构中增添的功能包括：对于汽车安全系统类安全应用产品的开发至关重要的存储器容错能力。ARM1156T2-S 和 ARM1156T2F-S 内核与新的 AMBA 3.0 AXI 总线标准一致，可满足高性能系统的大量数据存取需求。Thumb-2 内核技术结合了 16 位、32 位指令集体系结构，提供更低的功耗、更高的性能、更短的编码，该技术提供的软件技术方案较现在的 ARM 技术方案减少使用 26% 的存储空间，较现用的 Thumb 技术方案增速 25%。

6. SecurCore 系列处理器

SecurCore 系列处理器提供了基于高性能的 32 位 RISC 技术的安全解决方案。SecurCore

系列处理器除了具有体积小、功耗低、代码密度大和性能高等特点外，还有其最重要的优势，就是提供了安全解决方案的支持。

SecurCore 处理器系列具有以下特点：

- 支持 ARM 指令集和 Thumb 指令集，以提高代码密度和系统性能；
- 采用软内核技术，以提供最大限度的灵活性，以及防止外部对其进行扫描探测；
- 提供了安全特性，抵制攻击；
- 提供面向智能卡的和低成本的存储保护单元（MPU）；
- 可以集成用户自己的安全特性和其他的协处理器。

SecurCore 系列包括 SecurCore SC100、SecurCore SC110、SecurCore SC200 和 SecurCore SC210 四种内核，主要用于适应不同的市场需求。

SecurCore 系列处理器主要应用于一些安全产品及应用系统，包括电子商务、网上银行业务、网络、移动媒体和认证系统等。

7. StrongARM 系列处理器和 XScale 处理器

StrongARM 系列处理器是英特尔公司推出的一款旨在支持 Windows CE3.0-PocketPC 系统的 RISC（精简指令集）处理器。StrongARM 系列处理器主要有 SA1110 和 SA1111 两个版本。SA1110 采用 ARM 体系结构高度集成的 32 位 RISC 微处理器。它融合了英特尔公司的设计和处理技术及 ARM 体系结构的电源效率，采用在软件上兼容 ARMV4T 体系结构，同时采用具有英特尔技术优点的体系结构。SA1111 支持 SA1110 开发平台，并可扩展 SA1110 的开发环境，可以为手持式高性能的计算机系统（如掌上电脑等）提供所需的功能。

XScale 处理器提供一种全性能、高性价比、低功耗且基于 ARMV5TE 体系结构的解决方案。它支持 16 位的 Thumb 指令和 DSP 扩展，已使用在数字移动电话、个人数字助理和网络产品等场合。

XScale 处理器是 Intel 公司目前主要推广的一款 ARM 微处理器。

2.2.5　ARM 存储数据类型

ARM 处理器支持以下三种数据类型：

- 字（Word）：在 ARM 体系结构中，字的长度为 32 位；
- 半字（Half-Word）：在 ARM 体系结构中，半字的长度为 16 位；
- 字节（Byte）：在 ARM 体系结构中，字节的长度为 8 位。

注意：

- ARM 体系结构 V4 版本及以上版本都支持这三种类型。ARM 结构 V4 之前的版本只支持字节和字；
- ARM V6 版本支持非对齐的半字和字的存储；
- 当任意一种数据类型为无符号时，N 位数据值使用正常的二进制格式表示范围为 $0 \sim 2^N - 1$ 的非负整数；
- 当任意一种数据类型为有符号时，N 位数据值使用 2 的补码格式表示范围为 $-2^{N-1} \sim +2^{N-1} - 1$ 的整数；
- 大多数数据操作，如 ADD 指令，都是以字为单位的；
- Load/store 指令可以对字节、半字和字进行操作。当 Load 指令对半字或字节操作时，系统自动地进行零扩展或符号位的扩展；
- ARM 指令是字对齐的，占一个字长；而 Thumb 指令是半字对齐，恰好是半字长。

2.3   ARM 处理器工作状态

2.3.1   两种工作状态

ARM 处理器有两种工作状态：
- ARM 状态：此时处理器执行 32 位的字对齐的 ARM 指令；
- Thumb 状态：此时处理器执行 16 位的半字对齐的 Thumb 指令。

在程序的执行过程中，微处理器可以随时在两种工作状态之间切换，并且处理器工作状态的转变并不影响处理器的工作模式和相应寄存器中的内容。

2.3.2   工作状态的切换

ARM 指令集和 Thumb 指令集均有切换处理器状态的指令，这样就可以在两种工作状态之间切换。在 V4 版本中可以实现程序间处理器工作状态切换的指令为 BX，从 V5 版本开始，指令 BLX、LDR 及 LDM 也可以实现处理器工作状态的切换。下面以 BX 指令为例，介绍处理器工作状态是如何切换的。BX 指令如下：

    BX ｛ < cond > ｝ < Rm >

    < cond >：指令的条件码。忽略时无条件执行。

    < Rm >：寄存器中为跳转的目标地址，当 < Rm > 寄存器的 bit ［0］ 为 0 时，目标地址处的指令为 ARM 指令；当 < Rm > 寄存器的 bit ［0］ 为 1 时，目标地址处的指令为 Thumb 指令。

指令操作的伪代码：

if ConditionPassed （cond） then

    T Flag = Rm ［0］

    PC = Rm AND 0xFFFFFFFE

注意：ARM 微处理器在复位或上电时处于 ARM 状态，发生异常时也处于 ARM 状态。如果处理器在 Thumb 状态进入异常，则当异常处理返回时，仍然处在 Thumb 状态。

2.4   ARM 处理器工作模式

ARM 系统结构支持七种处理器工作模式，如表 2.1 所示。

除用户模式以外，其他的六种模式称为特权模式。在这些模式下，程序可以访问所有的系统资源，也可以任意地进行处理器模式的切换。除去用户模式和系统模式以外的五种模式称为异常模式。

ARM 微处理器的运行模式可以通过软件改变，也可以通过外部中断或异常处理改变。大多数的应用程序运行在用户模式下，当处理器运行在用户模式下时，某些被保护的系统资源是不能被访问的，也不能改变模式，除非异常发生。

表 2.1　处理器工作模式

处理器工作模式	描　　述
用户模式（usr）	正常程序执行模式
快速中断模式（fiq）	用于高速数据传输和通道处理
外部中断模式（irq）	用于通常的中断处理
管理模式（svc）	操作系统保护模式
数据访问中止模式（abt）	用于虚拟存储及存储保护
未定义指令中止模式（und）	用于支持硬件协处理器的软件仿真
系统模式（sys）	用于运行特权级的操作系统任务

　　当应用程序发生异常中断时，处理器进入相应的异常模式。在异常处理过程中可以进行处理器模式的切换。

　　系统模式主要供操作系统任务使用。通常操作系统的任务需要访问所有的系统资源，同时该任务仍然使用用户模式下的寄存器组，而不是使用异常模式下的寄存器组，还要保证当异常中断发生时任务状态不被破坏，这时可以使用系统模式。

2.5　ARM 处理器寄存器组织

　　ARM 处理器共有 37 个寄存器：

　　1）31 个通用寄存器，包括程序计数器 PC。这些寄存器是 32 位的。

　　2）6 个状态寄存器。这些寄存器都是 32 位的，但只使用了其中的 12 位。

　　这些寄存器不能被同时访问，具体哪些寄存器是可编程访问的，取决于微处理器的工作状态及具体的运行模式，寄存器安排成部分重叠的组，每种处理器模式使用不同的寄存器组。

2.5.1　ARM 状态下的寄存器组织

　　1. 通用寄存器

　　通用寄存器（R0 ~ R15）可以分为三类：未分组寄存器 R0 ~ R7，分组寄存器 R8 ~ R14，程序计数器 PC（R15）。

　　1）未分组寄存器 R0 ~ R7。对于每一个未分组寄存器来说，在所有的处理器模式下指的都是同一个物理寄存器。在异常中断造成处理器模式切换，由于不同的处理器模式使用相同的物理寄存器，可能造成未分组寄存器中数据被破坏。未分组寄存器没有被系统用于特别的用途，任何可采用通用寄存器的应用场合都可以使用未分组寄存器。

　　2）分组寄存器 R8 ~ R14。是指同一个寄存器名，在 ARM 微处理器内部存在多个独立的物理寄存器，每一个物理寄存器分别与不同的处理器模式对应，如表 2.2 所示。

　　对于分组寄存器 R8 ~ R12，每个寄存器对应两个不同的物理寄存器，当使用 fiq 模式时，可以访问 R8 _ fiq ~ R12 _ fiq；当使用除 fiq 模式以外的其他模式时，可以访问 R8 _ usr ~ R12 _ usr。

　　对于 R13、R14，每个寄存器对应六个不同的物理寄存器，其中的一个是用户模式和系统模式共用的，另外五个物理寄存器对应于其他五种不同的运行模式。采用下面的记号来区分不同的物理寄存器：

　　　R13 _ < mode >

　　　R14 _ < mode >

其中，mode 为以下几种模式之一：usr、fiq、irq、svc、abt 和 und。

表 2.2　ARM 状态下的寄存器组织

用户模式 （usr）	系统模式 （sys）	管理模式 （svc）	数据访问中 止模式（abt）	未定义指令中 止模式（und）	外部中断模式 （irq）	快速中断模式 （fiq）
R0	R0	R0	R0	R0	R0	R0
R1	R1	R1	R1	R1	R1	R1
R2	R2	R2	R2	R2	R2	R2
R3	R3	R3	R3	R3	R3	R3
R4	R4	R4	R4	R4	R4	R4
R5	R5	R5	R5	R5	R5	R5
R6	R6	R6	R6	R6	R6	R6
R7	R7	R7	R7	R7	R7	R7
R8	R8	R8	R8	R8	R8	R8_ fiq
R9	R9	R9	R9	R9	R9	R9_ fiq
R10	R10	R10	R10	R10	R10	R10_ fiq
R11	R11	R11	R11	R11	R11	R11_ fiq
R12	R12	R12	R12	R12	R12	R12_ fiq
R13	R13	R13 _ svc	R13 _ abt	R13 _ und	R13 _ irq	R13 _ fiq
R14	R14	R14 _ svc	R14 _ abt	R14 _ und	R14 _ irq	R14 _ fiq
PC	PC	PC	PC	PC	PC	PC
CPSR	CPSR	CPSR	CPSR	CPSR	CPSR	CPSR
		SPSR _ svc	SPSR _ abt	SPSR _ und	SPSR _ irq	SPSR _ fiq

　　寄存器 R13 在 ARM 指令中常用作堆栈指针 SP，但这只是一种习惯用法，用户也可使用其他的寄存器作为堆栈指针。

　　由于处理器的每种运行模式均有自己独立的物理寄存器 R13，在用户应用程序的初始化部分，一般都要初始化每种模式下的 R13，使其指向该运行模式的栈空间，这样，当程序运行进入异常模式时，可以将需要保护的寄存器放入 R13 所指向的堆栈，而当程序从异常模式返回时，则从对应的堆栈中恢复，采用这种方式可以保证异常发生后程序的正常执行。

　　寄存器 R14 又称作子程序链接寄存器或链接寄存器 LR，在 ARM 体系中具有两种作用：

　　第一种作用，每一种处理器模式自己的物理 R14 都存放当前子程序的返回地址。当通过 BL 和 BLX 指令调用子程序时，R14 自动地被设置成该子程序的返回地址。在子程序返回时，R14 的值复制回程序计数器 R15 中，完成子程序返回。具体实现可以使用下列两种方法之一：

　　执行如下其中一条指令：

MOV　PC，LR

BX　　LR

在子程序入口处使用以下指令将 R14 存入堆栈：

STMFD　SP！，｛＜registers＞，LR｝

相应地，下面的指令可以实现子程序返回：

LDMFD　SP！，｛＜registers＞，PC｝

第二种作用，当异常中断发生时，该异常模式特定的物理 R14 被设置成该异常模式将要返回的地址。对于有些异常模式，R14 的值可能与将返回的地址有一个常数的偏移量。对于不同的异常模式，这个偏移量会有所不同。具体的返回方式与上面的子程序返回方式基本相同。

另外，R14 寄存器也可以作为通用寄存器使用。

3）程序计数器 PC（R15）。寄存器 R15 用作程序计数器（PC）。在 ARM 状态下，由于 ARM 指令是字对齐的，所以 PC 的第 0 位和第 1 位总为 0；在 Thumb 状态下，PC 的第 0 位是 0。PC 虽然可以作为一般的通用寄存器使用，但是有一些指令在使用 R15 时有一些特殊限制。当违反了这些限制时，该指令执行的结果将是不可预料的。

由于 ARM 体系结构采用了流水线机制（以三级流水线为例），对于 ARM 指令集来说，PC 指向当前指令的下两条指令的地址，即 PC 的值为当前指令的地址值加 8 个字节。

2. 程序状态寄存器

ARM 体系结构包含一个当前程序状态寄存器（Current Program Status Register，CPSR）和五个备份的程序状态寄存器（Saved Program Status Register，SPSR）。

CPSR 可在任何运行模式下被访问，它包括条件标志位、中断禁止位、当前处理器模式标志位，以及其他一些相关的控制和状态位，如图 2.7 所示。

31	30	29	28	27	26	8	7	6	5	4	3	2	1	0
N	Z	C	V	Q			I	F	T	M4	M3	M2	M1	M0

图 2.7　CPSR 的格式

每种异常模式下都有一个对应的物理寄存器——备份的 SPSR。当异常发生时，SPSR 用于保存 CPSR 的当前值，从异常退出时则可由 SPSR 来恢复 CPSR。用户模式和系统模式不属于异常模式，它们没有 SPSR，当在这两种模式下访问 SPSR，结果是未知的。

1）条件码标志位（28~31 位）。N、Z、C 及 V 统称为条件码标志位。其内容可被算术和逻辑运算的结果所改变，由此可以决定某些指令是否被执行。具体含义如表 2.3 所示。

2）Q 标志位（27 位）。在 ARMV5 及以上版本的 E 系列处理器中，用 Q 标志位指示增强的 DSP 运算指令是否发生了溢出。在其他版本的处理器中，Q 标志位无定义。

3）CPSR 的控制位（7~0 位）。CPSR 的低 8 位（包括 I、F、T 和 M[4：0]）称为控制位，当发生异常时这些位可以被改变。如果处理器运行在特权模式，这些位也可以由程序修改。

- 中断禁止位 I，F：

　　I＝1 禁止 IRQ 中断

　　F＝1 禁止 FIQ 中断

- T 标志位：该位反映处理器的运行状态。

表 2.3　CPSR 中的条件码标志位

条件码标志位	含　义
N	本位设置成当前指令运算结果的第 31 位值。当两个补码表示的有符号数进行运算时，N＝1，表示运算的结果为负数；N＝0，表示运算的结果为正数
Z	Z＝1 表示运算的结果为零；Z＝0 表示运算的结果不为零。对于 CMP 指令，Z＝1 表示进行比较的两个数大小相等
C	有四种方法设置 C 的值： 1）在加法指令中（包括比较指令 CMN），当结果产生进位（无符号数溢出），则 C＝1；否则 C＝0 2）在减法指令中（包括比较指令 CMP），当运算中发生借位（无符号数溢出），则 C＝0；否则 C＝1 3）对于包含移位操作的非加/减运算指令，C 为移出位的最后一位 4）对于其他的非加/减运算指令，C 的值通常不改变
V	对于加/减运算指令，当操作数和运算结果为二进制的补码表示的带符号数时，V＝1 表示符号位溢出

对于 ARM 体系结构 V4 及以上的版本的 T 系列处理器，当该位为 1 时，程序运行于 Thumb 状态，否则运行于 ARM 状态。

对于 ARM 体系结构 V5 及以上的版本的非 T 系列处理器，当该位为 1 时，执行下一条指令以引起未定义的指令异常；当该位为 0 时，表示运行于 ARM 状态。

- 运行模式位 M [4：0]：M0、M1、M2、M3、M4 是模式位。

这些位决定了处理器的运行模式，具体含义如表 2.4 所示。

表 2.4　运行模式位 M [4：0] 的含义

M [4：0]	处理器模式	可访问的寄存器
0b10000	用户模式	PC，CPSR，R0 ~ R14
0b10001	快速中断模式	PC，CPSR，SPSR_fiq，R14_fiq-R8_fiq，R7 ~ R0
0b10010	外部中断模式	PC，CPSR，SPSR_irq，R14_irq-R13_irq，R12 ~ R0
0b10011	管理模式	PC，CPSR，SPSR_svc，R14_svc-R13_svc，R12 ~ R0
0b10111	中止模式	PC，CPSR，SPSR_abt，R14_abt-R13_abt，R12 ~ R0
0b11011	未定义模式	PC，CPSR，SPSR_und，R14_und-R13_und，R12 ~ R0
0b11111	系统模式	PC，CPSR（ARM V4 及以上版本），R0 ~ R14

4）其他的位为保留位，用作以后的扩展。

2.5.2　Thumb 状态下的寄存器组织

Thumb 状态下的寄存器集是 ARM 状态下寄存器集的子集，程序可以直接访问八个通用寄存器（R0 ~ R7）、程序计数器（PC）、堆栈指针（SP）、链接寄存器（LR）和 CPSR。同时，在每一种特权模式下都有一组 SP，LR 和 SPSR，如表 2.5 所示。

表 2.5　Thumb 状态下寄存器组织

用户模式 （usr）	系统模式 （sys）	管理模式 （svc）	数据访问中 止模式（abt）	未定义指令中 止模式（und）	外部中断模式 （irq）	快速中断模式 （fiq）
R0	R0	R0	R0	R0	R0	R0
R1	R1	R1	R1	R1	R1	R1
R2	R2	R2	R2	R2	R2	R2
R3	R3	R3	R3	R3	R3	R3
R4	R4	R4	R4	R4	R4	R4
R5	R5	R5	R5	R5	R5	R5
R6	R6	R6	R6	R6	R6	R6
R7	R7	R7	R7	R7	R7	R7
SP	SP	SP _ svc	SP _ abt	SP _ und	SP _ irq	SP _ fiq
LR	LR	LR _ svc	LR _ abt	LR _ und	LR _ irq	LR _ fiq
PC	PC	PC	PC	PC	PC	PC
CPSR	CPSR	CPSR	CPSR	CPSR	CPSR	CPSR
		SPSR _ svc	SPSR _ abt	SPSR _ und	SPSR _ irq	SPSR _ fiq

- Thumb 状态下的 R0 ~ R7 与 ARM 状态的 R0 ~ R7 是一致的；
- Thumb 状态下的 CPSR 和 SPSR 与 ARM 状态的 CPSR 和 SPSR 是一致的；
- Thumb 状态下的 SP 映射到 ARM 状态下的 R13；
- Thumb 状态下的 LR 映射到 ARM 状态下的 R14；
- Thumb 状态下的 PC 映射到 ARM 状态下的 R15。

Thumb 状态下的寄存器组织与 ARM 状态下的寄存器的关系如图 2.8 所示。

Thumb 状态下，寄存器 R8 ~ R15（高位寄存器）并不是标准寄存器集的一部分，在使用它们时有一定的限制。

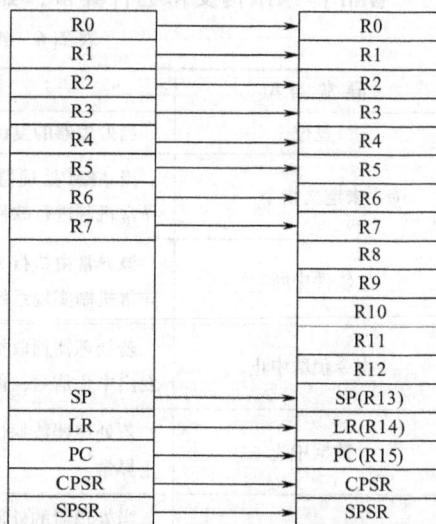

图 2.8　Thumb 状态寄存器映射到 ARM 状态寄存器

2.6　ARM 异常

在 ARM 体系中通常有以下三种方式控制程序的执行流程：

1）在正常程序执行过程中，每执行一条 ARM 指令，程序计数器 PC 的值加四个字节；每执行一条 Thumb 指令，程序计数器 PC 的值加两个字节。整个过程是按顺序执行的。

2）通过跳转指令，程序可以跳转到特定的地址标号处执行，或者跳转到特定的子程序处执行。其中，B 指令用于执行跳转操作；BL 指令在执行跳转操作的同时，保存子程序的返回地址；BX 指令在执行跳转操作的同时，根据目标地址的最低位可以将程序切换到 Thumb 状态；BLX 指令执行三个操作，跳转到目标地址处执行，保存子程序的返回地址，根据目标地址的最低位可以将程序状态切换到 Thumb 状态。

3）当异常中断发生时，系统执行完当前指令后，将跳转到相应的异常中断处理程序处执行。当异常中断处理程序执行完成后，程序返回到发生中断的指令的下一条指令处执行。在进入异常中断处理程序时，要保存被中断的程序的执行现场，在从异常中断处理程序退出时，要恢复被中断的程序的执行现场。

本节将详细的介绍异常中断的处理过程。

2.6.1　ARM 异常概述

异常可以通过内部或者外部源产生，并引起处理器处理一个事件，例如外部中断或者试图执行未定义指令都会引起异常。在处理异常之前，处理器的状态必须保存，以便在处理异常完成后，原来的程序能够重新继续执行。在同一时刻，可能出现多个异常，这时候要根据各个异常中断的优先级选择响应优先级最高的异常中断，各个异常的优先级将在 2.6.4 节介绍。

ARM 体系结构支持七种异常，如表 2.6 所示。

表 2.6　ARM 体系结构支持的异常类型

异常类型	具体含义
复位	当处理器的复位电平有效时，产生复位异常，程序跳转到复位异常处理程序处执行
未定义指令	当 ARM 处理器或协处理器遇到不能处理的指令时，产生未定义指令异常。可使用该异常机制进行软件仿真
软件中断	该异常由执行 SWI 指令产生，可用于用户模式下的程序调用特权操作指令。可使用该异常机制实现系统功能调用
指令预取中止	若处理器预取指令的地址不存在，或该地址不允许当前指令访问，存储器会向处理器发出中止信号，但当预取的指令被执行时，才会产生指令预取中止异常
数据中止	若处理器数据访问指令的地址不存在，或该地址不允许当前指令访问时，产生数据中止异常
外部中断请求（IRQ）	当处理器的外部中断请求引脚有效，且 CPSR 中的 I 位为 0 时，产生 IRQ 异常。系统的外设可通过该异常请求中断服务
快速中断请求（FIQ）	当处理器的快速中断请求引脚有效，且 CPSR 中的 F 位为 0 时，产生 FIQ 异常

2.6.2　ARM 异常处理

1. 对异常响应

当任何一个异常发生并得到响应时，ARM 内核自动完成以下动作：

1）将下一条指令的地址存入相应链接寄存器 LR，以便程序在异常处理完成后能从正确的位置重新开始执行。

2）将 CPSR 的值复制到相应的 SPSR 中。

3）设置适当的 CPSR 位，包括改变处理器状态进入 ARM 状态，改变处理器模式进入相应的异常模式，设置中断禁止位禁止相应中断。

4）设置 PC 使其从相应的异常向量地址取下一条指令执行，从而跳转到相应的异常处理程序处。

ARM 微处理器对异常的响应过程用伪代码可以描述为：

```
R14 _ < Exception _ Mode > = Return Link
SPSR _ < Exception _ Mode > = CPSR
CPSR [4：0] = Exception Mode Number
CPSR [5] = 0              /＊在 ARM 状态执行＊/
If < Exception _ Mode > = = Reset or FIQ then
CPSR [6] = 1              /＊禁止快速中断＊/
/＊否则 CPSR [6] 不变＊/
CPSR [7] = 1
PC = Exception Vector Address
```

当处理器发生复位异常时，系统进入管理模式，切换到 ARM 状态，同时禁止 FIQ 和 IRQ 中断，然后设置 PC 使其从复位向量地址 0x00000000（或者 0xFFFF0000）取下一条指令执行，伪代码描述如下：

```
R14 _ svc = UNPREDICTABLE value
SPSR _ svc = UNPREDICTABLE value
CPSR [4：0] = 0b10011     /＊进入管理模式＊/
CPSR [5] = 0              /＊在 ARM 状态执行＊/
CPSR [6] = 1              /＊禁止快速中断＊/
CPSR [7] = 1              /＊禁止正常中断＊/
If high vectors configured then
    PC = 0xFFFF0000
else
    PC = 0x00000000
```

当处理器发生未定义指令异常时，系统将下一条指令的地址存入 R14 _ und，同时将 CPSR 的值复制到 SPSR _ und 中；然后强制设置 CPSR 的值，使系统进入未定义模式，同时切换到 ARM 状态；设置 CPSR 的 I 位为 1，用来禁止 IRQ 中断；最后设置 PC 使其从未定义向量地址 0x00000004（或者 0xFFFF0004）取下一条指令执行。伪代码描述如下：

```
R14 _ und = address of next instruction after the undefined instruction
SPSR _ und = CPSR
CPSR [4：0] = 0b11011     /＊进入未定义模式＊/
CPSR [5] = 0              /＊在 ARM 状态执行＊/
                         /＊CPSR [6] 不变＊/
CPSR [7] = 1             /＊禁止正常中断＊/
If high vectors configured then
    PC = 0xFFFF0004
```

else

　　PC = 0x00000004

当处理器发生软件中断时，系统将下一条指令的地址存入 R14 _ svc，同时将 CPSR 的值复制到 SPSR _ svc 中；然后强制设置 CPSR 的值，使系统进入管理模式，同时切换到 ARM 状态；设置 CPSR 的 I 位为 1，用来禁止 IRQ 中断，最后设置 PC 使其从软件中断向量地址 0x00000008（或者 0xFFFF0008）取下一条指令执行。伪代码描述如下：

R14 _ svc = address of next instruction after the SWI instruction

SPSR _ svc = CPSR

CPSR [4：0] = 0b10011　　/ * 进入管理模式 * /

CPSR [5] = 0　　　　　　/ * 在 ARM 状态执行 * /

　　　　　　　　　　　　/ * CPSR [6] 不变 * /

CPSR [7] = 1　　　　　　/ * 禁止正常中断 * /

If high vectors configured then

　　PC = 0xFFFF0008

else

　　PC = 0x00000008

当处理器发生指令预取中止时，系统将下一条指令的地址存入 R14 _ abt，同时将 CPSR 的值复制到 SPSR _ abt 中；然后强制设置 CPSR 的值，使系统进入中止模式，同时切换到 ARM 状态；设置 CPSR 的 I 位为 1，用来禁止 IRQ 中断，最后设置 PC 使其从预取指令中止向量地址 0x0000000C（或者 0xFFFF000C）取下一条指令执行。伪代码描述如下：

R14 _ abt = address of the aborted instruction + 4

SPSR _ abt = CPSR

CPSR [4：0] = 0b10111　　/ * 进入指令预取中止模式 * /

CPSR [5] = 0　　　　　　/ * 在 ARM 状态执行 * /

　　　　　　　　　　　　/ * CPSR [6] 不变 * /

CPSR [7] = 1　　　　　　/ * 禁止正常中断 * /

If high vectors configured then

　　PC = 0xFFFF000C

else

　　PC = 0x0000000C

当处理器发生数据预取中止时，系统将下一条指令的地址存入 R14 _ abt，同时将 CPSR 的值复制到 SPSR _ abt 中；然后强制设置 CPSR 的值，使系统进入中止模式，同时切换到 ARM 状态；设置 CPSR 的 I 位为 1，用来禁止 IRQ 中断，最后设置 PC 使其从数据中止向量地址 0x00000010（或者 0xFFFF0010）取下一条指令执行。伪代码描述如下：

R14 _ abt = address of the aborted instruction + 8

SPSR _ abt = CPSR

CPSR [4：0] = 0b10111　　/ * 进入中止模式 * /

CPSR [5] = 0　　　　　　/ * 在 ARM 状态执行 * /

　　　　　　　　　　　　/ * CPSR [6] 不变 * /

```
    CPSR [7] = 1                    /*禁止正常中断*/
    If high vectors configured then
        PC = 0xFFFF0010
    else
        PC = 0x00000010
```

当处理器发生 IRQ 异常中断时，系统将下一条指令的地址存入 R14_irq，同时将 CPSR 的值复制到 SPSR_irq 中；然后强制设置 CPSR 的值，使系统进入 IRQ 模式，同时切换到 ARM 状态；设置 CPSR 的 I 位为 1，用来禁止 IRQ 中断，最后设置 PC 使其从 IRQ 向量地址 0x00000018（或者 0xFFFF0018）取下一条指令执行。伪代码描述如下：

```
    R14_irq = address of next instruction to be executed + 4
    SPSR_irq = CPSR
    CPSR [4：0] = 0b10010            /*进入 IRQ 模式*/
    CPSR [5] = 0                     /*在 ARM 状态执行*/
                                     /*CPSR [6] 不变*/
    CPSR [7] = 1                     /*禁止正常中断*/
    If high vectors configured then
        PC = 0xFFFF0018
    else
        PC = 0x00000018
```

当处理器发生 FIQ 异常中断时，系统将下一条指令的地址存入 R14_fiq，同时将 CPSR 的值复制到 SPSR_fiq 中；然后强制设置 CPSR 的值，使系统进入 FIQ 模式，同时切换到 ARM 状态；设置 CPSR 的 I 位和 F 位为 1，用来禁止 IRQ 中断和 FIQ 中断，最后设置 PC 使其从 FIQ 向量地址 0x0000001C（或者 0xFFFF001C）取下一条指令执行。伪代码描述如下：

```
    R14_fiq = address of next instruction to be executed + 4
    SPSR_fiq = CPSR
    CPSR [4：0] = 0b10001            /*进入 FIQ 模式*/
    CPSR [5] = 0                     /*在 ARM 状态执行*/
    CPSR [6] = 1                     /*禁止快速中断*/
    CPSR [7] = 1                     /*禁止正常中断*/
    If high vectors configured then
        PC = 0xFFFF001C
    else
        PC = 0x0000001C
```

2. 从异常返回

异常处理完毕后，可以通过以下的基本操作完成从异常中断处理程序中返回。

- 将链接寄存器 LR 的值减去相应的偏移量后送到 PC 中；
- 将 SPSR 的值复制回 CPSR 中；

- 清除中断禁止位。

异常返回时非常重要的问题是返回地址的确定。在上面提到进入异常时处理器会有一个保存 LR 的动作，但是该保存值并不一定是正确的中断返回地址。下面以一个简单的指令执行流水状态图来对此加以说明，如图 2.9 所示。

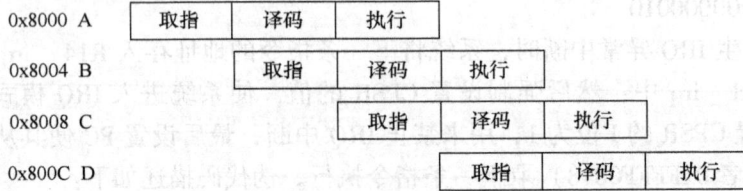

0x8000 A	取指	译码	执行				
0x8004 B		取指	译码	执行			
0x8008 C			取指	译码	执行		
0x800C D				取指	译码	执行	

图 2.9   ARM 状态下三级指令流水线执行示例

在 ARM 体系结构里，PC 值指向当前执行指令的地址加 8 处。也就是说，当执行指令 A （地址 0x8000）时，PC 等于指令 C 的地址（0x8008）。假如指令 A 是 "BL" 指令，则当执行时，会把 PC（=0x8008）保存到 LR 寄存器里面，但是接下去处理器会马上对 LR 进行一个自动的调整动作：LR = LR － 0x4。这样，最终保存在 LR 里面的是 B 指令的地址，所以当从 BL 返回时，LR 里面正好是正确的返回地址。

同样的调整机制在所有 LR 自动保存操作中都存在，比如进入中断响应时处理器所做的 LR 保存中，也进行了一次自动调整，并且调整动作都是 LR = LR － 0x4。下面对各种异常返回进行归纳总结。

1）SWI 和未定义指令异常中断返回。SWI 和未定义指令异常中断都是由当前执行的指令自身产生，所以这两种异常返回地址是一致的。下面以 SWI 为例，假设 A（地址 0x8000）为 "SWI" 指令。当执行指令 A 时，产生 SWI 异常中断，程序计数器 PC 的值还未更新，它指向当前指令后面第 2 条即 C 指令（地址 0x8008），处理器将值（PC － 4 = 0x8004）保存到 SWI 模式下 LR 寄存器，正是当前指令的下一条指令 B 处。因此，返回操作可以通过下面的指令来实现：

MOV   PC，LR

2）FIQ 和 IRQ 异常中断返回。处理器执行完当前指令后，查询 IRQ 中断引脚及 FIQ 中断引脚，并且查看系统是否允许 IRQ 中断及 FIQ 中断。如果有中断引脚有效，并且系统允许该中断产生，处理器将产生 IRQ 异常中断或 FIQ 异常中断。

假设处理器执行完 A 指令后，查询中断引脚有效，产生 IRQ 或 FIQ 异常中断，当前 PC 值已经更新为 D 指令的地址（0x800C），处理器将值（PC － 4 = 0x8008）即 C 指令的地址保存到异常模式下的寄存器 LR 中。要想中断返回时执行 B 指令，可以通过下面的指令来实现：

SUBS   PC，LR，#4

3）指令预取中止异常返回。在指令预取时，如果目标地址是非法的，该指令被标记成有问题的指令。这时，流水线上该指令之前的指令继续执行。当执行到该被标记成有问题的指令时，处理器产生指令预取中止异常中断。

当产生指令预取中止异常中断时，程序要返回到该有问题的指令处，重新读取并执行该指令。因此指令预取中止异常中断程序应该返回到产生该指令预取中止异常中断的指令处，而不是像前两种情况下返回到发生异常的指令的下一条指令。

指令预取中止异常中断是由当前执行的指令自身产生的，假设执行指令 A 时，产生指令预取中止异常中断，PC 值还未更新，它指向当前指令后面第 2 条即 C 指令（地址 0x8008），处理器将值（PC－4＝0x8004）即 B 指令地址，保存到异常模式下的 LR 寄存器。要想中断返回时 PC 指到 A 地址处，可以通过下面的指令来实现：

SUBS   PC，LR，#4

4）数据访问中止异常返回。当发生数据访问中止异常中断时，程序要返回到该有问题的数据访问处，重新访问该数据。因此数据访问中止异常中断程序应该返回到产生该数据访问中止异常中断的指令处。

数据访问中止异常中断是由数据访问指令产生的，假设执行指令 A 时，产生数据访问中止异常中断，PC 的值已经更新为 D 指令的地址（0x800C），处理器将值（PC－4＝0x8008）即 C 指令的地址保存到数据访问中止模式的 LR 中。要想中断返回到产生该数据访问中止的指令 A 处（地址 0x8000），可以通过下面的指令来实现：

SUBS   PC，LR，#8

如果原来的指令执行状态是 Thumb，异常返回地址的分析与此类似，对 LR 的调整正好与 ARM 状态完全一致。

总结七种异常返回指令，如表 2.7 所示。

表 2.7　异常返回指令表

异　　常	返回指令
软件中断	MOVS PC, LR　　　　　　　　　　　　　　　 ; R14 _ svc
未定义指令	MOVS PC, LR ; R14 _ und
快速中断 FIQ	SUBS PC, LR, #4 ; R14 _ fiq
外部中断 IRQ	SUBS PC, LR, #4 ; R14 _ irq
中止（预取指令）	SUBS PC, LR, #4 ; R14 _ abt
中止（数据）	SUBS PC, LR, #8 ; R14 _ abt
复位	NA（不需要返回）

2.6.3　ARM 异常向量表

在 2.6.2 节中，提到某种异常产生后，系统会强制跳到固定地址开始执行程序，这些固定的地址称为异常向量表。异常向量表可以存放在存储地址的低端或者高端，通常会存放在低端。在 ARM 体系中，异常中断向量表的大小为 32 字节。其中，每个异常中断占据 4 个字节的大小。异常向量表如表 2.8 所示。

表 2.8　异常向量表

异　　常	异常向量地址（通常）	高向量地址
复位	0x0000, 0000	0xFFFF, 0000
未定义指令	0x0000, 0004	0xFFFF, 0004
软件中断	0x0000, 0008	0xFFFF, 0008
中止（预取指令）	0x0000, 000C	0xFFFF, 000C

（续）

异　常	异常向量地址（通常）	高向量地址
中止（数据）	0x0000，0010	0xFFFF，0010
保留	0x0000，0014	0xFFFF，0014
外部中断 IRQ	0x0000，0018	0xFFFF，0018
快速中断 FIQ	0x0000，001C	0xFFFF，001C

每个异常中断对应的中断向量表中的 4 个字节的空间中存放了一个跳转指令或者一个向 PC 寄存器中赋值的数据访问指令。通过这两种指令，程序将跳转到相应的异常中断处理程序处执行。但是，要注意的是要将程序放在跳转指令能够跳转的范围内，否则会出现错误。

2.6.4　ARM 异常优先级

当多个异常同时发生时，系统必须按照一定的次序来处理这些异常中断。在 ARM 中，通过给各异常中断赋予一定的优先级来实现这种次序。异常优先级由高到低的排列次序如表 2.9 所示。

表 2.9　异常优先级

优　先　级	异　常
1（最高）	复位
2	数据中止
3	快速中断 FIQ
4	外部中断 IRQ
5	预取指令中止
6（最低）	未定义指令，SWI

2.6.5　ARM 异常中断使用的寄存器

当异常中断发生时，系统会自动切换到相应的处理器工作模式，各个异常都对应固定的处理器模式，如表 2.10 所示。

表 2.10　异常对应的处理器工作模式

异　常	模　式
复位	管理模式
未定义指令	未定义模式
软件中断	管理模式
中止（预取指令）	中止模式
中止（数据）	中止模式
保留	保留
外部中断 IRQ	外部中断模式
快速中断 FIQ	快速中断模式

因为各个处理器工作模式都有对应的物理寄存器，因此，各个异常也都有相应的物理寄

存器。例如，复位异常有自己的寄存器 R13 _ svc、R14 _ svc 和 SPSR _ svc，fiq 异常有自己的寄存器 R8 _ fiq ~ R14 _ fiq 和 SPSR _ fiq。另外，在异常处理过程中，除了可以使用自己的寄存器外，也还可以使用未分组寄存器、CPSR 和 R8 ~ R12（除 fiq 异常之外）。具体的各个异常处理中可以使用的寄存器组如表 2.11 所示。

表 2.11　异常处理使用的寄存器组

复位异常与 软件中断	指令预取中止与 数据访问中止	未定义指令中止	外部中断请求 （IRQ）	快速中断请求 （FIQ）
R0	R0	R0	R0	R0
R1	R1	R1	R1	R1
R2	R2	R2	R2	R2
R3	R3	R3	R3	R3
R4	R4	R4	R4	R4
R5	R5	R5	R5	R5
R6	R6	R6	R6	R6
R7	R7	R7	R7	R7
R8	R8	R8	R8	R8 _ fiq
R9	R9	R9	R9	R9 _ fiq
R10	R10	R10	R10	R10 _ fiq
R11	R11	R11	R11	R11 _ fiq
R12	R12	R12	R12	R12 _ fiq
R13 _ svc	R13 _ abt	R13 _ und	R13 _ irq	R13 _ fiq
R14 _ svc	R14 _ abt	R14 _ und	R14 _ irq	R14 _ fiq
PC	PC	PC	PC	PC
CPSR	CPSR	CPSR	CPSR	CPSR
SPSR _ svc	SPSR _ abt	SPSR _ und	SPSR _ irq	SPSR _ fiq

注：异常处理程序中使用除自己的物理寄存器外的其他寄存器，要将这些寄存器保存，在异常处理完后，再将这些寄存器恢复出来。

2.7　ARM 存储器和存储器映射 I/O

2.7.1　ARM 体系的存储空间

ARM 体系结构使用 2^{32} 个字节的单一、线性地址空间。这些字节单元的地址是一个无符号的 32 位数值，其取值范围为 0 到 $2^{32} - 1$。

ARM 的地址空间可以看作由 2^{30} 个 32 位的字组成的。每个字的地址是字对齐的，因此字的地址可被 4 整除。字对齐地址是 A 的字由 A、A + 1、A + 2 和 A + 3 的 4 个字节组成。

ARM 的地址空间也可以看作由 2^{31} 个 16 位的半字组成的。每个半字的地址是半字对齐的，因此半字的地址可被 2 整除。半字对齐地址是 A 的半字由 A 和 A + 1 的 2 个字节组成。

各存储单元的地址作为 32 位的无符号数，可以进行常规的整数运算。这些运算的结果进行 2^{32} 取模。也就是说，运算结果发生上溢出和下溢出时，地址将会发生卷绕。

2.7.2　ARM 存储器格式

在 ARM 体系中，对于字对齐的地址 A，地址空间规则如下：

- 地址为 A 的字由地址为 A、A+1、A+2 和 A+3 的字节组成；
- 地址为 A 的半字由地址为 A 和 A+1 的字节组成；
- 地址为 A+2 的半字由地址为 A+2 和 A+3 的字节组成；
- 地址为 A 的字由地址为 A 和 A+2 的半字组成。

根据以上地址空间规则，组成一个字的 4 个字节哪一个是高位字节，哪一个是低位字节还没有确定，据此可以将存储数据的格式分为大端格式和小端格式。

1. 大端格式

对于地址为 A 的字由地址为 A、A+1、A+2 和 A+3 的字节组成，其中字节单元由高位到低位字节地址顺序为 A、A+1、A+2、A+3。对于地址为 A 的字由地址为 A 和 A+2 的半字组成，其中半字单元由高位到低位的地址顺序为 A、A+2。对于地址为 A 的半字由地址为 A 和 A+1 的字节组成，其中字节单元由高位到低位字节地址顺序为 A、A+1。这种存储格式如图 2.10 所示。

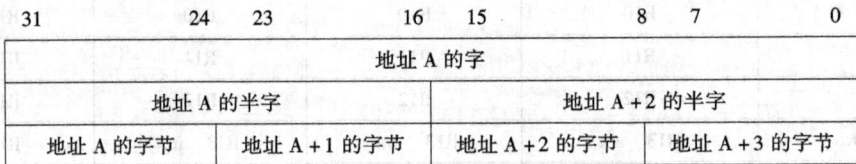

31　　　　　24	23　　　　　16	15　　　　　8	7　　　　　0
地址 A 的字			
地址 A 的半字		地址 A+2 的半字	
地址 A 的字节	地址 A+1 的字节	地址 A+2 的字节	地址 A+3 的字节

图 2.10　大端格式

2. 小端格式

对于地址为 A 的字由地址为 A、A+1、A+2 和 A+3 的字节组成，其中字节单元由高位到低位字节地址顺序为 A+3、A+2、A+1、A。对于地址为 A 的字由地址为 A 和 A+2 的半字组成，其中半字单元由高位到低位的地址顺序为 A+2、A。对于地址为 A 的半字由地址为 A 和 A+1 的字节组成，其中字节单元由高位到低位字节地址顺序为 A+1、A。这种存储格式如图 2.11 所示。

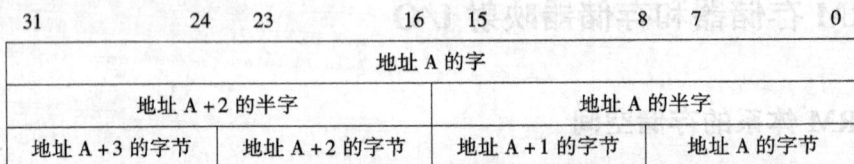

31　　　　　24	23　　　　　16	15　　　　　8	7　　　　　0
地址 A 的字			
地址 A+2 的半字		地址 A 的半字	
地址 A+3 的字节	地址 A+2 的字节	地址 A+1 的字节	地址 A 的字节

图 2.11　小端格式

2.7.3　非对齐存储访问操作

在 ARM 中，通常希望字单元的地址是字对齐的（地址的低两位都为零），半字单元的地址是半字对齐的（地址的最低位为零）。在存储访问操作中，如果存储单元的地址没有遵守上述的对齐规则，则称为非对齐（Unaligned）的存储访问操作。

1. 非对齐的指令预取操作

当处理器处于 ARM 状态期间，如果写入到寄存器 PC 中的值是非字对齐的（低两位不都为零），要么指令执行的结果不可预知，要么地址值中最低两位被忽略；当处理器处于 Thumb 状态期间，如果写入到寄存器 PC 中的值是非半字对齐的（最低位不为零），要么指令执行的结果不可预知，要么地址值中最低位被忽略。

如果系统中指定，当发生非对齐的指令预取操作时忽略地址值中相应的位，则由存储系统实现这种"忽略"。也就是说，这时该地址值原封不动地送到存储系统。

2. 非对齐的数据访问操作

对于 Load/Store 操作，如果是非对齐的数据访问操作，系统定义了下面三种可能的结果：
- 执行的结果不可预知；
- 忽略字单元地址低两位的值，即访问地址为（address&0xFFFFFFFC）的字单元；忽略半字单元地址的最低位的值，即访问地址为（address &0xFFFFFFFE）的半字单元；
- 忽略字单元地址值中的低两位的值，忽略半字单元地址的最低位的值。由存储系统实现这种"忽略"。也就是说，这时该地址值原封不动地送到存储系统。

当发生非对齐的数据访问时，到底采用上述三种处理方法中的哪一种，是由各指令系统指定的。

2.7.4　存储器映射 I/O

在 ARM 体系结构中，I/O 操作通常被映射成存储器操作。I/O 的输出操作可以通过存储器写入操作实现；I/O 的输入操作可以通过存储器读取操作实现。这样，I/O 空间就被映射成了存储空间。这些存储器映射的 I/O 空间不满足 Cache 所要求的特性。例如，从一个普通的存储单元连续读取两次，将会返回同样的结果。对于存储器映射的 I/O 空间，连续读取两次，返回的结果可能不同。这可能是由于第一次读操作有副作用或者其他的操作可能影响了该存储器映射的 I/O 单元的内容。因此，对于存储器映射的 I/O 空间的操作就不能使用 Cache 技术，要将存储器映射的 I/O 空间设置成非缓冲的。

2.8　ARM 总线技术

ARM 公司于 1996 提出高级微控制器总线结构（Advanced Microcontroller Bus Architecture，AMBA）。它使片上不同宏单元的连接实现标准化，并被 ARM 处理器广泛用作片上总线结构。

AMBA 规范定义了三种总线：
- AHB（Advanced High-performance Bus）：用于连接高性能系统模块。它支持突发数据传输方式及单个数据传输方式，所有时序参考同一个时钟沿；
- ASB（Advanced System Bus）：用于连接高性能系统模块，它支持突发数据传输模式；
- APB（Advance Peripheral Bus）：是一个简单接口支持低性能的外围接口。

最初的 AMBA 总线包含 ARM 系统总线 ASB 和 ARM 外设总线 APB。后来，ARM 公司提出了另一种总线设计，称为 ARM 高性能总线 AHB。AHB 增强了对更高性能、综合及时序验证的支持。

2.9　ARM 存储系统

为了适应不同嵌入式应用系统的需要，ARM 存储系统的体系结构差别很大。最简单的存储系统使用平板式的地址映射机制，就像一些简单的单片机系统一样，地址空间的分配方式是固定的，系统中各部分都使用物理地址。而一些复杂的系统中可能包含多种类型的存储器件，如 Flash、ROM、SRAM 和 SDRAM 等，必须采用一些相应的技术，才能提供功能更为强大的存储系统。下面介绍几种典型技术。

2.9.1　高速缓冲存储器 Cache 和紧耦合存储器 TCM

Cache 是一种容量小、速度快的存储器阵列。它位于主存和处理器内核之间，保存着最近一段时间处理器涉及到的主存中内容。在需要进行数据读取操作时，为了改善系统性能，处理器尽可能从 Cache 中读取数据，而不是从主存中获取数据。Cache 的主要目标就是，减少慢速存储器给处理器内核造成的存储器访问瓶颈问题的影响。

带有 Cache 的 ARM 内核采用冯·诺依曼结构或哈佛结构，与这两种总线结构相对应，分别有不同的 Cache 设计来支持。

在使用冯·诺依曼结构的处理器内核中，只有一个数据和指令公用的 Cache。这种类型的 Cache 被称作统一 Cache（或混合 Cache），它可以存储指令和数据。

哈佛结构将指令总线和数据总线分离，以改善系统的综合性能。为了支持两种总线，需要两种 Cache。所以在使用哈佛结构的处理器中，存在两种 Cache：指令 Cache（I-Cache）和数据 Cache（D-Cache），指令被存储在指令 Cache 中，而数据被存储在数据 Cache 中。

Cache 改善了系统的整体性能，但也使程序的执行时间变得不可预测。对于实时系统来说，代码执行的确定性——装载和存储指令或数据的时间必须是可预测的，使用紧耦合存储器（Tightly Coupled Memory，TCM）就可以实现上述要求。

TCM 是一种快速 SRAM，它紧挨内核，并且保证取指或数据操作的时钟周期数——这对于一些要求确定行为的实时算法是很重要的。TCM 位于存储器地址映射中，可作为快速存储器来访问。

结合 Cache 和 TCM 两项技术，ARM 处理器既能够改善性能，又能够获得可预测的实时响应。

2.9.2　存储管理

嵌入式系统通常使用多种存储设备，因此有必要实施某种策略来组织管理这些设备，并保护系统，避免一些应用非法访问硬件。可以使用存储器管理硬件来实现这些功能。

ARM 内核的存储器管理硬件有三种不同类型：没有提供扩展，没有硬件保护（无保护）；提供有限保护的存储器保护单元（Memory Protection Unit，MPU）；提供全面保护的存储器管理单元（Memory Management Unit，MMU）。

1. 无保护存储器

只能提供非常有限的灵活性。它通常用于小的、简单的嵌入式系统，这种系统由于其应用特点而不要求存储器保护。

2. 存储器保护单元

很多的 ARM 处理器配备了有效保护系统资源的硬件，或者通过存储器保护单元（MPU），或者通过存储器管理单元（MMU）。MPU 对一些由软件定义的区域提供硬件保护。

在受保护的系统中，主要有两类资源需要监视：存储器系统和外部设备。ARM 的外部设备通常都映射到存储器中，因此 MPU 就使用同样的方法来保护这两类资源。

ARM 的 MPU 使用区域（Region）来管理系统保护。区域是与一个存储空间相关联的一组属性，处理器核将这些属性保存在协处理器 CP15 的一些寄存器里，并用 0 ~ 7 的号码标识每个区域。

要实现一个受保护系统，控制系统对主存中的不同块定义若干区域。一个区域可以被创建一次，然后一直作用到系统运行结束；也可以被临时创建来满足一个特殊操作的需要，随后被删除。

当处理器访问主存的一个区域时，MPU 比较该区域的访问权限属性和当时的处理器模式。如果请求符合区域访问标准，则 MPU 允许内核读写主存；如果存储器请求导致存储器访问违例，则 MPU 产生一个异常信号。

3. 存储管理单元

MMU 提供的一个关键服务是，能使各个任务作为各自独立的程序在其自己的私有存储空间中运行。在带 MMU 的操作系统控制下，运行的任务无须知道其他与之无关的任务的存储需求情况，这就简化了各个任务的设计。

在 ARM 系统中，存储管理单元 MMU 主要完成以下工作：

- 虚拟存储空间到物理存储空间的映射。ARM 中采用了页式虚拟存储管理。它把虚拟地址空间分成一个个固定大小的块，每一块成为一页，把物理内存的地址空间也分成同样大小的页。页的大小可以分为粗粒度和细粒度两种；
- 存储器访问权限的控制；
- 设置虚拟存储空间的缓冲的特性。

页表（Translate Table）是实现上述这些功能的重要手段，它是一个位于内存中的表，系统通常有一个寄存器来保存页表的基地址。表的每一行对应于虚拟存储空间的一个页，该行包含了该虚拟内存页对应的物理内存页的地址、该页的访问权限和该页的缓冲特性等。从虚拟地址到物理地址的变换过程其实就是查询页表的过程。

2.10　基于 JTAG 的调试系统

本节以 ARM7TDMI 为例，介绍 ARM 体系结构中 JTAG（Joint Test Action Group，联合测试行动组）调试接口。

1. 基于 JTAG 的调试系统的结构

基于 JTAG 的调试系统的结构一般包括三部分：位于主机上的调试器，如 ARM 公司的 AXD 调试器；包括硬件嵌入式调试部件的目标系统；在主机和目标系统之间进行协议分析、转换的模块，如 JTAG 仿真器。如图 2.12 所示。

为了对代码运行过程进行实时跟踪，ARM 提供了完整的实时调试解决方案，如图 2.13 所示。

图 2.12　基于 JTAG 的调试系统结构

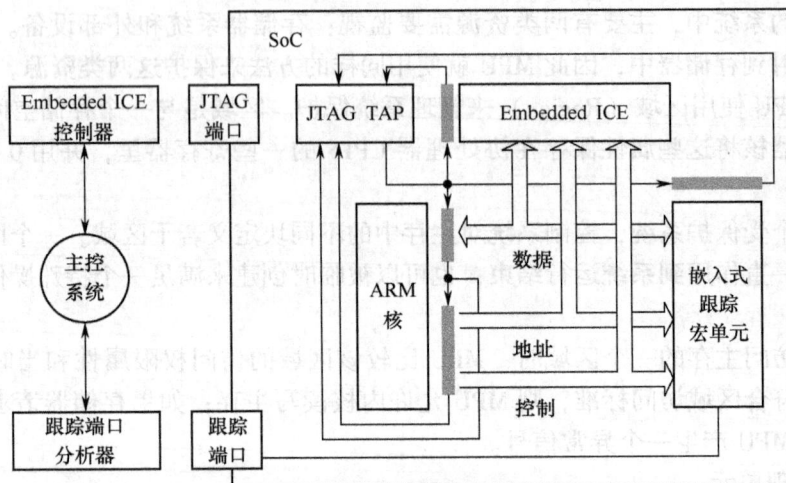

图 2.13　实时调试系统的结构

下面分别介绍目标系统中的几个硬件调试逻辑。

2. JTAG 边界扫描

为了实现在线仿真功能，JTAG 制定了边界扫描标准，即 IEEE-1149.1 标准。由于 JTAG 调试的目标程序是在目标板上执行，仿真更加接近于目标硬件。

基于 JTAG 的 ARM 的内核调试通道，具有典型的 ICE（In-Circuit Emulator）功能，包含有 Embedded ICE 模块的基于 ARM 的 SoC 芯片通过 JTAG 调试端口与主计算机连接。通过配置，支持正常的断点、观察点以及处理器和系统状态访问，完成调试。

JTAG 仿真器是通过 ARM 处理器的 JTAG 边界扫描接口与目标机通信进行调试，并可以通过并口或串口、USB 口等与宿主机 PC 通信。

3. Embedded ICE

ARM 的 Embedded ICE 调试结构是一种基于 JTAG 的 ARM 内核调试通道，提供了传统的在线仿真系统的大部分功能，可调试一个复杂系统中的 ARM 核。

Embedded ICE 模块包括两个观测点寄存器和控制与状态寄存器。当地址、数据和控制信号与观察点寄存器的编程数据相匹配时，也就是触发条件满足时，观察点寄存器可以中止处理器。由于比较是在屏蔽控制下进行的，因此当 ROM 或 RAM 中的一条指令执行时，任何一个观察点寄存器均可配置为能够中止处理器的断点寄存器。

基于 ARM 的包括 Embedded ICE 模块的系统芯片通过 JTAG 端口和协议转换器与主计算机连接。这种配置支持正常的断点、观察点以及处理器和系统状态访问，这是程序设计人员在基于 ICE 的调试中习惯采用的方式。

4. 测试访问端口控制器

测试访问端口（Test Access Port，TAP）控制器控制测试接口的操作。在 ARM7TDMI 处理器中，Embedded ICE 逻辑部件提供了集成在芯片内的对内核进行调试的功能。这部分功能是通过处理器上的 TAP 控制器串行控制的。

5. 嵌入式跟踪宏单元

嵌入式实时跟踪系统包括嵌入式跟踪宏单元（Embedded Trace Macrocell，ETM）、跟踪端口分析器、跟踪调试软件三部分。

ETM 通过嵌入式实时跟踪系统，实时观察其操作过程，对应用程序的调试将更加全面、客观和真实。ETM 驻留在 ARM 处理器上，用以监控内部总线，并能以核速度无妨碍地跟踪指令和数据的访问。ETM 直接连接到 ARM 内核而不是主 AMBA 系统总线，这样就能够实现对正在执行的处理器进行代码的实时跟踪。ETM 可以不停止 CPU 的运行而实时监视芯片总线的信息，并把设定触发范围内的所有信息在 CPU 运行的同时通过压缩的方式送到外部的跟踪分析器中。

跟踪分析器在芯片外部通过跟踪端口（另外一个不同于 JTAG 的接口）获取信息，因为是压缩的数据，所以分析器不需要采用与 ETM 实时跟踪相同的速度，从而大大降低了分析的成本，并增加了存储的容量。

运行在 PC 端的跟踪调试软件可以把来自分析器的数据重新组织起来，将其解压缩以提供执行代码的完整反汇编，并重现处理器的历史状态和数据、程序流程，还可将执行代码与原高级代码链接以提供代码如何在目标系统执行的信息，使调试者快速理解跟踪数据。

本 章 小 结

本章首先介绍了微处理器的一些关键技术，如冯·诺依曼结构和哈佛结构、RISC 技术和 CISC 技术、流水线技术，接着介绍了 ARM 体系结构的发展和特征，然后详细介绍了处理器工作状态、寄存器的组织、异常处理、ARM 存储器映射和 ARM 内核技术等内容。

思考题与习题

2.1　ARM 体系结构的特征有哪些？

2.2　ARM 的工作状态分为哪两种？它们是如何切换的？

2.3　ARM 有哪几种处理器模式？

2.4　在复位后，ARM 处理器处于何种模式、何种状态？

2.5　ARM 核有多少个寄存器？

2.6　什么寄存器用于存储 PC 和链接寄存器？

2.7　R13 通常用来存储什么？

2.8　哪种模式使用的寄存器最少？

2.9　CPSR 的哪一位反映了处理器的状态？

2.10　所有的 Thumb 指令采取什么对齐方式？

2.11　ARM 有哪几个异常类型？

2.12　简要阐述 ARM 的异常处理过程。

2.13　哪些机制使得 FIQ 响应速度快？

第 3 章　ARM 指令系统

本章主要从 ARM 指令寻址方式、ARM 指令分类等几个方面全面系统地介绍 ARM 指令集，并给出了指令使用例子和实现一定功能的汇编语言程序段。本章最后简要介绍 Thumb 指令集的概念、特点，并与 ARM 指令进行了对比。通过本章的学习，可以使学生掌握 ARM 汇编指令的使用和汇编语言程序设计的方法。

3.1　ARM 指令集概述

ARM 处理器是基于精简指令集计算机（RISC）原理设计的，与基于复杂指令集计算机原理设计的处理器相比较，指令集和相关译码机制较为简单。ARM 指令有 32 位 ARM 指令集和 16 位 Thumb 指令集，ARM 指令集效率高，但是代码密度低；而 Thumb 指令集具有较高的代码密度，却仍然保持 ARM 的大多数性能上的优势，它是 ARM 指令集的子集。

所有的 ARM 指令都是可以有条件执行的，而 Thumb 指令仅有一条指令具备条件执行功能。ARM 程序和 Thumb 程序可相互调用，相互之间的状态切换开销几乎为零。

ARM 微处理器的指令集是加载/存储型的，也即指令集仅能处理寄存器中的数据，而且处理结果都要放回寄存器中，而对系统存储器的访问则需要通过专门的加载/存储指令来完成。

3.1.1　指令分类和指令格式

1. 指令分类

ARM 指令集可以分为跳转指令、数据处理指令、程序状态寄存器（PSR）处理指令、加载/存储指令、协处理器指令和异常产生指令六大类。

2. 指令格式

ARM 指令使用的基本格式如下：

< opcode >　{ < cond > }　{S}　　< Rd >，< Rn >，< shifter_operand >

指令格式中使用的符号说明如下：

< opcode >	操作码：指令助记符，如 MOV、ADD 等。
{ < cond > }	可选条件码：指令执行条件，如 EQ、GT 等。
{S}	可选后缀，指令的操作是否影响 CPSR 的值。
< Rd >	目标寄存器，如 R1、R2 等。
< Rn >	存放第 1 个操作数的寄存器，如 R1、R2 等。
< shifter_operand >	第 2 个操作数，如#2 等。

"< >" 内的项是必需的。

"{}" 内的项是可选的。

3.1.2　ARM 指令的条件码

指令格式中｛<cond>｝是可选的条件码。每一条 ARM 指令包含 4 位的条件码，位于指令的高四位 [31：28]。可以使用的条件码如表 3.1 所示。

每种条件码用两个英文缩写字符表示其含义，这两个字符可以添加在指令助记符的后面和指令同时使用。例如，跳转指令 B 可以加上后缀 EQ 变为 BEQ，表示"相等则跳转"，即当 CPSR 中的 Z 标志置位时发生跳转。

当处理器工作在 ARM 状态时，几乎所有的指令均可根据 CPSR 中条件码的状态和指令的条件域有条件的执行。当指令的执行条件满足时，指令被执行。

几乎所有的 ARM 数据处理指令均可以根据执行结果来选择是否更新条件码标志。若要更新条件码标志，则指令中须包含后缀 S。

一些指令（CMP，CMN，TST，TEQ）不需要后缀 S。

一些指令只更新部分标志，而不影响其他标志。

表 3.1　条件码助记符

条件码	助记符后缀	标　志	含　义
0000	EQ	Z 置位	相等
0001	NE	Z 清零	不相等
0010	CS/HS	C 置位	无符号数大于或等于
0011	CC/LO	C 清零	无符号数小于
0100	MI	N 置位	负数
0101	PL	N 清零	正数或零
0110	VS	V 置位	溢出
0111	VC	V 清零	未溢出
1000	HI	C 置位 Z 清零	无符号数大于
1001	LS	C 清零 Z 置位	无符号数小于或等于
1010	GE	N 等于 V	带符号数大于或等于
1011	LT	N 不等于 V	带符号数小于
1100	GT	Z 清零且（N 等于 V）	带符号数大于
1101	LE	Z 置位或（N 不等于 V）	带符号数小于或等于
1110	AL	忽略	无条件执行

3.1.3　ARM 指令集编码

不同的 ARM 体系结构版本支持的指令是不同的，但是新的版本一般都兼容以前的版本。ARM 指令集是以 32 位二进制编码的方式给出的，大部分的指令编码中定义了第一操作数、第二操作数、目的操作数、条件标志影响位。每条 32 位 ARM 指令对应不同的二进制编码方式，实现不同的指令功能。ARM 指令集编码如图 3.1 所示。

31 30 29 28	27 26 25 24 23 22 21 20	19 18 17 16	15 14 13 12	11 10 9 8	7 6 5 4	3 2 1 0	
cond	0 0 0 0 0 0 A S	Rd	Rn	Rs	1 0 0 1	Rm	乘法（乘加）
cond	0 0 0 0 1 U A S	RdHi	RdLo	Rs	1 0 0 1	Rm	长乘（乘加）
cond	0 0 0 1 0 B 0 0	Rn	Rd	0 0 0 0	1 0 0 1	Rm	数据交换
cond	0 0 0 1 0 0 1 0	1 1 1 1	1 1 1 1	1 1 1 1	0 0 0 1	Rm	跳转交换
cond	0 0 0 P U 0 W L	Rn	Rd	0 0 0 0	1 S H 1	Rm	半字存取寄存器偏移
cond	0 0 0 P U 1 W L	Rn	Rd	offset	1 S H 1	offset	半字存取立即数偏移
cond	0 0 I opcode S	Rn	Rd	operand2			数据处理
cond	0 1 I P U B W L	Rn	Rd	offset			单寄存器存取
cond	1 0 0 P U S W L	Rn	register list				多寄存器存取
cond	1 0 1 L	offset					跳转
cond	1 1 0 P U N W L	Rn	CRd	cp_num	offset		协处理器数据存取
cond	1 1 1 0 op1	CRn	CRd	cp_num	op2 0	CRm	协处理器数据操作
cond	1 1 1 0 op1 L	CRn	Rd	cp_num	op2 1	CRm	协处理器寄存器传送
cond	1 1 1 1	swi number					软中断

31 30 29 28 27 26 25 24 23 22 21 20 19 18 17 16 15 14 13 12 11 10 9 8 7 6 5 4 3 2 1 0

图 3.1　ARM 指令集编码

3.2　ARM 指令寻址方式

寻址方式是根据指令编码中给出的地址码字段寻找真实操作数的方式。ARM 处理器所支持的寻址方式有以下九种：

- 立即寻址
- 寄存器寻址
- 寄存器移位寻址
- 寄存器间接寻址
- 变址寻址
- 多寄存器寻址
- 堆栈寻址
- 块复制寻址
- 相对寻址

3.2.1　立即寻址

立即寻址也叫立即数寻址，是一种特殊的寻址方式。操作数本身在指令中给出，包含在指令的 32 位编码中，只要取出指令也就取到了操作数。这个操作数被称为立即数，对应的寻址方式也就叫做立即寻址。

SUBS　　　R0, R0, #1　　　　；R0 减 1，结果放入 R0，并且影响标志位

MOV　　　　R0, #0xFF000　　；将立即数 0xFF000 装入 R0 寄存器

第 1 条指令完成把寄存器 R0 的内容减 1，然后再把结果送回到 R0 中，并根据结果设置

相应标志位。第 2 条指令完成把十六进制数 0xFF000 送到 R0 中。

立即数要求以 "#" 为前缀，对于以十六进制表示的立即数，还要求在 "#" 后加上 "0x" 或 "&" 符号。对于二进制数要在 "#" 后加上 "0b"。对于十进制数要在 "#" 后加上 "0d" 或什么也不加（缺省）。

这里值得注意的是有效立即数问题。

ARM 的 32 位指令编码中，如果立即数是 8 位的，那么可以在 32 位编码中直接表示。但是，立即数可能是 32 位的。如何在 32 位 ARM 指令编码中存放 32 位立即数？ARM 指令采用一种间接的方法存放 32 位立即数。

在 ARM 数据处理指令中，当参与操作的第二操作数为立即数时，这个立即数就采用一个 8 位的常数循环右移偶数位而间接得到。可以用下面公式表示：

< immediate > = immed _ 8 循环右移（rotate _ imm * 2）

< immediate >　　　表示有效立即数。

immed _ 8　　　　　表示 8 位常数。

rotate _ imm　　　　表示 4 位的循环右移值。

rotate _ imm * 2　　表示循环右移的位数是一个 4 位二进制数 rotate _ imm 的两倍。

例如，0x3F0　　用这种编码方式可以表示为：

immed _ 8 = 0x3F，rotate _ imm = 0xE

采用这种间接表示方法，一个 32 位立即数在 32 位指令编码中就可以用 12 位编码来表示，即 4 位 rotate _ imm，8 位 immed _ 8。这种表示方法的问题是，不是所有 32 位立即数都是有效的立即数，只有可以通过上面公式得到的才是有效的立即数。因此，在使用立即数时应引起注意。

有效的立即数：

0xFF，0x104，0xFF0，0xFF00，0xFF000，0xFF000000，0xF000000F

无效的立即数：

0x101，0x102，0xFF1，0xFF04，0xFF003，0xFFFFFFFF，0xF000001F

3.2.2　寄存器寻址

寄存器寻址就是利用寄存器中的数值作为操作数。指令中地址码给出的是寄存器编号，寄存器的内容是所需要的操作数。

SUB　R0，R1，R2　　　；将 R1 的值减去 R2 的值，结果保存到 R0

MOV　R1，R2　　　　　；将 R2 的值存入 R1

第 1 条指令完成把寄存器 R1 和 R2 的内容相减，然后把结果送到 R0 中。第 2 条指令完成把寄存器 R2 的内容送到 R1 中。

3.2.3　寄存器移位寻址

寄存器移位寻址是 ARM 指令集特有的寻址方式。当第 2 个操作数是寄存器移位方式时，第 2 个寄存器操作数在与第 1 个操作数结合之前，要进行相应的移位操作。

ADD　　R3，R2，R1，LSL#3　　　　　　；R3←R2 + R1 × 2^3

ADD　　R3，R2，R1，LSL　R4　　　　　；R3←R2 + R1 × 2^{R4}

第 1 条指令完成把寄存器 R1 的内容逻辑左移 3 位，相当于乘以 8，然后再和寄存器 R2 的内容相加，最后把结果送到 R3 中。第 2 条指令完成把寄存器 R1 的内容逻辑左移 R4 位，相当于乘以 2^{R4}，然后再进行相应的操作。

可以采取的移位操作如下：

- LSL　逻辑左移　（Logical Shift Left）
- LSR　逻辑右移　（Logical Shift Right）
- ASR　算术右移　（Arithmetic Shift Right）
- ROR　循环右移　（Rotate Right）
- RRX　带扩展的循环右移　（Rotate Right eXtended by 1 place）

这些移位操作如图 3.2 所示。

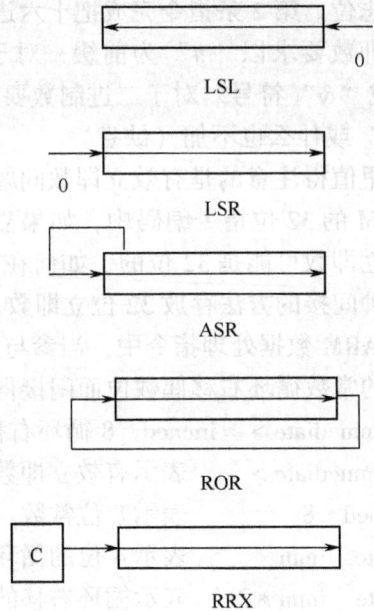

图 3.2　移位操作过程

3.2.4　寄存器间接寻址

寄存器间接寻址就是以寄存器中的值作为操作数的地址，而操作数本身存放在存储器中，即寄存器中的值为操作数的地址指针。ARM 的加载/存储指令都是基于寄存器间接寻址的，通过加载/存储指令完成对存储器的操作。

```
LDR    R0, [R1]           ; R0← [R1]
STR    R0, [R1]           ; [R1] ←R0
```

第 1 条指令完成把寄存器 R1 指向的存储器单元的内容加载到寄存器 R0 中。第 2 条指令完成把寄存器 R0 的内容存储到寄存器 R1 指向的存储器单元。

3.2.5　变址寻址

变址寻址就是将基址寄存器的内容与指令中给出的地址偏移量相加，形成操作数的有效地址。变址寻址常用于访问基地址附近的存储单元。寄存器间接寻址实质上就是偏移量为 0 的基址加偏移寻址。

变址寻址方式分为前索引寻址、自动索引寻址、后索引寻址、基址加索引寻址。

1. 前索引寻址

```
LDR    R0, [R1, #4]       ; R0← [R1 +4]
```

该指令完成把基址寄存器 R1 的内容加上偏移量 4 后得到的地址所指向的存储器单元的内容加载到寄存器 R0 中。

2. 自动索引寻址

```
LDR    R0, [R1, #4]!      ; R0← [R1 +4]、R1←R1 +4
```

"！"表示在完成数据传送后要更新基址寄存器，更新的方法是每执行完一次数据传送，基址寄存器会自动加上偏移量，实现自身的修改。

该指令完成把基址寄存器 R1 的内容加上偏移量 4 后得到的地址所指向的存储器单元的内容加载到寄存器 R0 中，然后把 R1 的内容加 4，再把结果送回到 R1 中。

3. 后索引寻址

LDR　R0，[R1]，#4　　　　; R0← [R1]、R1←R1 +4

该指令完成把基址寄存器 R1 所指向的存储器单元的内容加载到寄存器 R0 中，然后把 R1 的内容加 4，再把结果送回到 R1 中。

4. 基址加索引寻址

LDR　R0，[R1，R2]　　　　　　　　　; R0← [R1 + R2]

LDR　R0，[R1，R2，LSL　#2]　　　　; R0← [R1 + R2 * 2^2]

地址偏移量为寄存器形式的指令很少使用，经常使用的是立即数偏移量形式。

3.2.6 多寄存器寻址

多寄存器寻址方式可以用一条指令完成多个寄存器值的传送。采用这种寻址方式，一条指令可以完成传送 R0 ~ R15 这 16 个寄存器的任何子集或所有寄存器。

LDMIA　R0，{R1, R2, R3 }　　　　; R1← [R0]

　　　　　　　　　　　　　　　　　　; R2← [R0 +4]

　　　　　　　　　　　　　　　　　　; R3← [R0 +8]

该指令完成把寄存器 R0 所指向的连续存储单元的内容加载到寄存器 R1、R2 和 R3 中。

3.2.7 堆栈寻址

堆栈是一块用于保存数据的连续内存，也就是一种按特定顺序进行数据存取的存储区，这种特定的存取顺序可归结为先进后出（FILO）或后进先出（LIFO）。使用一个称作堆栈指针的专用寄存器（SP）指示当前的操作位置，堆栈指针总是指向栈顶。堆栈的操作是通过堆栈指针来实现的。

堆栈既可以向下增长，也可以向上增长，根据堆栈不同的增长方式，可以分为递增堆栈（Ascending Stack）和递减堆栈（Decending Stack）：

* 当堆栈由低地址向高地址增长时，称为递增堆栈；
* 当堆栈由高地址向低地址增长时，称为递减堆栈。

根据堆栈指针指向位置的不同，可分为满堆栈和空堆栈：

* 当堆栈指针指向最后压入堆栈的数据时，称为满堆栈（Full Stack）；
* 当堆栈指针指向下一个将要放入数据的空位置时，称为空堆栈（Empty Stack）。

这样就有四种类型的堆栈工作方式，ARM 处理器支持这四种类型的堆栈工作方式，即：

* 满递增堆栈（FA）：

堆栈指针指向最后压入的数据，且由低地址向高地址增长。

入栈操作指令：STMFA，出栈操作指令：LDMFA。

* 满递减堆栈（FD）：

堆栈指针指向最后压入的数据，且由高地址向低地址增长。

入栈操作指令：STMFD，出栈操作指令：LDMFD。

● 空递增堆栈（EA）：

堆栈指针指向下一个将要放入数据的空位置，且由低地址向高地址增长。

入栈操作指令：STMEA，出栈操作指令：LDMEA。

● 空递减堆栈（ED）：

堆栈指针指向下一个将要放入数据的空位置，且由高地址向低地址增长。

入栈操作指令：STMED，出栈操作指令：LDMED。

例如：

STMFD SP！，{R2，R3}

……

LDMFD SP！，{R2，R3}

第 1 条指令为入栈指令，它把寄存器 R2、R3 这两个寄存器的内容依次存储到堆栈指针 SP 所指向的连续存储单元。第 2 条指令为出栈指令，它把 SP 所指向的连续存储单元的内容按照与存储时相反的顺序加载到寄存器 R2、R3 中。这两条指令用来在进程切换时保存和恢复现场。

上面例子中的入栈和出栈操作顺序如图 3.3 所示。

多寄存器寻址和堆栈寻址的对照关系如表 3.2 所示。

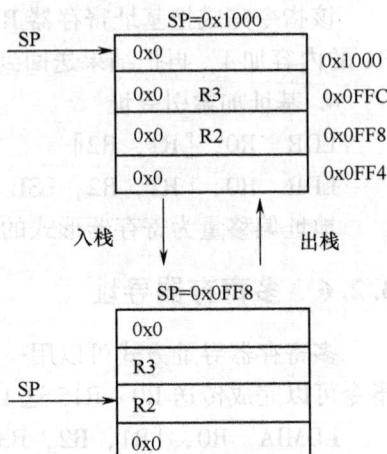

图 3.3 入栈和出栈操作

表 3.2 多寄存器寻址和堆栈寻址对照表

多寄存器寻址	堆栈寻址	向上生长		向下生长	
		满	空	满	空
增加	之前	STMIB			LDMIB
		STMFA			LDMED
	之后		STMIA	LDMIA	
			STMEA	LDMFD	
减少	之前		LDMDB	STMDB	
			LDMEA	STMFD	
	之后	LDMDA			STMDA
		LDMFA			STMED

3.2.8 块复制寻址

块复制寻址是多寄存器传送指令 LDM/STM 的寻址方式。LDM/STM 指令可以把存储器中的一个数据块加载到多个寄存器中，也可以把多个寄存器中的内容保存到存储器中。寻址操作中的寄存器可以是 R0～R15 这 16 个寄存器的子集或是所有寄存器。

根据基地址的增长方向是向上还是向下，以及地址的增减与指令操作的先后顺序（即操作先进行还是地址的增减先进行）的关系，可以有四种寻址方式：

- IB（Increment Before）：

地址增加在先，而后完成操作，如 STMIB，LDMIB。

- IA（Increment After）：

完成操作在先，而后地址增加，如 STMIA，LDMIA。

- DB（Decrement Before）：

地址减少在先，而后完成操作，如 STMDB，LDMDB。

- DA（Decrement After）：

完成操作在先，而后地址减少，如 STMDA，LDMDA。

下面两段代码的寻址方式不一样，但执行的结果是一样的。

使用块复制寻址方式进行堆栈操作

STMDB R13！，{R2 - R7}

……

LDMIA R13！，{R2 - R7}

等价为：

使用堆栈寻址方式进行堆栈操作

STMFD SP！，{R2 - R7}

……

LDMFD SP！，{R2 - R7}

3.2.9 相对寻址

相对寻址是变址寻址的一种变通。相对寻址以程序计数器 PC 的当前值为基地址，指令中的地址标号作为偏移量，将两者相加之后得到操作数的有效地址。

LDR PC，[PC，# + 0xFF0]　　　　; PC ← [PC + 8 + 0xFF0]

3.3 ARM 指令

ARM 指令集可分为六大类：

- 跳转指令
- 数据处理指令
- 程序状态寄存器传送指令
- 加载和存储指令
- 协处理器指令
- 异常产生指令

3.3.1 跳转指令

跳转指令用于实现程序流程的跳转，在 ARM 程序中有两种方法可以实现程序流程的跳转：

- 使用专门的跳转指令。
- 直接向程序计数器 PC 写入跳转地址值。

ARM 指令集中的跳转指令可以完成从当前指令向前或向后的 32MB 的地址空间的跳转，包括以下四条指令：

- B   跳转指令
- BL   带返回的跳转指令
- BX   带状态切换的跳转指令
- BLX   带返回和状态切换的跳转指令（ARM 版本 V5T 支持）

1. 跳转指令 B

（1）功能说明

跳转指令 B 是最简单的跳转指令。一旦遇到一个 B 指令，程序计数器 PC 将立即跳转到给定的目标地址，从那里继续执行。

（2）汇编格式

跳转指令 B 的汇编格式为：

B ｛＜cond＞｝   ＜target＿address＞

｛＜cond＞｝   可选的条件码符号，缺省时为 AL，即无条件转移。

＜target＿address＞   指令跳转的目标地址。指令通过下面的方法计算目标地址：先对指令中定义的有符号的 24 位偏移量用符号位扩展为 32 位，再左移 2 位形成字的偏移，然后将得到的值加到 PC 寄存器中，即得到跳转的目标地址。通过上述方法得到的有效偏移量为 26 位，因此转移指令的转移范围是 −32MB ～ + 32MB。

（3）指令举例

B   WAITA   ; 跳转到 WAITA 标号处

B   0x1234   ; 跳转到绝对地址 0x1234 处

（4）注意事项

ARM 指令为字对齐，传送到 PC 寄存器中的目标地址值的低两位被忽略。

2. 带返回的跳转指令 BL

（1）功能说明

BL 指令是另一个跳转指令，它适用于子程序调用，使用该指令后，下一条指令的地址被复制到 R14（即 LR）链接寄存器中，然后跳转到指定地址运行程序。跳转范围限制在当前指令的 ±32MB 地址内。该指令是实现子程序调用的一个基本但常用的手段。

（2）汇编格式

带返回的跳转指令 BL 的汇编格式为：

BL ｛＜cond＞｝   ＜target＿address＞

（3）指令举例

BL   Label   ; 程序无条件跳转到标号 Label 处执行，同时将跳转指令之
                          ; 后的指令地址保存到 R14 中

（4）注意事项

由于返回地址保存在链接寄存器 LR 中，一般不能嵌套调用下一级子程序。可以采用堆栈把 LR 保存起来，再调用下一级子程序。

3. 带状态切换的跳转指令 BX

（1）功能说明

带状态切换的跳转指令 BX 完成跳转到指令中所指定的目标地址，目标地址处的指令既可以是 ARM 指令，也可以是 Thumb 指令。该指令可以根据跳转地址 Rm 的最低位来切换处理器状态。目标地址值为 Rm 的值和 0xFFFFFFFE 做与操作的结果。

（2）汇编格式

带状态切换的跳转指令 BX 的汇编格式为：

BX ｛<cond>｝　　<Rm>

<Rm>　　包含跳转指令的目标地址，Rm 的第 0 位拷贝到 CPSR 中的 T 位（它决定了是切换到 Thumb 指令还是继续执行 ARM 指令），[31：1] 位移入 PC；

若 Rm 的 Rm [0] 是 0，目标地址处为 ARM 指令；若 Rm 的 Rm [0] 是 1，目标地址处为 Thumb 指令。

（3）指令举例

BX　　R0　　；跳转到 R0 中的地址

　　　　　　　；如果 R0 [0] ＝1，那么进入 Thumb 状态

（4）注意事项

当 Rm [1：0] ＝0b10 时，由于 ARM 指令是字对齐的，这时会产生不可预料的结果。

4. 带返回和状态切换的跳转指令 BLX（ARM 版本 V5T 支持）

（1）功能说明

带返回和状态切换的跳转指令 BLX 从 ARM 指令集跳转到指令中所指定的目标地址，目标地址的指令可以是 ARM 指令，也可以是 Thumb 指令。该指令同时将 PC 寄存器的内容复制到 LR 寄存器中。

（2）汇编格式

带返回和状态切换的跳转指令 BLX 的汇编格式有两种，格式 1 为：

BLX　　　<target _ addr>

<target _ addr>　　　指令跳转的目标地址，一般是汇编代码中的标号。

BLX 指令格式 1 从 ARM 指令集跳转到指令中所指定的目标地址，并将处理器的工作状态切换到 Thumb 状态，该指令同时将 PC 寄存器的内容复制到 LR 寄存器中。该指令属于无条件执行的指令。因此，当子程序使用 Thumb 指令集，而调用者使用 ARM 指令集时，可以通过 BLX 指令实现子程序的调用和处理器工作状态的切换。同时，子程序的返回可以通过将寄存器 R14 值复制到 PC 中来完成。

BLX 的格式 2 为：

BLX ｛<cond>｝　　　<Rm>

<Rm>　　Rm 的值就是跳转目标地址，Rm 的第 0 位复制到 CPSR 中的 T 位（它决定了是切换到 Thumb 指令还是继续执行 ARM 指令），[31：1] 位移入 PC；

如果 Rm [0] 是 1，处理器切换执行 Thumb 指令，并在 Rm 中的地址处开始执行，但需将最低位清零，使之以半字的边界定位；

如果 Rm [0] 是 0，处理器继续执行 ARM 指令，并在 Rm 中的地址处开始执行，但需将 Rm [1] 清零，使之以字的边界定位。

　　BLX 指令格式 2 从 ARM 指令集跳转到指令中所指定的目标地址，目标地址的指令可以是 ARM 指令，也可以是 Thumb 指令。目标地址放在指令中的寄存器 < Rm > 中，由 Rm 中的值决定是执行 ARM 指令还是执行 Thumb 指令。该指令同时将 PC 寄存器的内容复制到 LR 寄存器中。

　　（3）指令举例

BLX	R0	；跳转到 R0 中的地址，同时将跳转指令之后的指令地址
		；保存到 R14 中。如果 R0 [0] =1，那么进入 Thumb 状态
BLXNE	R2	；（有条件地）跳转到 R2 中的地址
BLX	Thumb _ code	；程序无条件跳转到标号 Thumb _ code 处执行，并切换到
		；Thumb 状态，同时将 PC 的内容复制到 LR 中

　　（4）注意事项

　　只有 ARM 版本 V5T 才支持 BLX 指令的两种格式。BLX 指令的格式 1 是无条件执行的，而格式 2 可以是有条件执行也可以是无条件执行，格式 1 始终引起处理器切换到 Thumb 状态。

3.3.2　数据处理指令

　　ARM 的数据处理指令主要完成寄存器中数据的各种运算操作。ARM 数据处理指令的基本原则是：

　　1）所有的操作数都是 32 位的，可以是寄存器，也可以是立即数（符号或 0 扩展）。

　　2）如果数据操作有结果，则结果为 32 位宽，放在一个目的寄存器中。（有一个例外：长乘指令产生 64 位的结果）。

　　3）ARM 指令中使用 "3 地址模式"，即每一个操作数寄存器和结果寄存器在指令中分别指定。

　　数据处理指令根据指令实现处理功能可分为以下六类：

- 数据传送指令
- 算术运算指令
- 逻辑运算指令
- 比较指令
- 测试指令
- 乘法指令

　　ARM 数据处理指令的基本格式如下：

　　< opcode > ｛< cond >｝ ｛S｝ 　　< Rd > ， < Rn > ， < shifter _ operand >

指令格式中使用的符号说明如下：

< opcode >	操作码：指令助记符，如 MOV、ADD 等。
｛< cond >｝	可选条件码：指令执行条件，如 EQ、GT 等。
｛S｝	可选后缀，指令的操作是否影响 CPSR 的值。
< Rd >	目的寄存器，如 R1、R2 等。
< Rn >	存放第 1 个操作数的寄存器，如 R1、R2 等。
< shifter _ operand >	第 2 个操作数，如#2 等。

"< >"内的项是必需的。

" | | "内的项是可选的。

灵活地使用第 2 个操作数 "shifter _ operand" 能够提高代码效率。它有以下形式：

#immed _ 8r	常数表达式；
Rm	寄存器方式；
Rm，shift	寄存器移位方式；
#immed _ 8r	常数表达式

该常数必须对应 8 位位图，即一个 8 位的常数通过循环右移偶数位得到。例如：

```
MOV    R0，#1                    ; R1 = 1
ADD    R1，R2，#0x0F             ; R1 = R2 + 0x0F
```

Rm　寄存器方式

在寄存器方式下，操作数即为寄存器中包含的数值。例如：

```
SUB    R1，R1，R2                ; R1 = R1 – R2
MOV    PC，R0                    ; PC = R0
```

Rm，shift　寄存器移位方式

将寄存器的移位结果作为操作数，但 Rm 值保持不变。例如：

```
ADD  R1，R1，R1，LSL  #3         ; R1 = R1 + R1 * 2³ = 9R1
SUB  R1，R1，R2，LSR  R3         ; R1 = R1 –（R2/2^{R3}）
```

3.3.2.1　数据传送指令

数据传送指令用于在寄存器和寄存器之间进行数据的双向传输。

1. 数据传送指令 MOV

（1）功能说明

MOV 指令可以将一个立即数、一个寄存器或被移位的寄存器传送到目的寄存器 Rd。可用于移位运算等操作。

（2）汇编格式

MOV 指令的汇编格式为：

MOV | < cond > | | S | < Rd > ，   < shifter _ operand >

其中 S 选项决定指令的操作是否影响 CPSR 中条件标志位的值，没有 S 时，指令不更新 CPSR 中条件标志位的值。

（3）指令举例

```
MOVEQ  R1，R0            ;（有条件地）将寄存器 R0 的值传送到寄存器 R1
MOV    R1，R0，LSL#3      ; 将寄存器 R0 的值左移 3 位后传送到 R1
MOV    PC，LR            ; 将寄存器 LR 的值传送到 PC，常用于子程序返回
```

（4）注意事项

若设置 S 位，则根据结果更新标志 N 和 Z，在计算第 2 个操作数时更新标志 C，不影响标志 V。

2. 数据取反传送指令 MVN

（1）功能说明

MVN 指令可以将一个立即数、一个寄存器或被移位的寄存器按位取 "反" 后传送到目

的寄存器 Rd。与 MOV 指令不同之处是在传送之前按位被取反了，即把一个被取反的值传送到目的寄存器中。因为其具有取反功能，所以可以装载范围更广的立即数。

（2）汇编格式

MVN 指令的汇编格式为：

MVN ｛<cond>｝｛S｝　　<Rd>, 　　<shifter_operand>

（3）指令举例

MVN 　R0，#0　　　　　；将立即数 0 取反传送到寄存器 R0 中，完成后 R0 = -1

MVN 　R1，#0xFF ；R1 = 0xFFFFFF00

（4）注意事项

与 MOV 指令相同。

3.3.2.2　算术运算指令

算术运算指令完成常用的算术运算，该类指令不但将运算结果保存在目的寄存器中，同时更新 CPSR 中的相应条件标志位。

1. 加法指令 ADD

（1）功能说明

ADD 指令用于把两个操作数相加，并将结果存放到目的寄存器 Rd 中。第 1 个操作数是一个寄存器，第 2 个操作数可以是一个立即数、一个寄存器或一个被移位的寄存器。

（2）汇编格式

ADD 指令的汇编格式

ADD ｛<cond>｝｛S｝　　<Rd>, <Rn>, <shifter_operand>

（3）指令举例

ADD 　　R0，R1，R2　　　　　　　；R0 = R1 + R2

ADDS 　R0，R1，#256　　　　　　；R0 = R1 + 256，并影响标志位

ADD 　　R0，R2，R3，LSL#1　　；R0 = R2 + R3 * 2

（4）注意事项

如果设置 S 位，则根据结果更新标志 N、Z、C 和 V。

2. 带进位加法指令 ADC

（1）功能说明

ADC 指令用于把两个操作数相加，再加上 CPSR 中的条件标志位 C 的值，并将结果存放到目的寄存器 Rd 中。它使用一个进位标志位，这样就可以做比 32 位大的数的加法。第 1 个操作数是一个寄存器，第 2 个操作数可以是一个立即数、一个寄存器或一个被移位的寄存器。

（2）汇编格式

ADC 指令的汇编格式为：

ADC ｛<cond>｝｛S｝　<Rd>, <Rn>, <shifter_operand>

（3）指令举例

下面两条指令完成两个 64 位整数的加法，第一个整数由高到低存放在寄存器 R1 和 R0 中，第二个整数由高到低存放在寄存器 R3 和 R2 中，运算结果由高到低存放在寄存器 R5 和 R4 中。

```
ADDS      R4，R0，R2              ；加低位的字，并更新标志位
ADC       R5，R1，R3              ；加高位的字，带进位
```

（4）注意事项

做大于 32 位的加法时，应先设置 S 后缀来更新进位标志 C。

3．减法指令 SUB

（1）功能说明

SUB 指令用于把操作数 1 减去操作数 2，并将结果存放到目的寄存器 Rd 中。该指令可用于有符号数或无符号数的减法运算。第 1 个操作数是一个寄存器，第 2 个操作数可以是一个立即数、一个寄存器或一个被移位的寄存器。

（2）汇编格式

SUB 指令的汇编格式为：

SUB {<cond>} {S}   <Rd>，<Rn>，<shifter_operand>

（3）指令举例

```
SUB    R0，R1，R2            ；R0 = R1 – R2
SUBS   R0，R1，#256          ；R0 = R1 – 256，并影响标志位
SUB    R0，R2，R3，LSL#1     ；R0 = R2 – R3 * 2
```

（4）注意事项

如果设置 S 位，则根据结果更新标志 N、Z、C 和 V。

4．带借位减法指令 SBC

（1）功能说明

SBC 指令用于把操作数 1 减去操作数 2，再减去 CPSR 中的 C 条件标志位的反码，并将结果存放到目的寄存器 Rd 中。该指令可用于有符号数或无符号数的减法运算。该指令使用进位标志来表示借位，这样就可以做大于 32 位的减法。第 1 个操作数是一个寄存器，第 2 个操作数可以是一个立即数、一个寄存器或一个被移位的寄存器。

（2）汇编格式

SBC 指令的汇编格式为：

SBC {<cond>} {S}   <Rd>，<Rn>，<shifter_operand>

（3）指令举例

下面两条指令完成两个 64 位整数的减法，第 1 个整数由高到低存放在寄存器 R1 和 R0 中，第 2 个整数由高到低存放在寄存器 R3 和 R2 中，运算结果由高到低存放在寄存器 R5 和 R4 中。

```
SUBS   R4，R0，R2            ；减低位的字，并更新标志位
SBC    R5，R1，R3            ；减高位的字，带进位
```

（4）注意事项

做大于 32 位的减法时，应先设置 S 后缀来更新进位标志 C。

5．逆向减法指令 RSB

（1）功能说明

RSB 指令称为逆向减法指令，用于把操作数 2 减去操作数 1，并将结果存放到目的寄存器 Rd 中。该指令可用于有符号数或无符号数的减法运算。第 1 个操作数是一个寄存器，第

2 个操作数可以是一个立即数、一个寄存器或一个被移位的寄存器。

（2）汇编格式

RSB 指令的汇编格式为：

RSB {<cond>} {S}   <Rd>, <Rn>, <shifter_operand>

（3）指令举例

RSB   R0, R1, R2   ; R0 = R2 − R1

RSBS   R0, R1, #256   ; R0 = 256 − R1, 并影响标志位

RSB   R0, R2, R3, LSL#1   ; R0 = R3 * 2 − R2

（4）注意事项

如果设置 S 位，则根据结果更新标志 N、Z、C 和 V。

6. 带借位的逆向减法指令 RSC

（1）功能说明

RSC 指令用于把操作数 2 减去操作数 1，再减去 CPSR 中的 C 条件标志位的反码，并将结果存放到目的寄存器中。该指令可用于有符号数或无符号数的减法运算。该指令使用进位标志来表示借位，这样就可以做大于 32 位的减法。第 1 个操作数是一个寄存器，第 2 个操作数可以是一个立即数、一个寄存器或一个被移位的寄存器。

（2）汇编格式

RSC 指令的汇编格式为：

RSC {<cond>} {S}   <Rd>, <Rn>, <shifter_operand>

（3）指令举例

下面两条指令实现求 64 位数值的负数：

RSBS   R2, R0, #0

RSC   R3, R1, #0

（4）注意事项

使用 RSC 指令时，应预先设置 S 后缀来更新进位标志 C。

3.3.2.3 逻辑运算指令

逻辑运算指令完成常用的逻辑运算，该类指令不但将运算结果保存在目的寄存器中，同时更新 CPSR 中的相应条件标志位。

1. 逻辑与指令 AND

（1）功能说明

AND 指令用于在两个操作数上进行逻辑与运算，并把结果放置到目的寄存器 Rd 中。该指令常用于屏蔽第 1 个操作数 Rn 的某些位。第 1 个操作数是一个寄存器，第 2 个操作数可以是一个立即数、一个寄存器或一个被移位的寄存器。

（2）汇编格式

AND 指令的汇编格式为：

AND {<cond>} {S}   <Rd>, <Rn>, <shifter_operand>

（3）指令举例

AND   R0, R0, #0x01   ; R0 = R0&0x01, 取出最低位数据, 其余位清零

ANDS   R0, R0, #3   ; 该指令保持 R0 的 0、1 位, 其余位清零, 并置标志位

```
AND    R2, R1, R3            ; R2 = R1&R3
```

（4）注意事项

若设置 S 位，则根据结果更新标志 N 和 Z，在计算第 2 操作数时更新标志 C，不影响标志 V。

2. 逻辑或指令 ORR

（1）功能说明

ORR 指令用于在两个操作数上进行逻辑或运算，并把结果放置到目的寄存器 Rd 中。该指令常用于设置第 1 个操作数 Rn 的某些位。第 1 个操作数是一个寄存器，第 2 个操作数可以是一个立即数、一个寄存器或一个被移位的寄存器。

（2）汇编格式

ORR 指令的汇编格式为：

ORR ｛< cond >｝｛S｝　　　< Rd >, < Rn >, < shifter _ operand >

（3）指令举例

```
ORR    R0, R0, #0x0F        ; 将 R0 的低 4 位置 1，其余位保持不变
ORR    R0, R0, #3           ; 该指令设置 R0 的 0、1 位，其余位保持不变
MOV    R1, R2, LSR#24       ; 使用 ORR 指令将 R2 的高 8 位数据
ORR    R3, R1, R3, LSL#8    ; 移入到 R3 低 8 位中
```

（4）注意事项

若设置 S 位，则根据结果更新标志 N 和 Z，在计算第 2 操作数时更新标志 C，不影响标志 V。

3. 逻辑异或指令 EOR

（1）功能说明

EOR 指令用于在两个操作数上进行逻辑异或运算，并把结果放置到目的寄存器 Rd 中。该指令常用于反转第 1 个操作数 Rn 的某些位。第 1 个操作数是一个寄存器，第 2 个操作数可以是一个立即数、一个寄存器或一个被移位的寄存器。

（2）汇编格式

EOR 指令的汇编格式为：

EOR ｛< cond >｝｛S｝　　　< Rd >, < Rn >, < shifter _ operand >

（3）指令举例

```
EOR    R1, R1, #0x0F        ; 将 R1 的低 4 位取反，其余位保持不变
EOR    R0, R0, #3           ; 该指令反转 R0 的 0、1 位，其余位保持不变
EOR    R2, R1, R0           ; R2 = R1^R0
EORS   R0, R5, #0x01        ; 将 R5 和 0x01 进行逻辑异或，
                            ; 结果保存到 R0，并影响标志位
```

（4）注意事项

若设置 S 位，则根据结果更新标志 N 和 Z，在计算第 2 操作数时更新标志 C，不影响标志 V。

4. 位清除指令 BIC

（1）功能说明

BIC 指令用于将第 1 个操作数 Rn 的各位与第 2 个操作数中相应位的反码进行"与"操作，并把结果放置到目的寄存器 Rd 中。BIC 可用于将寄存器中某些位的值设置为 0。第 1 个操作数是一个寄存器，第 2 个操作数可以是一个立即数、一个寄存器或一个被移位的寄存器。

（2）汇编格式

BIC 指令的汇编格式为：

BIC {<cond>} {S}　　<Rd>，<Rn>，<shifter_operand>

（3）指令举例

BIC　　R1，R1，#0x0F　　　;将 R1 的低 4 位清零，其他位不变

BIC　　R0，R0，#2_1011　　;该指令清除 R0 中的位 0、1、和 3，
　　　　　　　　　　　　　　;其余的位保持不变

BIC　　R1，R2，R3　　　　;将 R3 的反码和 R2 相逻辑"与"，
　　　　　　　　　　　　　　;结果保存到 R1 中

（4）注意事项

若设置 S 位，则根据结果更新标志 N 和 Z，在计算第 2 操作数时更新标志 C，不影响标志 V。

3.3.2.4　比较指令

比较指令不保存运算结果，只更新 CPSR 中相应的条件标志位。

1. 比较指令 CMP

（1）功能说明

CMP 指令用于将第 1 个操作数寄存器 Rn 的值减去第 2 个操作数，根据操作的结果更新 CPSR 中的相应条件标志位，以便后面的指令根据相应的条件标志来判断是否执行。例如，当第 1 个操作数大于第 2 个操作数时，则此后的有 GT 后缀的指令将可以执行。

（2）汇编格式

CMP 指令的汇编格式为：

CMP {<cond>}　　　　<Rn>，<shifter_operand>

（3）指令举例

CMP　R1，R0　　　;将寄存器 R1 的值与寄存器 R0 的值相减，
　　　　　　　　　　;并根据结果设置 CPSR 的标志位

CMP　R1，#100　　;将寄存器 R1 的值与立即数 100 相减，
　　　　　　　　　　;并根据结果设置 CPSR 的标志位

（4）注意事项

CMP 指令与 SUBS 指令的区别在于 CMP 指令不保存运算结果。在进行两个数据的大小判断时，常用 CMP 指令及相应的条件码来操作。

2. 反值比较指令 CMN

（1）功能说明

CMN 指令用于将第 1 个操作数寄存器 Rn 的值加上第 2 个操作数，根据操作的结果更新 CPSR 中的相应条件标志位，以便后面的指令根据相应的条件标志来判断是否执行。

（2）汇编格式

CMN 指令的汇编格式为：

CMN {<cond>}　　<Rn>, <shifter_operand>

（3）指令举例

CMN　R1, R0　　　；将寄存器 R1 的值与寄存器 R0 的值相加，
　　　　　　　　　　；并根据结果设置 CPSR 的标志位
CMN　R1, #100　　；将寄存器 R1 的值与立即数 100 相加，
　　　　　　　　　　；并根据结果设置 CPSR 的标志位

（4）注意事项

CMN 指令与 ADDS 指令的区别在于 CMN 指令不保存运算结果。CMN 指令可用于负数比较，比如 CMN　R0, #1 指令表示 R0 与 -1 比较，若 R0 为 -1（即 1 的补码），则 Z 置位；否则 Z 复位。

3.3.2.5　测试指令

1. 位测试指令 TST

（1）功能说明

TST 指令用于将第 1 个操作数寄存器 Rn 的值与第 2 个操作数按位作逻辑"与"操作，根据操作的结果更新 CPSR 中的相应条件标志位，以便后面的指令根据相应的条件标志来判断是否执行。

（2）汇编格式

TST 指令的汇编格式为：

TST {<cond>}　　<Rn>, <shifter_operand>

（3）指令举例

TST　R1, #2_1　　；用于测试在寄存器 R1 中的最低位是否为 1
TST　R1, #0xFFE　；将寄存器 R1 的值与立即数 0xFFE 按位与，
　　　　　　　　　　；并根据结果设置 CPSR 的标志位

（4）注意事项

TST 指令与 ANDS 指令的区别在于 TST 指令不保存运算结果。TST 指令通常与 EQ、NE 条件码配合使用，当所有测试位均为 0 时，EQ 有效，而只要有一个测试位不为 0，则 NE 有效。

2. 相等测试指令 TEQ

（1）功能说明

TEQ 指令用于将第 1 个操作数寄存器 Rn 的值与第 2 个操作数按位作逻辑"异或"操作，根据操作的结果更新 CPSR 中的相应条件标志位，以便后面的指令根据相应的条件标志来判断是否执行。

（2）汇编格式

TEQ 指令的汇编格式为：

TEQ {<cond>}　　<Rn>, <shifter_operand>

（3）指令举例

TEQ　R1, R2　　　；将寄存器 R1 的值与寄存器 R2 的值按位异或，
　　　　　　　　　　；并根据结果设置 CPSR 的标志位

（4）注意事项

TEQ 指令与 EORS 指令的区别在于 TEQ 指令不保存运算结果。使用 TEQ 进行相等测试时，常与 EQ、NE 条件码配合使用。当两个数据相等时，EQ 有效；否则 NE 有效。

3.3.2.6 乘法指令

ARM 微处理器支持的乘法指令与乘加指令共有六条，可分为运算结果为 32 位和运算结果为 64 位两类。与前面的数据处理指令不同，指令中的所有操作数、目的寄存器必须为通用寄存器，不能对操作数使用立即数或被移位的寄存器，同时，目的寄存器和第 1 操作数必须是不同的寄存器。

乘法指令与乘加指令共有以下六条：

* MUL   32 位乘法指令
* MLA   32 位乘加指令
* SMULL   64 位有符号数乘法指令
* SMLAL   64 位有符号数乘加指令
* UMULL   64 位无符号数乘法指令
* UMLAL   64 位无符号数乘加指令

对于乘法指令需要注意的是：

1）乘法指令不支持第 2 个操作数为立即数。

2）应避免使用 R15 为目的寄存器或操作数寄存器。

3）ARM7 以前的处理器仅支持 32 位乘法指令 MUL 和 MLA。ARM7 及后续版本中带有 M 变量的处理器才支持 64 位乘法指令。

4）目的寄存器不能同时作为第 1 个操作数寄存器，即 Rd、RdLo、RdHi 不能与 Rm 为同一寄存器，RdLo 和 RdHi 不能为同一寄存器。

1. 32 位乘法指令 MUL

（1）功能说明

MUL 指令用于第 1 个操作数 Rm 与第 2 个操作数 Rs 的乘法运算，并把结果（低 32 位）放置到目的寄存器 Rd 中，同时可以根据运算结果设置 CPSR 中相应的条件标志位。其中，第 1 个操作数 Rm 和第 2 个操作数 Rs 均为 32 位的有符号数或无符号数。

（2）汇编格式

MUL 指令的汇编格式为：

MUL { < cond > } {S}   < Rd > ， < Rm > ， < Rs >

（3）指令举例

MULS   R0，R1，R2   ; R0 = R1 × R2，同时设置 CPSR 中的相关条件标志位

MUL   R0，R1，R2   ; R0 = R1 × R2，若 R1 = 0x00FFFFFF，R2 = 0x00123456，
                     ; 那么 0x00FFFFFF × 0x00123456 = 0x123455EDCBAA，而
                     ; R0 = 55EDCBAA

2. 32 位乘加指令 MLA

（1）功能说明

MLA 指令用于第 1 个操作数 Rm 与第 2 个操作数 Rs 的乘法运算，再将乘积加上第 3 个操作数 Rn，并把结果（低 32 位）放置到目的寄存器 Rd 中，同时可以根据运算结果设置

CPSR 中相应的条件标志位。

（2）汇编格式

MLA 指令的汇编格式为：

MLA　{ < cond > }　{S}　　< Rd >，< Rm >，< Rs >，< Rn >

（3）指令举例

MLA　　R0，R1，R2，R3　　　　；R0 = R1 × R2 + R3

MLAS　　R0，R1，R2，R3　　　　；R0 = R1 × R2 + R3，同时设置 CPSR 中的
　　　　　　　　　　　　　　　　　；相关条件标志位

3. 64 位有符号数乘法指令 SMULL

（1）功能说明

SMULL 指令用于第 1 个操作数 Rm 与第 2 个操作数 Rs 的乘法运算，并把结果的低 32 位放置到目的寄存器 RdLo 中，结果的高 32 位放置到目的寄存器 RdHi 中，同时可以根据运算结果设置 CPSR 中相应的条件标志位。其中，第 1 个操作数 Rm 和第 2 个操作数 Rs 均为 32 位的有符号数。

（2）汇编格式

SMULL 指令的格式为：

SMULL　{ < cond > }　{S}　　< RdLo >，< RdHi >，< Rm >，< Rs >

（3）指令举例

SMULL　R0，R1，R2，R3　　　；R0 = R2 × R3 的低 32 位，R1 = R2 × R3 的高 32 位，
　　　　　　　　　　　　　　　　；若 R2 = 0x00FFFFFF，R3 = 0x00123456，那么，
　　　　　　　　　　　　　　　　；0x00FFFFFF × 0x00123456 = 0x123455EDCBAA，
　　　　　　　　　　　　　　　　；这时，R0 = 0x55EDCBAA，R1 = 0x00001234。

4. 64 位有符号数乘加指令 SMLAL

（1）功能说明

SMLAL 指令用于第 1 个操作数 Rm 与第 2 个操作数 Rs 的乘法运算，并把结果的低 32 位同目的寄存器 RdLo 中的值相加后又放置到目的寄存器 RdLo 中，结果的高 32 位同目的寄存器 RdHi 中的值相加后又放置到目的寄存器 RdHi 中，同时可以根据运算结果设置 CPSR 中相应的条件标志位。其中，第 1 个操作数 Rm 和第 2 个操作数 Rs 均为 32 位的有符号数。

对于目的寄存器 RdLo，在指令执行前存放 64 位加数的低 32 位，指令执行后存放结果的低 32 位。

对于目的寄存器 RdHi，在指令执行前存放 64 位加数的高 32 位，指令执行后存放结果的高 32 位。

（2）汇编格式

SMLAL 指令的格式为：

SMLAL　{ < cond > }　{S}　　< RdLo >，< RdHi >，< Rm >，< Rs >

（3）指令举例

SMLAL　　R0，R1，R2，R3　　　；R0 = R2 × R3 的低 32 位 + R0
　　　　　　　　　　　　　　　　；R1 = R2 × R3 的高 32 位 + R1

5. 64 位无符号数乘法指令 UMULL

（1）功能说明

UMULL 指令用于第 1 个操作数 Rm 与第 2 个操作数 Rs 的乘法运算，并把结果的低 32 位放置到目的寄存器 RdLo 中，结果的高 32 位放置到目的寄存器 RdHi 中，同时可以根据运算结果设置 CPSR 中相应的条件标志位。其中，第 1 个操作数 Rm 和第 2 个操作数 Rs 均为 32 位的无符号数。

（2）汇编格式

UMULL 指令的格式为：

UMULL ｛<cond>｝｛S｝   <RdLo>，<RdHi>，<Rm>，<Rs>

（3）指令举例

UMULL   R0，R1，R2，R3   ；R0 = R2 × R3 的低 32 位
                                ；R1 = R2 × R3 的高 32 位

6.64 位无符号数乘加指令 UMLAL

（1）功能说明

UMLAL 指令用于第 1 个操作数 Rm 与第 2 个操作数 Rs 的乘法运算，并把结果的低 32 位同目的寄存器 RdLo 中的值相加后又放置到目的寄存器 RdLo 中，结果的高 32 位同目的寄存器 RdHi 中的值相加后又放置到目的寄存器 RdHi 中，同时可以根据运算结果设置 CPSR 中相应的条件标志位。其中，第 1 个操作数 Rm 和第 2 个操作数 Rs 均为 32 位的无符号数。

对于目的寄存器 RdLo，在指令执行前存放 64 位加数的低 32 位，指令执行后存放结果的低 32 位。

对于目的寄存器 RdHi，在指令执行前存放 64 位加数的高 32 位，指令执行后存放结果的高 32 位。

（2）汇编格式

UMLAL 指令的格式为：

UMLAL ｛<cond>｝｛S｝   <RdLo>，<RdHi>，<Rm>，<Rs>

（3）指令举例

UMLAL R0，R1，R2，R3   ；R0 = R2 × R3 的低 32 位 + R0
                                ；R1 = R2 × R3 的高 32 位 + R1

3.3.3 程序状态寄存器传送指令

ARM 微处理器支持程序状态寄存器传送指令，用于在程序状态寄存器和通用寄存器之间传送数据，程序状态寄存器传送指令包括以下两条：

- MRS 程序状态寄存器到通用寄存器的数据传送指令
- MSR 通用寄存器到程序状态寄存器的数据传送指令

1. 程序状态寄存器到通用寄存器的数据传送指令 MRS

（1）功能说明

MRS 指令用于将程序状态寄存器的内容传送到通用寄存器中，然后，通过读取相应通用寄存器就可以了解当前处理器的工作状态。对 SPSR 寄存器进行上述操作可以了解到进入异常前的处理器状态。

（2）汇编格式

MRS 指令的汇编格式为:

MRS ｛<cond>｝ 　　<Rd>, CPSR

MRS ｛<cond>｝ 　　<Rd>, SPSR

（3）指令举例

MRS 　　R1, CPSR 　　　; 将 CPSR 状态寄存器的内容传送到 R1 中

MRS 　　R2, SPSR 　　　; 将 SPSR 状态寄存器的内容传送到 R2 中

（4）注意事项

用户或系统模式下没有可访问的 SPSR, 因此在用户或系统模式下不能操作 SPSR。

MRS 指令不影响条件标志码。

2. 通用寄存器到程序状态寄存器的数据传送指令 MSR

（1）功能说明

MSR 指令用于将操作数的内容传送到程序状态寄存器的特定域中。与 MRS 配合使用, 可以实现对 CPSR 或 SPSR 寄存器的读-修改-写操作, 可以切换处理器模式、允许/禁止 IRQ/FIQ 中断等。在使用时, 一般要在 MSR 指令中指明将要操作的域。

（2）汇编格式

MSR 指令的汇编格式为:

MSR ｛<cond>｝ CPSR_<fields>, #<immediate>

MSR ｛<cond>｝ CPSR_<fields>, <Rm>

MSR ｛<cond>｝ SPSR_<fields>, #<immediate>

MSR ｛<cond>｝ SPSR_<fields>, <Rm>

其中

<fields> 为指定传送的区域, 程序状态寄存器分为四个域, 可以为以下字母（必须小写）的一个或者组合:

c 　控制位域, 即 PSR [7:0]

x 　扩展位域, 即 PSR [15:8]（在当前 ARM 中未使用）

s 　状态位域, 即 PSR [23:16]（在当前 ARM 中未使用）

f 　标志位域, 即 PSR [31:24]

<immediate> 为有效立即数。

<Rm> 为操作数寄存器。

（3）指令举例

下面的程序可用来在任何两个非用户模式之间或非用户模式到用户模式之间的模式切换。

MRS 　　R0, CPSR 　　　　　; 读取 CPSR

BIC 　　R0, R0, #0x1F 　　　; 低 5 位清 0, 清除当前模式

ORR 　　R0, R0, #0x13 　　　; 设置为 SVC 模式

MSR 　　CPSR_c, R0 　　　　; 将修改后的值写回到 CPSR

（4）注意事项

用户模式不能对 CPSR 进行修改。

用户或系统模式下没有可访问的 SPSR, 因此在用户或系统模式下不能操作 SPSR。

不能通过该指令直接修改 CPSR 中的 T 控制位直接将程序状态切换到 Thumb 状态，必须通过 BX 等指令来完成程序状态的切换。

3.3.4　加载和存储指令

ARM 处理器是典型的 RISC 处理器，对存储器的访问只能使用加载和存储指令实现，即它对数据的操作是通过将数据从存储器加载到片内寄存器中进行处理，处理完成后的结果经过寄存器存回到存储器中，以加快对片外存储器进行数据处理的执行速度。ARM 的数据存取指令 Load/Store 是唯一用于寄存器和存储器之间进行数据传送的指令。

ARM 系统中，程序空间、RAM 空间及 I/O 映射空间统一编址，对程序数据、RAM、外部 I/O 的访问都通过加载和存储指令进行。在存储器映射系统中，外部设备中的一些寄存器映射为存储器的地址（也就是外设寄存器与存储器统一编址），对这些寄存器的访问（例如读或写）可以像对存储器的访问一样。处理器对于外设的访问，也是通过加载和存储指令进行的，就像对存储器的访问一样。

ARM 指令集中有三种基本的数据存取指令：
- 单寄存器的存取指令（LDR, STR）
- 多寄存器存取指令（LDM, STM）
- 单寄存器交换指令（SWP, SWPB）

3.3.4.1　单寄存器的存取指令（LDR, STR）

单寄存器存取指令是 ARM 在寄存器和存储器间传送单个字节和字的最灵活方式。它支持几种寻址模式，包括立即数和寄存器偏移、自动变址和相对 PC 的寻址。

LDR, STR 指令用于对内存变量的访问、内存缓冲区数据的访问、查表、外围部件的控制操作等。若使用 LDR 指令加载数据到 PC 寄存器，则实现程序跳转功能，这样也就实现了程序跳转。

根据传送数据的类型不同，单个寄存器存取指令又可以分为以下两类：
- 单字和无符号字节的数据传送指令
- 半字和有符号字节的数据传送指令

1. 单字和无符号字节的数据传送指令

（1）功能说明

LDR 从内存中取 32 位字或 8 位无符号字节数据放入寄存器，STR 将寄存器中的 32 位字或 8 位无符号字节数据保存到内存中。字节传送时是用 "0" 将 8 位的操作数扩展到 32 位。

（2）汇编格式

这一类数据传送指令的汇编格式如下：

零偏移：

LDR | STR {<cond>} {B} {T} Rd, [Rn]

前索引偏移：

LDR | STR {<cond>} {B} Rd, [Rn, <offset>] {!}

后索引偏移：

LDR | STR {<cond>} {B} {T} Rd, [Rn], <offset>

程序相对偏移：

LDR | STR ｛< cond >｝｛B｝Rd，LABEL

其中

可选项 B 用来控制是传送无符号字节还是字，缺省时是传送字。

可选后缀 T。若指令有 T，那么即使处理器是在特权模式下，存储系统也将访问看成是在用户模式下进行的。T 在用户模式下无效，不能与前索引偏移一起使用 T。

地址偏移量 offset 有以下三种格式：

① 立即数。立即数可以是一个 12 位无符号的数值。这个数据可以加到基址寄存器，也可以从基址寄存器中减去这个数值。例如：

LDR R1，［R0，#0x12］

② 第 2 个操作数寄存器 Rm。寄存器中的数值可以加到基址寄存器，也可以从基址寄存器中减去这个数值。例如：

LDR   R1，［R0，R2］

③ 第 2 个操作数寄存器 Rm 及 shift。shift 用来指定移位类型和移位位数，移位位数只能是 5 位立即数。寄存器移位后的值可以加到基址寄存器，也可以从基址寄存器中减去这个数值。例如：

LDR   R1，［R0，R2，LSL #2］

前索引偏移方式下，根据"！"的有无来选择是否回写（自动索引）。

（3）指令举例

零偏移格式举例：

LDR	R0，［R1］	；将存储器地址为 R1 的字数据读入寄存器 R0
STR	R0，［R1］	；将 R0 中的字数据写入以 R1 为地址的存储器中
LDRB	R0，［R1］	；将存储器地址为 R1 的字节数据读入寄存器 R0， ；并将 R0 的高 24 位清零
STRB	R0，［R1］	；将寄存器 R0 中的字节数据写入以 R1 为地址的 ；存储器中

前索引偏移格式举例：

LDR	R0，［R1，R2］	；将存储器地址为 R1 + R2 的字数据读入寄存器 R0
LDR	R0，［R1，#8］	；将存储器地址为 R1 + 8 的字数据读入寄存器 R0
LDR	R0，［R1，R2］！	；将存储器地址为 R1 + R2 的字数据读入寄存器 R0， ；并将新地址 R1 + R2 写入 R1
LDR	R0，［R1，#8］！	；将存储器地址为 R1 + 8 的字数据读入寄存器 R0， ；并将新地址 R1 + 8 写入 R1
LDR	R0，［R1，R2，LSL#2］！	；将存储器地址为 R1 + R2 × 4 的字数据读入寄存 ；器 R0，并将新地址 R1 + R2 × 4 写入 R1
STR	R0，［R1，#8］	；将 R0 中字数据写入以 R1 + 8 为地址的存储器 ；中

后索引偏移格式举例：

LDR	R0，［R1］，R2	；将存储器地址为 R1 的字数据读入寄存器 R0，

　　　　　　　　　　　　　　　　　　　　; 并将新地址 R1 + R2 写入 R1

LDR　　R0, [R1], R2, LSL#2　　; 将存储器地址为 R1 的字数据读入寄存器 R0,
　　　　　　　　　　　　　　　　　　　　; 并将新地址 R1 + R2 × 4 写入 R1

STR　　R0, [R1], #8　　　　　　; 将 R0 中字数据写入以 R1 为地址的存储器中,
　　　　　　　　　　　　　　　　　　　　; 并将新地址 R1 + 8 写入 R1

程序相对偏移格式举例:

LDR　　R0, localdata　　　　　　; 将位于标号 localdata 所在地址的字数据读入寄
　　　　　　　　　　　　　　　　　　　　; 存器 R0

(4) 注意事项

当 PC 作为基址时得到的传送地址为当前指令地址加 8 字节; PC 不能用作偏移寄存器,
也不能用于任何自动索引寻址模式 (包括任何后索引模式)。

可把一个字读取到 PC, 使程序转移到所读取的地址, 从而实现程序跳转。要避免将一
个字节读取到 PC。

要尽可能避免把 PC 存到存储器的操作, 因为在不同体系结构版本的处理器中, 这样的
操作会产生不同的结果。

2. 半字和有符号字节的数据传送指令

(1) 功能说明

ARM 提供了专门的半字 (带符号和无符号)、有符号字节数据传送指令。LDR 从内存
中取半字 (带符号和无符号)、有符号字节数据放入寄存器, STR 将寄存器中的半字 (带符
号和无符号)、有符号字节数据保存到内存中。有符号字节或有符号半字传送时是用 "符号
位" 扩展到 32 位。无符号半字的传送是用 "0" 扩展到 32 位。

(2) 汇编格式

这一类数据传送指令的汇编格式如下:

零偏移:

LDR | STR {< cond >} H | SH | SB　Rd,　　[Rn]

前索引偏移:

LDR | STR {< cond >} H | SH | SB　Rd,　　[Rn,　< offset >] {!}

后索引偏移:

LDR | STR {< cond >} H | SH | SB　Rd,　　[Rn],　< offset >

程序相对偏移:

LDR | STR {< cond >} H | SH | SB　Rd,　　　LABEL

其中

offset 为# ± < 8 位立即数 > 或 ± Rm。

H | SH | SB 选择传送数据类型:

　　　　H　　无符号半字;

　　　　SH　　有符号半字 (仅 LDR);

　　　　SB　　有符号字节 (仅 LDR)。

其他部分的汇编格式与传送字和无符号字节相同。

(3) 指令举例

零偏移格式举例：

LDREQSH	R0，[R1]	；（有条件地）将存储器地址为 R1 的有符号半字数据
		；读入寄存器 R0，并将符号位扩展到 R0 的高 16 位
STRH	R0，[R1]	；将寄存器 R0 中的半字数据写入以 R1 为地址的
		；存储器中

前索引偏移格式举例：

LDRH	R0，[R1，#8]	；将存储器地址为 R1 +8 的半字数据读入寄存器 R0，
		；并将 R0 的高 16 位清零。
LDRH	R0，[R1，R2]	；将存储器地址为 R1 +R2 的半字数据读入寄存器 R0，
		；并将 R0 的高 16 位清零。
STRH	R0，[R1，#8]	；将寄存器 R0 中的半字数据写入以 R1 +8 为地址的
		；存储器中。
STRH	R0，[R1，R2]！	；将寄存器 R0 中的半字数据写入以 R1 +R2 为地址的
		；存储器中，并将新地址 R1 +R2 写入 R1。

后索引偏移格式举例：

| LDRH | R0，[R1]，#2 | ；将存储器地址为 R1 的半字数据读入寄存器 R0，将 |
| | | ；R0 的高 16 位清零。并将新地址 R1 +2 写入 R1。 |

程序相对偏移格式举例：

| LDRSB | R0，const | ；将位于标号 const 所在地址的有符号字节数据读入寄 |
| | | ；存器 R0，并将符号位扩展到 R0 的高 24 位。 |

（4）注意事项

使用 PC 和寄存器操作数有一定的限制，立即数偏移量限定在 8 位，寄存器偏移量也不可经过移位得到。

所有半字传送应使用半字对齐的地址。

3.3.4.2　多寄存器存取指令（LDM，STM）

（1）功能说明

多寄存器传送指令可以用一条指令将 16 个寄存器（R0 ~ R15）的任意子集（或全部）存储到存储器或从存储器中读取数据到该寄存器集合中。与单寄存器存取指令相比，多寄存器数据存取可用的寻址模式更加有限。它们主要用于现场保护、数据复制、常数传递等。

（2）汇编格式

多寄存器存取指令的汇编格式如下：

LDM/STM ｛< cond >｝ < addressing _ mode > 　 Rn ｛!｝，< registers > ｛^｝

其中

｛< cond >｝：指令执行的条件。

< addressing _ mode >：寻址模式，用来控制地址的增长方式，一共有八种模式；

　　　IA　　传送后地址增加；

　　　IB　　传送前地址增加；

　　　DA　　传送后地址减少；

DB　　传送前地址减少；

FD　　满递减堆栈；

ED　　空递减堆栈；

FA　　满递增堆栈；

EA　　空递增堆栈。

Rn：基址寄存器，基址寄存器不允许为 R15。

!：可选后缀，若选用该后缀，则当数据传送完毕之后，将最后的地址写入基址寄存器 Rn 中，否则 Rn 的内容不改变。

reglist：表示寄存器列表，可以包含多个寄存器，它们使用 "," 隔开，如 {R1, R2, R6 - R9}，寄存器由小到大排列；

^：可选后缀。加入该后缀后，进行数据传送且寄存器列表不包含 PC 时，加载/存储的寄存器是用户模式下的，而不是当前模式的寄存器。若在 LDM 指令且寄存器列表中包含有 PC 时使用，那么除了正常的多寄存器传送外，还将 SPSR 复制到 CPSR 中，这可用于异常处理返回。注意：该后缀不允许在用户模式或系统模式下使用。

（3）指令举例

STMFD　R13!, {R0, R4 - R12, LR}　　；将寄存器列表中的寄存器（R0, R4
　　　　　　　　　　　　　　　　　　 ；到 R12, LR）存入堆栈。

LDMFD　R13!, {R0, R4 - R12, PC}　　；将堆栈内容恢复到寄存器（R0, R4
　　　　　　　　　　　　　　　　　　 ；到 R12, PC）。

下面的汇编程序使用多寄存器传送指令进行数据复制，可使用 ARMulate 软件仿真调试。

```
        AREA    My _ test1, CODE, READONLY
num     EQU     4
        ENTRY
Start
        LDR     R0,  = src      ; 设置源数据地址
        LDR     R1,  = dst      ; 设置目标地址
        MOV     R2, #num
loop
        LDMIA   R0!, {R3 - R10} ; 加载 8 个字数据到寄存器 R3 ~ R10
        STMIA   R1!, {R3 - R10} ; 存储寄存器 R3 ~ R10 到目标地址
        SUBS    R2, R2, #1
        BNE     loop
loop1
        B       loop1
        AREA    BlockData,    DATA, READONLY
src     DCD     0,1,2,3,4,5,6,7,8,9,0,1,2,3,4,5,6,7,8,9,0,1,2,3,4,5,6,7,8,9
        DCD     0,1,2,3,4,5,6,7,8,9
dst     DCD     0,0,0,0,0,0,0,0,0,0,0,0,0,0,0,0,0,0,0,0,0,0,0,0,0,0,0,0,0,0
        DCD     0,0,0,0,0,0,0,0,0,0
```

END

下面的例子总结了子程序返回的两种情况：

正常的子程序返回时：

如果子程序没有嵌套调用，返回指令如下：

    MOV　PC, LR

如果子程序有嵌套调用，返回指令应采用如下方式：

    STMFD　　R13!, {R0, R4 – R12, LR}

               ; 将寄存器列表中的寄存器（R0，R4 到 R12，LR）存入堆栈

    ......

    LDMFD　　R13!, {R0, R4 – R12, PC}

               ; 将堆栈内容恢复到寄存器（R0，R4 到 R12，PC）

从异常处理程序返回（例如 IRQ 中断）：

如果异常处理程序没有嵌套调用，返回指令如下：

    SUBS　PC, LR, #4

如果异常处理程序有嵌套调用，返回指令应采用如下方式：

    SUBS　　LR, LR, #4

    STMFD　　R13!, {R0, R4 – R12, LR}

            ; 将寄存器列表中的寄存器（R0，R4 到 R12，LR）存入堆栈

    ......

    LDMFD　R13!, {R0, R4 – R12, PC}^

            ; 将堆栈内容恢复到寄存器（R0，R4 到 R12，PC），同时将 SPSR

            ; 复制到 CPSR 中

    下面的汇编程序使用多寄存器传送指令进行现场保护，可使用 ARMulate 软件仿真调试。

        AREA　　　My _ test2,　　　　CODE,　　READONLY

        ENTRY

Start

        MOV　　R0, #0x10

        MOV　　R1, #0x20

        MOV　　R3, #0x30

        LDR　　SP,　= StackUser + 30 * 4

        BL　　Subr

        B　　.

Subr

        STMFD　　SP!,　　　　{R0 – R7, LR}　; 入栈，保护现场

        MOV　　R3, R0

        MOV　　R0, R1

        MOV　　R1, R3

        BL　　　DELAY

```
        LDMFD    SP!, {R0 - R7, PC}          ;出栈，恢复现场
DELAY
        MOV      R3, #100
DELAY1
        SUBS     R3, R3, #1
        BNE      DELAY1
        MOV      PC, LR
        AREA     MyStacks, DATA, READWRITE
StackUser
        SPACE    30 * 4
        END
```

（4）注意事项

这类指令有个约定：编号低的寄存器在存储或加载数据时对应于存储器的低地址，因此，列表中寄存器的次序可以是随意的，它不影响存取的次序和指令执行后寄存器中的值。习惯上寄存器在列表中都是按递增的次序排列的。

如果在多寄存器存储指令的寄存器列表中指定 PC，则保存的值与体系结构实现方式有关。一般情况下，要避免在 STM 指令中指定 PC。

如果在多寄存器存取指令的寄存器列表中包含基址寄存器 Rn，则在该指令中不能使用回写模式，即不能使用后缀"!"，因为这样做的结果是不可预测的。

如果基址寄存器 Rn 中包含的地址不是字对齐的，则忽略最低 2 位，一些 ARM 系统可能产生异常。

3.3.4.3 单寄存器交换指令（SWP, SWPB）

交换指令把字或无符号字节的读取和存入组合在一条指令中。通常都把这两种传送结合成为一个不能被外部存储器访问（例如来自 DMA 控制器的访问）分隔开的基本的存储器操作，因此本指令一般用于共享的信号量、数据结构之间进行互斥的访问。

ARM 微处理器所支持数据交换指令能在存储器和寄存器之间交换数据。数据交换指令有如下两条：

- SWP   字数据交换指令
- SWPB   字节数据交换指令

（1）功能说明

SWP 指令用于将一个内存单元（该单元地址放在基址寄存器 Rn 中）的内容读取到一个目的寄存器 Rd 中，同时将另一个源寄存器 Rm 的内容写入到该内存单元中。显然，当源寄存器和目的寄存器为同一个寄存器时，指令交换该寄存器和存储器的内容。使用 SWP 可实现信号量操作。

（2）汇编格式

SWP 指令的汇编格式为：

SWP { < cond > }   {B}   Rd, Rm, [Rn]

其中，B 为可选后缀，若有 B，则交换字节，否则交换 32 位字；Rd 用于保存从存储器中读入的数据；Rm 的数据用于存储到存储器中，若 Rd 与 Rm 相同，则为寄存器与存储器内容

进行交换；Rn 为要进行数据交换的存储器地址，Rn 不能与 Rd 和 Rm 相同。

（3）指令举例

SWP　　R0，R1，［R2］　　；将 R2 所指向的存储器中的字数据传送到 R0，
　　　　　　　　　　　　　　　　；同时将 R1 中的字数据传送到 R2 所指向的存储单元

SWPB　　R0，R0，［R1］　　；该指令完成将 R1 所指向的存储器中的字节数据
　　　　　　　　　　　　　　　　；与 R0 中的低 8 位数据交换

SWPB　　R0，R1，［R2］　　；将 R2 所指向的存储器中的字节数据传送到 R0，
　　　　　　　　　　　　　　　　；R0 的高 24 位清零，同时将 R1 中的低 8 位数据
　　　　　　　　　　　　　　　　；传送到 R2 所指向的存储单元。

（4）注意事项

PC 不能用作指令中的任何寄存器。

基址寄存器 Rn 不应与源寄存器 Rm 或目的寄存器 Rd 相同，但是，Rd 和 Rm 可以相同。

3.3.5　协处理器指令

ARM 处理器最常使用的协处理器是用于控制片上功能的系统协处理器，例如控制 ARM720 上的高速缓存和存储器管理单元等，也开发了浮点 ARM 协处理器，还可以开发专用的协处理器。

ARM 处理器可支持多达 16 个协处理器，用于各种协处理操作，在程序执行的过程中，每个协处理器只执行针对自身的协处理指令，忽略 ARM 处理器和其他协处理器的指令。

ARM 的协处理器指令主要用于 ARM 处理器初始化 ARM 协处理器的数据处理操作，以及在 ARM 处理器的寄存器和协处理器的寄存器之间传送数据，和在 ARM 协处理器的寄存器和存储器之间传送数据。ARM 协处理器指令包括以下五条：

- CDP　　协处理器数据操作指令
- LDC　　协处理器数据加载指令
- STC　　协处理器数据存储指令
- MCR　　ARM 处理器寄存器到协处理器寄存器的数据传送指令
- MRC　　协处理器寄存器到 ARM 处理器寄存器的数据传送指令

1. 协处理器数据操作指令 CDP

（1）功能说明

CDP 指令用于 ARM 处理器通知 ARM 协处理器执行特定的操作，若协处理器不能成功完成特定的操作，则产生未定义指令异常。

（2）汇编格式

CDP 指令的汇编格式为：

CDP ｛＜cond＞｝＜CP#＞，＜Cop1＞，CRd，CRn，CRm ｛，＜Cop2＞｝

其中，CP#为协处理器编号；Cop1 为协处理器操作码 1，Cop2 为协处理器操作码 2，用于将要执行的操作；CRn、CRm 和 CRd 均为协处理器的目的寄存器和源寄存器，指令中不涉及 ARM 处理器的寄存器和存储器。

（3）指令举例

CDP　　　P3，2，C12，C10，C3，4　　　；该指令完成协处理器 P3 的初始化

（4）注意事项

对于 Cop1、CRd、CRn、CRm、Cop2 域的解释与协处理器有关。以上解释是推荐的用法，可以最大程度地与 ARM 开发工具兼容。

2. 协处理器数据加载指令 LDC

（1）功能说明

LDC 指令用于将 ARM 处理器中源寄存器所指向的存储器中的字数据传送到协处理器中目的寄存器中，若协处理器不能成功完成传送操作，则产生未定义指令异常。

（2）汇编格式

LDC 指令的汇编格式为：

LDC　｛<cond>｝　｛L｝　　<CP#>，CRd，［Rn］

其中，｛L｝选项表示指令为长读取操作，如用于双精度数据的传输。

（3）指令举例

LDC　　　P3，C4，［R0］　　；将 ARM 处理器的寄存器 R0 所指向的存储器中的
　　　　　　　　　　　　　　　　　；字数据传送到协处理器 P3 的寄存器 C4 中。

（4）注意事项

如果地址不是字对齐的，则最低 2 位有效位将被忽略，一些 ARM 系统可能产生异常。

3. 协处理器数据存储指令 STC

（1）功能说明

STC 指令用于将协处理器中源寄存器中的字数据传送到 ARM 处理器中目的寄存器所指向的存储器中，若协处理器不能成功完成传送操作，则产生未定义指令异常。

（2）汇编格式

STC 指令的汇编格式为：

STC　｛<cond>｝　｛L｝　　<CP#>，CRd，［Rn］

其中，｛L｝选项表示指令为长读取操作，如用于双精度数据的传输。

（3）指令举例

STC　　P3，C4，［R0］　　；将协处理器 P3 的寄存器 C4 中的字数据传送到
　　　　　　　　　　　　　　　　；ARM 处理器的寄存器 R0 所指向的存储器中。

（4）注意事项

如果地址不是字对齐的，则最低 2 位有效位将被忽略，一些 ARM 系统可能产生异常。

4. ARM 处理器寄存器到协处理器寄存器的数据传送指令 MCR

（1）功能说明

MCR 指令用于将 ARM 处理器寄存器中的数据传送到协处理器寄存器中，若协处理器不能成功完成操作，则产生未定义指令异常。在 ARM 和协处理器寄存器之间传送数据有时是有用的。这些协处理寄存器传送指令使得协处理器中产生的整数能直接传送到 ARM 寄存器或者影响 ARM 条件码标志位。

（2）汇编格式

MCR 指令的汇编格式为：

MCR　｛<cond>｝　<CP#>，<Cop1>，Rd，CRn，CRm｛，<Cop2>｝

其中，CP#为协处理器编号；Cop1 为协处理器操作码 1，Cop2 为可选的协处理器操作码 2，用于协处理器将要执行的操作；Rd 为源寄存器，是 ARM 处理器的寄存器；CRn 和 CRm 分别为目的寄存器 1 和目的寄存器 2，均是协处理器的寄存器。

（3）指令举例

MCR　P3，3，R0，C4，C5，6　　　；该指令将 ARM 处理器寄存器 R0 中的数据
　　　　　　　　　　　　　　　　　；传送到协处理器 P3 的寄存器 C4 和 C5 中

（4）注意事项

对于 Cop1、CRd、CRn、CRm、Cop2 域的解释与协处理器有关。以上解释是推荐的用法，可以最大程度地与 ARM 开发工具兼容。

5. 协处理器寄存器到 ARM 处理器寄存器的数据传送指令 MRC

（1）功能说明

MRC 指令用于将协处理器寄存器中的数据传送到 ARM 处理器寄存器中，若协处理器不能成功完成操作，则产生未定义指令异常。

（2）汇编格式

MRC 指令的汇编格式为：

MRC｛＜cond＞｝　＜CP#＞，＜Cop1＞，Rd，CRn，CRm｛，＜Cop2＞｝

其中，CP#为协处理器编号；Cop1 为协处理器操作码 1，Cop2 为可选的协处理器操作码 2，用于协处理器将要执行的操作；Rd 为目的寄存器，是 ARM 处理器的寄存器；CRn 和 CRm 分别为源寄存器 1 和源寄存器 2，均是协处理器的寄存器。

（3）指令举例

MRC　　P3，3，R0，C4，C5，6　　　；该指令将协处理器 P3 的寄存器中的数据
　　　　　　　　　　　　　　　　　；传送到 ARM 处理器寄存器中。

（4）注意事项

对于 Cop1、CRd、CRn、CRm、Cop2 域的解释与协处理器有关。以上解释是推荐的用法，可以最大程度地与 ARM 开发工具兼容。

3.3.6 异常产生指令

ARM 微处理器所支持的异常指令有以下两条：

* SWI　　　　软件中断指令
* BKPT　　　断点中断指令（仅用于 V5T 体系）

1. 软件中断指令 SWI

（1）功能说明

SWI（SoftWare Interrupt，软件中断）产生软件中断，用于用户调用操作系统的系统例程，常称为"监控调用"。它将处理器置于监控（SVC）模式，从地址 0x08 开始执行指令。操作系统在 SWI 的异常处理程序中提供相应的系统服务。

（2）汇编格式

SWI 指令的汇编格式为：

SWI｛＜cond＞｝　　　＜immed＿24＞

指令中 immed＿24 是 24 位立即数，它指定用户程序调用系统例程的类型，相关参数通

过通用寄存器传递，当指令中 24 位的立即数被忽略时，用户程序调用系统例程的类型由通用寄存器 R0 的内容决定，同时，参数通过其他通用寄存器传递。

24 位立即数代表的服务类型依赖于系统，但大多数系统支持一个标准的子集用于字符输入输出及类似的基本功能。

（3）指令举例

SWI   0x02   ；该指令调用操作系统编号为 02 的系统例程

（4）注意事项

这条指令不影响条件码标志。

2. 断点中断指令 BKPT（仅用于 V5T 体系）

（1）功能说明

BKPT 指令产生软件断点中断，可用于程序的软件调试。它使处理器停止执行正常指令而进入相应的调试程序。

（2）汇编格式

BKPT 指令的汇编格式为：

BKPT   ｛   immed _ 16｝

immed _ 16 为表达式，其值为范围在 0 ~ 65535 内的整数（16 位整数）。该立即数被调试软件用来保存额外的断点信息。

（3）指令举例

BKPT   0xF02C

BKPT   640

（4）注意事项

只有采用 V5T 体系结构的微处理器支持 BKPT 指令。

BKPT 指令是无条件的。

3.3.7   其他指令

前导 0 计数指令 CLZ（仅用于 V5T 体系）

（1）功能说明

前导 0 计数指令 CLZ 用于计算最高符号位与第一个 1 之间的零的个数。

（2）汇编格式

CLZ ｛ < cond > ｝   Rd   ，Rm

（3）指令举例

MOV   R1，#0b10000   ；R1 中的第一个 1 的位前面有 27 个 0

CLZ   R0，R1   ；执行 CLZ 后 R0 的值为 27

（4）注意事项

只有实现 V5T 体系结构的微处理器支持 CLZ 指令。

Rd 不允许是 PC。

3.4　Thumb 指令

ARM 技术最大的特点之一是：ARM 体系结构除了支持执行效率很高的 32 位 ARM 指令集以外，同时支持 16 位的 Thumb 指令集。Thumb 指令集是 ARM 指令集的一个子集，允许指令编码为 16 位的长度。与等价的 32 位代码相比较，Thumb 指令集在保留 32 位代码优势的同时，大大节省了系统的存储空间。

1. Thumb 指令概述

在 ARM 技术发展的历程中，尤其是 ARM7 体系结构被广泛接受和使用时，嵌入式控制器的市场仍然大都由 8 位、16 位的处理器占领。而这些产品却不能满足高端应用，如移动电话、磁盘驱动器、调制解调器等设备对处理器性能的要求。这些高端消费类产品需要 32 位 RISC 处理器的性能和优于 16 位的 CISC 处理器的代码密度。这就要求要以更低的成本取得更好的性能和更优于 16 位的 CISC 处理器的代码密度。

为了满足嵌入式技术不断发展的要求，ARM 的 RISC 体系结构的发展中已经提供了低功耗、小体积、高性能的方案。而为了解决代码长度的问题，ARM 体系结构又增加了 T 变种，开发了一种新的指令体系，这就是 Thumb 指令集。Thumb 技术是 ARM 技术的一大特色。

Thumb 是 ARM 体系结构的扩展。它有从标准 32 位 ARM 指令集抽出来的 36 条指令格式，可以重新编成 16 位的操作码。这能带来很高的代码密度，因为 Thumb 指令的宽度只有 ARM 指令宽度的一半。在运行时，这些 16 位的 Thumb 指令又由处理器解压成 32 位的 ARM 指令。

所有的 Thumb 指令都有对应的 ARM 指令，而且 Thumb 的编程模型也对应于 ARM 的编程模型。当处理器在执行 ARM 指令时，称 ARM 处理器处于 ARM 工作状态，当处理器在执行 Thumb 指令时，称 ARM 处理器处于 Thumb 工作状态。支持 Thumb 指令的 ARM 体系结构的处理器状态可以方便的切换、运行到 Thumb 状态。在应用程序的编写过程中，只要遵循一定调用的规则，Thumb 子程序和 ARM 子程序就可以互相调用。

ARM7TDMI 是第一个支持 Thumb 指令的核，支持 Thumb 指令的核仅仅是 ARM 体系结构的一种发展的扩展；所以编译器既可以编译 Thumb 代码，又可以编译 ARM 代码；更高性能的未来的 ARM 核，也都能够支持 Thumb 指令。

2. Thumb 指令的特点

支持 Thumb 的核有两套独立的指令集，它使设计者得到 ARM32 位指令的性能，又能享有 Thumb 指令集产生的代码方面的优势，可以在性能和代码大小之间取得平衡。在需要较低的存储代码时采用 Thumb 指令系统，却有比纯粹的 16 位系统更高的实现性能。因为实际执行的是 32 位指令，用 Thumb 指令编写最小代码量的程序，却取得以 ARM 代码执行的最好性能。独立的两套指令集也使得解码逻辑极其简单，从而维持了较小的硅片面积，保证了领先的"低功耗、高性能、小体积"的技术要求，满足了对嵌入式系统的设计需求。

在 Thumb 状态下，大多数指令只能访问 R0～R7。寄存器 R8～R15 是被限制访问的寄存器，它们用高寄存器表示。Thumb 状态只在分立操作时使用桶式移位，具有 LSL、LSR、ASR 或 ROR 指令。

任何时刻，ARM 处理器工作在 ARM 状态还是 Thumb 状态是由程序状态寄存器 CPSR 决定的。CPSR 的第 5 位（T 位）决定了 ARM 微处理器执行的是 ARM 指令流还是 Thumb 指令流。当 T 置 1，则认为是 16 位的 Thumb 指令流；当 T 置 0，则认为是 32 位的 ARM 指令流。

编写 Thumb 指令时必须要使用伪操作 CODE16 声明，编写 ARM 指令时可以使用伪操作 CODE32 声明，也可以不声明。

进入 Thumb 状态有两种方法：一种是执行一条交换转移指令 BX，将指令中的目标地址寄存器的最低位置 1；另一种方法是利用异常返回，也可以把微处理器从 ARM 状态转换为 Thumb 状态。

退出 Thumb 状态也有两种方法：一种是执行 Thumb 指令中的交换转移 BX 指令，可以明显地返回到 ARM 指令流；另一种是利用异常进入 ARM 指令流，因为异常总是在 ARM 状态下进行。

Thumb 技术在当时的要求 16 位和未来需要的 32 位系统之间搭起了一座桥梁。更优越的性能，而不需要付出额外的代价，这点对那些目前使用着 8 位或 16 位处理器，却一直在寻找着更优越的性能的用户来说，提供了解决方案。

3. Thumb 指令与 ARM 指令的比较

Thumb 指令集是针对代码密度的问题而提出的。可以看作是 ARM 指令集的子集。Thumb 是一个不完整的体系结构，不能指望处理器只执行 Thumb 代码而不支持 ARM 指令集。一般 Thumb 代码只需支持通用功能，必要时可以借助 ARM 指令集。

与 ARM 指令集相比较，Thumb 指令集中的数据处理指令的操作数仍然是 32 位，指令地址也为 32 位，但 Thumb 指令集为实现 16 位的指令长度，舍弃了 ARM 指令集的一些特性，Thumb 指令采用 16 位二进制编码，而 ARM 指令是 32 位的。Thumb 指令也采用 Load/Store 结构，有数据处理、数据传送及流控制指令等。大多数 Thumb 指令是无条件执行的（除了转移指令 B），而大多数 ARM 指令都是条件执行的。

许多 Thumb 数据处理指令采用 2 地址格式，即目的寄存器与一个源寄存器相同，而且指令的第 2 个操作数受到限制。而大多数 ARM 数据处理指令采用的是 3 地址格式（除了 64 位乘法指令外）。

Thumb 指令集没有协处理器指令、信号量（Semaphore）指令、乘加指令、64 位乘法指令以及访问 CPSR 或 SPSR 的指令，而且指令的第 2 个操作数受到限制。

完成相同的操作，Thumb 指令通常需要更多的指令，因此在对系统运行时间要求苛刻的应用场合 ARM 指令集更为适合。

Thumb 指令集没有包含进行异常处理时需要的一些指令，因此在异常中断时，还是需要使用 ARM 指令，这种限制决定了 Thumb 指令需要和 ARM 指令配合使用。

由于 Thumb 指令的长度为 16 位，即只用 ARM 指令一半的位数来实现同样的功能，所以，要实现特定的程序功能，所需的 Thumb 指令的条数较 ARM 指令多。

在一般的情况下，Thumb 指令与 ARM 指令的时间效率和空间效率关系为：

Thumb 代码所需的存储空间约为 ARM 代码的 60% ~ 70%；

Thumb 代码使用的指令数比 ARM 代码约多 30% ~ 40%；

若使用 32 位数据宽度的存储器，ARM 代码比 Thumb 代码快约 40%；

若使用 16 位数据宽度的存储器，Thumb 代码比 ARM 代码快约 40% ~ 50%；

与 ARM 代码相比较，使用 Thumb 代码，存储器的功耗会降低约 30%。

显然，ARM 指令集和 Thumb 指令集各有其优点，若对系统的性能有较高要求，应使用 32 位的存储系统和 ARM 指令集，若对系统的成本及功耗有较高要求，则应使用 16 位的存储系统和 Thumb 指令集。当然，若两者结合使用，充分发挥其各自的优点，会取得更好的效果。

本 章 小 结

本章详细讲述了 ARM 指令系统中的各种指令，以及指令的应用场合及方法。所有 ARM 指令都是 32 位的。算术指令、逻辑指令、比较指令及 MOV 指令可使用内嵌的桶形移位器，以便在第 2 个寄存器 Rm 进入 ALU 之前，对它进行预处理。

大多数的 ARM 指令可有条件，对一个特定的算法，使用条件指令可大幅度减少所需的指令数目。

基本指令由可选后缀还可以派生出一些新的指令，但使用方法与基本指令类似。与常见的如 x86 体系结构的汇编指令相比较，ARM 指令系统无论是从指令集本身，还是从寻址方式上，都相对复杂一些。

本书没有详细介绍 Thumb 指令集，这并不意味着它不如 ARM 指令集重要。因为 Thumb 指令集作为 ARM 指令集的一个子集，其使用方法与 ARM 指令集类似，在了解 ARM 指令集的基础上很容易理解 Thumb 指令集。

思考题与习题

3.1 用 ARM 汇编指令实现下面列出的几种操作？

a) r0 = 16

b) r0 = r1/16（有符号数）

c) r1 = r2 * 3

d) r0 = - r0

3.2 下面的十六进制数哪些可作为数据处理指令中的有效立即数？

a) 0x00AB0000　　　b) 0x0000FFFF　　　c) 0xF000000F

d) 0x08000012　　　e) 0x00001f80　　　f) 0xFFFFFFFF

3.3 BIC 指令的作用是什么？

3.4 ARM 处理器为什么要有 RSB 指令？

3.5 如何在特权模式下用 ARM 汇编指令使能 IRQ 中断？

3.6 下面的 ARM 指令完成什么功能？

a) LDRH　　r0, [r1, #6]

b) LDR　　r0, = 0x999

3.7 在加载和存储指令中，"!"的功能是什么？

3.8 当执行 SWI 指令时会发生什么？

3.9 SWP 指令的优点是什么？

3.10 当执行 BX 指令时，是否发生状态切换由什么决定？

3.11 BX 指令和 BL 指令有什么不同？

3.12 CMP 指令的操作数是什么？写一个程序，判断 R1 的值是否大于 0x30，是则将 R1 减去 0x30。

3.13   如何实现类似于 C 语言中的 if-then-else 功能的 ARM 代码段。程序功能为求最大公约数。相应的 C 语言代码如下：

```
int    gcd (int    a,    int    b)
{    while    (a ! = b)
            if( a > b )
                a = a - b;
            else
                b = b - a;
        return    a;
}
```

写出对应的 ARM 汇编代码段。代码执行前 R0 中存放 a，R1 中存放 b；代码执行后 R0 中存放 a 和 b 的最大公约数。

3.14   用 ARM 汇编实现比较两个串的大小。代码执行前，R0 指向第 1 个串，R1 指向第 2 个串。代码执行后 R0 中保存比较结果，如果两个串相同，R0 为 0；如果第 1 个串大于第 2 个串，R0 > 0；如果第 1 个串小于第 2 个串，R0 < 1。

3.15   用 ARM 汇编实现简单的数据块复制。程序一次将 8 个字数据从 R0 作为首地址的一段连续的内存单元复制到 R1 作为首地址的一段连续的内存单元。代码执行前 R0 为源数据区首地址，R1 为目标数据区首地址，R2 为将要复制的字数。

第 4 章 ARM 汇编程序设计

本章介绍 ARM 汇编程序基础、ARM 汇编程序举例以及 C 语言和汇编语言混合编程等内容。

4.1 ARM 汇编语言语句格式

ARM（Thumb）汇编源程序中的语句由指令（Instruction）、伪操作（Directive）和伪指令（Pseudo-Instruction）组成。

其语句的书写格式为：

{label} instruction or directive or pseudo-instruction {; comments}

其中，{} 为可选项；label 为程序标号，代表该语句的地址；伪指令和伪操作将在本章后面的小节中进行介绍；comments 为程序注释，便于程序的调试和理解。

程序标号需要顶格写，而无论有无程序标号，语句前必须有若干空格或制表符。

在汇编语言程序设计中，每一条指令的助记符可以全部用大写、或全部用小写，但不允许在一条指令中大、小写混用。

如果一条语句过长，为便于阅读程序，可将该长语句分为若干行来书写，在行的末尾用"\"（backslash）表示下一行与本行为同一条语句，注意"\"后面不能加任何其他符号，包括空格和制表符。

4.2 ARM 汇编伪操作

本节介绍 ARM 汇编器（ARM ASM）提供的 ARM 伪操作。这些伪操作并不像机器指令那样在 CPU 运行时执行，而是汇编程序在对源程序汇编期间进行处理的。它们包括：

- 符号定义伪操作（Symbol Definition Directives）
- 数据定义伪操作（Data Definition Directives）
- 汇编控制伪操作（Assembly Control Directives）
- 数据帧描述伪操作（Frame Description Directives）
- 信息报告伪操作（Report Directives）
- 其他杂项伪操作（Miscellaneous Directives）

注意，以上所述这些伪操作均不能在 ARM C 和 C++ 嵌入汇编中出现。

4.2.1 符号定义伪操作

符号定义伪操作用于定义 ARM 汇编程序中的变量，对变量进行赋值以及为寄存器定义别名等。它们包括：

- GBLA、GBLL 及 GBLS：用于声明一个全局变量；

- LCLA、LCLL 及 LCLS：用于声明一个局部变量；
- SETA、SETL 及 SETS：用于为一个变量赋值；
- RLIST：用于为一个通用寄存器列表定义名称；
- CN：用于为一个协处理器的寄存器定义名称；
- CP：用于为一个协处理器定义名称；
- DN 和 SN：用于为一个 VFP 寄存器定义名称；
- FN：用于为一个 FP 浮点寄存器定义名称。

1. GBLA、GBLL 及 GBLS

GBLA 伪操作用于声明一个全局算术变量并初始化为零。

GBLL 伪操作用于声明一个全局逻辑变量并初始化为逻辑假，即 {FALSE}。

GBLS 伪操作用于声明一个全局字符串变量并初始化为空字符串，即 " "。

语法：

    < GBLx > 　variable

其中，< GBLx > 代表 GBLA、GBLL 或 GBLS 之一；variable 代表变量名称，其作用范围为包含该变量的整个源文件，且在该作用范围内其必须唯一。

使用说明：

如果用这些伪操作之一重新声明一个已经用该伪操作声明过的变量，则这个变量将被重新初始化为上面所述的值。已经声明过的变量不能重新声明为其他类型的变量。

使用示例：

GBLA　A　　　　　 ；定义一个全局的数字变量，变量名为 A

MOV　R1，#A ；将此变量值赋给 R1，执行后 R1 的值将变为零

2. LCLA、LCLL 及 LCLS

LCLA 伪操作用于声明一个局部算术变量并初始化为零。

LCLL 伪操作用于声明一个局部逻辑变量并初始化为逻辑假，即 {FALSE}。

LCLS 伪操作用于声明一个局部字符串变量并初始化为空字符串，即 " "。

语法：

    < LCLx > 　variable

其中，< LCLx > 代表 LCLA、LCLL 或 LCLS 之一；variable 代表变量名称，其作用范围为包含该变量的宏代码的一个实例，且在该作用范围内其必须唯一。

使用说明：

如果用这些伪操作之一重新声明一个已经用该伪操作声明过的变量，则这个变量将被重新初始化为上面所述的值。已经声明过的变量不能重新声明为其他类型的变量。

使用示例：

MACRO　　　　　　　　　　　　　　　　；声明一个宏

$ label　message　$ a　　　　　　　　　　；宏的原型

LCLS　err　　　　　　　　　　　　　　　；声明一个局部串变量 err

err SETS "Err No："　　　　　　　　　　 ；给该变量赋值

$ label　　　　　　　　　　　　　　　　 ；代码

INFO　0，" $ err"：CC：：CHR：$ a　　　；使用变量 err

MEND

3. SETA、SETL 及 SETS

SETA 伪操作用于为一个算术变量赋值。

SETL 伪操作用于为一个逻辑变量赋值，{TRUE} 或者 {FALSE}。

SETS 伪操作用于为一个字符串变量赋值。

语法：

　　variable　　<SETx>　　expr

其中，<SETx> 代表 SETA、SETL 或 SETS 之一；variable 是之前用 GBLA、GBLL、GBLS、LCLA、LCLL 或 LCLS 伪操作之一声明过的变量，表达式 expr 为要赋给变量的值。

使用说明：

要赋值的变量必须已经用伪操作或在开发环境的命令行中定义。ARM 汇编器中定义了一些内置变量，这些内置的变量不能用伪操作设置，表 4.1 列出了这些内置变量。

使用示例：

```
        GBLA    A          ; 定义一个全局的算术变量，变量名为 A
A       SETA    0xFF       ; 将该变量赋值为 0xFF
        LCLL    L          ; 定义一个局部的逻辑变量，变量名为 L
L       SETL    {TRUE}     ; 将该变量赋值为真
        GBLS    INST       ; 定义一个全局的字符串变量，变量名为 INST
INST    SETS    "MOV R0, #0"  ; 将该变量赋值为 "MOV R0, #0"
        $ INST             ; 此语句将被汇编成 MOV R0, #0 代码
```

表 4.1　内置变量表

变　　量	含　　义
{PC} 或 .	当前指令地址
{VAR} 或 @	存储区计数器的当前值
{TRUE}	逻辑真
{FALSE}	逻辑假
{OPT}	当前设置的列表选项值，用来保存当前列表选项，改变选项值，恢复设置它的原始值
{CONFIG}	如果汇编器正在编译 ARM 代码其值为 32，如果正在编译 Thumb 代码，其值为 16
{ENDLAN}	如果汇编器在大端模式下，则值为 big；若在小端模式下，则值为 little
{CODESIZE}	同 {CONFIG}
{CPU}	选定的 CPU 名，默认为 ARM7TDMI，如果使用了命令行中的-CPU 选项进行设置，则为 genericARM
{FPU}	设置的 FPU 名，默认为 softFPU
{ARCHITECTURE}	选定的 ARM 架构的名称
{PCSTOREOFFSET}	STR PC, [...] 或 STM Rb, {..., PC} 等指令的地址和 PC 的存储值之间的偏移量，其值取决于不同的 CPU 和架构
{ARMASM_VERSION}	ARM asm 版本号，为整数
{ads $ version}	同 {ARMASM_VERSION}，此变量名必须全部小写
{INTER}	如果命令行中使用-apcs 选项设置了/inter，则其值为 TRUE，默认为 FALSE
{ROPI}	如果命令行中使用-apcs 选项设置了/ropi，则其值为 TRUE，默认为 FALSE
{RWPI}	如果命令行中使用-apcs 选项设置了/rwpi，则其值为 TRUE，默认为 FALSE
{SWST}	如果命令行中使用-apcs 选项设置了/swst，则其值为 TRUE，默认为 FALSE
{NOSWST}	如果命令行中使用-apcs 选项设置了/noswst，则其值为 TRUE，默认为 FALSE

4. RLIST

RLIST 用于为一个通用寄存器列表定义名称。

语法：

name　　RLIST　　{registers list}

其中，name 代表寄存器列表的名字；registers list 为寄存器或（和）寄存器区间。

使用说明：

name 不能与汇编器预定义的寄存器和协处理器的名称相冲突。RLIST 伪操作可用于对一个通用寄存器列表定义名称，使用该伪操作定义的名称可在 ARM 指令 LDM/STM 中使用。在 LDM/STM 指令中，列表中的寄存器访问次序为根据寄存器的编号由低到高，而与列表中的寄存器排列次序无关。汇编器预定义的寄存器和协处理器的名称如表 4.2 所示。

使用示例：

RegList　RLIST　　{R0-R5, R8, R10}　　　；将寄存器列表名称定义为 RegList，可
　　　　　　　　　　　　　　　　　　　　　；在 ARM 指令 LDM/STM 中通过该名
　　　　　　　　　　　　　　　　　　　　　；称访问寄存器列表

表 4.2　ARM 汇编器预定义寄存器和协处理器名称

类　别	包　括
通用寄存器	R0 ~ R15 和 r0 ~ r15（16 个通用寄存器）
	a1 ~ a4（参数，结果或临时寄存器，同 R0 ~ R3）
	v1 ~ v8（变量寄存器，同 r4 ~ r11）
	SB 和 sb（静态基址寄存器，同 r9）
	SL 和 sl（堆栈限制寄存器，同 r10）
	FP 和 fp（帧指针寄存器）
	IP 和 ip（过程调用中临时寄存器，同 r12）
	SP 和 sp（堆栈指针寄存器，同 r13）
	LR 和 lr（链接寄存器，同 r14）
	PC 和 pc（程序指针寄存器，同 r15）
程序状态寄存器	CPSR 和 cpsr，SPSR 和 spsr
浮点数寄存器	F0 ~ F7 和 f0 ~ f7（FPA 寄存器）
	S0 ~ S31 和 s0 ~ s31（VFP 单精度寄存器）
	D0 ~ D15 和 d0 ~ d15（VFP 双精度寄存器）
协处理器及其寄存器	p1 ~ p15（协处理器）
	c1 ~ c15（协处理器寄存器）

5. CN

CN 用于为一个协处理器的寄存器定义名称。

语法：

name　　CN　　expr

其中，name 为寄存器的名称；expr 为协处理器的寄存器的编号，数值范围为 0 ~ 15。

使用说明：

　　CN 伪操作可以方便程序员记忆所定义的协处理器寄存器的功能等。name 不能与汇编器预定义的寄存器和协处理器的名称相冲突。要避免不同寄存器使用相同的名称。c0 ~ c15 为汇编器预定义的协处理器寄存器名称。

　　使用示例：

power　　CN　6　　　　　　　　 ; 为协处理器的寄存器 6 定义名称为 power

　　6. CP

　　CP 用于为一个协处理器定义名称。

　　语法：

name　　CP　　expr

其中，name 为协处理器的名称；expr 为协处理器的编号，数值范围为 0 ~ 15。

　　使用说明：

　　CP 伪操作可以方便程序员记忆所定义的协处理器的功能等。name 不能与汇编器预定义的寄存器和协处理器的名字相冲突。要避免不同协处理器使用相同的名称。p0 ~ p15 为汇编器预定义的协处理器名称。

　　使用示例：

dmu　　CP　6　　　　　　　　 ; 将协处理器 6 名称定义为 dmu

　　7. DN 和 SN

　　DN 用于为一个 VFP 双精度寄存器定义名称。

　　SN 用于为一个 VFP 单精度寄存器定义名称。

　　语法：

name　　DN　　expr

name　　SN　　expr

其中，name 为寄存器的名称；expr 为单精度 VFP 寄存器编号 0 ~ 31 或双精度 VFP 寄存器编号 0 ~ 15。

　　使用说明：

　　DN 和 SN 伪操作可以方便程序员记忆所定义的 VFP 寄存器的功能等。name 不能与汇编器预定义的寄存器和协处理器的名字相冲突。要避免不同 VFP 寄存器使用相同的名称。

　　使用示例：

energy　　DN　6　　　　　　　 ; 将双精度 VFP 寄存器 6 名称定义为 energy

Mass　　SN　16　　　　　　　 ; 将单精度 VFP 寄存器 16 名称定义为 mass

　　8. FN

　　FN 用于为一个浮点 FPA 寄存器定义名称。

　　语法：

name　　FN　　expr

其中，name 为寄存器的名称；expr 为浮点 FPA 寄存器的编号，数值范围为 0 ~ 7。

　　使用说明：

　　FN 伪操作可以方便程序员记忆所定义的浮点 FPA 寄存器的功能等。name 不能与汇编器预定义的寄存器和协处理器的名字相冲突。f0 ~ f7 为汇编器预定义的名称，用户不能使用。

　　使用示例：

　　　　energy　　FN　　　6　　　　　　　；将浮点 FPA 寄存器 6 名称定义为 energy

4.2.2　数据定义伪操作

　　数据定义伪操作一般用于为特定的数据分配存储单元，如数据缓冲池定义、数据表定义、数据空间分配等，同时可完成已分配存储单元的初始化。数据定义伪操作包括：

- LTORG：声明一个数据（文字）缓冲池（literal pool）的开始；
- MAP：定义一个结构化的内存表的首地址；
- FIELD：定义结构化的内存表中的一个数据域；
- SPACE：分配一块内存单元并用 0 初始化；
- DCB：分配一段字节的内存单元，并用指定的数据初始化；
- DCD 和 DCDU：分配一段字的内存单元，并用指定的数据初始化；
- DCDO：分配一段字的内存单元，并将每个单元的内容初始化成该单元相对于静态基址寄存器 R9 的偏移量；
- DCFD 和 DCFDU：分配一段双字的内存单元，并用双精度的浮点数据初始化；
- DCFS 和 DCFSU：分配一段字的内存单元，并用单精度的浮点数据初始化；
- DCI：分配一段字的内存单元，用指定的数据初始化，并标识内存单元中存放的是指令，而不是数据；
- DCQ 和 DCQU：分配一段双字的内存单元，并用 64 位的整数数据初始化；
- DCW 和 DCWU：分配一段半字的内存单元，并用指定的数据初始化；
- DATA：在代码段中使用数据。现已不再使用，仅用于保持向前兼容。该伪代码会被编译器忽略。

1. LTORG

LTORG 伪操作指示汇编器在该指令所在处立即建立数据缓冲池。

语法：

LTORG

使用说明：

　　ARM 汇编器把默认的数据缓冲池位置放在代码段的最后面，即下一个代码段开始（用 AREA 声明）之前或 END 伪操作之前，但有时这个位置可能超出 LDR 等伪指令的作用范围（4KB），这时可用 LTORG 伪操作解决此问题。比较大的程序可以放置多个 LTORG 伪操作，通常放在无条件跳转指令或子程序返回指令之后，以避免处理器错误地将缓冲池中的常量当作指令执行。

　　使用示例：

```
        AREA    Example, CODE, READONLY
start   BL      func
        B       .
func    LDR     r0, =0x12345678     ; 将 r0 赋值为 0x12345678, 参见 LDR 伪指令
        MOV     pc, lr
        LTORG                       ; 建立包含 0x12345678 的数据缓冲池
data    SPACE   5000                ; 开辟一段长度大于 4KB 的空间
```

```
                        ; 如果去掉上面的 LTORG 伪操作,
                        ; 汇编器将在此处建立数据缓冲池,
                        ; 与 LDR 伪指令位置间的距离超过 4KB,
                        ; 编译时将报错
        END
```

2. MAP

MAP 用于定义一个结构化的内存表的首地址。此时,内存表的位置计数器 {VAR} 设置为该地址值,MAP 也可用 "^" 代替。

语法:

MAP   expr {, base-register}

其中,expr 为数字表达式或者是程序中的标号。如果 base-register 没有使用,则 expr 代表内存表首地址,此时,内存表的位置计数器 {VAR} 设置成该值。当使用 base-register 时,内存表首地址为 expr 与 base-register 的值的和。

使用说明:

MAP 伪操作通常与 FIELD 伪操作结合使用来描述一个内存结构表,可以多次用 MAP 伪操作来建立复杂的内存结构表。关于 MAP 其他具体说明参见 FIELD 伪操作。

使用示例:

MAP   0x10, R9 ; 内存表首地址为 0x10 加上 R9 的值

3. FIELD

FIELD 用于定义一个结构化内存表中的数据域,FIELD 也可用 "#" 代替。

语法:

{label}   FIELD   expr

其中,{label} 为可选项,如果使用则其值为当前内存表的位置计数器 {VAR} 的值。expr 为该数据域的字节大小。汇编器处理完该条语句后 {VAR} 的值将增加 expr。

使用说明:

用 MAP 伪操作定义内存表首地址,FIELD 伪操作定义内存表中各数据域的字节长度,并可以为每个数据域指定一个标号,其他指令可以引用该标号。MAP 与 FIELD 伪操作结合使用来描述定义一个内存结构表(并不能实际分配内存),可以用不同结构表描述同一块内存区域。MAP 伪操作中的 base-register 寄存器的值是运行时的值,其后所有的 FIELD 伪操作定义的数据域是默认使用该值的,直至遇到新的包含 base-register 项的 MAP 伪操作。

使用示例:

```
        MAP   0         ; 一个内存结构表,首地址为 0
a       FIELD 4         ; 定义一个占用 4 字节的数据域,并命名为 a
b       FIELD 4         ; 定义一个占用 4 字节的数据域,并命名为 b
        MAP   0, r9     ; 定义一个内存结构表,首地址为 r9 的值
        FIELD 4         ; 定义一个占用 4 字节的数据域,但未命名
x       FIELD 4         ; 定义一个占用 4 字节的数据域,并命名为 x
y       FIELD 4         ; 定义一个占用 4 字节的数据域,并命名为 y
        ...
```

```
          LDR     r9,  = somedat
          LDR     r0, [r9, #b]    ; 相当于"LDR r0, [r9, #4]"
          STR     r0, y           ; 相当于"STR r0, [r9, #8]"
          …
          AREA dat, DATA, READWRITE
somedat   SPACE   16
```

4. SPACE

SPACE 伪操作用于分配一片连续的存储区域并初始化为 0。SPACE 也可用"%"代替。

语法：

{label}   SPACE   expr

其中，{label} 为可选项；expr 为要分配的字节数。

使用示例：

DataSpace   SPACE   100   ; 分配连续 100 字节的存储单元并初始化为 0

5. DCB

DCB 伪操作用于分配一片连续的字节存储单元并用伪操作中指定的表达式初始化。DCB 也可用"="代替。

语法：

{label}   DCB   expr{,expr}{,expr}…

其中，{label} 为可选项，表达式可以为 0 ~ 255 的数字或字符串。

使用示例：

String   DCB   "string", 0   ; 定义一个以 NULL 结尾的字符串

6. DCD 和 DCDU

DCD（或 DCDU）伪操作用于分配一片连续的字存储单元并用伪操作中指定的表达式初始化。DCD 也可用"&"代替。用 DCD 分配的字存储单元是字对齐的，而用 DCDU 分配的字存储单元并不严格字对齐。

语法：

{label}   DCD{U}   expr{,expr}{,expr}…

其中，{} 内为可选项；expr 可以为程序标号或数字表达式。

使用说明：

使用 DCD 伪操作定义第一个内存单元时，可能在之前填补上 0 ~ 3 的补丁字节（padding）以确保字对齐，DCDU 伪操作则无此功能。

使用示例：

Data   DCD   4, 5, 6   ; 分配一片连续的字存储单元并初始化

7. DCDO

DCDO 用于分配一个或多个字的内存空间，并将每个字单元的内容用指定的表达式相对于静态基址寄存器 SB（r9）的偏移量初始化。

语法：

{label}   DCDO   expr {, expr} {, expr} …

其中，{} 为可选项；expr 为基于静态基址寄存器的表达式或程序标号。

使用示例：

```
IMPORT      symbol          ; 引入一个外部标号，参见 IMPORT 伪操作
DCDO        symbol          ; 分配一个字，值为标号 symbol 相对 SB 的偏移值
```

8. DCFD 和 DCFDU

DCFD（或 DCFDU）伪操作用于为双精度的浮点数分配一片连续的字存储单元并用伪操作中指定的表达式初始化。每个双精度的浮点数占据两个字单元。用 DCFD 分配的字存储单元是字对齐的，而用 DCFDU 分配的字存储单元并不严格字对齐。

语法：

```
{label}      DCFD {U}   fpliteral {, fpliteral } {, fpliteral } …
```

其中，{} 为可选项；fpliteral 为双精度浮点数。

使用说明：

使用 DCFD 伪操作定义第一个内存单元时，可能在之前填补上 0 ~ 3 的补丁字节以确保字对齐，DCFDU 伪操作则无此功能。fpliteral 转换成内存单元的表示形式由选择的浮点运算单元（FPU）决定。如果汇编器命令行选项 -FPU 为 NONE，则不能用上述伪操作。

使用示例：

```
FDataTest   DCFD   2E11,    -5E7           ; 分配一片连续的字存储单元并初始化为
                                           ; 指定的双精度数
```

9. DCFS 和 DCFSU

DCFS（或 DCFSU）伪操作用于为单精度的浮点数分配一片连续的字存储单元并用伪操作中指定的表达式初始化。每个单精度的浮点数占据一个字单元。用 DCFS 分配的字存储单元是字对齐的，而用 DCFSU 分配的字存储单元并不严格字对齐。

语法：

```
{label}      DCFS {U}    fpliteral {, fpliteral } {, fpliteral } …
```

其中，{} 为可选项；fpliteral 为单精度浮点数。

使用说明：

使用 DCFS 伪操作定义第一个内存单元时，可能在之前填补上 0 ~ 3 的补丁字节以确保字对齐，DCFSU 伪操作则无此功能。fpliteral 转换成内存单元的表示形式由选择的浮点运算单元（FPU）决定。如果汇编器命令行选项 − FPU 为 NONE，则不能用上述伪操作。

使用示例：

```
FDataTest   DCFS   2E5,    -5E -7          ; 分配一片连续的字存储单元并初始化为
                                           ; 指定的单精度数
```

10. DCI

在 ARM 代码中，DCI 用于分配一段字内存单元（字对齐），并用下述 expr 将其初始化。在 Thumb 代码中，DCI 用于分配一段半字内存单元（半字对齐），并用下述 expr 将其初始化。

语法：

```
{label}      DCI     expr {, expr} {, expr} …
```

其中，{} 内为可选项；expr 为数字表达式。

使用说明：

DCI 和 DCD 伪操作在内存分配上相似，不同之处在于 DCI 分配的内存单元的数据被标记为代码，可以用于通过宏来定义处理器不支持的指令。在 ARM 代码中，使用 DCI 伪操作定义第一个内存单元时，可能在之前填补上 0~3 的补丁字节以确保字对齐，在 Thumb 代码中，DCI 伪操作将确保半字对齐。

使用示例：

  MACRO   ;这个宏把一个新指令 newinstr Rd，Rm 定义为合适的机器指令

  newinstr $ Rd，$ Rm

  DCI 0xE16F0F10：OR：($ Rd：SHL：12)：OR：$ Rm

  MEND

11. DCQ 和 DCQU

DCQ（或 DCQU）伪操作用于分配一片以 8 个字节为单位的连续存储区域并用伪操作中指定的表达式初始化。用 DCQ 分配的存储单元是字对齐的，而用 DCQU 分配的存储单元并不严格字对齐。

语法：

{label} DCQ {U} {−} fpliteral {，{−} fpliteral } {，{−} fpliteral } …

其中，{} 内为可选项；fpliteral 为 64 位数字表达式，取值范围为 0 到 $2^{64} − 1$，当 fpliteral 之前加负号时，则范围为 $−2^{63} \sim −1$。$−n$ 与 $2^{64} −n$ 意义相同。

使用说明：

使用 DCQ 伪操作定义第一个内存单元时，可能在之前填补上 0~3 的补丁字节以确保字对齐，DCQU 伪操作则无此功能。

使用示例：

DataTest DCQ −100

12. DCW 和 DCWU

DCW（或 DCWU）伪操作用于分配一片连续的半字存储单元并用伪操作中指定的表达式初始化。用 DCW 分配的半字存储单元是半字对齐的，而用 DCWU 分配的半字存储单元并不严格半字对齐。

语法：

{label} DCW {U} expr {，expr} {，expr} …

其中，{} 内为可选项；expr 为数字表达式。

使用说明：

使用 DCW 伪操作定义第一个内存单元时，可能在之前填补上 0~1 个补丁字节（padding）以确保半字对齐，DCWU 伪操作则无此功能。

使用示例：

Data DCW 4，5，6   ;分配一片连续的半字存储单元并初始化

4.2.3　汇编控制伪操作

汇编控制伪操作用于控制汇编程序的执行流程，常用的汇编控制伪操作包括以下几条：

- IF、ELSE、ENDIF
- WHILE、WEND

● MACRO、MEND 及 MEXIT

1. IF、ELSE、ENDIF

IF、ELSE、ENDIF 伪操作能根据条件的成立与否决定是否执行某个指令序列。当 IF 后面的逻辑表达式为真，则执行指令序列 1，否则执行指令序列 2。其中，ELSE 及指令序列 2 可以没有，此时，当 IF 后面的逻辑表达式为真，则执行指令序列 1，否则继续执行后面的指令。IF、ELSE、ENDIF 伪操作可以嵌套使用。IF，ELSE 和 ENDIF 可分别用 "［"，"｜" 和 "］" 代替。

语法：

```
IF    logical expression          ; 逻辑表达式
instructions or directives        ; 指令序列 1（可包含伪操作）
｝
ELSE
instructions or directives        ; 指令序列 2（可包含伪操作）
｝
ENDIF
```

使用示例：

```
     GBLL    NewVersion            ; 定义一个变量 NewVersion
NewVersion  SETL  {FLASE}
     IF  : DEF:   NewVersion       ; 如果定义了 NewVersion
     IF NewVersion =  {TRUE}
     …                             ; 此处代码不会被汇编
     ELSE
     …                             ; 此处代码将被汇编
     ENDIF
     ENDIF
```

2. WHILE、WEND

WHILE、WEND 伪操作能根据条件的成立与否决定是否循环执行某个指令序列。当 WHILE 后面的逻辑表达式为真，则执行指令序列，该指令序列执行完毕后，再判断逻辑表达式的值，若为真则继续执行，一直到逻辑表达式的值为假。WHILE、WEND 伪操作可以嵌套使用。

语法：

```
     WHILE   logical-expression
     instructions，directives or pseudo-instructions
     WEND
```

使用示例：

```
     GBLA    cnt
cnt  SETA    1
     WHILE cnt < =4
cnt  SETA    cnt + 1
```

```
        …                              ; 此处代码将被赋值 4 次
    WEND
```

3. MACRO、MEND 及 MEXIT

MACRO、MEND 伪操作可以将一段代码定义为一个整体，称为宏指令，然后就可以在程序中通过宏指令多次调用该段代码。MEXIT 用于从宏定义中跳转出去。

语法：

```
    MACRO
{ $ label} name    { $ parameter{ , $ parameter} …}
        instructions，directives or pseudo-instructions
    MEND
```

其中，$ label 是可选项，在宏指令被展开时，label 将被替换成相应的符号，通常是一个标号；name 是宏的名称；$ parameter 为宏指令的参数，当宏指令被展开时将被替换成相应的值，类似于函数中的形式参数，可以在定义时为参数指定相应的默认值，形式如下：

$ parameter = default-value　 或　 $ parameter = "default value"

如果默认值中间或末尾有空格，则 " " 必须加。

使用说明：

宏指令的使用方式和功能与子程序有些相似，子程序可以提供模块化的程序设计、节省存储空间并提高运行速度。但在使用子程序结构时需要保护现场，从而增加了系统的开销，因此，在代码较短且需要传递的参数较多时，可以使用宏指令代替子程序。

包含在 MACRO 和 MEND 之间的指令序列称为宏定义体，在宏定义体的第一行应声明宏的原型（包含宏名、所需的参数），然后就可以在汇编程序中通过宏名来调用该指令序列。在源程序被编译时，汇编器将宏调用展开，用宏定义中的指令序列代替程序中的宏调用，并将实际参数的值传递给宏定义中的形式参数。

$ label 是可选项，当宏定义体内要使用多个标号时，可以利用形如 $ label. interlabel 来定义标号，使程序易读。

当要使用默认参数值时需要用 " | "（如果省略则在宏展开时替换成一个空字符串）形如：

```
        MACRONAME  |
```

MACRO、MEND 伪操作可以嵌套使用。

使用示例：

```
    MACRO
$ label   TestAndBranch   $ dest，$ reg，$ cc
$ label   CMP        $ reg，#0
        B $ cc      $ dest
    MEND
```

在程序中调用该宏：

```
test      TestAndBranch NonZero，r0，NE
        …

NonZero
```

...

程序被汇编后，宏展开的结果：

```
test    CMP r0, #0
        BNE NonZero
        ...
NonZero
        ...
```

4.2.4　数据帧描述伪操作

数据帧描述伪操作有以下几条：

- FRAME ADDRESS
- FRAME POP
- FRAME PUSH
- FRAME REGISTER
- FRAME RESTORE
- FRAME SAVE
- FRAME STATE REMEMBER
- FRAME STATE RESTORE
- FUNCTION 或 PROC
- ENDFUNC 或 ENDP

这些伪操作用于汇编程序调试，帮助程序员在构建汇编程序函数时避免错误，限于篇幅在这里不作介绍。

4.2.5　信息报告伪操作

信息报告伪操作有以下几条：

- ASSERT：用于在编译过程中产生一个错误信息报告；
- INFO：用于在编译过程中产生一个诊断信息；
- OPT：用于设置列表选项；
- TTL 和 SUBT：在列表中插入标题或子标题。

1. ASSERT

ASSERT 伪操作用于保证源程序被汇编时满足相关的条件，如果条件不满足将在编译时报告错误信息。

语法：

ASSERT   logical-expression

其中，logical-expression 为逻辑表达式。

使用示例：

ASSERT   OldVersion = {TRUE}

2. INFO

INFO 伪操作用于在编译过程中打印提示信息。

语法：

INFO　numeric-expression，string

其中，numeric-expression 为数字表达式；string 为要打印的提示信息。当 numeric-expression 为零时，编译过程中将打印 string 提示，否则编译过程中报错并打印 string 提示后退出编译。

使用说明：

该伪操作可用于自定义编译错误。

使用示例：

INFO　0，"version4.0"

IF　endofdata　<　=　label

INFO　1，"data overrun at label"

ENDIF

3. OPT

使用 OPT 伪操作可以在程序中修改编译器列表选项（-list）的默认配置。

语法：

OPT　　n

其中，n 代表 OPT 伪操作设置编号，合理的值如表 4.3 所示。

表 4.3　OPT 伪操作设置编号

OPT　n	作　　用
1	设置常规列表选项
2	关闭常规列表选项
4	设置分页符，在新的一页开始显示
8	将行号重新设置为 0
16	设置选项，显示 SET、GBL、LCL 伪操作
32	设置选项，不显示 SET、GBL、LCL 伪操作
64	设置选项，显示宏展开
128	设置选项，不显示宏展开
256	设置选项，显示宏调用
512	设置选项，不显示宏调用
1024	设置选项，显示第一遍扫描列表
2048	设置选项，不显示第一遍扫描列表
4096	设置选项，显示条件汇编伪操作
8192	设置选项，不显示条件汇编伪操作
16384	设置选项，显示 MEND 伪操作
32768	设置选项，不显示 MEND 伪操作

4. TTL 和 SUBT

TTL 伪操作在列表文件的每一页的开头插入一个标题。该 TTL 伪操作的作用范围是其后面的每一页，直到遇到新的 TTL 伪操作。

SUBT 伪操作在列表文件的每一页的开头插入一个子标题。该 SUBT 伪操作的作用范围是其后面的每一页，直到遇到新的 SUBT 伪操作。

语法：

TTL　　　title

SUBT　　subtitle

4.2.6　其他杂项伪操作

其他杂项伪操作如下：

- AREA
- ALIGN
- CODE16 和 CODE32
- END
- ENTRY
- EQU
- EXPORT 或 GLOBAL
- EXPORTAS
- IMPORT
- EXTERN
- GET 或 INCLUDE
- INCBIN
- KEEP
- NOFP
- REQUIRE
- REQUIRE8 和 PRESERVE8
- RN
- ROUT

1. AREA

AREA 伪操作用于定义一个代码段或数据段。

语法：

AREA　　sectionname　　{，attr}　{，attr}　…

其中，sectionname 为段名，若以数字开头，则该段名需用"｜"括起来，如｜1 _ test｜，还有一些具有约定名称的段，如｜. text｜表示 C 编译器产生的代码段或与 C 语言库相关的代码段；attr 表示该代码段（或数据段）的相关属性，多个属性用逗号分隔。常用的属性如下：

1）ALIGN = expr 属性：默认情况下 ELF 的代码段和数据段是字对齐的。expr 取值为 0 ~ 31，表示相应的对齐方式为 2^{expr} 字节对齐，如 expr = 3 时为 8 字节对齐。此与 ALIGN 伪操作的定义不同，参见 ALIGN 伪操作。

2）ASSOC = section 属性：制定与本段相关的 ELF 段。任何包含 section 段的链接必须包含本段。

3）CODE 属性：用于定义代码段，默认为 READONLY。

4) COMDEF 属性：定义一个通用的段，该段可以包含代码或者数据。链接器为在各源文件中同名的 COMDEF 段分配相同的内存单元，同名 COMDEF 段内容必须相同。

5) COMMON 属性：定义一个通用数据段，不能人为在段中定义代码或数据，链接器将该段初始化为零。链接器为在各源文件中同名的 COMMON 段分配共用的内存单元，并为其分配合适的足够大的尺寸。

6) DATA 属性：用于定义数据段，默认为 READWRITE。

7) NOINIT 属性：定义本数据段在汇编时不初始化或者初始化为零。

8) READONLY 属性：指定本段为只读，代码段默认为 READONLY。

9) READWRITE 属性：指定本段为可读可写，数据段的默认属性为 READWRITE。

使用说明：

可以用 AREA 伪操作将程序分为多个 ELF 格式的段，且段名称可以相同，这时这些同名的段被放在同一个 ELF 段中。一个汇编语言程序至少要包含一个段，当程序太长时，也可以将程序分为多个代码段和数据段。

使用示例：

```
        AREA    Dat,      DATA,    READONLY    ；定义一个只读数据段
List    DCB     0x12,     0x34,    0x56
```

2. ALIGN

ALIGN 伪操作可通过添加填充字节的方式，使当前位置满足一定的对齐方式。

语法：

```
ALIGN    {expr {, offset}}
```

其中，表达式 expr 的值用于指定对齐方式，可能的取值为 2 的幂，如 1、2、4、8、16 等。若未指定表达式，则将当前位置对齐到下一个字的位置。偏移量 offset 也为一个数字表达式，若使用该字段，则当前位置的对齐到下一个具有 $offset + n * expr$ 形式的地址。

使用说明：

ALIGN 伪操作确保数据和代码被放置到合适的位置。下列情况下需要特定的对齐方式：

1) Thumb 中伪指令 ADR 要求地址是字对齐的，而 Thumb 代码中的地址标号可能不是字对齐的，这时就需要用 ALIGN 4 使该标号字对齐。

2) 有些 ARM 处理器（如 ARM940T）的 Cache 采用了 16 字节宽度 LINES，这时可以采用 ALIGN 16 将函数入口置于 16 字节对齐地址，以最大程度发挥 Cache 的性能。

3) 用 LDR 和 STR 指令加载或存储双字（即使用 LDRD 和 STRD）时要求内存单元是 8 字节对齐的。

4) 标号本身对对齐方式没有要求，但是由于 ARM 代码要求字对齐，Thumb 代码要求半字对齐，因此标号可能不能准确反映同时具有 ARM 和 Thumb 的代码的地址，因此在 ARM 的代码标号之前要有 ALIGN 4（对于 Thumb 为 ALIGN 2）。

使用示例：

```
        AREA    example, CODE, READONLY
start   …
        BL      subroutine
        …
```

```
        B       {PC}
somedat DCB     1
        ALIGN                   ; 确保下面代码字对齐
subroutine …
        MOV     pc, lr
        END
```

3. CODE16 和 CODE32

CODE16 伪操作告诉汇编器后面的指令序列为 Thumb 指令，CODE32 伪操作告诉汇编器后面的指令序列为 ARM 指令。

语法：

CODE x

x 为 16 或 32

使用说明：

CODE x 伪操作告诉汇编器后面的指令序列的类型，以在必要的情况下插入补丁字节（padding）保证 ARM 代码字对齐和 Thumb 代码半字对齐，而并不实际切换程序状态。

使用示例：

```
        AREA    ChangeState, CODE
        CODE32                  ; 指示下面为 ARM 代码
        LDR     r0, = start + 1 ; 获得 start 地址并将第零位置 1
        BX      r0              ; 跳转并切换程序状态
        CODE16
start   …                       ; 此处为 thumb 代码
```

4. END

END 伪操作用于通知编译器已经到了源程序的结尾。

语法：

END

使用说明：

任何汇编源文件必须以 END 单独一行作为结尾。

使用示例：

```
        AREA example, CODE, READONLY
start   ; code
        END
```

5. ENTRY

ENTRY 伪操作用于指定汇编程序的入口点。

语法：

ENTRY

使用说明：

在一个完整的汇编程序中至少要有一个 ENTRY（也可以有多个，当有多个 ENTRY 时，程序的真正入口点由链接器指定），但在一个源文件里最多只能有一个 ENTRY（可以没有）。

使用示例：

AREA　Vect，　CODE，　READONLY

ENTRY

…

6. EQU

EQU 伪操作为数字常量、基于寄存器的值或程序中的标号定义一个名称。EQU 可用 "＊" 代替。

语法：

name　EQU　expr　{，type}

其中，name 代表要定义的常量的名称；expr 可以是基于寄存器的地址值，程序中的标号，32 位绝对地址常量或 32 位整型常量。当且仅当 expr 为 32 位绝对地址常量时，可用 type 指示 expr 表示的数据类型，数据类型如下：

1）CODE16

2）CODE32

3）DATA

使用说明：

EQU 操作的作用类似于 C 语言中的#define。用于为一个常量定义名称。

使用示例：

abc　EQU　2

xyz　EQU　label ＋ 8　　　　　　　；label 是程序中的标号

7. EXPORT 或 GLOBAL

EXPORT 伪操作用于在程序中声明一个全局的标号，该标号可在其他的文件中引用（参见 IMPORT 和 EXTERN 伪操作）。EXPORT 可用 GLOBAL 代替。

语法：

EXPORT　{symbol} {［WEAK］}

其中，symbol 是要声明的标号，大小写敏感，如果省略则该文件全部标号均被声明为全局标号；［WEAK］选项声明其他的同名标号优先于该标号被引用。

使用示例：

　　　　AREA　　　　　example，CODE，READONLY

　　　　EXPORT　　DoADD

DoADD　ADD　r0，r0，r1

8. EXPORTAS

EXPORTAS 伪操作可以在目标文件中创建一个符号，来替换源文件中与之对应的符号。

语法：

EXPORTAS　symbol1，symbol2

其中，symbol1 为源文件中的符号；symbol2 为目标文件（object file）中相应的符号，它将取代目标文件中的 symbol1 符号。

使用说明：

利用此伪操作，可以更改目标文件中的一个符号而不必更改源文件中所有与之对应的符号。

使用示例：

two EQU 2

    EXPORTAS two，one   ；目标文件符号表中将出现 one，其值为 2

    EXPORT two

9. IMPORT

IMPORT 伪操作用于通知编译器要使用的标号在其他的源文件中定义，但要在当前源文件中引用，而且无论当前源文件是否引用该标号，该标号均会被加入到当前源文件的符号表中。

语法：

IMPORT symbol｛［WEAK］｝

其中，symbol 在程序中区分大小写；［WEAK］选项表示当所有的源文件都没有定义这样一个标号时，编译器也不给出错误信息，在多数情况下将该标号置为 0，若该标号为 B 或 BL 指令引用，则将 B 或 BL 指令置为 NOP 操作。

使用示例：

IMPORT   __ main

B   __ main

10. EXTERN

EXTERN 伪操作用于通知编译器要使用的标号在其他的源文件中定义，但要在当前源文件中引用，如果当前源文件实际并未引用该标号，该标号就不会被加入到当前源文件的符号表中。

语法：

EXTERN symbol｛［WEAK］｝

其中，symbol 在程序中区分大小写；［WEAK］选项表示当所有的源文件都没有定义这样一个标号时，编译器也不给出错误信息，在多数情况下将该标号置为 0，若该标号为 B 或 BL 指令引用，则将 B 或 BL 指令置为 NOP 操作。

使用示例：

EXTERN   __ main

B   __ main

11. GET 或 INCLUDE

GET 伪操作用于将一个源文件包含到当前的源文件中，并将被包含的源文件在当前位置进行汇编处理。可以使用 INCLUDE 代替 GET。

语法：

GET filename

使用说明：

汇编程序中常用的方法是在某源文件中定义一些宏指令，用 EQU 定义常量的符号名称，用 MAP 和 FIELD 定义结构化的数据类型，然后用 GET 伪操作将这个源文件包含到其他的源文件中。编译器通常在当前目录中查找所被包含的源文件，可以用汇编器编译选项-I

添加其他查找目录。使用方法与 C 语言中的"include"相似。

GET 伪操作只能用于包含源文件，包含目标文件需要使用 INCBIN 伪操作。

使用示例：

GET　a. s

GET　c：\ program files \ b. s

12. INCBIN

INCBIN 伪操作用于将一个目标文件或任何其他类型的数据文件包含到当前的源文件中，被包含的文件不被编译，不做任何变动地存放在当前文件中，编译器从其后开始继续处理。

语法：

INCBIN　filename

使用示例：

AREA　Init，CODE，READONLY

INCBIN a1. dat　　　　　；通知编译器当前源文件包含文件 a1. dat

INCBIN C：\ a2. txt　　　；通知编译器当前源文件包含文件 C：\ a2. txt

…

END

13. KEEP

KEEP 伪操作告诉编译器将局部符号包含在目标文件的符号表中。

语法：

KEEP　{symbol}

如果未指定 symbol 则所有除了寄存器相关符号之外的所有局部变量均被保留。

使用说明：

默认情况下，编译器仅将下列符号包含到目标文件的符号表中：

1）被输出的符号。

2）被重定义的符号。

使用 KEEP 伪操作可以将局部符号也包含到目标文件的符号表中使调试更加方便。

使用示例：

label　ADC　r2，r3，r4

　　　　KEEP　label　　　　　　　；label 将在调试器中可见

　　　　ADD　r2，r2，r5

14. NOFP

使用 NOFP 伪操作可禁止源程序中包含浮点运算指令。

语法：

NOFP

使用说明：

对于没有硬件或软件仿真支持浮点运算时，使用 NOFP 伪操作，代码中出现浮点运算指令时编译器将报错。如果浮点运算指令出现在 NOFP 之前编译器也会报错。

15. REQUIRE

REQUIRE 伪操作指定段之间的相互依赖关系。

语法：

REQUIRE label

其中，label 为所需要的标号的名称。

使用说明：

当进行链接处理时包含了使用此伪操作的段，则定义 label 的段也将被包含。

16. REQUIRE8 和 PRESERVE8

REQUIRE8 伪操作指示链接器当前代码中要求数据栈为 8 字节对齐。

PRESERVE8 伪操作指示链接器当前代码中数据栈是 8 字节对齐的。

语法：

REQUIRE8

PRESERVE8

使用说明：

用 LDR 和 STR 指令加载或存储双字（即使用 LDRD 和 STRD）时要求内存单元地址是 8 字节对齐的，用这些指令操作数据栈时，要求数据栈是 8 字节对齐的。链接器可以保证要求数据栈 8 字节对齐的代码只能直接或间接地被声明数据栈是 8 字节对齐的代码调用。

17. RN

RN 伪操作用于给一个寄存器定义一个别名。

语法：

name　RN　expr

其中，name 不能与表 4.2 中 ARM 汇编器预定义寄存器和协处理器名称冲突；expr 是寄存器编号 0 ~ 15。

使用说明：

采用这种方式可以方便程序员记忆该寄存器的功能。

使用示例：

age　RN　r10

18. ROUT

ROUT 伪操作用于限制局部标号的作用范围。

语法：

｛routname｝　ROUT

其中，routname 为可选，代表区间的名称。

使用说明：

在程序中未使用该伪操作时，局部标号的作用范围为所在的 AREA，而使用 ROUT 后，局部标号的作为范围为当前 ROUT 和下一个 ROUT 之间，从而可以防止错误地引用局部标号。

4.3　ARM 汇编语言伪指令

本节介绍 ARM 汇编语言伪指令。伪指令不是真正的 ARM 指令或 Thumb 指令，而是在编译时由汇编器替换成合适的 ARM 或 Thumb 指令序列。ARM 伪指令包括：

- ADR
- ADRL
- LDR
- LDFD
- LDFS
- NOP

除 NOP 伪指令外，上述伪指令不能出现在 ARM C 和 C + + 嵌入汇编中。

1. ADR（小范围的地址读取伪指令）

该伪指令将基于 PC 的地址值（程序标号）或基于寄存器的地址值加载到寄存器中。

语法：

ADR {cond} register, expr

其中，cond 为可选的指令执行条件；register 为目标寄存器；expr 是基于 PC 的地址值或基于寄存器的表达式（程序标号），其取值范围：

1）当地址值不是字对齐时，范围为 – 255 ~ 255B。

2）当地址值是字对齐时，范围为 – 1020 ~ 1020B。

3）当地址值是 16 字节（或更多）对齐时，范围将更大。

使用说明：

ADR 伪指令通常被编译器替换成一条 SUB 或 ADD 指令来加载地址值，如果未找到合适的指令完成此功能，编译器将报错。由于 ADR 伪指令中的地址是基于 PC 或者寄存器的，所以 ADR 伪指令产生位置无关的代码。当 ADR 伪指令的地址是基于 PC 时，该地址必须与 ADR 伪指令在同一代码段中。对于 Thumb 状态下的汇编，此指令中的程序标号必须是局部的，不能 IMPORT。

使用示例：

```
start   MOV   r0, #0
        ADR   r1, start              ; 该伪指令将被替换为 SUB r1, pc, #0xC
```

2. ADRL（大范围的地址读取伪指令）

与 ADR 功能类似，但因其被编译器替换成两条合适的指令，所以加载的地址范围更大。

语法：

ADRL {cond} register, expr

其中，cond 为可选的指令执行条件；register 为目标寄存器；expr 是基于 PC 的地址值（程序标号）或基于寄存器的表达式，其取值范围：

1）当地址值不是字对齐时，范围为 – 65536 ~ + 65535B。

2）当地址值是字对齐时，范围为 – 262144 ~ + 262143B。

3）当地址值是 16 字节（或更多）对齐时，范围将更大。

使用说明：

ADRL 伪指令通常被编译器替换成两条 SUB 或 ADD 指令来加载地址值，如果未找到合适的指令完成此功能，编译器将报错。由于 ADRL 伪指令中的地址是基于 PC 或者寄存器的，所以 ADRL 伪指令产生位置无关的代码。当 ADRL 伪指令的地址是基于 PC 时，该地址必须与 ADRL 伪指令在同一代码段中。此伪指令不能在 Thumb 状态下使用。

使用示例：

```
start     MOV    r0, #0
          ADRL   r1, start + 60000
          ; 该 ADRL 伪指令将被替换为下面两条指令：
          ADD    r1, pc, 0xE800
          ADD    r1, r1, 0x254
```

3. LDR（全范围地址加载或数据加载伪指令）

LDR 伪指令（不要与 LDR 数据加载指令混淆）可将任意一个 32 位常数或地址值加载到寄存器中。

语法：

```
LDR {cond}    register,    = expr 或 label-expr
```

其中，cond 为可选的指令执行条件；register 为目标寄存器；expr 为 32 位常量，编译器根据下列情况将其替换成合适的指令：

1）当 expr 的取值在 MOV 或 MVN 指令读取立即数的能力范围内时，LDR 伪指令将被替换成 MOV 或 MVN 语句。

2）当 expr 的取值不在 MOV 或 MVN 指令读取立即数的能力范围内时，编译器将该常量放在数据缓冲池中，同时用一条基于 PC 的 LDR 指令加载该常量值。

label-expr 为基于 PC 地址的表达式或外部表达式。当 label-expr 为基于 PC 的地址表达式时，汇编器将 label-expr 的值放到数据缓冲区中，同时用一条基于 PC 的 LDR 指令加载该值。当 label-expr 为外部表达式或非当前段表达式时，汇编器将在目标文件中插入链接重定位伪操作，这样链接器将在链接时生成该地址。

使用说明：

当 LDR 伪指令需要数据缓冲池存放数据时，要保证该数据的地址与 LDR 伪指令间的距离不能超过 4096B（4KB），当程序较大时可以使用 LTORG 伪操作在合适位置立即建立数据缓冲池来满足此要求（参见 LTORG 伪操作）。对于 Thumb 状态下的汇编，LDR 的目标寄存器只能是 r0 ~ r7。

使用示例：

```
IMPORT    ResetHandler
AREA      Vect,    CODE,    READONLY
ENTRY
LDR       pc, = ResetHandler        ; 设 ResetHandler 为外部程序标号，地址为
0x00002540
…                                   ; 其他代码
END
```

汇编器将该段代码翻译成如下形式（［　］内为内存地址）：

```
［0x00000000］   LDR pc, 0x0000011C
［…］            …                  ; 其他代码
［0x0000011C］   DCD 0x00002540      ; 此处为数据缓冲池
```

4. LDFD

该伪指令将一个双精度的浮点数载入浮点寄存器。

语法：

LDFD {cond} fp-register,　　= expr

其中，cond 为可选的指令执行条件；fp-register 为浮点寄存器；expr 双精度浮点常数。

使用说明：

当 LDFD 伪指令需要数据缓冲池存放数据时，要保证该数据的地址与 LDFD 伪指令间的距离不能超过 4096B，当程序较大时可以使用 LTORG 伪操作在合适位置立即建立数据缓冲池来满足此要求（参见 LTORG 伪操作）。只有系统中有浮点加速器（Floating Point Accelerator, FPA）时，才能使用该指令。

使用示例：

LDFD　f1,　= 3.12E106　　;加载双精度浮点数 3.12E106 到浮点加速寄存器 1

5. LDFS

该伪指令将一个单精度的浮点数载入浮点寄存器。

语法：

LDFS {cond} fp-register,　　= expr

其中，cond 为可选的指令执行条件；fp-register 为浮点寄存器；expr 单精度浮点常数。

使用说明：

参考 LDFD 伪指令。

使用示例：

LDFS　f1,　= 3.12E − 6　　;加载单精度浮点数 3.12E − 6 到浮点加速寄存器 1

6. NOP

NOP 伪指令在汇编时被编译器替换为一条无用语句，例如 MOV r0, r0 等。

语法：

NOP

使用说明：

NOP 伪指令不会影响 CPSR 中的条件标志位。

4.4　ARM 汇编语言中的符号

在 ARM 汇编语言中，可以使用符号（symbols）来代表变量、地址和数字常量。代表地址的符号也称标号（labels）。本节将介绍以下内容：

- 符号命名规则
- 变量（variables）
- 数字常量（numeric constants）
- 汇编时变量置换
- 标号（labels）
- 局部标号（local labels）

1. 符号命名规则

程序中的符号命名需要符合下列通则：

1）符号由大小写字母、数字及下划线组成。

2）除了局部标号外，其他标号不能以数字开头（参见本节局部标号的介绍）。

3）符号大小写敏感。

4）符号在其作用范围内必须唯一。

5）符号不能与系统内置变量（见表 4.1）或者系统预定义的符号（见表 4.2）同名。

6）程序中的符号通常不要与指令助记符或者伪操作同名。当程序中的符号与指令助记符或者伪操作同名时，用双竖线将符号括起来，如 ‖ ASSERT ‖，此处双竖线并不是符号的组成部分。

7）当应用更为广义的符号时，编译器产生的标号通常用单竖线括起来，如 | IMAGE $ ZI $ BASE |（其中 IMAGE $ ZI $ BASE 是 ZI 区基址，由编译器产生）。

2. 变量

汇编程序中的变量在汇编处理过程中其值可能发生变化。这里变量有数字变量、逻辑变量和字符串变量三种类型，且一旦定义则类型不能改变。

数字变量用于在程序的运行中保存数字值，但注意数字值的大小不应超出数字变量所能表示的范围，即数字常量和数字表达式所能表示的范围。

逻辑变量用于在程序的运行中保存逻辑值，逻辑值只有两种取值情况：{TRUE} 或 {FALSE}。

字符串变量用于在程序的运行中保存一个字符串，但注意字符串的长度不应超出字符串变量所能表示的范围。

在 ARM（Thumb）汇编语言程序设计中，可使用 GBLA、GBLL、GBLS 伪操作声明全局变量，使用 LCLA、LCLL、LCLS 伪操作声明局部变量，并可使用 SETA、SETL 和 SETS 对其进行初始化。

3. 数字常量

数字常量一般为 32 位的整数，当作为无符号数时，其取值范围为 $0 \sim 2^{32} - 1$，当作为有符号数时，其取值范围为 $-2^{31} \sim 2^{31} - 1$。但是编译器不区分一个数有无符号，事实上 $-n$ 和 $2^{32} - n$ 在内存中是一样的。在进行大小比较时，数字常量均被认为是无符号的，因此有 $-1 > 0$。

在汇编中用 EQU 伪操作定义数字常量，在汇编过程中其值不能改变。

4. 汇编时变量置换

程序中的变量可通过代换操作取得一个常量。代换操作符为 "$"。

如果在数字变量前面有一个代换操作符 "$"，编译器会将该数字变量的值转换为十六进制的字符串，并将该十六进制的字符串代换 "$" 后的数字变量。

如果在逻辑变量前面有一个代换操作符 "$"，编译器会将该逻辑变量代换为它的取值（T 或 F）。

如果在字符串变量前面有一个代换操作符 "$"，编译器会将该字符串变量的值代换 "$" 后的字符串变量。当程序中需要字符 $ 时，用 $ $ 来表示，编译器将 $ $ 当作 $。

用 "." 指示变量名结束。

```
        LCLS  S1                              ; 定义局部字符串变量 S1 和 S2
```

```
          LCLS    S2
S1        SETS    "Test"
S2        SETS    " $ $ This is a $ S1. !"            ;字符串变量 S2 的值为 " $ This is a
                                                       Test ！"
```

5. 标号

标号是表示程序中的指令或者数据地址的符号。有以下三种：

（1）基于 PC 的标号

基于 PC 的标号是位于目标指令前或者数据定义伪操作前的标号。应用这些标号在汇编时将被处理成 PC 值加上（或减去）一个数字常量。它常用于程序跳转，或者在代码段中插入少量数据。

（2）基于寄存器的标号

基于寄存器的标号是一个寄存器加上一个常量，可以用 MAP 和 FILED 伪操作定义，也可以用 EQU 伪操作定义。这种标号在汇编时将被处理成寄存器的值加上（或减去）一个数字常量。它常用于访问位于数据段中的数据。

（3）绝对地址

绝对地址是一个 32 位的数字常量，它可以寻址的范围为 $0 \sim 2^{32} - 1$。

6. 局部标号

局部标号是一个数字值（0～99），可以紧随其后加上表示该局部变量范围的符号（参见 ROUT 伪操作），如果不加该符号，其作用范围为当前段。局部标号的典型应用是在一个短例程里面应用循环或条件转移，在宏定义里面很有用。

局部标号语法：

N {routname}

对局部变量的引用语法格式如下：

% {F | B} {A | T} N {routname}

其中，N 为局部变量的数字号；routname 为当前作用范围的名称（由 ROUT 伪操作定义）；% 表示对局部标号的引用；F 指示编译器只向前搜索；B 指示编译器只向后搜索；A 指示编译器搜索宏的所有嵌套层次；T 指示编译器搜索宏的当前嵌套层次。

如果 B 和 F 均未指定，编译器先向前搜索，再向后搜索。如果 A 和 T 均未指定，编译器搜索所有从当前层次到宏的最高层次，比当前层次低的不再搜索。

如果指定了 routname，编译器将向前搜索最近的 ROUT 伪操作的名称，如果发现不匹配，则报错。

4.5 ARM 汇编语言中的表达式

本节将要介绍的内容包括：

- 字符串的格式和字符串表达式
- 整型数字的格式和数字表达式
- 浮点数的格式
- 基于寄存器的表达式、基于 PC 的表达式

- 逻辑值的格式、逻辑表达式以及关系表达式
- 操作符和操作符优先级

1. 字符串的格式和字符串表达式

字符串的格式是一系列用双引号括起来的字符，其最大长度为512，最小长度为0。当字符串中有"时用""表示，有 $ 时用 $ $ 表示。

字符串表达式是由字符串、字符串变量、字符串操作符和括号组成的。

字符串变量用 GBLS 或 LCLS 伪操作定义，用 SETS 设置，参见 GBLS 或 LCLS 和 SETS 伪操作和字符串变量的定义。

与字符串有关操作符有 LEN、CHR、STR、LEFT 等，参考关于操作符的介绍。

使用示例：

| str1 | SETS | "it is a "" string"""" | | ；str1 的值将为 "it is a "string""" |
| str2 | SETS | " $ str1. $ $" | | ；str2 的值将为 "it is a "string" $" |

2. 整型数字的格式和数字表达式

整型数字具有以下几种格式：

1) decimal-digits：十进制数。

2) 0x（或 &）hexadecimal-digits：十六进制数，例如，0xFF，&3A。

3) n _ base n-digits：n 进制数，例如；2 _ 110010。

4)' char '：字符，例如；'A'，'\ '。

在 DCQ 和 DCQU 伪操作中用到的整型数字表示的范围在 $0 \sim 2^{64} - 1$，其他伪操作用到的整型数字表示的范围为 $0 \sim 2^{32} - 1$。

数字表达式由整型数字、数字常量、数字变量、数字操作符和括号组成。

数字常量由 EQU 定义，数字变量由 GBLA 或 LCLA 定义，由 SETA 设置，参见相关伪操作和数字常量及变量的定义。

与数字相关的操作符有：NOT、AND、加减法等，参见本节关于操作符的介绍。

数字表达式的值为 32 位的整数，当值为无符号数时，其取值范围为 $0 \sim 2^{32} - 1$，当值为有符号数时，其取值范围为 $-2^{31} \sim 2^{31} - 1$。但是编译器不区分该值有无符号，事实上 $-n$ 和 $2^{32} - n$ 在内存中是一样的。在进行大小比较时，其值被认为是无符号的，因此有 $-1 > 0$。

使用示例：

a   SETA   256 * 256

　　MOV   r1, #a   ；这里 256 * 256 为数字表达式

3. 浮点数的格式

浮点数具有以下几种格式：

1) {-} digitsE {-} digits

2) {-} {digits} . digits {E {-} digits}

3) 0x（或 &）hexdigits

其中，digits 为十进制数；hexdigits 为十六进制数。

单精度浮点数表示的范围为 1.17549435e - 38 到 3.40282347e + 38。

双精度浮点数表示的范围为 2.22507385850720138e - 308 到 1.79769313486231571e + 308。

使用示例：

DCFD   1E308， −4E −100

DCFS   1.0

4. 基于寄存器的表达式和基于 PC 的表达式

基于寄存器的表达式表示了一个寄存器加上或减去一个数字常量，通常用 MAP 和 FIELD 伪操作定义。

基于 PC 的表达式表示了 PC 加上或减去一个数字常量。程序中基于 PC 的表达式通常用一个标号和数字表达式结合组成。

相关的操作符有 BASE 等，参见本节关于操作符的介绍。

5. 逻辑值的格式、逻辑表达式以及关系表达式

逻辑值表示的格式为：逻辑真 {TRUE} 和逻辑假 {FALSE}。

逻辑表达式由逻辑值、逻辑变量、逻辑操作符、关系表达式和括号组成。

逻辑变量由 GBLL 或 LCLL 定义，由 SETL 赋值，参考有关逻辑变量和相关伪操作。

关系式表达式由变量、常量、数值、表达式和关系操作符组成的，参考本节关于关系操作符的介绍。

与逻辑值相关的操作符有 LAND、LNOT 等，参考本节有关逻辑操作符的介绍。

6. 操作符和操作符优先级

ARM 汇编操作符有单目操作符和双目操作符，操作符之间有优先级。

（1）单目操作符

单目操作符位于操作数的左边，表 4.4 列出了所有此类操作符及其用法。

表 4.4   单目操作符及用法

操 作 符	用 法	说 明
?	? A	得到定义标号 A 的代码行所生成的代码所占字节数
BASE	:BASE:A	得到 A（基于 PC 或寄存器表达式）的基址寄存器标号，该操作符在宏定义中很有用
INDEX	:INDEX:A	得到 A（基于 PC 或寄存器表达式）相对于其基址寄存器的偏移量
+ 和 −	+ A 和 − A	正负号
LEN	:LEN:A	返回字符串 A 的长度
CHR	:CHR:A	得到 ASCII 码为 A 的单字符的字符串
STR	:STR:A	将数字表达式转化为其十六进制的字符串形式，将逻辑表达式转化为 "T" 或 "F"
NOT	:NOT:A	将 32 位数字量 A 按位取反
LNOT	:LNOT:A	将逻辑表达式取反
DEF	:DEF:A	如果标号 A 已经定义返回 {TRUE}，否则返回 {FALSE}
SB _ OFFSET _ 19 _ 12	:SB _ OFFSET _ 19 _ 12:A	返回 A（此处 A 代表程序标号）与静态基址寄存器 sb（r9）的偏移值的 Bit [19：12]，仅见于 ADD 和 LDR 指令
SB _ OFFSET _ 11 _ 0	:SB _ OFFSET _ 11 _ 0:A	返回 A（此处 A 代表程序标号）与静态基址寄存器 sb（r9）的偏移值的 Bit [11：0]，仅见于 ADD 和 LDR 指令

（2）双目操作符

双目操作符有：乘法操作、字符串操作、移位操作、加减法和位操作、关系操作、逻辑操作。

乘法操作作用于数字表达式之间，表 4.5 列出了这些操作符及其用法。

表 4.5　乘法操作符及用法

操　作　符	用　　法	说　　明
*	A * B	A 乘以 B
/	A/B	A 除以 B 的商
MOD	A:MOD:B	A 除以 B 的余数

双目字符串操作符及用法如表 4.6 所示。

表 4.6　双目字符串操作符及用法

操　作　符	用　　法	说　　明
LEFT	A:LEFT:B	取 A（字符串）左边的 B（数字）个字符
RIGHT	A:RIGHT:B	取 A（字符串）右边的 B（数字）个字符
CC	A:CC:B	取 A（字符串）结合 B（字符串）

移位操作作用于数字表达式，表 4.7 列出了这些操作符及其用法。

表 4.7　移位操作符及用法

操　作　符	用　　法	说　　明
ROL	A:ROL:B	取值为 A 循环左移 B 位
ROR	A:ROR:B	取值为 A 循环右移 B 位
SHL	A:SHL:B	取值为 A 左移 B 位
SHR	A:SHR:B	取值为 A 右移 B 位

加减法和位操作作用于数字表达式之间，表 4.8 列出了这些操作符及其用法。

表 4.8　加减法和位操作符及用法

操　作　符	用　　法	说　　明
+	A + B	加法
-	A - B	减法
AND	A:AND:B	A 和 B 按位取与
OR	A:OR:B	A 和 B 按位取或
EOR	A:EOR:B	A 和 B 按位取异或

关系操作符作用于同类型的表达式之间得到一个逻辑值，其中，字符串是从左到右依次比较字符的 ASCII 值，数字表达式的值均视为无符号（从而有 -1 > 0），表 4.9 列出了这些操作符及其用法。

表 4.9　关系操作符及用法

操　作　符	用　　法	说　　明
=	A = B	A 和 B 相等
>	A > B	A 大于 B
> =	A > = B	A 大于或等于 B
<	A < B	A 小于 B
< =	A < = B	A 小于或等于 B
/ = 或 < >	A/ = B 或 A < > B	A 不等于 B

双目逻辑操作符作用于逻辑表达式之间，用法如表 4.10 所示。

表 4.10 双目逻辑操作符及用法

操 作 符	用 法	说 明
LAND	A:LAND:B	A 和 B 逻辑与
LOR	A:LOR:B	A 和 B 逻辑或
LEOR	A:LEOR:B	A 和 B 逻辑异或

（3）操作符优先级

操作符优先级的准则如下：

括号内的操作符优先级最高；单目操作符高于双目操作符；相邻单目操作符执行顺序为由右至左，相邻双目操作符执行顺序为由左至右。

操作符之间也有具体的优先级，如表 4.11 所示。

表 4.11 汇编与 C 语言操作符优先级的排列及对比

汇编语言操作符优先级从大到小排列	与左边汇编语言等效或相似的标准 C 语言操作符	C 语言操作符优先级从大到小排列
单目操作符	单目操作符	单目操作符
* / :MOD:	* / %	* / %
字符串操作	无	+ − （加减）
: SHL: : SHR: : ROR: : ROL:	< < > >	< < > >
+ − : AND: : OR: : EOR:	+ − & | ^	< < = > > =
= > > = < < = /= < >	= = > = < < = ! =	= = ! =
: LAND: : LOR: : LEOR:	&& ||	&
		^
		|
		&&
		||

注：汇编语言的操作符优先级与 C 语言中相应的操作的优先级并不一定相同，例如，1 + 2 : SHR: 3 与 1 + （2: SHR: 3）相同，而对于 C 语言 1 + 2 > > 3 与 （1 + 2） > > 3 相同。

4.6   ARM 汇编语言程序结构

ARM 中各种源文件（包括汇编程序、C 语言程序以及 C + + 程序）经过 ARM 编译器编译后生成 ELF 格式的目标文件。这些目标文件和相应的 C/C + + 运行时库经过 ARM 链接器处理后，生成 ELF 格式的映像文件（image）。这种 ELF 格式的映像文件可以被写入嵌入式设备的 ROM 中。

4.6.1   ARM 映像文件的结构

ARM 映像文件是个层次性结构的文件，其中包含了域（region）、输出段（output section）和输入段（input section），如图 4.1 所示。各部分的关系如下：

• 一个映像文件由一个或多个域组成；

- 每个域包含一个或多个输出段；
- 每个输出段包含一个或多个输入段；
- 各输入段包含了目标文件中的代码和数据。

输入段中包含了四类内容：代码、已经初始化的数据、未经过初始化的存储区域、内容初始化成 0 的存储区域。每个输入段有相应的属性，可以为只读的（RO）、可读写的（RW）和初始化成 0 的（ZI）。ARM 链接器根据各输入段的属性将这些输入段分组，再组成不同的输出段以及域。

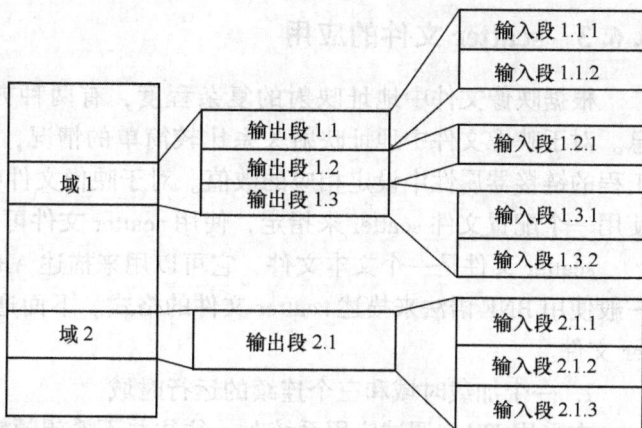

图 4.1　映像文件的组成

一个输出段中包含了一系列的具有相同的 RO、RW 和 ZI 属性的输入段。输出段的属性与其中包含的输入段的属性相同。在一个输出段内部，各输入段是按照一定的规则排序的。

一个域中包含 1～3 个输出段，其中各输出段的属性各不相同。各输出段的排列顺序是由其属性决定的。其中，RO 属性的输出段排在最前面，其次是 RW 属性的输出段，最后是 ZI 属性的输出段。一个域通常映射到一个物理存储器上，如 ROM 和 RAM 等。

4.6.2　ARM 映像文件各组成部分的地址映射关系

ARM 映像文件的各组成部分在存储系统中的地址有两种：一种是映像文件位于存储器中时的初始地址，也就是系统未启动运行时对应的地址，称为"加载时地址"；一种是在映像文件运行时的地址，就是系统启动运行后对应的地址，成为"运行时地址"。例如，已经初始化的 RW 属性的数据在加载时可能是保存在 ROM 中，但是，在运行时，它被移动到 RAM 中。

下面举一个例子，来解释"加载时地址"与"运行时地址"的对应关系。如图 4.2 所示，左侧对应为"加载时地址"，右侧对应为"运行时地址"。RW 段的加载时地址为 0x7000，该地址位于 ROM 中；RW 段的运行时地址为 0x9000，该地址位于 RAM 中。

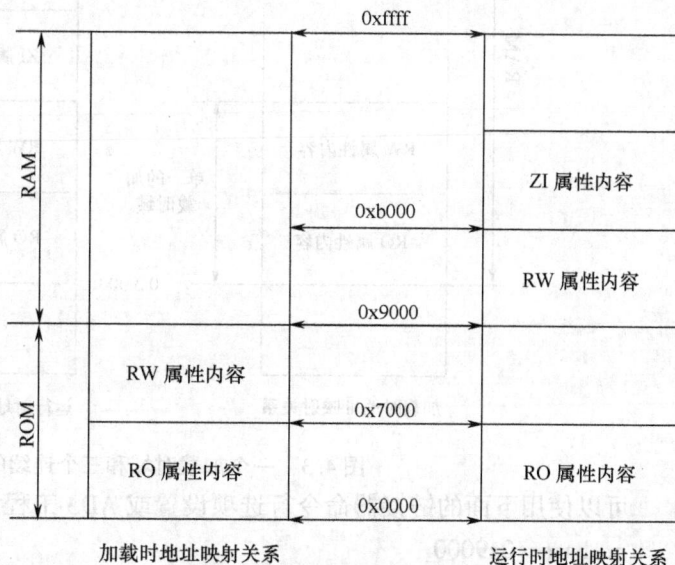

图 4.2　映像文件的地址映射关系

4.6.3　scatter 文件的应用

　　根据映像文件中地址映射的复杂程度，有两种方法来告诉 ARM 链接器这些相关的信息。对于映像文件中地址映射关系比较简单的情况，可以使用命令行选项，或在 ADS 中的工程的链接器属性中设定相应的数值。对于映像文件中地址映射关系比较复杂的情况，可以使用一个配置文件 scatter 来指定，使用 scatter 文件可以告诉链接器相关的地址映射关系。

　　scatter 文件是一个文本文件，它可以用来描述 ARM 链接器生成映像文件时需要的信息。一般使用 BNF 语法来描述 scatter 文件的格式。下面通过几个例子，简单介绍如何使用 scatter 文件。

　　1. 一个加载时域和三个连续的运行时域

　　在采用 JTAG 调试应用系统时，往往并不希望频繁地烧写程序，而希望程序运行在 RAM 空间中，这样既节省时间，又可以设置更多的断点。操作系统的引导程序或 Angel 都适合这种地址映射关系。整个映像文件的地址映射方式如图 4.3 所示。在映像文件运行之前（加载时地址），该映像文件包括一个单一的加载时域，该加载时域中包含所有的 RO、RW 属性的内容，ZI 属性的内容此时还不存在。在映像文件运行时，生成了三个运行时域，属性分别为 RO、RW 和 ZI。RO 和 RW 属性内容的运行时域的起始地址与加载时地址相同，就不需要进行数据搬移，ZI 属性的运行时域在映像文件开始执行后建立。

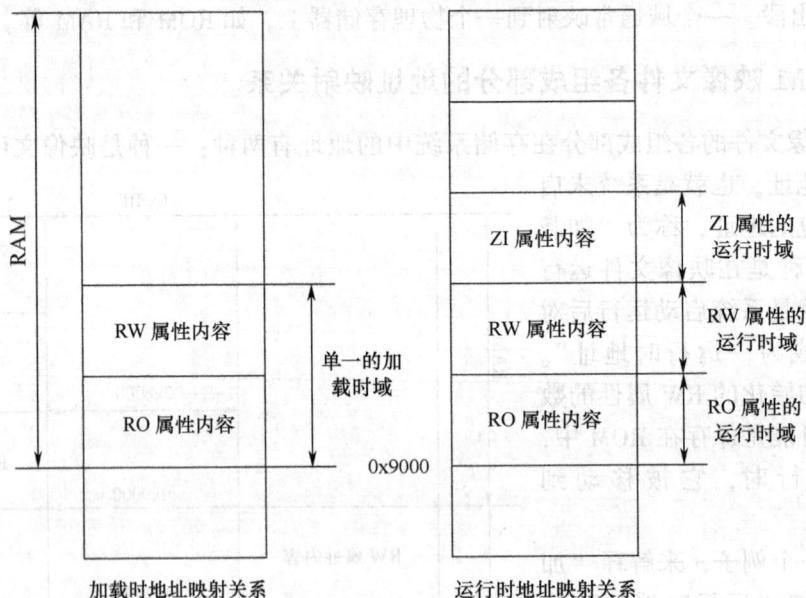

图 4.3　一个加载时域和三个连续的运行时域

可以使用下面的链接器命令行选项设置或 ADS 工程设置来指定地址映射模式。

-ro-base　0x9000

对应的 scatter 文件如下：

LR1　0x9000　　　　　；定义加载时域名称和起始地址

{

　　　　ER_RO　+0　；RO 属性内容的运行时域起始地址为 0x9000

```
  {
     *（+RO）  ；RO 属性的内容将被连续放置
  }
  ER_RW  +0 ；RW 属性内容的运行时起始地址为 RO 属性内容运行时域结束地址
            ；的下一个地址
  {
     *（+RW）  ；RW 属性的内容将被连续放置
  }
  ER_ZI +0  ；ZI 属性内容的运行时起始地址为 RW 属性内容运行时域结束地址
            ；的下一个地址
  {
     *（+ZI）  ；ZI 属性的内容将被连续放置
  }
}
```

2. 两个加载时域和三个不连续的运行时域

整个映像文件的地址映射方式如图 4.4 所示，在映像文件运行之前，该映像文件包括两个加载时域，其中一个为 RO 属性的内容，另一个为 RW 属性的内容。在映像文件运行时，生成了三个运行时域，属性分别为 RO、RW 和 ZI。其中 RO 和 RW 的加载时域和运行时域相同，因此不需要进行数据搬移，而 ZI 属性的运行时域在映像文件执行后建立。

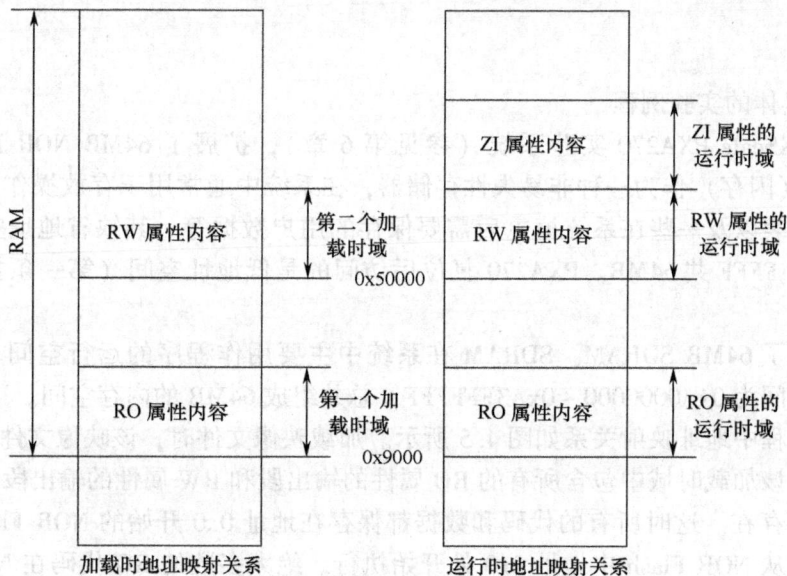

图 4.4　两个加载时域和三个不连续的运行时域

可以使用下面的链接器命令行选项或 ADS 工程设置选项来设置该映像文件的地址映射模式：

-split

-ro-base 0x9000

-rw-base 0x50000

对应的 scatter 文件如下：

```
LR1 0x9000              ;定义第一个加载时域名称和起始地址
{
    ER_RO   +0 ;RO 属性内容的运行时域起始地址为 0x9000
    {
        * ( +RO)       ;RO 属性的内容将被连续放置
    }
}

LR2 0x50000            ;定义第二个加载时域名称和起始地址
{
    ER_RW   +0 ;RW 属性内容的运行时起始地址为 0x50000
    {
        * ( +RW)       ;RW 属性的内容将被连续放置
    }
    ER_ZI   +0 ;ZI 属性内容的运行时起始地址为 RW 属性内容运行时域结束地
                       ;址的下一个地址
    {
        * ( +ZI)       ;ZI 属性的内容将被连续放置
    }
}
```

3. 一个具体的实验例程

EELIOD XScale PXA270 实验系统（参见第 6 章），扩展了 64MB NOR Flash 存储器，Flash 存储器（闪存）作为一种非易失性存储器，在系统中通常用于存放操作系统映像、程序代码、常量表以及一些在系统掉电后需要保存的用户数据等。其缺省地址空间是 0x0000 0000 ~ 0x03FF FFFF 共 64MB。PXA270 复位后访问的是低地址空间（第一条指令在 0x0000 0000 处）。

系统扩展了 64MB SDRAM。SDRAM 在系统中主要用作程序的运行空间、数据及堆栈区。其地址空间为 0xA0000000 ~ 0xA3FFFFFF，总共组成 64MB 的内存空间。

本实验例程中地址映射关系如图 4.5 所示。加载映像文件时，该映像文件包括一个单一的加载时域，该加载时域中包含所有的 RO 属性的输出段和 RW 属性的输出段，ZI 属性的输出段此时还不存在。这时所有的代码和数据都保存在地址 0x0 开始的 NOR Flash 存储器中。系统复位后，从 NOR Flash 中地址 0x0 处开始执行。绝大多数的 RO 代码在 NOR FLASH 中运行，它们的加载时地址和运行时地址相同，该域为固定域，不需要进行数据移动。包含异常中断向量表和启动代码的 boot.o 模块位于 NOR FLASH 中地址 0x0 处。RW 数据和 ZI 数据被移动到片内 RAM 中，其起始地址为 0x5C000000。

对应的 scatter 文件如下：

```
LOAD 0x0                        ;定义加载时域，其起始地址为 0x0，位于片外
                                ;NOR Flash 中
```

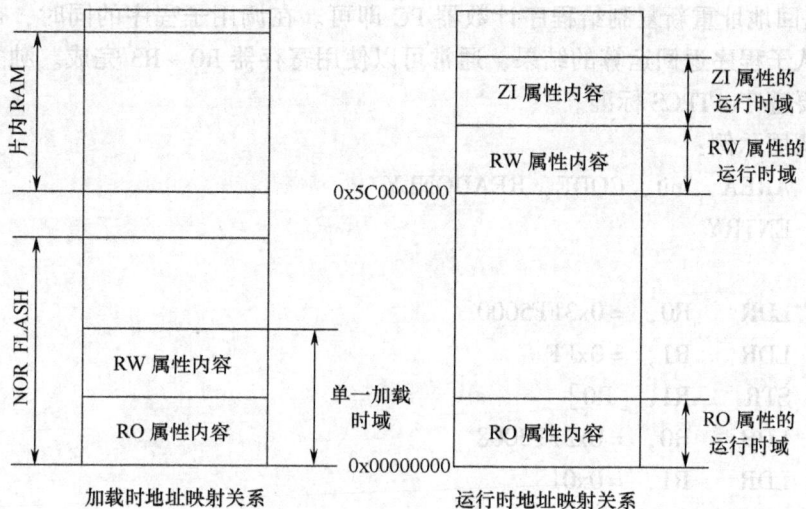

图 4.5 实验例程中的地址映射关系

```
{
    ROM _ EXEC  +0              ;定义第一个运行时域,其起始地址与加载时域相同,
                               ;本域中包含绝大多数的 RO 代码,boot.o 位于该域开头
    {
        boot.o (boot, +FIRST)
        * ( +RO )
    }
    RAM 0x5C000000 0x40000     ;定义第二个运行时域,其起始地址为 0x5C000000,
                               ;位于片内 256KB RAM,长度为 0x40000;其中包含
                               ;了 RW 数据和 ZI 数据
    {
        * ( +RW, +ZI )
    }
}
```

4.7 汇编语言子程序调用

使用子程序可以进行模块化编程,实现较复杂的功能,子程序间调用要符合 ATPCS 标准,本节中将对子程序的调用和 ATPCS 进行简要介绍。

4.7.1 子程序调用

在 ARM 汇编语言程序中,子程序的调用一般是通过 BL 指令来实现的。

BL   subroutine

该指令在执行时完成如下操作:将子程序的返回地址存放在连接寄存器 LR 中,同时将程序计数器 PC 指向子程序的入口点,当子程序执行完毕需要返回调用处时,只需要将存放在 LR 中的返回地址重新复制给程序计数器 PC 即可。在调用子程序的同时，也可以完成参数的传递和从子程序返回运算的结果，通常可以使用寄存器 R0 ~ R3 完成。独立编译的子程序间的互访要遵守 ATPCS 标准。

子程序调用示例：

```
        AREA    Init, CODE, READONLY
        ENTRY
start
        LDR     R0,  = 0x3FF5000
        LDR     R1,  = 0xFF
        STR     R1,  [R0]
        LDR     R0,  = 0x3FF5008
        LDR     R1,  = 0x01
        STR     R1,  [R0]
        BL      PRINT _ TEXT ；调用 PRINT _ TEXT 子程序
        …
PRINT _ TEXT
        …
        MOV     PC, LR ；返回主调程序
        …
        END
```

4.7.2　ATPCS 准则

独立汇编和编译的子程序间的互访要遵守 ATPCS 标准（ARM-Thumb Procedure Call Standard）。ATPCS 规定了子程序间的互访的一些基本规则，包括：

- 寄存器的使用和命名；
- 数据栈的使用；
- 参数的传递和结果返回；

还有一些为特定需要派生的特定 ATPCS，包括：

- 数据栈限制检查；
- 只读段位置无关；
- 可读写段位置无关；
- ARM 和 Thumb 程序混合使用；
- 浮点运算。

下面仅对 ATPCS 基本规则进行介绍。

1. 寄存器的使用和命名

ATPCS 指定了一些寄存器的特殊用途。

寄存器的使用规则如下：

1）利用 r0 ~ r3 传递参数或返回结果，其中 r0 ~ r3 可记作 a1 ~ a4。被调子程序返回前无需恢复 r0 ~ r3 的值，主调程序如果要在调用其他程序后继续使用原来 r0 ~ r3 值则必须保存。

2) 子程序中用 r4 ~ r11 保存局部变量（Thumb 中只能用 r4 ~ r7），其中 r4 ~ r11 可以记作 v1 ~ v8，如果子程序使用到其中某些寄存器，则必须在使用前保存这些寄存器的值，并在返回前予以恢复。

3) 寄存器 r12 为过程调用中间临时寄存器（intra-process-scratch），记作 ip。用于保存 SP，在函数返回时使用该寄存器出栈。

4) 寄存器 r13 用作数据栈指针，记作 sp。不能将它用于其他目的，子程序调用前后其值必须保持一致。

5) 寄存器 r14 为链接寄存器，记作 lr。它用于保存子程序的返回地址。如果在程序中保存了 r14，则其可用于其他目的。

6) 寄存器 r15 为程序计数器，记作 pc。不能用于其他目的。

表 4.12 中列出了 APTCS 中寄存器的使用和命名规则。

表 4.12　寄存器的使用和命名规则

寄　存　器	别　　名	专　称	使　用　规　则
r15	—	pc	程序计数器
r14	—	lr	连接寄存器
r13	—	sp	数据栈指针
r12	—	ip	程序调用中间临时寄存器
r11	v8	—	ARM 状态局部变量寄存器 8
r10	v7	sl	ARM 状态局部变量寄存器 7 或在支持数据栈检查的 ATPCS 中为堆栈限制指针
r9	v6	sb	ARM 状态局部变量寄存器 6 或静态基址寄存器
r8	v5	—	ARM 状态局部变量寄存器 5
r7	v4	wr	局部变量寄存器 4 或 thumb 状态局部变量寄存器
r6 ~ r4	v3 ~ v1	—	局部变量寄存器 3 ~ 1
r3 ~ r0	a4 ~ a1	—	参数、结果或临时寄存器

2. 数据栈的使用

在 ATPCS 中规定数据栈为满递减型。外部接口的数据栈必须是 8 字节对齐的。

3. 参数的传递和结果返回

子程序的参数个数可以是固定和非固定的，两种情况参数传递规则不同：

（1）参数个数不固定

对于参数个数可变的子程序，当参数不超过 4 个时，依次用寄存器 r0 ~ r3 保存参数，超过 4 个时剩余的参数用数据栈保存，入栈顺序与参数顺序相反。这样，对于超过 4 字节的参数（如双精度浮点数，结构体），可能一部分保存于寄存器，另一部分保存于数据栈，或者全部压栈。

（2）参数个数固定

对于包含浮点运算的硬件的系统，在浮点参数的传递方面与参数个数不固定情况不同，规则为：浮点参数按顺序处理，为每个浮点参数分配满足其需要的且编号最小的一组连续的 FP 寄存器。

子程序结果返回的规则为：

1）结果为一个字的整数时，用 r0 返回。

2）结果为 2~4 字的整数时，用 r0~r1、r0~r2、r0~r3 返回。

3）结果为浮点数，用浮点寄存器 f0、d0 或 s0 返回。

4）结果为复合型的浮点数，用 f0~fn 或 d0~dn 返回。

5）对于更多位数的结果，间接用内存返回。

4.8   C 语言和汇编语言混合编程

本节介绍 C 内嵌汇编的使用以及汇编程序与 C 程序互访。

4.8.1   内嵌汇编

C 和 C++编译器中内置了内嵌汇编器，可以用其实现 C 语言不能或不易完成的操作。

1. 内嵌汇编指令的用法

内嵌的汇编指令支持大部分 ARM 和 Thumb 指令，其在使用上有以下特点：

（1）操作数

内嵌指令的操作数可以是 C 或 C++表达式，这些表达式的值均按无符号数处理。当指令中同时使用寄存器和 C 或 C++表达式时，表达式不要过于复杂，以免编译器在计算表达式时用到过多的寄存器以至于与指令中用的寄存器冲突。

（2）寄存器

一般不推荐直接使用，因为可能影响编译器的寄存器分配，从而影响程序效率。如果必须使用要注意：不要向 PC 赋值，只能利用 B 或 BL 指令实现跳转；需要注意编译器可能会使用 r12 和 r13 存储临时变量，在计算表达式的值时可能会把 r0~r3、r12、r14 用于函数调用；如果 C 变量用到了指令中用到的物理寄存器，编译器一般会在必要时用栈保存或恢复这些寄存器，但排除 sp、sl、fp 和 sb。

（3）常量

定值表达式前的"#"可以省略，如果用"#"，则其后面必须是常量。

（4）标号

可以利用 B 指令（不能用 BL）跳转到 C 或 C++中的标号。

（5）指令展开

除了与协处理器相关的指令，大多数 ARM 或 Thumb 指令对常量的操作会被展开成多条指令，各指令的展开对标志位的影响情况：算术指令可以正确的设置 NZCV 位；逻辑指令可以正确地设置 NZ 标志位，不影响 V 位，破坏 C 位。

（6）内存分配

所有的内存分配在 C 或 C++程序中声明，通过标号在内嵌汇编中引用，不要在内嵌汇编中用伪操作分配内存。

（7）SWI 和 BL 指令的使用

在内嵌的 SWI 和 BL 指令中，除了正常的操作数域外，还必须增加如下三个可选的寄存器列表：第 1 个寄存器列表中的寄存器用于存放输入的参数；第 2 个寄存器列表中的寄存器用于存放返回的结果。第 3 个寄存器列表中的寄存器的内容可能被调用的子程序破坏。

2. 内嵌汇编器与 ARM ASM 汇编器的区别

使用内嵌汇编还应注意以下几点：

1）不能通过（.）或｛PC｝获得当前指令地址。

2）不能用 LDR Rn，= expr 伪指令，可以用 MOV Rn，expr 替代（可生成从数据缓冲池中加载数据的汇编指令）。

3）不支持标号表达式。

4）不支持 ADR 和 ADRL 伪指令。

5）表示十六进制数只能用 0x，不能用 &。

6）编译器可能使用寄存器 r0 ~ r3、ip 及 lr 存放中间结果，因此在使用这些寄存器时要注意。

7）CPSR 寄存器中的 NZCV 条件标志位可能会被编译器在计算 C 表达式时改变，因此在指令中使用这些标志位时要注意。

8）指令中使用的 C 变量不要与 ARM 物理寄存器同名。

9）LDM 与 STM 指令的寄存器列表中只能使用物理寄存器，不能使用 C 表达式。

10）不能写寄存器 PC，不支持 BX 和 BLX 指令。

11）用户不需要维护数据栈，因为编译器会根据需要自动保存或恢复工作寄存器的值。

12）用户可以改变处理器模式，修改 ATPCS 寄存器 sb、sl、fp，改变协处理器的状态，但这并不为编译器所知。所以，如果用户改变了处理器的模式，不要使用原来的 C 表达式，直至重新恢复到原来的处理器模式后，方可使用这些 C 表达式。

3. 内嵌汇编在 C 和 C + + 程序中的使用格式

在标准 C 中可以使用 __ asm 关键字来声明内嵌汇编语句，格式如下：

```
__ asm
{
 asm _ instruction [; asm _ instruction]
 [asm _ instruction]
}
```

其中，如果一条指令占多行用"＼"续行，一行多条指令用"；"分隔，不能用"；"注释，可用 C 语言的注释方法。

在 C + + 中，除了以上方法外还可用 asm 关键字，格式如下：

```
asm（"asm _ instruction [; asm _ instruction]"）;
```

其中，括号内必须是一个指令序列的字符串。

使用示例：

```
void strcopy（const char ＊src, char ＊dst）
{  //本程序实现将字符串 src 复制到 dst
   int ch;
   __ asm
   {
   loop:
     LDRB ch, [src], #1
```

```
        STRB ch，［dst］，#1
        CMP ch，0
        BNE loop
    }
}
```

4.8.2　C 语言和汇编语言互相调用

1. 汇编中访问 C 程序变量

在汇编中使用 IMPORT 伪操作声明外部 C 程序全局变量，使用 LDR 伪指令读取该变量的内存地址，根据该数据的类型使用相应的 LDR 或 STR 指令读取或设置该变量的值。对于无符号变量，使用 LDRB/STRB 访问 char；使用 LDRH/STRH 访问 short；使用 LDR/STR 访问 integer。对于有符号数，使用 LDRSB 和 LDRSH。

使用示例：

```
        AREA     globals，CODE
        EXPORT   asmsubroutine    ；本汇编子程序实现将一外部 C 变量加 2
        IMPORT   cgblvar          ；声明外部 C 变量
asmsubroutine
        LDR   r1，= cgblvar        ；用伪指令 LDR 读取该变量的地址
        LDR   r0，［r1］
        ADD   r0，r0，#2
        STR   r0，［r1］
        MOV   pc，lr
        END
```

2. 汇编语言与 C 语言程序互调

（1）C 调用汇编程序

汇编程序的设计要遵守 ATPCS 准则保证程序调用时参数的正确传递。在汇编程序中使用 EXPORT 伪操作声明某程序，使得该程序可以被其他程序调用。在 C 语言程序中使用 extern 关键词声明该汇编程序，参考下面字符串复制的示例。

示例：

```
        AREA scopy，CODE
        EXPORT strcopy          ；声明外部可调用
strcopy                         ；r0 中为目标字符串地址，r1 中为源字符串地址
        LDRB   r2，［r1］，#1
        STRB   r2，［r0］，#1
        CMP    r2，#0
        BNE    strcopy
        MOV    pc，lr
        END
```

C 程序中调用方法如下：

```
extern void strcopy（char ∗ dest, const char ∗ src）;
int main（void）
｛
    char ∗ str1 = "string";
    char str2［10］;
    strcopy（（char ∗）str2, str1）;
    ; code
    return 0;
｝
```

（2）汇编程序调用 C 程序

汇编程序的设计要遵守 ATPCS 准则保证程序调用时参数的正确传递。汇编程序中用 IM-PORT 伪操作声明要调用外部程序，参考下面的示例。

示例：

用 C 函数实现 5 个整数相加：

```
int  g（int a, int b, int c, int d, int e）
｛
    return a + b + c +d +e;
｝
```

下面的汇编子程序 f 调用上面的 C 函数 g 实现计算 $n + n∗2 + n∗3 + n∗4 + n∗5$：

```
    EXPORT f               ; 输出函数 f，参数 n 用 r0 传递
    AREA func, CODE
    IMPORT g               ; 声明引入外部函数 g
f   STR  lr,［sp, # -4］! ; 因该子程序要调用另一子程序，保存返回地址
                           ; 直接用 r0 作为函数 g 的参数 a
    ADD  r1, r0, r0        ; 计算 2∗n 并送入 r1，作为函数 g 的参数 b
    ADD  r2, r1, r0        ; 计算 3∗n 并送入 r2，作为函数 g 的参数 c
    ADD  r3, r1, r2        ; 计算 5∗n
    STR  r3,［sp, # -4］! ; 5∗n 用栈传递给函数 g 的参数 e
    ADD  r3, r1, r1        ; 计算 4∗n 并送入 r3，作为函数 g 的参数 d
    BL   g                 ; 调用函数 g，结果将返回到 r0
    ADD  sp, sp, #4        ; 使 sp 指向已存的 lr
    LDR  pc,［sp］, #4     ; 汇编子程序返回
    END
```

4.8.3　ARM C 编译器的特定关键字

ARM C 编译器支持一些对 ANSI C 进行扩展的关键字，用于声明特定的函数或数据类型等。下面列举了一些常用的关键字。

1. __ value _ in _ regs

使用该关键字声明一个函数将通过整型寄存器（或浮点寄存器）以结构体的形式返回

2 ~ 4 个整型（或浮点）结果。

示例：

```
typedef    struct
{
    int    a;
    int    b;
    int    c;
    int    d;
}    four _ results;
__ value _ in _ regs    four _ results    myfunction（int e, int f, int g, int h）
{
    …
}
```

2. __ swi

使用该关键字声明的函数，可以有最多 4 个参数和 4 个返回值，其传递规则与一般函数相同。

示例：

```
void    __ swi（0）myswi（void）;
```

3. __ volatile

用该关键字限定一个对象，告诉编译器该对象可能在程序之外被修改，这样编译器在编译时将不会优化程序中对其进行的操作。通常使用该关键字定义系统中的 I/O 寄存器。

示例：

```
#define vu16   volatile   unsigned   short
typedef    struct
{
    vu16    DR;
    vu16    unused1;
    vu16    DIR;
    vu16    unused2;
        …
}    GPIO _ Type;
```

4. __ inline

使用该关键字声明的 C 函数要求编译器将该函数在其被调用的地方展开，但是如果该函数展开过长可能影响代码的紧凑性和性能时，该函数可能会被当成一般函数处理，所以一般利用此关键字声明代码长度比较短且调用比较频繁的函数。

示例：

```
__ inline   U8   GPIO _ ReadByte（GPIO _ Type *    GPIOx）
{
        return（U8）（GPIOx – > DR & 0x00FF）;
```

　　5. __irq

　　使用该关键字声明一个函数，告诉编译器该函数是一个 IRQ 或 FIQ 中断处理函数，这时该函数将在进入时保存默认的 ATPCS 标准要求保存的寄存器以及除了浮点寄存器外的被该函数破坏的寄存器，函数返回前恢复这些寄存器的值，将 SPSR 的值赋予 CPSR，并通过将 LR－4 的值赋予 PC 实现返回，但是由于 SPSR 不被保存，所以不可以用该关键字定义一个可重入中断处理函数，即该中断处理函数运行过程不可以被中断。注意，该函数不能有参数，且返回类型必须为 void。

　　示例：

void　__irq IRQhandler（void）

{

　　…

}

　　6. __pure

　　使用该关键字声明一个函数，其返回结果仅依赖于其输入参数，不会访问除了数据栈之外其他任何存储单元。

　　示例：

int　__pure　myfunction（int a，int b）

{

　　return a + b；

}

4.9　ARM 汇编语言设计实例

　　在 ARM 嵌入式系统开发的过程中，一般都采用 C/C＋＋语言来编写程序。尽管 C/C＋＋语言代码易读易懂、可维护性强、容易编写，但汇编语言因其高效、代码紧凑、贴近底层，其作用不可替代。系统的中断向量表、引导装载程序（Bootloader）、对实时性要求较高的运算程序等，一般都采用汇编语言来编写。

　　本节通过一些实例来进一步加深读者对 ARM 汇编语言的理解，介绍汇编语言中最基本的分支结构和循环结构，实现中断处理跳转、数据块的复制等嵌入式系统不可缺少的汇编程序。

4.9.1　分支结构

　　分支结构是 ARM 汇编语言结构中最基本的一种结构。它通过条件来决定执行程序不同的分支。等同于高级语言中的 if…else 结构或者 switch…case 结构。

　　当处理器工作在 ARM 状态时，几乎所有的 ARM 指令都可以通过增加后缀，根据 CPSR 寄存器标志位来决定是否执行本条指令，并可以改变 CPSR 寄存器标志位，以影响后面的指令执行。有了这个特性，就可以尽量避免使用跳转指令。因为跳转指令不仅会干扰程序执行的流水线，降低效率，还使程序难以阅读。

几乎所有的 ARM 数据处理指令均可以根据执行结果来选择是否更新条件码标志。若要更新条件码标志，指令中须包含后缀 S（CMP、CMN、TST、TEQ 指令除外）。

例 4.1 简单分支程序。寄存器 r0 和 r1 中有两个正整数，求这两个数的最大公约数，结果存储在 r0 中。

实现方法：

程序所需条件判断很少，用 CPSR 寄存器的标志位即可实现程序的分支和跳转。

程序流程图如图 4.6 所示。

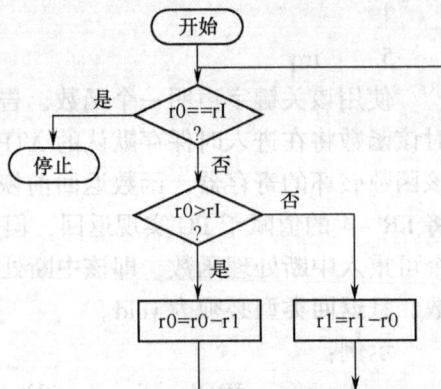

图 4.6　简单分支程序流程图

程序代码：

```
        AREA    example1, CODE    ; 程序代码段开始
        ENTRY                     ; 程序入口
        MOV     r0, #15           ; r0 = 15
        MOV     r1, #9            ; r1 = 9

start                             ; 程序标号 start
        CMP     r0, r1            ; 比较 r0 和 r1
        SUBLT   r1, r1, r0        ; 如果 r0 < r1，则 r1 = r1 - r0
        SUBGT   r0, r0, r1        ; 如果 r0 > r1，则 r0 = r0 - r1
        BNE     start             ; 如果 r0 不等于 r1，则跳转到标号 start

stop                              ; 程序标号 stop
        B       stop              ; 跳转到标号 stop，进入死循环
        END                       ; 程序结束
```

执行结果：

程序结束时，r0 和 r1 均为 3。

例 4.2 复杂分支程序。寄存器 R0、R1 和 R2 中有三个数，求其中的最大的一个，结果存储在 R3 中。

实现方法：

程序所需条件判断较多，且条件嵌套，而 CPSR 寄存器只有一个，因此指令不能够根据 CPSR 寄存器的标志位来进行正确的分支。要实现正确的程序分支，可以通过跳转语句来跳到相应的程序段。

程序流程图如图 4.7 所示。

程序代码：

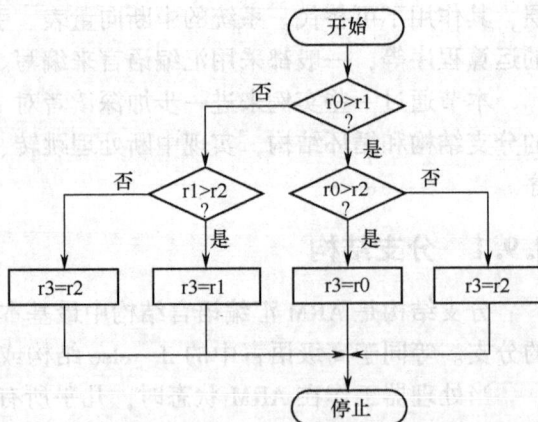

图 4.7　复杂分支程序流程图

```
        AREA        example2,    CODE        ; 程序代码段开始
        ENTRY                                ; 程序入口
        MOV         R0, #10                  ; R0 = 10
        MOV         R1, #30                  ; R1 = 30
        MOV         R2, #20                  ; R2 = 20
start                                        ; 程序标号 start
        CMP         R0, R1                   ; 比较 R0 和 R1
        BLE         lbl _ a                  ; 如果 R0 < = R1，则跳转到 lbl _ a 分支
        CMP         R0, R2                   ; 比较 R0 和 R2
        MOVGT       R3, R0                   ; 如果 R0 > R2，则 R3 = R0
        MOVLE       R3, R2                   ; 如果 R0 < = R2，则 R3 = R2
        B           lbl _ b                  ; 跳转到分支结尾
lbl _ a                                      ; 程序标号 lbl _ a
        CMP         R1, R2                   ; 比较 R1 和 R2
        MOVGT       R3, R1                   ; 如果 R1 > R2，则 R3 = R1
        MOVLE       R3, R2                   ; 如果 R1 < = R2，则 R3 = R2
lbl _ b                                      ; 分支结尾，程序标号 lbl _ b
        B           .                        ; 原地跳转，进入死循环
        END                                  ; 程序结束
```

执行结果：

程序结束时，R3 = 30.

例 4.3 利用跳转表实现分支转移。寄存器 R1、R2 中有两个数，若 R0 为 0 则求 R1 与 R2 的和，若 R0 为 1 则求 R1 与 R2 的差。结果存储在 R0 中。

跳转表实际上实现了高级语言的 switch…case 结构，在多 case 的情况下尤其有效。

对应的 C 语言代码如下：

```c
int DoAdd (int a, int b)
{
    return a + b;
}
int DoSub (int a, int b)
{
    return a - b;
}
void main ()
{
    int R0 = 0;
    int R1 = 3;
    int R2 = 2;
    int ( * arithfunc) ();
```

```
switch （R0）
    {
        case 0：
            arithfunc = DoAdd；
            R0 = arithfunc （R1，R2）；
            break；
        case 1：
            arithfunc = DoSub；
            R0 = arithfunc （R1，R2）；
            break；
        default：
            break；
    }
    while （1）；
}
```

实现方法：

用汇编语言实现 switch…case 结构，需要一块代码区域专门存放跳转表，类似于 C 语言的函数指针。根据 R0 的值，计算出函数指针应该指向跳转表的某一个地址，进而执行该函数。

汇编代码：

```
        AREA    example3，    CODE，READONLY   ；程序代码段，属性为只读
num     EQU     2                               ；令 num = 2
        ENTRY                                   ；程序入口
Start                                           ；标号 start
        MOV     R0，#0                          ；R0 = 0
        MOV     R1，#3                          ；R1 = 3
        MOV     R2，#2                          ；R2 = 2
        BL function                             ；跳转到子程序 function
        B .                                     ；原地跳转，进入死循环
function                                        ；标号 function
        CMP     R0，#num                        ；比较 R0 和 num
        MOVHS PC，LR                            ；如果 R0 > = num，则返回
        ADR     R3，JumpTable                   ；R3 = JumpTable 的基地址
        LDR     PC，［R3，R0，LSL #2］
        ；PC = R3 + R0 * 4，跳转到 R0 的值对应的子函数去
        ；R0 是以字为单位的，而函数地址是以字节为单位，所以 R0 应乘 4
JumpTable                                       ；标号 JumpTable，跳转表基地址
        DCD     FuncAdd                         ；FuncAdd 函数的地址
        DCD     FuncSub                         ；FuncSub 函数的地址
```

```
FuncAdd                                    ; FuncAdd 函数标号
        ADD     R0, R1, R2                 ; R0 = R1 + R2
        MOV     PC, LR                     ; 返回
FuncSub                                    ; FuncSub 函数标号
        SUB     R0, R1, R2                 ; R0 = R1 - R2
        MOV     PC, LR                     ; 返回
        END                                ; 程序结束
```

执行结果：

程序结束时，R0 = 5。

例 4.4　中断向量表

```
AREA    example4, CODE, READONLY    ; 程序段代码段，属性为只读
LDR     PC, Reset _ Addr            ; 跳转到 Reset _ Addr 对应的地址
LDR     PC, Undefined _ Addr
LDR     PC, SWI _ Addr
LDR     PC, Prefetch _ Addr
LDR     PC, Abort _ Addr
NOP                                        ; 预留向量，什么都不做
LDR     PC, IRQ _ Addr
LDR     PC, FIQ _ Addr
; ***************************************************************************
; 以下保存各个中断处理程序的入口地址，即跳转表
; ***************************************************************************
Reset _ Addr        DCD     Reset _ Handler
Undefined _ Addr    DCD     Undefined _ Handler
SWI _ Addr          DCD     SWI _ Handler
Prefetch _ Addr     DCD     Prefetch _ Handler
Abort _ Addr        DCD     Abort _ Handler
                    DCD     0               ; 预留向量
IRQ _ Addr          DCD     IRQ _ Handler
FIQ _ Addr          DCD     FIQ _ Handler
; ***************************************************************************
; 下面是各个中断处理程序，在本例子中不做任何处理，直接返回
; ***************************************************************************
        IMPORT __ main                     ; 引入 C 运行时库的__ main 函数符号
Reset _ Handler
        B   __ main                        ; 跳转到__ main 函数
Undefined _ Handler
        mov pc, lr                         ; 不做处理，直接返回
SWI _ Handler
```

```
      mov pc, lr
Prefetch _ Handler
      mov pc, lr
Abort _ Handler
      mov pc, lr
IRQ _ Handler
      mov pc, lr
FIQ _ Handler
      mov pc, lr
      END
```

代码分析：

这个例子是 ARM 的中断向量表，应放在 0 地址处。这样在发生中断时，程序会自动跳转到中断向量表的相应行，并跳转到相应的中断处理函数。这实际上是由 ARM 的硬件实现的跳转表分支结构。

4.9.2 循环结构

循环结构是最基本的程序结构之一，高效的运算程序需要高效的循环结构。程序的复杂度就是用循环的次数来衡量的。在嵌入式系统中，引导装载程序的作用之一就是把程序代码从扩展存储器复制到内存中。要实现批量的数据复制，就必须用到循环结构。

在循环中嵌套循环称为多重循环。在一定条件下，为了节省寄存器，可以将循环变量合并在一起使用。

例 4.5 数据块复制。编程实现将从地址 src 开始的 num 个字的数据复制到地址 dst 去。

实现方法：

首先将 num 个数按 8 个数一组进行块复制，然后将剩余的数逐个复制。复制的方法为：设置循环变量，并令其递减，如果不为零，则跳转到循环体开头。

汇编代码：

```
          AREA    example5,    CODE, READONLY      ; 程序代码段，属性为只读
num       EQU 25                                   ; 令 num = 25
          ENTRY                                     ; 程序入口
Start                                               ; 标号 Start
          LDR     R0,  = src                        ; R0 = src 的地址
          LDR     R1,  = dst                        ; R1 = dst 的地址
          MOV     R2, #num                          ; R2 = num
Blockcopy                                           ; 标号 Blockcopy, 循环体起始
          MOVS    R3, R2, LSR#3                     ; R3 = R2/8
          BEQ     wordcopy                          ; 若 R3 = 0 则跳转到字复制程序
          STMFD   SP!, {R4 - R11}                   ; 保存 R4 - R11 到堆栈
copy                                                ; 标号 copy, 块复制程序
          LDMIA   R0!, {R4 - R11}
```

```
                                          ; 将 R0 地址开始的 8 个字复制到寄存器 R4 - R11 中
        STMIA   R1!, {R4 - R11}
                                          ; 将 R4-R11 中的数复制到 R1 地址开始的 8 个字中
        SUBS    R3, R3, #1                ; R3 = R3 - 1
        BNE     copy
                                          ; 如果 R3 不为 0，则跳转到标号 copy
wordcopy                                  ; 标号 wordcopy，字复制程序
        ANDS    R2, R2, #7                ; R2 = R2&0x07，R2 取末尾 3 位
        BEQ     Stop                      ; 若 R2 = 0，则跳转到标号 Stop

CopyLoop                                  ; 标号 CopyLoop，字复制程序循环体开始
        LDR     R3, [R0], #4              ; R3 = [R0]，R0 = R0 + 4
        STR     R3, [R1], #4              ; [R1] = R3，R1 = R1 + 4
        SUBS    R2, R2, #1                ; R2 = R2 - 1
        BNE     CopyLoop                  ; 若 R2 不为 0，则跳转到 CopyLoop


Stop                                      ; 标号 Stop
        B.                                ; 原地跳转，进入死循环
        AREA    oriData, DATA, READWRITE  ; 数据段，属性为可读写
src     DCD     0,1,2,3,4,5,6,7,8,9,0,1,2,3,4,5,6,7,8,9,0,1,2,3,4
                                          ; 预先存好的数据
dst     SPACE   25 * 4                    ; 预留的空间
        END                               ; 程序结束
```

执行结果：

程序结束时，地址 dst 开始的目的空间中有了地址 src 开始的 25 个字的数据，即 0，1，2，
3，4，5，6，7，8，9，0，1，2，3，4，5，6，7，8，9，0，1，2，3，4。

例 4.6　多重循环。对 n 个数进行从小到大排序。

实现方法：

本程序采用两重循环，从第 n 个数开始，依次与前面的数比较，发现大的就与之交换。
接下来用第 n - 1 个数与后面的数进行比较，如此循环。

程序流程图如图 4.8 所示。

汇编代码：

```
        AREA    example6,  CODE, READONLY   ; 程序代码段，属性为只读
num     EQU 10                             ; 令 num = 10
        ENTRY                              ; 程序入口
start                                      ; 标号 start
        LDR     R0,  = src                 ; R0 = src 的地址
        MOV     R2, #num - 1               ; R2 = num - 1
LOOP1                                      ; 外循环体开始标号
```

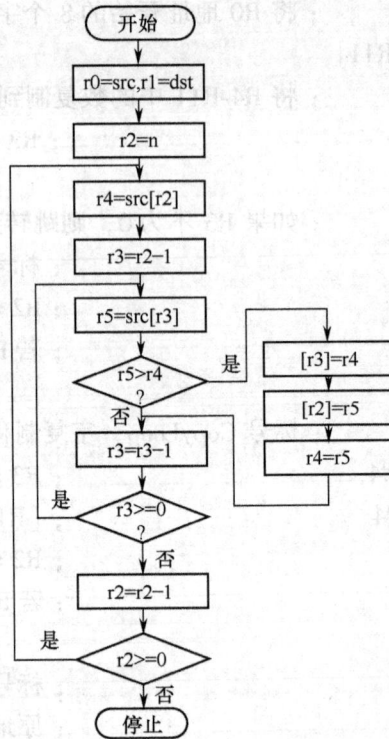

图 4.8　多重循环程序流程图

```
          LDR      R4，[R0，R2，LSL #2]        ；R4 = src［R2］
          SUBS     R3，R2，#1                   ；R3 = R2 − 1
LOOP2                                            ；内循环体开始标号
          LDRPL    R5，[R0，R3，LSL #2]        ；R5 = src［R3］
          CMP      R5，R4                       ；比较 R5 和 R4
          STRGT    R4，[R0，R3，LSL #2]        ；若 R5 > R4，则 src［R3］= R4
          STRGT    R5，[R0，R2，LSL #2]        ；若 R5 > R4，则 src［R2］= R5
          MOVGT    R4，R5                       ；若 R5 > R4，则 R4 = R5
          SUBS     R3，R3，#1                   ；R3 = R3 − 1
          BPL      LOOP2                        ；若 R3 > =0，则跳转到 LOOP2
          SUBS     R2，R2，#1                   ；R2 = R2 − 1
          BPL      LOOP1                        ；若 R2 > =0，则跳转到 LOOP1
          B        .                            ；原地跳转，进入死循环

          AREA     DataArea，  DATA，READWRITE  ；数据段开始，属性为可读写
src       DCD 6,1,9,8,4,5,0,7,3,2                ；源数据
          END                                   ；程序结束
```

执行结果：

程序执行完毕后，原地址中的数据由 6、1、9、8、4、5、0、7、3、2 变为 0、1、2、

3、4、5、6、7、8、9。

本 章 小 结

　　本章介绍了 ARM 汇编语言程序设计的基本方法，详细讲解了 ARM 伪操作、伪指令，ARM 汇编语言中的符号、表达式、程序格式，以及 ARM 汇编语言与 C 语言混合编程的方法。通过一些实例来讲解汇编语言中最基本的分支结构和循环结构，实现了跳转表分支、数据块的复制等不可缺少的汇编程序，帮助读者理解 ARM 汇编语言的编程方法。

　　通过学习第 3 章 ARM 汇编指令、本章汇编语言编程方法，以及第 8 章的具体调试方法，读者应该能读懂大部分的 ARM 汇编程序，也可以独立编写程序实现特定的功能。

　　随着 ARM 技术的发展，ARM V5 版本及更高版本中提供了更丰富的汇编指令和伪指令，来实现更强的运算能力和其他功能。读者如果感兴趣可以查阅 ARM 网站和相关技术手册。

思考题与习题

　　4.1　本章所讲的汇编变量与其他高级语言中的变量有什么异同？

　　4.2　LDR 指令和 LDR 伪操作有什么异同？

　　4.3　汇编控制伪操作 IF、ELSE、ENDIF 语句是否可用来代替 ARM 汇编指令实现程序的分支结构？试举例说明理由。

　　4.4　汇编控制伪操作 WHILE、WEND 语句是否可用来代替 ARM 汇编指令实现程序的循环结构？试举例说明理由。

　　4.5　如何利用跳转表实现 SWI 处理？

　　4.6　用汇编 FIELD 和 MAP 伪操作实现下面 C 语句的功能：

```
typedef union
    {
        unsigned  int  whole;
        struct
            {
                unsigned  short  a;
                unsigned  short  b;
            }  parts;
    }  word;
word  myword;
unsigned  int  num;
myword. parts. a = 0x34;
myword. parts. b = 0x12;
num    =   myword. whole;
```

　　4.7　编写程序，实现以下功能：

　　当设置 RW Base，加载时域和运行时域不同时，采用 LDM/STM 指令搬移 RW Data 到新的位置。

　　提示：使用 | Image $ $ RO $ $ Base |、| Image $ $ RO $ $ Limit |、| Image $ $ RW $ $ Base | 和 | Image $ $ RW $ $ Limit |

4.8 从 N 个 32 位数中找到最大、最小数，分别存放到 R0 和 R1 中。

4.9 用汇编语言实现求 N 个 16 位无符号数的平均数（取整），并在 C 程序中调用。

4.10 两个 64 位无符号数 a 和 b 分别在地址 Va 和 Vb 中，求两个数的乘积，将结果存到地址 Vm 中。

4.11 给定 10 个字节的数据，统计所有位中 0 的个数，如果为奇数则 R0＝1，如果为偶数则 R0＝0。

4.12 用汇编语言编写冒泡法排序程序。

4.13 用汇编语言实现将一个字符串（字符串起始地址为 src，以 0 结尾）中的所有 0x13 替换为 0x13 和 0x10，并复制到 dst 地址处。(注：0x13，回车；0x10，换行)

第 5 章　XScale 内核及 PXA270 处理器简介

随着嵌入式技术和移动通信技术的不断发展，对嵌入式处理器的性能要求也越来越高，PXA270 就是 Intel 公司目前性能最为强劲的嵌入式处理器之一，非常适合于移动和多媒体应用，已经成为高端移动通信设备中最受欢迎的处理器之一。本章将介绍 XScale 内核特点，并详细介绍基于 XScale 内核的 PXA270 嵌入式处理器的各种功能特点。

5.1　XScale 内核简介

Intel XScale 微体系结构提供了一种全新的、高性价比、低功耗且基于 ARMv5TE 体系结构的解决方案，并且还支持 16 位 Thumb 指令和 DSP 扩充指令。基于 XScale 技术的微处理器，可用于手机、便携式终端（PDA）、网络存储设备、骨干网（BackBone）路由器等。Intel PXA270 微处理器芯片是一款集成了 32 位 Intel XScale 处理器核、多通信信道、LCD 控制器、增强型存储控制器和 PCMCIA/CF 控制器，以及通用 I/O 口的高度集成的应用微处理器，其系统结构图如图 5.1 所示。

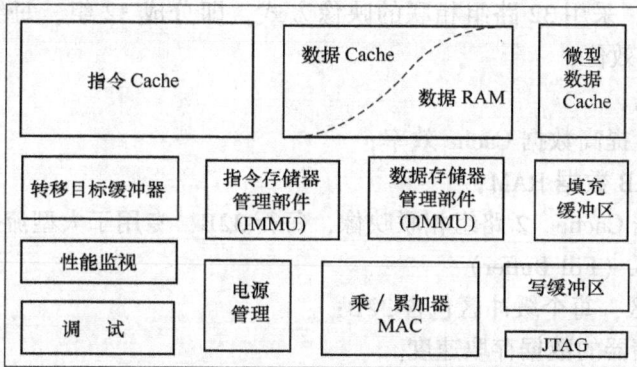

图 5.1　XScale 架构的系统结构图

5.1.1　XScale 内核的特点

XScale 架构具有以下显著的特性：

（1）七级流水线
（2）乘/累加器（MAC）
- 适合数字运算功能的 40 位乘/累加器；
- 单周期 16 × 32 位操作；
- 单指令多数据 SIMD16 位操作。
（3）存储器管理部件（MMU）
- 识别可快存和不可快存编码；

- 可在微型数据 Cache 和普通数据 Cache 之间进行选择；
- 写回（write-back）和写直通（write-through）模式；
- 允许外部存储器的写缓冲器合并操作；
- 允许数据写分配策略；
- 支持 XScale 扩展的页面属性操作。

（4）指令 Cache

- 容量为 32KB，采用 32 路组相联的映像方式，即分成 32 组，每组 32 路，每路由 32B 和 1 位有效位组成；
- 循环替代算法；
- 支持锁操作，以提高指令 Cache 的效率；
- 2KB 微指令 Cache，采用 2 路组相联的映像方式，每行 32B，只用于常驻在内核的软件调试。

（5）转移目标缓冲器

- XScale 内核提供转移目标缓冲器（Branch Target Buffer，BTB）来预测分支类型指令的结果。它提供分支类型指令的目标地址存储和预测下一个出现在指令 Cache 中的地址。BTB 由 128 个入口的直接映像 Cache 构成，每个入口由 TAG 分支地址、数据目标地址和 2 位状态位组成。

（6）数据 Cache

- 容量为 32KB，采用 32 路组相联的映像方式，即分成 32 组，每组 32 路，每路包含 32B 和 1 个有效位；
- 循环替代算法；
- 支持锁操作，提高数据 Cache 效率；
- 可重构为 28KB 数据 RAM；
- 2KB 微型数据 Cache，2 路组相联映像，每行 32B，专用于大型流媒体数据。

（7）填充缓冲区（Fill Buffer）

- 4~8 个缓冲区，每个缓冲区包含 32B；
- 提高外部存储器的数据存取速度。

（8）写缓冲区（Write Buffer）

- 8 个缓冲区，每个缓冲区包含 16B；
- 支持合并操作。

（9）性能监视

- 两个性能监视计数器；
- 监视 XScale 内核的各种事件；
- 允许用软件测量 Cache 的效率和检测系统瓶颈以及程序总的时延；

（10）电源管理

- 电源管理；
- 时钟管理。

（11）调试

- 测试访问端口 TAP 控制器；

- 支持 JTAG 标准测试访问端口及边界扫描。

5.1.2　XScale 内核与 StrongARM 的区别

从以上 XScale 的特性可以看出，XScale 内核与 StrongARM 内核相比发生了很多的变化。XScale 处理器的处理速度是 StrongARM 处理速度的两倍，其内部结构也有了相应的变化。

- 数据 Cache 的容量从 8KB 增加到 32KB；
- 指令 Cache 的容量从 16KB 增加到 32KB；
- 微型数据 Cache 的容量从 512B 增加到 2KB；
- 为了提高指令的执行速度，超级流水线结构由 5 级增至 7 级；
- 新增乘/累加法器（MAC）和特定的 DSP 型协处理器 CP0，以提高对多媒体技术的支持；
- 动态电源管理，使 XScale 处理器的时钟最高可达 1GHz、功耗 1.6W，并能达到 1200MIPS。

XScale 微处理器架构经过专门设计，采用了 Intel 公司先进的 $0.18\mu m$ 工艺技术制造；具备低功耗特性，适用范围从 0.1mW ~ 1.6W。同时，它的时钟工作频率最高可达 1GHz。XScale 与 StrongARM 相比，可大幅降低功耗并且获得更高的性能。具体来讲，在目前的 StrongARM 中，在 1.55V 下可以获得 133MHz 的工作频率，在 2.0V 下可以获得 206MHz 的工作频率；而采用 XScale 后，在 0.75V 时工作频率达到 150MHz，在 1.0V 时工作频率可以达到 400MHz，在 1.65V 工作频率则可高达 800MHz。超低功耗与高性能的结合使 Intel XScale 适用于广泛的互联网接入设备，在因特网的各个环节中，从手持互联网设备到互联网基础设施产品，Intel XScale 都表现出了令人满意的处理能力。

5.2　PXA270 结构及特点

PXA270 是 Intel 公司推出的一款基于 Xscale 内核的处理器，主要针对高端无线手持及移动设备。其频率共分为：312MHz、416MHz、520MHz 及 624MHz 四种，内部集成 Intel Wireless MMX 技术，该技术使该处理器在支持 3D 游戏和高级视频应用方面具有很高的性能。由于采用了 SpeedStep 低功耗技术，通过智能管理电压和频率变化实现节省高达 55% 的功耗。PXA270 处理器还集成了 Intel 快速捕捉（Intel Quick Capture）技术，可挂接 400 万以上像素的摄像头。丰富的外设支持，如 GPRS、GPS、USB、红外、蓝牙以及 WiFi（IEEE 802.11）传输等，并广泛支持众多公司提供的嵌入式操作系统和开发系统，包括 Microsoft、PalmSource、Symbian、MontaVista、Linux 和 Java 环境。图 5.2 是 PXA270 的结构框图。

PXA270 具有以下特点：

（1）高性能

- 采用 Intel XScale 微架构的 Wireless MMX™ 技术；
- 七级流水线；
- 32KB 指令 Cache；

- 32KB 数据 Cache；
- 2KB 微型数据 Cache；
- 大容量的数据缓冲区。

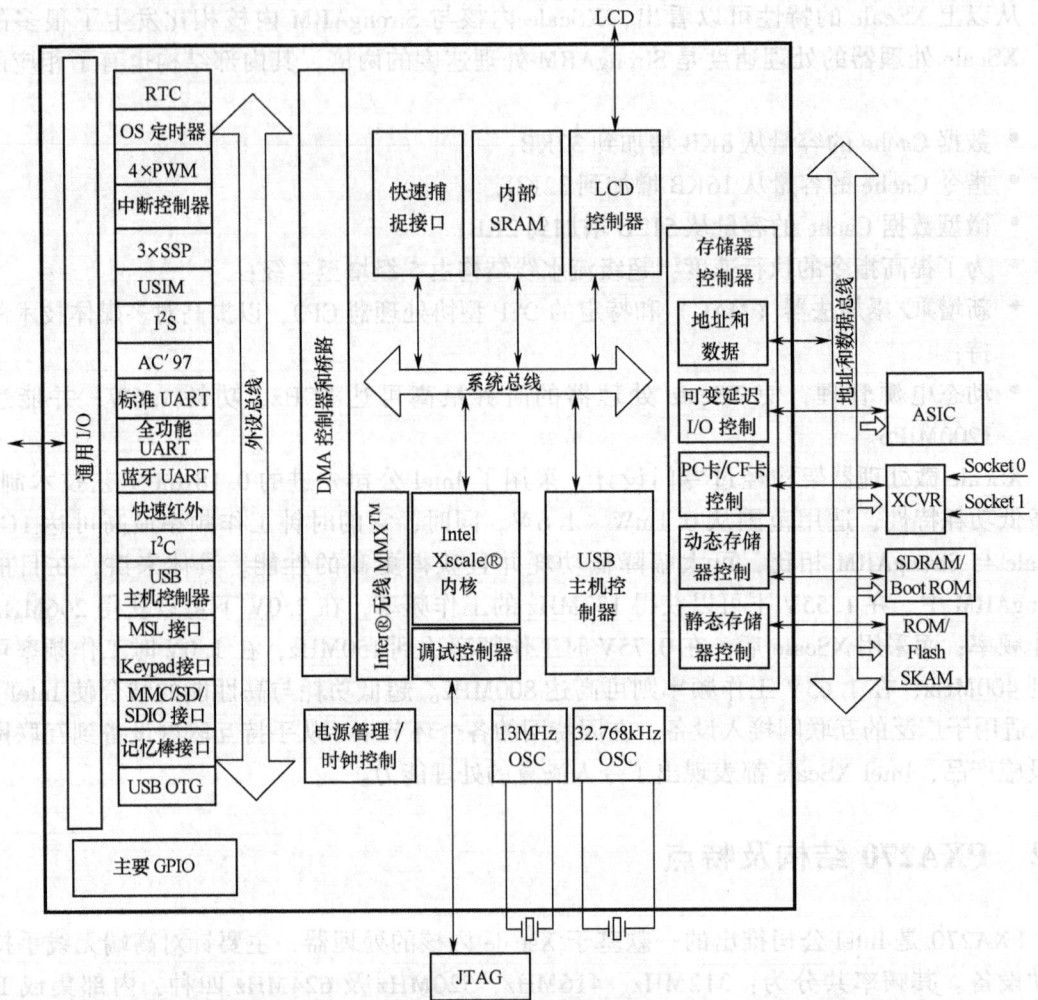

图 5.2 PXA270 结构框图

（2）256KB 的专用内部高速代码和数据 SRAM。

（3）高速基带协处理器。

（4）丰富的串行外设

- AC'97 音频接口；
- I²S 音频接口；
- USB 从控制器；
- USB 主控制器；
- USB OTG 控制器；
- 三个高速 UART（其中两个具有硬件流量控制功能）：标准串口、全功能串口和蓝牙串口；

- 慢速和快速红外通信接口。

（5）支持 JTAG 调试。

（6）片内集成跟踪缓冲区，具有硬件监视特性。

（7）实时时钟。

（8）操作系统定时器。

（9）LCD 控制器

- 支持被动（DSTN）和主动（TFT）LCD 显示；
- 最大分辨率 800×600 像素，最高支持 16bit 颜色；
- 两个专用 DMA 通道，允许 LCD 控制器支持单层或双层显示。

（10）USIM（通用用户识别卡）接口。

（11）低功耗

- Intel 无线 Speedstep 电源管理技术；
- 内部功耗 500mW；
- 供电电压可以减小到 0.85V；
- 四种低功耗模式；
- 动态电压和频率管理。

（12）高性能的存储器控制

- 四个 SDRAM 区，1.8V 的 SDRAM 工作频率能达到 104MHz，最大支持 1GB；
- 六个静态片选，其中四个可以进行同步操作；
- 支持 PCMCIA 和 CF 卡。

（13）灵活的时钟

- CPU 主频从 104MHz 到 624MHz；
- 灵活的存储器访问时钟频率；
- 频率可改变；
- 看门狗功能时钟单元。

（14）系统附属外设单元

- SD 和 MMC 卡控制器；
- 记忆棒控制器；
- 三个 SSP 控制器；
- 两个 I²C 总线控制器；
- 四个 PWM 输出；
- 键盘接口，可支持直连和矩阵方式；
- 大部分外设引脚都可以复用为 GPIO。

（15）中断控制器

- 外设中断源可映射为 IRQ 或 FIQ 中断请求；
- 能单独使能各中断源；
- 高优先级中断机制；
- 可以通过快速方式访问协处理器；
- 向后兼容各系统外设。

5.3　PXA270 存储管理单元

5.3.1　内存管理单元

内存管理单元（MMU）包含指令 Cache、指令 MMU、数据 Cache 和数据 MMU。由于 PXA270 增加了微型数据 Cache 和指令 Cache，缓冲区的读写也增加了新的功能。因此，PXA270 的存储器管理有了很大的改进。

PXA270 是通过 MMU 提供内存访问保护和虚拟地址到物理地址的转换功能，使用协处理器 CP15 自动完成地址转换和访问保护。与 ARM 内存转换描述符相比，PXA270 增加了类型扩展 TEX 和 P 位。TEX 是作为描述符类型扩展之用，XScale 只用了最低位，故把此位也称为 X 位。当 X = 0 时，与 ARM 架构兼容，当 X = 1 时，由辅助控制寄存器的位 5 和位 4（MD）来决定微型数据 Cache 的属性。P 位在第 1 级描述中，允许 ASSP 定义新的属性。

PXA270 和 ARM 架构一样，也是通过快表 TLB 加快地址转换的。但是，在 PXA270 中，TLB 分为指令快表 I TLB 和数据快表 D TLB，它们都可以独立进行操作。

PXA270 的 MMU、指令 Cache 和数据 Cache 都可以被配置为使能或禁止状态。指令 Cache 的使能/禁止是由 MMU 使能/禁止来实现的，而在 MMU 被使能时，数据 Cache 仍可独立使能或禁止。当然，在 MMU 禁止时，不使能数据 Cache。

PXA270 的指令 Cache 包括 32KB I-Cache 和 2KB 微型指令 Cache。PXA270 的 I-Cache 容量为 32KB，采用 32 路组相联的映像方式，即分为 32 组，每组 32 路，每行由 32B 和 1 位有效位组成。I-Cache 采用循环替换算法。指令 I-Cache 支持锁操作，每一组都可以独立进行锁操作。指令 Cache 中的每条指令码都有 1 位奇偶校验位。

PXA270 的数据 Cache 包括 32KB D-Cache 和 2KB 微型数据 Cache。PXA270 的数据 D-Cache 采用 32 路组相联的映像方式，即分为 32 组，每组有 32 路，每行为 32B 和 1 位有效位。数据 Cache 的淘汰算法也采用循环法。另外，数据 Cache 也能把 Cache 中每一行重新置位为数据 RAM。

PXA270 为了更有效地处理多媒体数据流，安排了专用的微型数据 Cache。微型数据 Cache 容量为 2KB，2 路组相联映像，也分为 32 组，每组 2 路，每行 32B 和 1 位有效位；数据微型 Cache 的淘汰替代算法也是采用循环算法，但是，不支持锁操作。

5.3.2　系统存储控制单元

PXA270 处理器的外部存储器总线接口支持各种存储器芯片，包括同步动态存储器（SDRAM）、页模式闪存、同步掩膜 ROM 存储器、SRAM、静态可变等待时间的 I/O 设备（VLIO）以及 16 位的 PC 卡扩展存储器和 CF（Compact Flash）卡存储器。它们能通过对存储器接口进行编程设置与处理器接口。这些存储器分为三类：SDRAM、静态存储器和卡存储器。其存储系统结构图如图 5.3 所示。

PXA270 存储控制器具有以下特征：

- 支持同步 Flash 和 SDRAM 接口；
- 支持四块 16 位或 32 位宽度的 SDRAM，每一块允许是 64MB 或者 256MB 的存储空

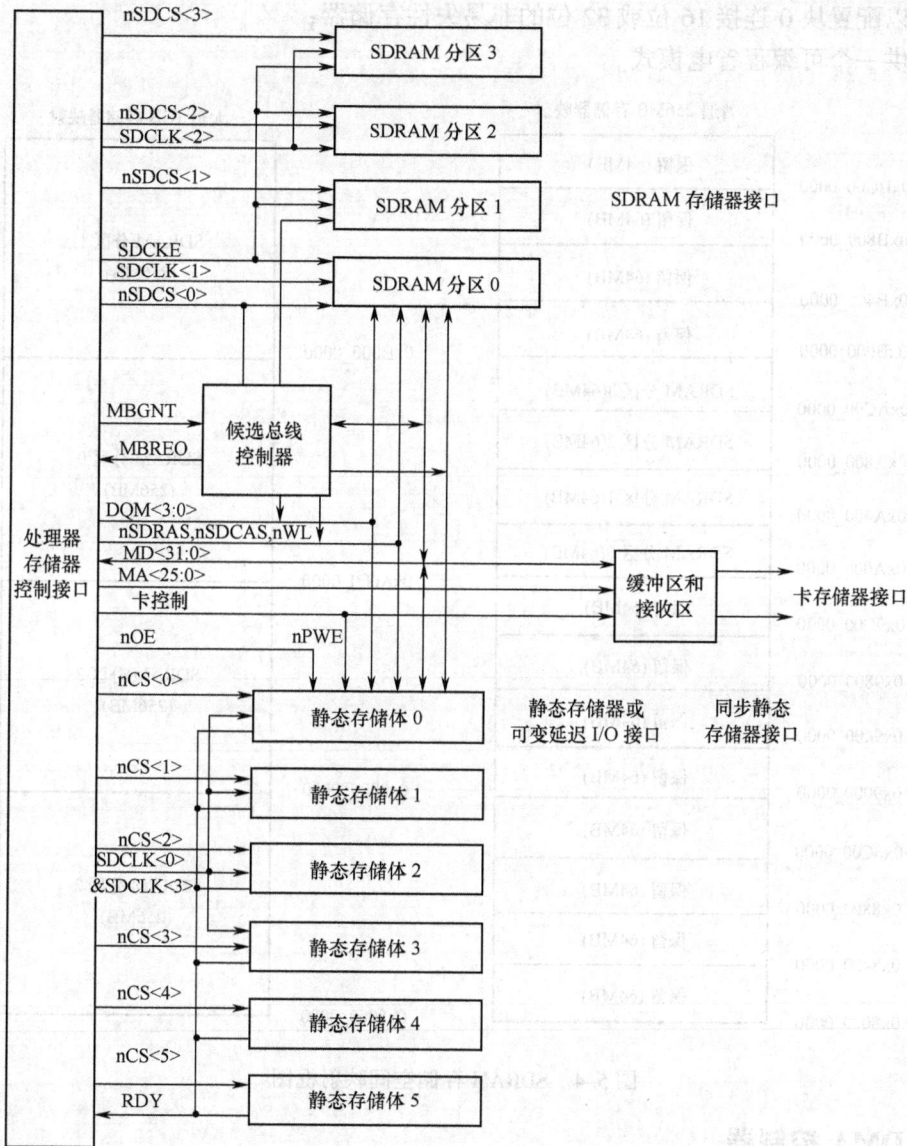

图 5.3　PXA270 存储系统结构图

间，其存储空间映射框图如图 5.4 所示；

- 最高支持 1GB 的 SDRAM 空间；
- 支持 104MHz 的 1.8V JEDEC LP-SDRAM；
- 具有六个静态存储器接口，其中四个可以作为同步存储器接口；
- 最高支持 384MB 的 Flash 存储器；
- 具有两个 PC 卡存储器的接口；
- 允许轮流控制系统总线；
- 在进入休眠模式、等待模式、深度休眠模式、修改频率模式之前，会设置 SDRAM 控制器为自刷新模式；
- 为 DMA 控制器提供各种控制信号；

- 可以配置块 0 连接 16 位或 32 位的非易失性存储器；
- 提供一个可编程省电模式。

普通 256MB 存储器映射　　　　　　　　　　　　大型 1GB 存储器映射

普通 256MB 存储器映射	大型 1GB 存储器映射
保留 (64MB) — 0xBC00_0000	SDRAM 分区 1 (256MB)
保留 (64MB) — 0xB800_0000	
保留 (64MB) — 0xB400_0000	
保留 (64MB) — 0xB000_0000	0xB000_0000
SDRAM 分区 3(64MB) — 0xAC00_0000	SDRAM 分区 0 (256MB)
SDRAM 分区 2(64MB) — 0xA800_0000	
SDRAM 分区 1(64MB) — 0xA400_0000	
SDRAM 分区 0(64MB) — 0xA000_0000	0xA000_0000
保留 (64MB) — 0x9C00_0000	SDRAM 分区 3 (256MB)
保留 (64MB) — 0x9800_0000	
保留 (64MB) — 0x9400_0000	
保留 (64MB) — 0x9000_0000	0x9000_0000
保留 (64MB) — 0x8C00_0000	SDRAM 分区 2 (256MB)
保留 (64MB) — 0x8800_0000	
保留 (64MB) — 0x8400_0000	
保留 (64MB) — 0x8000_0000	0x8000_0000

图 5.4　SDRAM 存储空间映射框图

5.3.3　DMA 控制器

　　PXA270 的 DMA 控制器（DMAC）有 32 个通道，可响应内部或外部设备的请求，完成数据从主存储器的读出和写入。DMAC 只支持流过（Flow-Through）传送。DMAC 有 32 个通道，每个通道由 4 个 32 位寄存器控制。每个通道可设置为任一个内部或外部设备执行流过传送。每个通道按外围器件批数据大小进行调节，宽度与器件口宽度相同。每个器件批大小和器件口宽度由器件 FIFO 宽度和深度决定，编程写入通道寄存器。DMAC 支持两种寄存器装入方式：非描述器和描述器装入方法（Descriptor-Fetch or no-Descriptor）。所有的地址被 DMA 控制器使用时必须保证通过 MMU 单元配置该地址是物理的内存地址而不是虚拟的内存地址。使用 DMA 控制器通道时必须保证 Cache 的属性一致性，DMA 控制器不检测 Cache，因此目标地址和源地址必须通过 MMU 单元配置成 no-Cache 属性。DMA 通道分为 4 个组，每个组分为 4 个通道。在一个组中，通道优先级为循环结构。组 0 优先级最高，组 1 优先级高于组 2 和组 3。宽带外围器件应程控为组 0。存储器传送和窄带外围器件应程控为组 2 或组 3。在所有通道同时运行时，每 8 次通道服务中应 4 次为组 0，2 次为组 1，其他为组 2 和组 3。DMA 结构框图如图 5.5 所示。

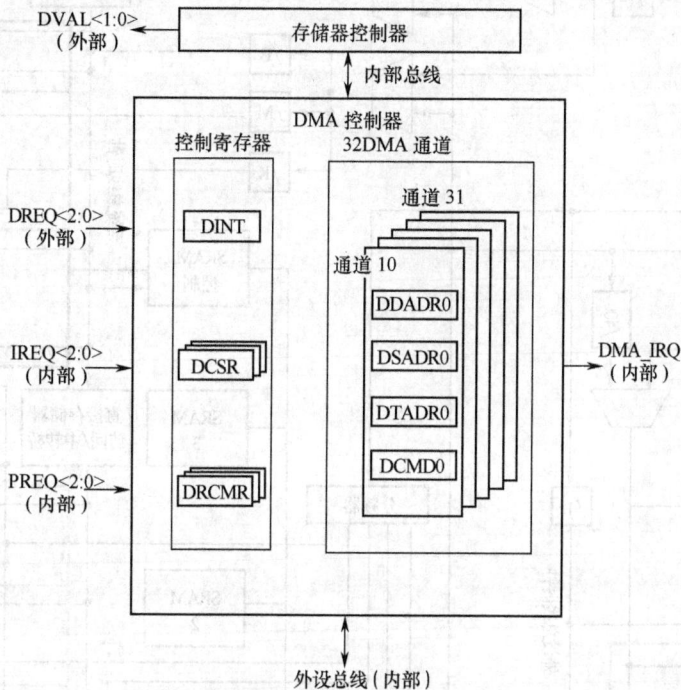

图 5.5　DMA 结构框图

5.4　PXA270 时钟及电源管理单元

PXA270 的时钟及电源管理单元负责执行处理器的复位、时钟、能量管理及控制外部能耗管理芯片，来达到对处理器功耗或者执行某些单独操作的能耗优化。

5.4.1　时钟管理单元

时钟管理为各个外围器件提供时钟。在不使用某个单元时，可关闭时钟以降低功耗。这些时钟均来自内部的 PLL 时钟源。PXA270 时钟结构图如图 5.6 所示。

时钟系统包括以下五个主要时钟源：

1）13MHz 振荡器，产生 PLL 的参考时钟和串口单元的时钟。

2）32.768kHz 振荡器，用于低功耗模式和实时时钟（RTC）单元。

3）外围 PLL（312MHz），用于产生外围总线和外围单元的固定频率，其输出频率表如表 5.1 所示。

4）核心 PLL（26～624MHz），用于产生内核、LCD 控制器、内存控制器、系统总线的可编程时钟频率。

5）存储控制器时钟输出，设置存储器控制器时钟频率，让它和系统总线频率相同。

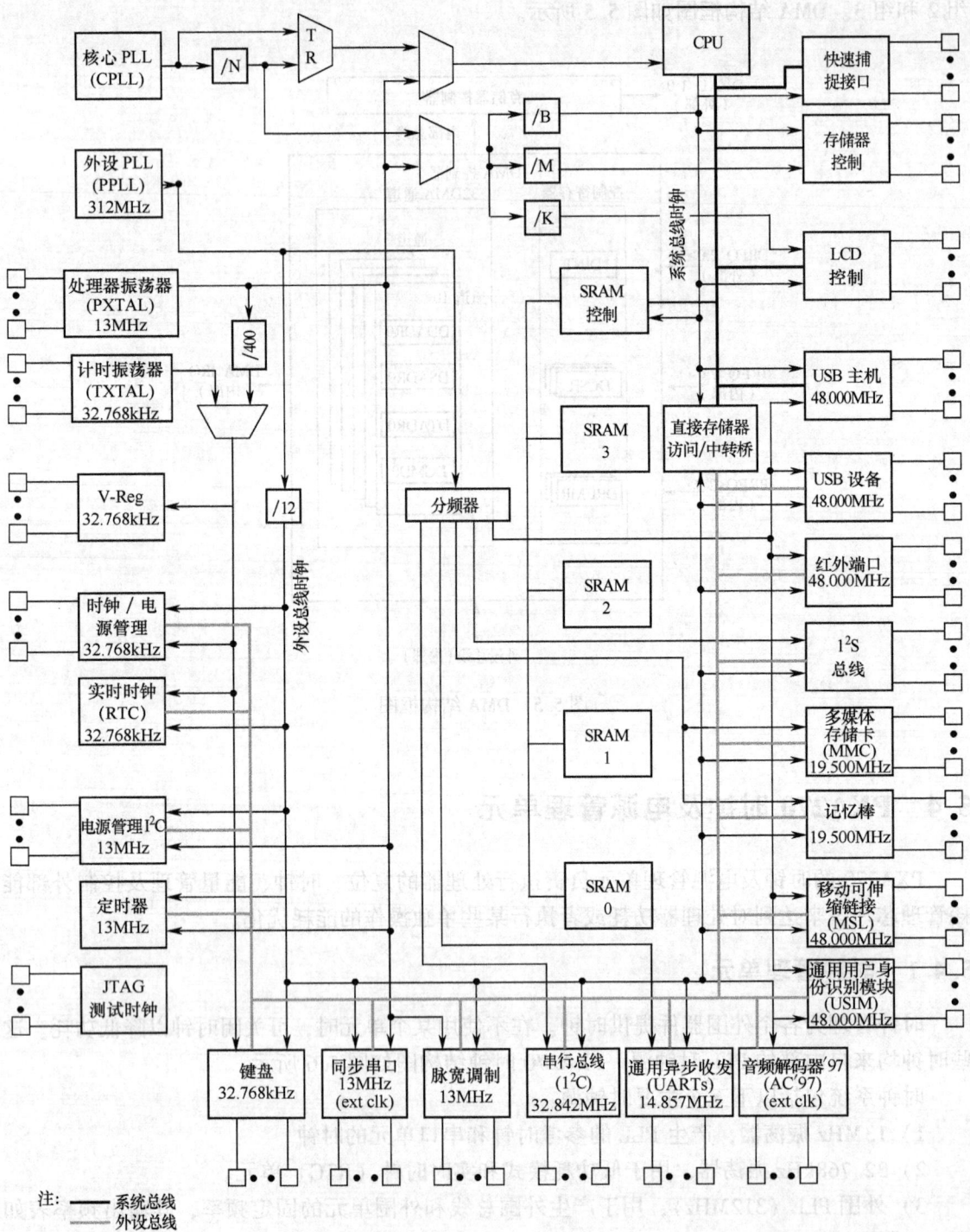

图 5.6 PXA270 时钟结构图

表 5.1　外围 PLL 输出频率表（13MHz）

单　元	分频比例	要求频率 /MHz	实际频率 /MHz	由于分频的系统误差（%）	PLL/OSC 抖动的总错误（%）	频率 /MHz (PPDIS = 1)
外设总线	24/2	26.000	26.000	0.000	±0.025	13
USB 主机 USB 设备 红外接口 USIM 卡	13/2	48.000	48.000	0.000	±0.025	13
移动可伸缩链接	13/2	48.000	48.000	0.000	±0.025	13
I^2C	19/2	33.333	32.842	−1.474	−1.500 ~ −1.450	13
多媒体存储卡	32/2	20.000	19.500	−0.500	−2.525 ~ −2.475	13
UART	42/2	14.746	14.857	+0.754	+0.725 ~ +0.780	13
I^2S (48.000kHz)	51/2	12.288	12.235	−0.429	−0.455 ~ −0.400	13
I^2S (44.100kHz)	55/2	11.290	11.346	+0.493	+0.465 ~ +0.520	13
I^2S (22.050kHz)	(37×3) /2	5.645	5.622	−0.411	−0.440 ~ −0.385	13
I^2S (16.000kHz)	(38×4) /2	0.096	4.105	+0.226	+0.200 ~ +0.255	13
I^2S (11.025kHz)	(37×6) /2	2.822	2.811	−0.411	−0.440 ~ −0.385	13
I^2S (8.000kHz)	(38×8) /2	2.048	2.053	+0.226	+0.200 ~ +0.255	13
SD/SDIO 卡 (8.000kHz)	32/2	25.000	19.500	−5.5	−2.525 ~ −2.475	13

5.4.2　电源管理单元

电源管理模块控制系统中每一个模块的时钟频率和不同工作方式的转换，具有优化计算处理能力和电源管理的功能。处理器有六种电源管理模式：正常模式、空闲（Idle）模式、深度空闲模式、休眠模式、深度休眠模式、待命（Standby）模式。其结构图如图 5.7 所示。它能够完成以下功能：

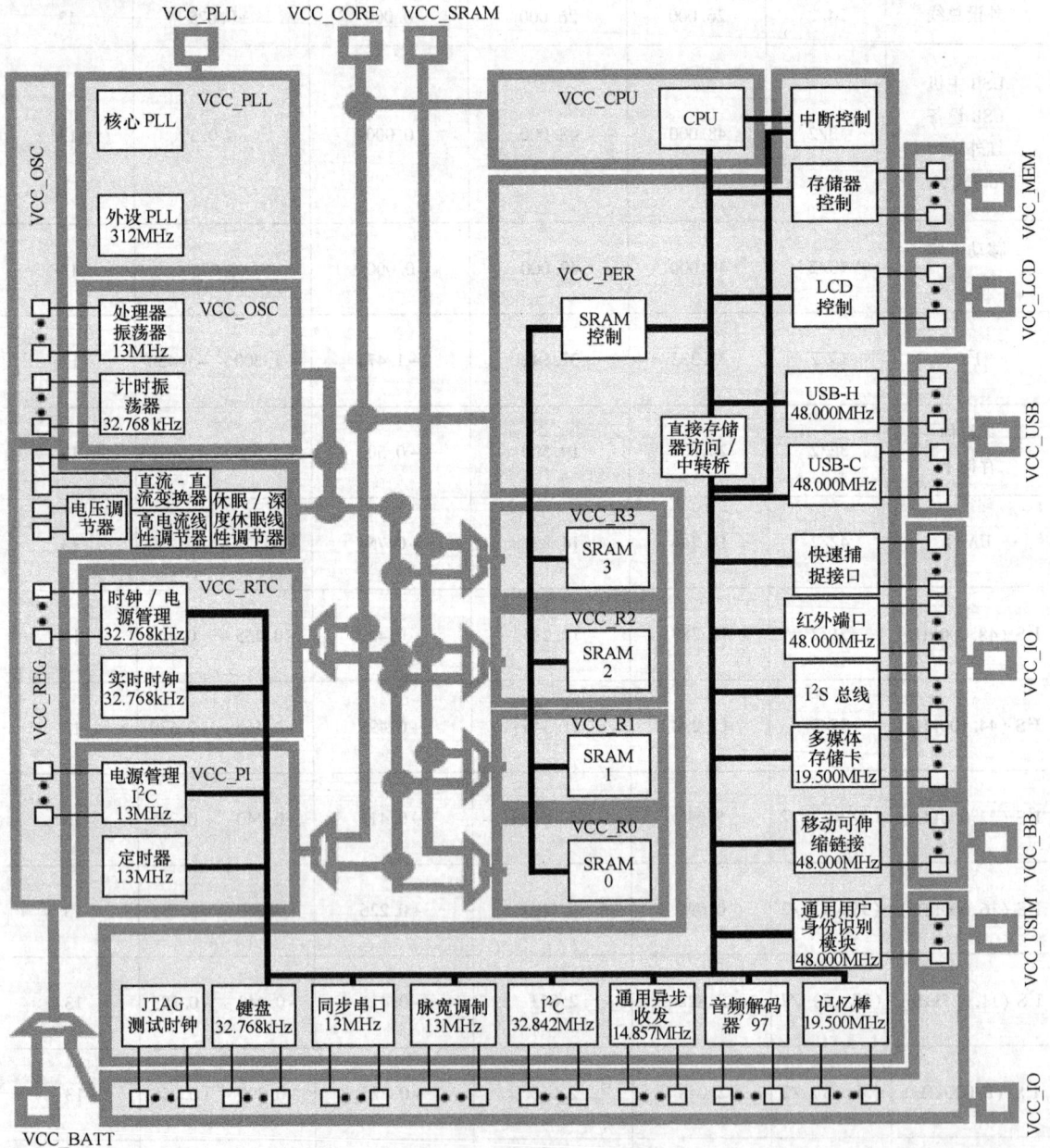

图 5.7　电源管理结构框图

- 电源域（Power Domails），对于不同的电源模式，提供直连和偏压到不同的域。相同电源域的所有单元的电压相同，且不能单独供电。

- 休眠模式电源管理，在休眠模式下，提供 32.768kHz 晶振、RTC、电源管理单元的电源。
- 电源管理 I²C 接口，对外部电压调整器提供一个硬件控制接口。

5.5　PXA270 中断控制器

PXA270 有 22 个中断源。中断控制器只支持单优先级中断，但各中断可设置为 IRQ 或 FIQ，FIQ 的优先级高于 IRQ。中断控制器可分为两部分：第一部分包含中断屏蔽寄存器和中断状态寄存器；第二部分为该中断的中断源寄存器。中断控制器提供屏蔽所有中断和产生 FIQ 或 IRQ 中断的能力。中断控制器框图如图 5.8 所示。

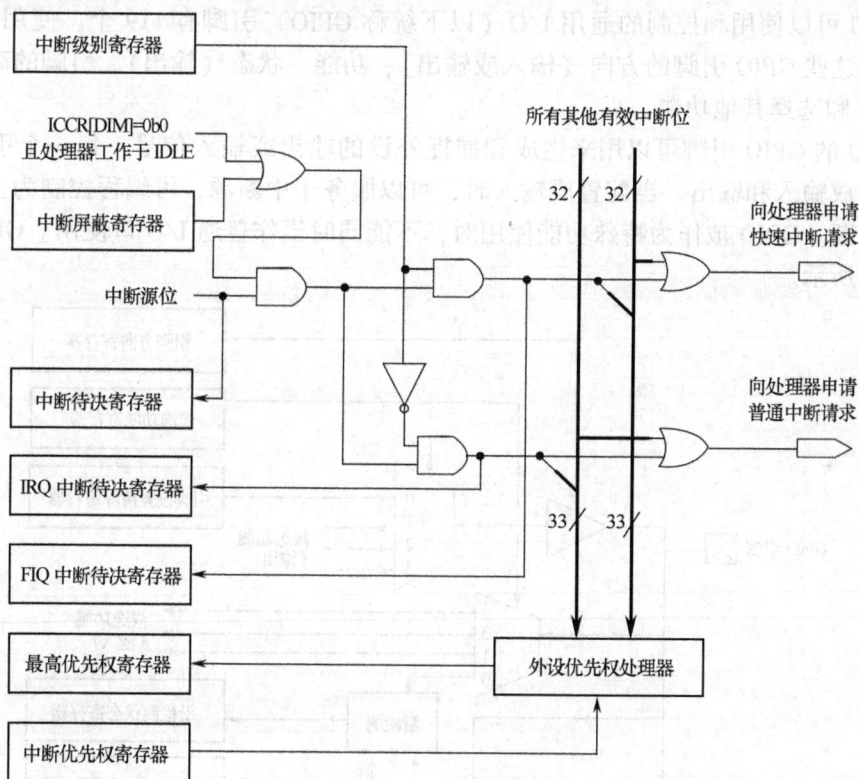

图 5.8　中断控制器框图

第一级结构中，在中断屏蔽寄存器中确定所有激活的和没有屏蔽的中断源。这一级中使用以下寄存器：

- 中断状态寄存器（ICPR）确定所有系统内活动的中断；
- IRQ 中断状态寄存器（ICIP）包含所有能生成 IRQ 的中断源，中断优先级寄存器（ICLR）通过编程发送中断信号给 IRQ 中断状态寄存器（ICIP）来产生一个 IRQ 中断；
- FIQ 中断状态寄存器包含所有能生成 FIQ 的中断源。中断优先级寄存器（ICLR）通过编程发送中断信号给 FIQ 中断状态寄存器（ICFP）来产生一个 FIQ 中断。

第二级结构是包含源设备的中断寄存器。第二级中断状态给出了产生中断的其他信息，可用于中断服务例程，通常多个第二级中断相"或"来产生一个第一级中断。

中断的调用过程是：当从内部或者外部设备中断引脚接收到多个中断请求时，在经过中断优先级裁决后，中断控制器就向 PXA270 内核请求 FIQ 或者 IRQ 中断，优先级裁决的过程依赖于硬件优先级逻辑，将结果写入中断控制器待决寄存器（Interrupt Controllers Pending Registers，ICPR）中，通过查询该寄存器便可知道产生的是哪路中断。

5.6　PXA270 I/O 模块

5.6.1　GPIO

PXA270 可以使用和控制的通用 I/O（以下统称 GPIO）引脚有 119 个，使用 27 个寄存器可以配置这些 GPIO 引脚的方向（输入或输出）、功能、状态（输出）、引脚的高低电平检测（输入）和选择其他功能。

PXA270 的 GPIO 引脚可以用来生成和捕捉外设的输出或输入信号，每一个引脚可以通过编程设置成输入和输出。当配置成输入时，可以服务于中断源，可编程控制为上升沿或下降沿产生中断。GPIO 被作为特殊功能使用时，不能同时当作普通 I/O 口使用。GPIO 结构框图如图 5.9 所示。

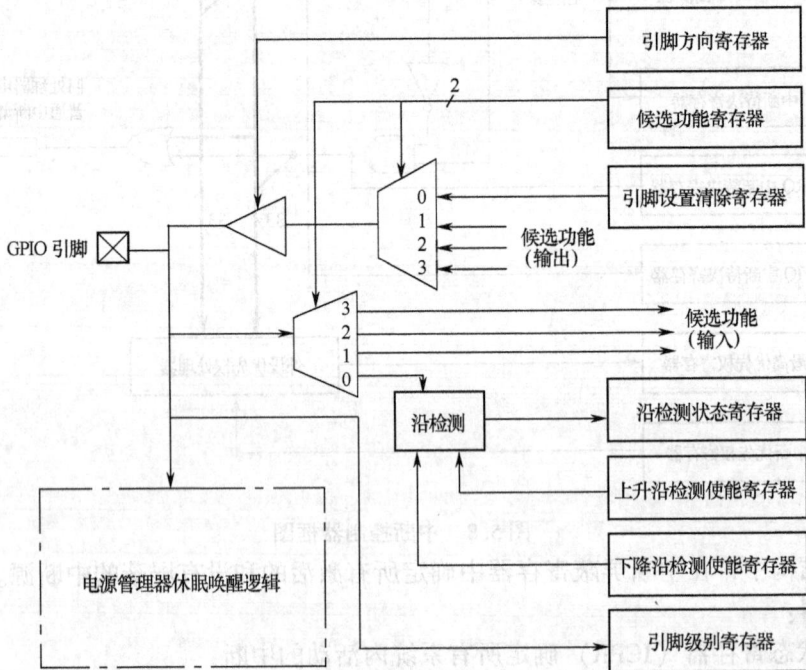

图 5.9　GPIO 结构框图

5.6.2　专用键盘接口

专用键盘接口提供两种功能模块：矩阵键盘和直连键盘。矩阵键盘支持 8 输入和 8 输出，而直连键盘模块只支持 8 输入。矩阵键盘和直连键盘可以同时操作，矩阵键盘和直连键盘的中断信号可以分开,也可以两者共同产生,而且都有去抖功能。

矩阵键盘支持 64 个按键、手动和自动扫描方式。矩阵键盘接口和直连键盘接口都能产生中断请求。

直连键盘支持八个按键和两个旋转编码器。组合方式:八个按键、六个按键和一个旋转编码器、四个按键和两个旋转编码器。

5.7　PXA270 串行通信单元

5.7.1　USB 主控制器

一个 USB 系统主要由四部分组成:客户端软件和 USB 主控制器驱动两个软件部分、主控制器和设备控制器两个硬件部分。主控制器驱动和主控制器一起串行发送数据,并且通过一个共享的数据缓冲区交换数据。PXA270 中 USB 主控制器由以下几个模块组成:一个 OHCI核、一个与系统总线的接口、两个输入和输出的小容量 FIFO 缓冲区、两个输入引脚、两个输出引脚、一个接收单元。总线接口单元提供了读写 FIFO 和寄存器的接口。寄存器有 32 位的接口,并且地址是字对齐的。图 5.10 是 PXA270 的 USB 主控制器结构框图。

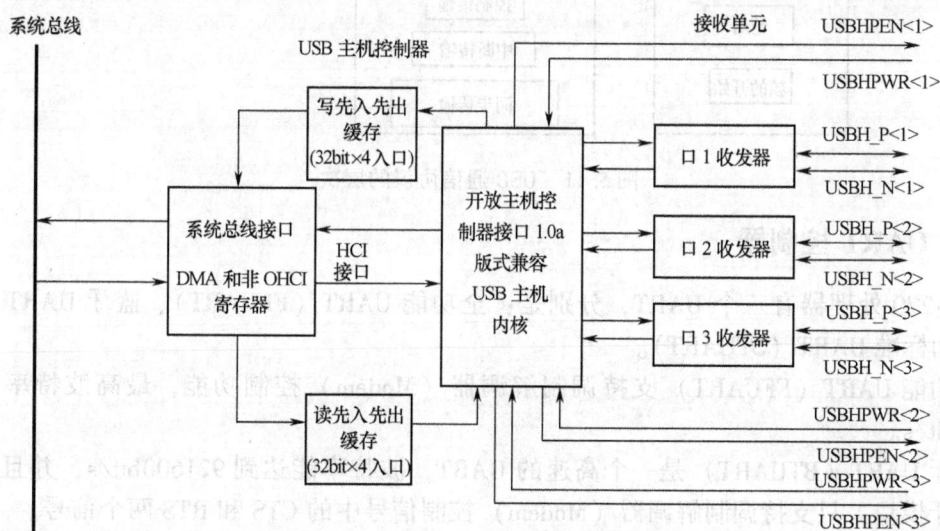

图 5.10　USB 主控制器结构框图

5.7.2　USB 设备控制器

USB 设备控制器支持 24 个端点(端点 0 加上 23 个可编程的端点)。USB 设备控制器兼容 USB1.1 协议,全速设备可半双工地工作在基于 12Mbit/s 的波特率下。

USB 设备控制器基于 USB1.1 标准,它主要包括以下几个方面:

- USB 数据报文结构包括:同步、数据报标识、地址、端点、帧号、数据和 CRC。这些报文结构用于产生 USB 数据包。基于不同的报文功能,使用这些报文结构进行不同的组合。

- 报文类型包括：令牌包、起始帧、数据和握手。通过成帧的形式实现传输，处理。
- 传输的类型有四种：块传输、控制传输、中断传输和同步传输。
- 处理可有四个阶段：输入、输出、保持唤醒和建立（Setup）。相对于 USB 主控制器来说，输入报文从 USB 设备控制器传输给 USB 主控制器。输出报文从 USB 主控制器传输给 USB 设备控制器。通信协议的层次如图 5.11 所示。

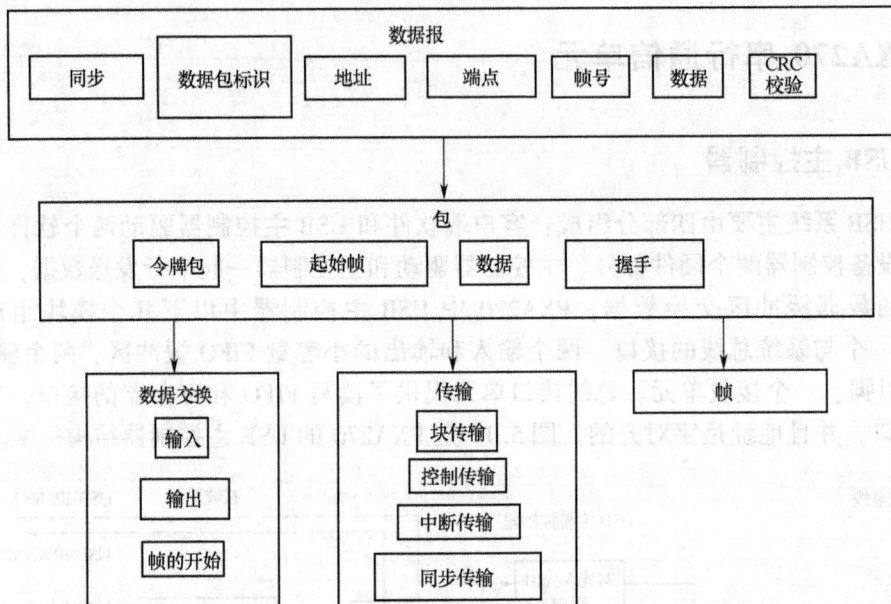

图 5.11　USB 通信协议的层次

5.7.3　UART 控制器

PXA270 处理器有三个 UART，分别是：全功能 UART（FFUART）、蓝牙 UART（BTU-ART）和标准 UART（STUART）。

全功能 UART（FFUART）支持调制解调器（Modem）控制功能，最高波特率能达到 921600bit/s。

蓝牙 UART（BTUART）是一个高速的 UART，波特率能达到 921600bit/s，并且可以连接到蓝牙模块，只支持调制解调器（Modem）控制信号中的 CTS 和 RTS 两个信号。

标准 UART（STUART）的最高波特率能达到 921600bit/s，但不支持调制解调器控制信号。

这些 UART 功能上兼容 16550A 和 16750 芯片，并且都有 64B 的发送 FIFO 和 64B 的接受 FIFO，并且可被配置为 DMA 方式进行数据的发送和接收。

5.7.4　快速红外接口

快速红外接口（Fast Infrared Communication Port）工作在半双工方式，提供商业版的 Ir-DA 连接，适用于 LED 无线收发器。快速红外接口是基于 4Mbit/s IrDA 标准，使用 4-PPM（four-Position Pulse Modulation）和一个指定串行数据包协议开发 IrDA 传输。为了支持这些标准，快速红外接口有以下功能：

- 一个位编码/解码器；
- 串行转并行；
- 一个 8 位 64 入口的发送 FIFO；
- 一个 11 位 64 入口的接收 FIFO。

5.7.5　SSP 通信控制器

同步串行口控制器是全双工同步串行接口，可与各种使用串行方式的外部 A/D 转换器、音频及远程通信编码解码器和其他器件接口。SSPC 支持 National 公司的 Microwire、TI 公司的同步串行规范和 Motorola 公司的串行外围接口规范。SSPC 工作于主机方式，支持的位速率为 6.3kbit/s ~ 13Mbit/s，串行数据格式为 4 ~ 16 位。SSPC 具有 16 × 16 位发送和接收数据 FIFO。CPU 使用程控 I/O 或 DMA 以每次 4 或 8 个半字成批方式填充进 FIFO 或从 FIFO 中取出。

发送的数据由 CPU 或 DMA 写入 SSPC 的发送 FIFO，后者为 4 或 8 个半字一次；然后 SSPC 从 FIFO 中取出数据，转换为串行数据方式，从 SSPTXD 脚发送至外设。从 SSPRXD 脚接收来自外设的串行数据，转换成字的形式，存放在接收 FIFO。读操作自动从接收 FIFO 读出，而写操作写入 FIFO。当接收数据装入接收 FIFO 至程控阈值时，触发产生中断。

SSPC 使用串行数据格式来发送和接收数据。每个数据帧可设置为 4 ~ 16 位，先发送最高位。对 FIFO，每个单元只存放一帧，每帧的最低位在位 0。

5.7.6　I²C 总线控制器

I²C 总线是一种采用双线方式的串行总线。双向的 SDA 数据/地址线用于输入/输出功能，双向的 SCL 时钟线用于控制和采样 I²C 总线。PXA270 的 I²C 总线单元可用作主或从模式。I²C 总线使用 SDA 线和 SCL 线与其他器件之间传送信息。I²C 总线上的每一个器件有唯一的地址，可用作主机或从机方式的发送器或接收器。

I²C 单元包括 I²C 总线的双线接口、一个主/从传送数据的 8 位缓冲器、一套控制和状态寄存器以及一个并行/串行转换移位寄存器。在接收数据时，8 位 I²C 数据缓冲器寄存器接收连至 I²C 总线的移位寄存器的 1B 数据。在发送时，接收内部总线上的写入数据。I²C 控制寄存器和 I²C 状态寄存器用于控制 I²C 单元的操作。

I²C 单元支持 400kbit/s 高速方式操作和 100kbit/s 的标准方式。

5.8　PXA270 定时器单元

5.8.1　实时时钟单元

实时时钟单元（RTC）是一个配置时钟的单元，通过从外部的晶振送入时钟信号到 CPU 内核，利用倍频或分频产生 RTC 单元所需的时钟信号。可以通过配置 RTC 相关的寄存器，让 RTC 提供一个标准频率，用来反映现实世界中使用的时、分、秒时间。通常，RTC 被设计成产生一个 1Hz 的频率输出。它的闹钟功能体现在当 RTC 增量到预定时间后便产生中断或唤醒事件。

为了能够产生中断事件，RTC 提供了一个 32 位的 RTC 计数器（RTC Counter Register，RCNR），该计数器在系统复位后为 0，并在外部时钟源的信号上升沿到来时加 1，可向该寄存器写入期望值，然后该计数器便开始递增。另外，通过在另一寄存器——RTC 警报寄存器（RTC Alarm Register，RTAR）设置数值（也可以说是时间），当 RCNR 增加到 RTAR 时，便可产生中断。具体来说，当 RCNR 与 RTAR 匹配时，还需要以下条件满足时才能产生中断。首先在 RTC 状态寄存器（RTC Status Register，RTSR）对中断的允许位必须设为 1，RTC 提供了两种可以产生中断的事件：秒中断和 RTC Alarm 中断。当 1Hz 时钟的上升沿被检测到或 RCNR）和 RTAR 匹配相等时，RTSR 上相应的状态位就会标示 1，该位会被发送到中断控制器，在中断控制器待决寄存器（Interrupt Controller Pending Register，ICPR）上标示该中断事件已经激活，只要 CPSR 里的中断位被清除和中断控制器屏蔽寄存器（Interrupt Controller Mask Register，ICMR）没有对该中断事件屏蔽，中断便会产生，并且执行 IRQ 或 FIQ 中断处理。

PXA270 的实时时钟包含五个功能单元，其结构如图 5.12 所示。

- 秒表单元；
- 实时时钟单元；
- 计时器单元；
- 周期性中断单元；
- 时间修正单元。

如图 5.12 所示，外部 32.768kHz 晶振进入片内，经过时钟产生器产生 1kHz 和 100Hz 的时钟，送到周期性中断单元，计时器单元和片内其他单元，同时经过时间修正单元产生精准的 1Hz 时钟，送到秒表和实时时钟单元。

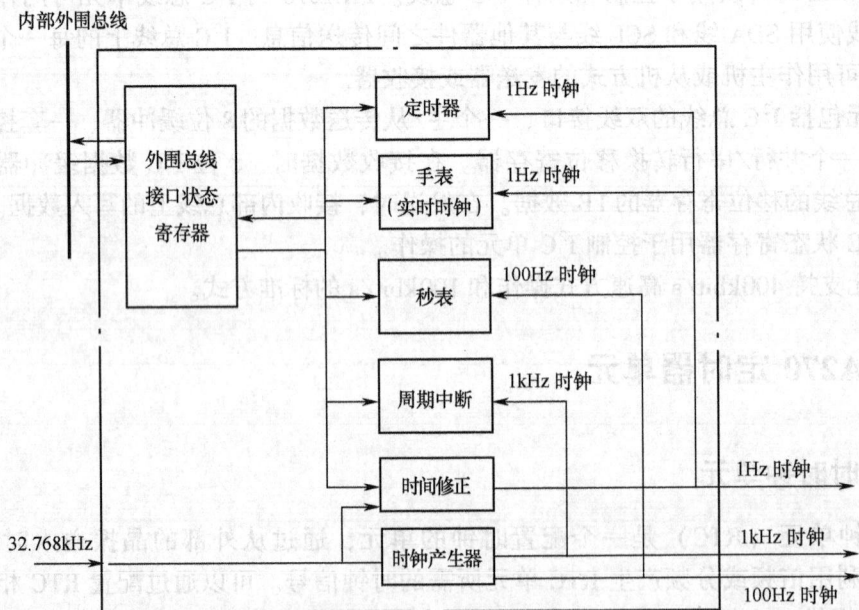

图 5.12   RTC 结构图

● 秒表单元

秒表单元有两个 32 位寄存器：计数寄存器（RCNR）和警报寄存器（RTAR）。系统复位后，计数器在每一个 1Hz 时钟的上升沿出现时计数一次，不停地增加，并且不受睡眠或空闲模式切换的影响。RCNR 的值可以随意的读出和改写。

当允许报警，并且 RCNR 的值与警报寄存器（RTAR）相匹配时，就会触发报警事件。

● 实时时钟单元

实时时钟单元包括天寄存器（RDCR），年寄存器（RYCR），和相应的两组报警寄存器。天寄存器中包含小时、分钟、秒、星期中的第几天、月中的第几个星期五个域；年寄存器包含日、月、年三个域。改写这些域的时候，必须符合相应域的值的范围，否则无法改写。两组报警寄存器与 RDCR 和 RYCR 的结构相同。

在允许报警的情况下，当天寄存器 RDCR 和年寄存器 RYCR 与报警寄存器组相匹配时，就会触发报警事件。相当于具有两个闹钟的手表。

● 计时器单元

计时器单元用来记录两个事件发生时间的间隔。它包含一个计数寄存器 SWCR 和两个警报寄存器 SWAR1 和 SWAR2。当 RTSR 的 SWCE 位被置 1 时，计数寄存器 SWCR 以 100Hz 的频率不停的增加，直到 RTSR 的 SWCE 位被清零。这时，SWCR 中保存的就是两次操作的间隔时间。

向 SWAR1 或 SWAR2 写入新的值时，SWCR 会自动清零。在允许报警的情况下，当 SWCR 和 SWAR1 或 SWAR2 相匹配时，就会触发报警事件。之后 SWCR 仍会继续增加，直到 RTSR 的 SWCE 位被清零。

● 周期性中断单元

周期性中断单元用来产生一定周期的中断。它包括计数寄存器 RTCPICR 和报警寄存器 PIAR。计数寄存器以 1kHz 的频率增加，当它的值与报警寄存器的值匹配时，系统产生中断，并且 RTCPICR 自动清零，重新计数。由此产生周期性的中断。

● 时间修正单元

时间修正单元用来设置时钟的频率。RTC 在系统复位后被用作时钟使用，该时钟是通过分频外部时钟信号而准确的产生 1Hz 时钟输出，Hz 时钟的频率可以通过寄存器在 RTC Trim Register（RTTR）修正。RTTR 的默认值是 32768，通过与精确的外部时间频率比较可以修正这个值，通过修正，时间准确度可达到每月 ±5S。

5.8.2　OS 定时器单元

OS（Operating System）定时器单元分两部分，其结构如图 5.13 所示。第一部分包含一个计数器和四个定时器，每个定时器对应一个匹配寄存器，并且为四个匹配寄存器提供一个以 3.25MHz 计时的参考计数器。这个参考计数器是自动递增的，参考计数器的初始值在寄存器 OSCR 中设置，它是一个 32 位的计数器，然后通过在四个匹配寄存器（OSMR0、OSMR1、OSMR2、OSMR3）中设置，当计数器的数值和任何一个匹配寄存器中数值相同时，便可以产生相应的中断。产生中断的前提还包括在寄存器 OIER 相应的位设 1 以使得相应的定时器可用，当参考计数器递增到与匹配寄存器相同时，便可自动在寄存器 OSSR 相应的位上设 1 标记相应的匹配已发生，然后 OSSR 中被标示 1 的位会被发送到中断控制器从而引发中断。

第二部分包含八个计数器和八个定时器，其时钟来源是内部的 32.768kHz、13MHz 或者是外部时钟源，支持宽范围的计数或定时应用。

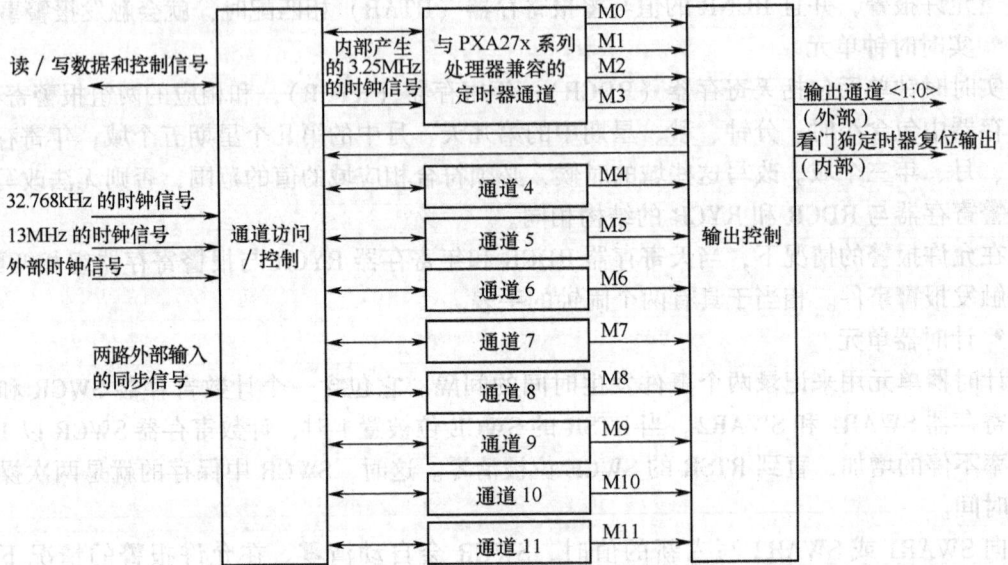

图 5.13   OS 定时器单元结构图

5.8.3   脉冲宽度调制控制器

PXA270 处理器包含四路脉冲宽度调制（PWM）控制器。每一路均由各自的寄存器控制，在外部引脚提供一个脉冲宽度调制信号。

每个 PWM 控制器都能控制信号的上升沿和下降沿的时间。可以预先设置好，也可以在运行时根据具体应用来动态地改变。在节能模式下，PWM 控制的脉宽调制时钟源 PSCLK＿PWM 可以被关闭，这样 PWM＿OUT < x >（脉宽调制输出）引脚信号将保持高电平或低电平状态。

PWM 的频率范围为 49.6kHz ~ 1.625MHz。在不同的频率下，可选择的占空比范围也不同，但都包括 50% 的占空比。

只要为 PWM 单元的周期寄存器（PWMPCRx）和波宽寄存器（PWMCRx）设定了值，相应的引脚就开始输出波形。如图 5.14 所示的例子说明了 PWM 控制器最基本的操作。其中，PWMPCRx 的值为 10，PWMDCR 的值为 6。

图 5.14 中，PWM 控制器由 PSCLK＿PWM < x > 提供 13MHz 的时钟，并通过 PWMCRx [PRESCALE] 设置来预分频，继而给内部计数器来计数，一旦与 PWMDCRx 的值相匹配，则 PWM＿OUT 转换电平状态，直到计数器的值与 PWMPCRx 的值相匹配，则一个周期结束。内部计数器归零，重新计数。由此 PWM＿OUT 引脚连续输出周期为 10，占空比为 50% 的 PWM 波形。

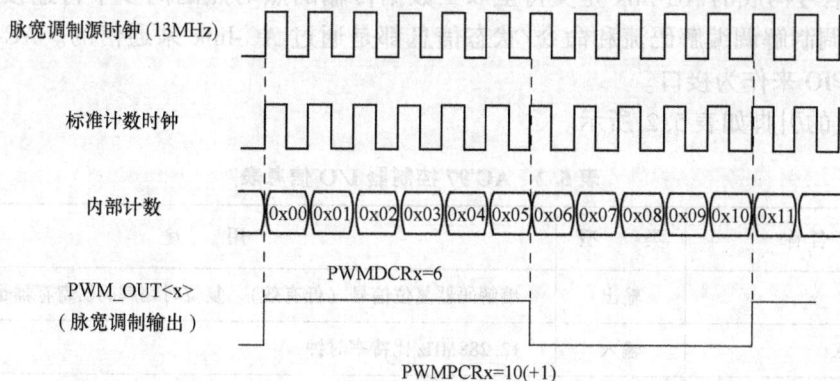

图 5.14　PWM 控制器使用举例

5.9　多媒体控制单元

PXA270 处理器提供了功能齐全的多媒体控制单元，包括音频、视频、多媒体信息存储等控制器，为该处理器在多媒体领域的应用提供了丰富的接口。

5.9.1　AC'97 控制器

AC'97 控制器采用 Audio Codec 97 2.0 版。AC-link 是数字 AC'97 控制器的同步固定码率的串行总线接口，用来传输数字音频、调制解调信号、传声器信号、编解码寄存器控制和状态信息。

AC'97 编解码器将数字音频信号发送到 AC'97 控制器，由它存储到内存中。当播放或混音时，处理器再将音频信号从存储器读出，并通过 AC-link 发送到编解码器，继而由外部数模转换器将数字音频信号转换为模拟音频。

PXA270 处理器的 AC'97 控制器支持以下特性：

- 为立体声脉冲编码调制（PCM）输入、立体声 PCM 输出、调制解调输出、调制解调输入、单声道传声器输入分别提供独立的通道。这些通道都只支持 16 位的硬件采样。软件可支持 16 位以下的采样；
- 支持多种采样率（48kHz 或以下），AC'97 控制器需要通过编解码器来控制不同的采样率；
- 可读写访问 AC'97 寄存器；
- 支持一个次要的编解码器；
- 具有三个接收 FIFO（32 位，16 个入口）；
- 具有两个发送 FIFO（32 位，16 个入口）；
- 可选的 AC97 _ SYSCLK 输出（用来支持不带晶振的编解码器）。

AC'97 控制器不支持以下特性：

- 双采样率采样（对 PCM L，R 和 C 进行 $n+1$ 采样）；
- 18 位和 20 位宽的采样。

AC′97 信号构成的 AC-link 是支持全双工数据传输的点对点的同步串行连接。所有的数字音频流、调制解调编解码流和命令/状态信息都是通过 AC-link 来通信的。AC-link 使用软件配置的 GPIO 来作为接口。

AC-link 的引脚如表 5.2 所示。

表 5.2   AC′97 控制器 I/O 信息表

引脚名称	类型	用途
AC97 _ RESET _ n	输出	编解码器复位信号（低有效）。复位时编解码器寄存器也被复位
AC97 _ BITCLK	输入	12.288MHz 比特率时钟
AC97 _ SYNC	输出	48kHz 帧标记和同步信号
AC97 _ SDATA _ OUT	输出	串行音频数据输出到编解码器进行数模转换
AC97 _ SDATA _ IN _ 0	输入	从主要的编解码器输入串行的音频数据
AC97 _ SDATA _ IN _ 1	输入	从次要的编解码器输入串行的音频数据
AC97 _ SYSCLK	输出	可选的 24.576MHz 时钟输出

5.9.2 I^2S 控制器

I^2S 是 Philips 半导体公司定义的用于与音频设备进行两路数字音频信号传输的通信协议。PXA270 的 I^2S 控制器使用低功耗的 4 线串行接口与立体声设备相连。I^2S 和 AC′97 接口不能同时使用。

I^2S 控制器由处理器系统存储器与外部 I^2S Codec 之间传送数字化声音信号的缓冲区、状态和控制寄存器、串行转换器和计数器组成。

在回放数字化声音或产生合成声音时，I^2SC 从 I^2S Link 发送至 Codec。外部 Codec 中的 D/A 转换器把声音数据转换成模拟声音波形。

为记录数字化声音，I^2SC 从 Codec 接收数字化采样值，存放在处理器系统存储器中。

I^2S 控制器支持一般的 I^2S 和 MSB 调整 I^2S 格式。4 个或可选为 5 个引脚把控制器连接至外部的 Codec。

I^2S 控制器具有如下特性：

- 可以记录和播放 64 位立体声音频；
- 左右声道都是 32 位宽；
- 每个通道都有 16 位 MSB 有效数据和 16 位 LSB 的补零；
- 支持调整 MSB 模式和普通 I^2S 模式；
- 支持采样率包括：48kHz、44.1kHz、22.05kHz、16kHz、11.025kHz 和 8kHz。采样精度误差限制为 0.5%；
- 可将比特率时钟（I^2S _ BITCLK）配置为输入或输出。如果配置为输出，处理器支持的 I^2S 系统时钟为 I^2S _ BITCLK 的 4 倍。

表 5.3 列出了 I^2S 控制器和外部编解码器的连接引脚。

表 5.3　I^2S 控制器引脚列表

引脚名称	类　型	用　途
I^2S _ SYSCLK	输出	系统时钟 = I^2S _ BITCLK × 4，仅供编解码器使用
I^2S _ BITCLK	双向	比特率时钟 = I^2S _ SYNC × 64
I^2S _ SYNC	输出	左右声道识别
I^2S _ SDATA _ OUT	输出	串行输出到编解码器
I^2S _ SDATA _ IN	输入	从编解码器串行输入

5.9.3　多媒体卡控制器

多媒体卡控制器（MMC）进行多媒体卡的初始化，产生 CRC 校验码，发送和返回命令，以及数据传输。多媒体卡控制器包括命令寄存器、控制寄存器、1 个自响应 FIFO 和数据 FIFO。使用软件来访问这些寄存器和 FIFO，发送命令，响应中断，并控制后续的操作。

MMC/SD/SDIO 控制器建立了一个 PXA270 处理器和 MMC 堆栈之间的连接，并且支持 MC 卡、SD 卡、SDIO 的通信协议。MMC 控制器也支持 MMC 系统，比如，低成本的存储和通信系统。PXA270 的 MMC 控制器支持 MMC 3.2 标准。SD 控制器支持 SD 卡的 1.01 标准和 SDIO 卡的 1.0 标准。

MMC/SD/SDIO 控制器能够完成从标准 MMC 或 SPI 总线到 MMC 堆栈的转换，因此，软件一定要明确指定 MMC/SD/SDIO 控制器的通信协议。

PXA270 多媒体卡控制器具有以下特征：

- 在 MMC、1 位 SD/SDIO、SPI 模式下数据传输速率可达 19.5Mbit/s；
- 在 4 位 SD/SDIO 模式下数据传输速率可达 78Mbit/s；
- 具有一个自响应 FIFO；
- 具有两个发送 FIFO 和两个接收 FIFO；
- 具有两种操作模式：MMC/SD/SDIO 模式和 SPI 模式。MMC/SD/SDIO 模式支持 MMC、SD 和 SDIO 通信协议，SPI 模式支持 SPI 通信协议；
- SD 和 SDIO 通信模式支持 1 位和 4 位数据传输；
- 控制器可基于 FIFO 的状态来打开或关闭时钟，来防止溢出和空载；
- 支持所有的有效 MMC 和 SD/SDIO 协议数据传输模式；
- 具有基于中断的应用程序接口，用来控制软件响应；
- 在写数据流时，数据不能小于 10B；
- 使用 MMC 通信协议时支持多个 MMC 卡；
- 使用 SD 或者 SDIO 通信协议时，只能支持一个 SD 卡或者 SDIO 设备；
- 使用 SPI 通信协议时，最多支持两个 MMC 或者 SD/SDIO 卡。只有在 SPI 模式下才支持多种卡混用。

表 5.4 列出了多媒体卡控制器的引脚及其描述。

MMCLK、MMCCS < 0 > 和 MMCCS < 1 > 信号是 GPIO 引脚的可变功能。参考 GPIO 控制器一节。图 5.15 是一个典型的使用 MMC 通信协议的 MMC 系统。

表 5.4　多媒体卡控制器的引脚及其描述

引　　脚	MMC 和 SD/SDIO 模式的方向	SPI 模式的方向	用　　途
MMCLK	输出	输出	MMC 和 SD/SDIO 总线时钟
MMCMD	双向	输出	MMC 和 SD/SDIO 模式下：发送和返回命令包 SPI 模式下：输出命令和写数据
MMDAT < 0 >	双向	输入	MMC 和 SD/SDIO 模式下：读写数据 SPI 模式下：读入命令和数据
MMDAT < 1 >	双向	输入	MMC 和 SD/SDIO 模式下：4 位 SD/SDIO 数据传输 和 SDIO 中断 SPI 模式下：SDIO 中断
MMDAT < 2 >/ MMCCS < 0 >	双向	输出	SD/SDIO 模式下：4 位数据传输 SPI 模式下：CS0 片选
MMDAT < 3 >/ MMCCS < 1 >	双向	输出	SD/SDIO 模式下：4 位数据传输 SPI 模式下：CS1 片选

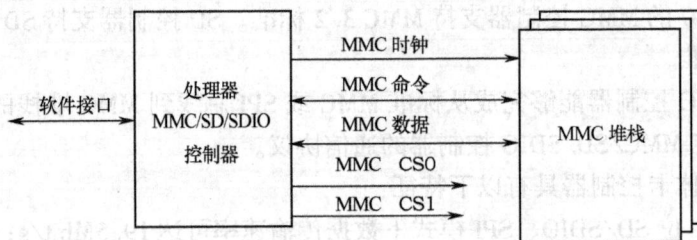

图 5.15　控制器和 MMC 卡的连接图

图 5.16 是一个典型的使用 SD 或 SDIO 通信协议的 SD/SDIO 系统。

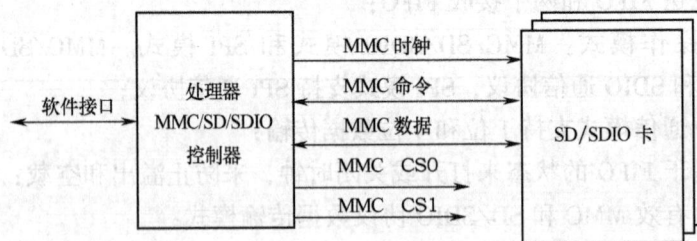

图 5.16　控制器和 SD/SDIO 卡的连接图

5.9.4　记忆棒主机控制器

记忆棒（Memory Stick）是一个存储数据的媒体。最简单的记忆棒，是一个小的、带塞子的 Flash 存储器。它能够存储多种类型数据，如音频数据、图像数据等。记忆棒主机（Memory Stick Host）控制器提供了一个 PXA270 处理器和记忆棒之间的接口。

PXA270 的记忆棒主机控制器具有以下特征：

- 支持 SONY 的记忆棒标准；

- 内部有接收和发送 FIFO 缓冲区；
- 内部有 CRC 校验寄存器；
- 传输时钟 20MHz；
- 数据传输可以使用 I/O、中断、DMA 方式；
- 支持发生记忆棒中断时，能够自动执行指令。

表 5.5 给出了记忆棒主机控制器使用的引脚的信号描述。

表 5.5　记忆棒主机控制器 I/O 信号表

名　称	类　型	用　途
MSBS	输出	串行议总线状态
MSSDIO	双向	串行数据信号
NMSINS	输入	记忆棒插拔检测
MSSCLK	输出	串行时钟信号

如图 5.17 所示，记忆棒系统由记忆棒主机控制器和连接在上面的记忆棒组成。

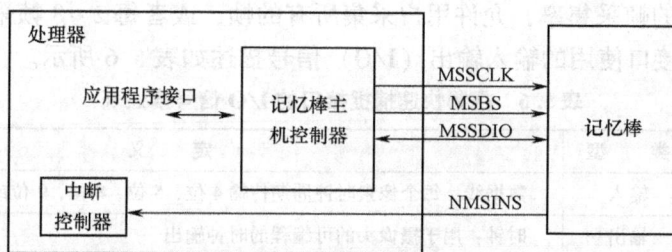

图 5.17　记忆棒系统连接图

记忆棒主机控制器和记忆棒使用 32 位的应用程序接口，它可以完成以下功能：

- 使用 MSHC 指令寄存器发送传输协议指令（TPC）给记忆棒；
- 使用两个独立的接收（RX）和发送（TX）FIFO；
- 使用预定义指令也就是自动指令（ACD）来响应记忆棒中断；
- 将记忆棒置于低功耗模式。

5.9.5　视频快速捕捉接口

视频快速捕捉接口为处理器和摄像头提供连接。这个接口主要用来连接 CMOS 类型的摄像头，也可以连接部分 CCD 类型的摄像头。

视频快速捕捉接口从摄像头获取图像数据和控制信号，并将数据转换为一定的格式，通过 DMA 传输到存储器中。许多接口和信号选项都支持直接连接。摄像头可以提供各种并行或串行格式的原始她据。对于具有图像预处理功能的摄像头，视频快速捕捉接口支持 RGB 和 YCbCr 等多种格式。此接口还支持国际通信联盟推荐的 4 位和 8 位的 ITU-R BT.656-4 SAV 和 EAV 嵌入式同步信号。

视频快速捕捉接口具有以下特征：

- 支持 8 位、9 位和 10 位的并行接口；
- 支持 4 位和 5 位设备连接的串行接口；
- 支持 ITU-R BT.656-4 SAV 和 EAV 嵌入式同步信号；

- 预处理捕捉模式有：
  - ◆ RGB 8∶8∶8，RGBT 8∶8∶8，RGB 6∶6∶6，RGB 5∶6∶5，RGB 5∶5∶5，RGBT 5∶5∶5，RGB 4∶4∶4 数据格式
  - ◆ YCbCr 4∶2∶2 数据格式
  - ◆ RGB8∶8∶8 数据格式；
- 原始数据捕捉模式：通用的原始数据格式是 RGB。视频快速捕捉接口能够捕捉几乎所有的原始数据，只要 PXA270 处理器上运行的软件能够解析这些原始数据；
- 支持 8 位、9 位和 10 位原始像素打包；
- 支持打包的和普通的 YCbCr 4∶2∶2 数据格式；
- 可编程的垂直和水平分辨率，最高可达 2048 × 2048 像素；
- 可编程的摄像头时钟输出，频率从 196.777kHz ~ 52MHz；
- 具有内外时钟同步的可编程的接口时钟信号；
- 具有可编程的 FIFO 溢出中断、行结束中断和帧结束中断；
- 具有可编程的帧采集率，允许用户采集所有的帧，或者每 2 ~ 8 帧采集 1 帧。

视频快速捕捉接口使用的输入输出（I/O）信号描述如表 5.6 所示。

表 5.6　视频快速捕捉接口的 I/O 信号描述表

引 脚 名 称	类 型	定 义
CIF_DD <9∶0 >	输入	数据线：每个像素时钟周期传输 4 位，5 位，8 位，9 位或 10 位数据
CIF_MCLK	输出	时钟：用于摄像头的可编程的时钟输出
CIF_PCLK	输入	像素时钟：将像素数据放入输入 FIFO 中。不可大于 CICLK 的 1/4（CICLK 与 LCD 的时钟频率相同）。当 CICLK 为 104MHz 时，CIF_PCLK 最大能取 26MHz
CIF_LV	输入/输出	行起始，或可变同步信号
CIF_FV	输入/输出	帧起始，或可变同步信号

5.10　移动通信接口

5.10.1　MSL 接口

MSL（Mobile Scalable Link）由两个设备的一对单向、高速连接组成。它有多重逻辑的发送和接收通道，用来传送数据包和数据流，比如多媒体数据和语音通信数据。

MSL 数据链接协议能够为物理链接层以上的通信实体提供可靠的数据传送服务。另外，它还提供基于握手或非握手方式的导向性连接传送。

MSL 是一种基带接口，能在 1 位、2 位或 4 位宽上支持 416 Mbit/s 的数据传输速率。在程序处理器和通信处理器之间提供了更加高速的互联速度，更好的支持了数据和语音的传输。

MSL 数据连接协议为点对点通信的上层协议提供可信赖的数据传输服务。它还提供了带有握手的基于连接的数据传输服务。MSL 数据链能够在不同的服务质量需求下传输数据流（如电话信号、实时语言信号、视频信号等），并可以操作底层的物理媒介。图 5.18 给出

了一个 MSL 连接实例。

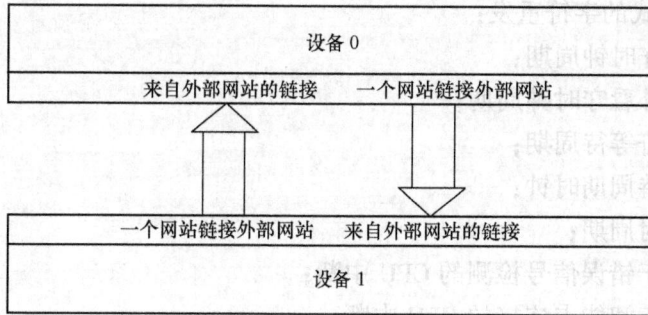

图 5.18　MSL 连接实例

PXA270 的 MSL 具有以下关键特征：

- 两个独立、高速、单向连接；
- 数据连接通道宽度可以升级；
- 0 ~ 48MHz 异步时钟连接；
- 48MHz 时，传输速率可达到 192Mbit/s；
- 低功耗：1.8V –、2.5V，3.0V 和 3.3V；
- 14 个用于管理多个且同时进行数据流传输的独立逻辑数据通道；
- 用于所有数据通道的 64B FIFO；
- 循环 FIFO 可以单独使能和配置；
- 支持 DMA、中断等操作。

5.10.2　USIM 接口

对于 GSM 移动手持设备，USIM（Universal Subscriber Identity Module）接口是一个主要器件和通信接口。智能卡被使用在很多领域，GSM 网络 USIM 卡仅是这些应用中的一个。智能卡通常由 CPU、Flash 内存、一个串行通信接口组成。多数卡通过 PLL 提高频率。智能卡也包含有密码加速器，这是因为智能卡也应用在安全性很高的领域。在所有智能卡应用中，物理层和数据链接层是同一层。

通过更新 USIM 接口寄存器，可以控制 USIM 和卡的接口。选择协议类型和参数、接收或发送一个字节从（到）卡、激活/禁止卡、设置发送/接收方的波特率等操作都可以通过读写 USIM 接口寄存器来完成，字节的变换也可以。因此，软件在收到字节以前不能完成数据格式的倒置。PXA270 的 USIM 有以下特征：

- 支持所有符合 ISO 7816-3 和 3G TS 31.101 标准的 USIM 卡；
- 支持 1.8V 和 3V；
- 支持 USIM 卡的复位引脚控制；
- 支持 T = 0 和 T = 1 两种协议；
- 可编程的卡内时钟频率；
- 支持以下时钟比率转化因子 F 和位率调整因子 D 的组合：

　　F = {372, 512, 558}

　　D = {1, 2, 4, 8, 16, 32, 12, 20}

- T = 0 接收模式的自错误信号；
- T = 0 发送模式的字符重发；
- 可编程的看守时钟周期；
- 可编程的额外看守时钟周期；
- 可编程的字符等待周期；
- 可编程的等待周期时钟；
- 可编程的超时周期；
- 可编程的用于错误信号检测的 CPU 中断；
- 可编程的用于智能卡连接的 CPU 中断。

USIM 卡的引脚描述如表 5.7 所示。

表 5.7　USIM 卡的引脚描述

引　脚	功　　能	引脚信号方向	处理器引脚
I/O	带有上拉电阻的双向数据口，参考 ISO7816-3 标准	USIM 卡←→处理器	UIO
CARD _ RST	USIM 卡复位	处理器→USIM 卡	nURST
CLK _ CARD	时钟输入。频率在 1-5MHz 之间	处理器→USIM 卡	UCLK
VCC	卡电源输入。支持 0V、1.8V、3V 电压，0mA、30mA、50mA 电流，分别对应 B 类和 C 类卡	电源→卡	VCC _ USIM
GND	VCC 参考地	电源→卡	VSS _ IO

5.11　LCD 控制器

按照工作原理和特点，LCD 一般可以分为两种：TFT 和 STN。TFT，即薄膜晶体管驱动液晶显示器，它的结构特点是在每个像素点上都有一组有源器件；而 STN，即超扭曲向列型液晶显示屏，它的结构特点是液晶分子呈 180°排列。

PXA270 处理器内置的 LCD 控制器支持被动（DSTN）或主动模式（TFT）的显示器，也支持单色或彩色像点模式，支持单屏或双屏显示；被动彩色方式有 65536 种颜色，显示分辨率可以达到 1024×1024 像素，推荐使用最大值为 800×600 像素；内置两个专用 DMA 通道。

本　章　小　结

本章简要介绍了 XScale 内核以及它与 ARM 内核的区别，然后介绍了 PXA270 的一些特性以及功能模块，这些介绍只是其特性的介绍，具体使用方法需要参阅 PXA270 的官方数据手册。PXA270 是一款功能强大的处理器，具有适用于多媒体和手持式设备的多种丰富的通信外设和接口，并且具备多种灵活的电源管理模式，已经成为高端移动设备中最受欢迎的处理器之一。

思考题与习题

5.1　PXA270 支持哪些存储器？它们的地址分布是怎样的？

5.2　PXA270 有哪些通信接口？

5.3　PXA270 有哪些电源管理模式？每种模式的特点？

5.4　PXA270 的时钟是如何管理的？

5.5　简要阐述 OS 定时器的 5 个寄存器的作用，并简述如何操作 OS 定时器。

第 6 章　PXA270 实验教学系统
设计及应用程序设计实例

本章详细介绍深圳市亿道电子技术有限公司生产的 EELIOD XScale PXA270 实验教学系统，首先介绍该实验教学系统的资源分配以及相关的硬件电路设计，然后介绍在 ADS 调试环境下的程序开发过程，并给出了具体实例。

6.1　EELIOD XScale PXA270 实验教学系统资源概述

EELIOD XScale PXA270 实验教学系统（以下简称 EELIOD 系统）是深圳市亿道电子技术有限公司研发的专门针对高校嵌入式系统教学的实验教学系统。EELIOD 系统提供了丰富的软硬件资源和参考设计方案，是一款理想的 PDA、手机等消费电子产品、信息家电、通信设备、工业控制产品等应用的设计开发平台和嵌入式实验教学系统。EELIOD 系统基于 Intel 高性能的 PXA270 处理器，支持 Linux/WinCE 操作系统。EELIOD 系统采用核心板加功能板的模式，核心板有最小系统运行所需要的全部硬件，包括 CPU、Flash、SDRAM、CPLD、电源控制单元等等，外接 5V 的电源即可单独上电运行工作，而且核心板上面设有 JTAG 口、串口、以太网口，可完成程序的下载、调试工作。

EELIOD 系统的核心板资源如表 6.1 所示，功能板资源如表 6.2 所示，外观如图 6.1 所示。

表 6.1　EELIOD 系统核心板资源

处理器	Intel XScale PXA270 520MHz
SDRAM	64MB
Flash	64MB
电源管理	专用电源管理芯片 LP3971
以太网	以太网专用控制芯片 LAN91C113
音频及触摸屏	UCB1400BE 控制，四线式触摸屏
液晶屏	Sharp 8″ TFT 640×480 像素
RS232	系统的三线制调试串口
扩展接口	两个 120pin 接口，把所有总线信号引出
JTAG 接口	20pin 的标准 JTAG 接口

表 6.2　EELIOD 系统功能板资源

红外接口	PXA270 的红外串口开发应用，短距离的无线控制
实时时钟	由 RTC4513 保存系统时间，从而保证时间信息掉电不遗失
CF 卡接口	可接大容量 CF 卡，及 802.11b 无线 CF 网卡
MMC/SD 卡接口	兼容 MMC 卡和 SD 卡
SIM 卡接口	支持智能卡应用

（续）

以太网接口	与功能板上共用同一个网络控制器
串口	一个 RS485，两个 RS232 接口，一个全功能串口
AUDIO	耳机/录音功能，包括两个喇叭
USB HOST	由 GL850A 扩展的双 USB HOST 接口
USB CLIENT	USB 从口
摄像头接口	需要外接一块带摄像头模块的功能板才能使用摄像头功能
LED	由数据线的低 8 位控制的八个发光二极管
七段数码管	由数据线的低 8 位控制的七段数码管的位段
键盘	4×4 矩阵键盘
CAN 总线接口	符合工控要求的 CAN 总线接口
步进电动机	使用 PXA270 的 GPIO 接口配合 USN4202 控制步进电机
直流电动机	使用 PXA270 的 GPIO 接口配合开关管控制直流电机
485 接口	PXA270 的蓝牙串口通过 MAX3491 控制长距离串行通信
GSM/GPRS/GPS Port	GSM/GPRS/GPS 模块拓展接口（模块可选）
120Pin 扩展接口	主板控制、数据，地址总线扩展。可直接连接 EM-FPGA-II 扩展子版，实现 FP-GA 开发及 AD/DA 应用

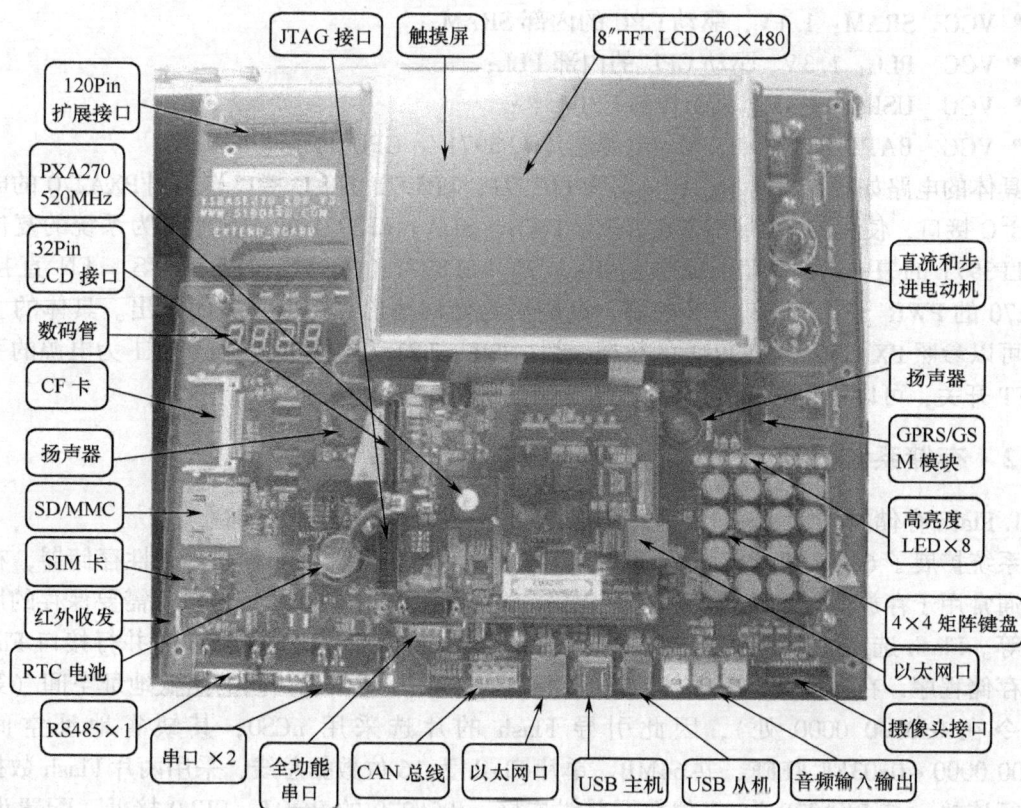

图 6.1　EELIOD 系统外观

6.2　EELIOD 系统硬件接口设计

6.2.1　电源系统设计

PXA270 处理器作为一款高端嵌入式系统应用处理器,对电源系统的要求很高,处理器的运行需要多路电压的支持。PXA270 加入了 Intel SpeedStep 动态电源管理技术,在保证 CPU 性能的情况下,最大限度地降低设备功耗。

EELIOD 系统通过外部电源供电,外部开关电源的参数为 +5V/3A, +12V/2A。功能板上的外设大部分是由 +5V 通过电源芯片 AME1085 降压成 3.3V 来供电的,而核心板上的系统所需供电电压全部由专用电源管理芯片 LP3971 来提供,该芯片缺省电压范围和上电时序控制适合 PXA270 的要求,而且该芯片可以通过 I^{2}C 通信接口访问内部寄存器,调节工作模式、电压等参数,LP3971 的工作温度范围是 −40℃ ~85℃。

系统电源包括如下各路电压:

- VCC _3:3.3V,提供 PXA270 的 VCC _IO、VCC _LCD、VCC _BB、VCC _USB 以及 LCD 等外围电路;
- VCC _1.8:1.8V,提供 PXA270 的 VCC _MEM 和系统 SDRAM;
- VCC _CORE:1.4V,驱动 CPU 核心的电源;
- VCC _SRAM:1.1V,驱动 CPU 的内部 SRAM;
- VCC _PLL:1.3V,驱动 CPU 的内部 PLL;
- VCC _USIM:3.3V,驱动外部 USIM 卡;
- VCC _BATT (3V):3.3V,电源芯片 LP3971 给 CPU 的启动电压。

具体的电路如图 6.2 所示,U17 即为 LP3971,LP3971 的 I^{2}C 接口连接到 PXA270 的电源管理 I^{2}C 接口,使用的引脚为 PWR _SCL/PWR _SDA。LP3971 的 nRSTI 作为系统的复位输入,LP3971 的复位输出信号提供给 PXA270。LP3971 的 PWR _EN、SYS _EN 直接由 PXA270 的 PWR _EN、SYS _EN 控制,高电平为允许输出,低电平关闭输出。具体的上电时序可以参照 PXA270 和 LP3971 的数据手册。TP1、TP2 为电压的测试点,K1 为电源的手动 RESET 开关,可以手动对系统进行复位。

6.2.2　存储系统设计

1. Flash 存储器

系统扩展了 64MB Flash 存储器。Flash 存储器(内存)作为一种非易失性存储器,在系统中通常用于存放操作系统映像、程序代码、常量表以及一些在系统掉电后需要保存的用户数据等。Flash 选用的是 Intel 公司的 RC28F256P30C120,双片构成 64MB 的并行接口 Flash,用来存储程序,在掉电情况下保持数据不丢失。PXA270 复位后访问的是低地址空间(第一条指令在 0x0000 0000 处),因此引导 Flash 的片选采用 nCS0,其缺省地址空间是 0x0000 0000 ~0x03FF FFFF,共 64MB。单片 Flash 为 16 位数据总线,采用两片 Flash 数据总线并行连接,与 PXA270 为 32 位数据总线连接。PXA270 的 BOOT _SEL0 接低,配置为 32 位数据总线启动方式。

印刷电路板如[图 5.3 所示：LX5, C3] 用户的 Flash 存储器，Flash 存储器的程序代码用于启动系统，引导系统运行，最终完成 CLK 信号等对 CPU 上的供电控制。

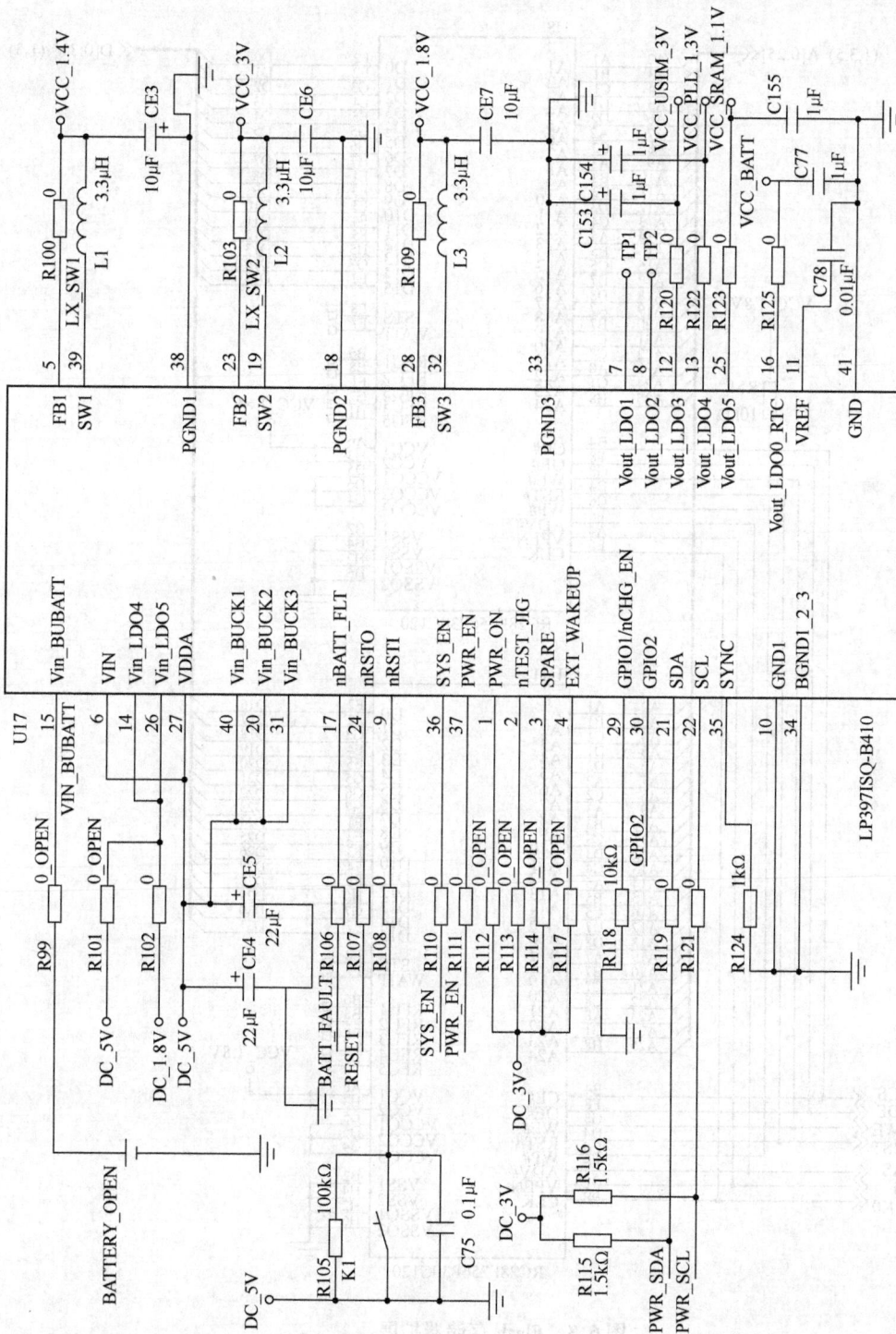

图 6.2 PXA270 实验系统电源原理图

注：0_OPEN 表示不连接，需要连接时焊接零欧姆电阻。

　　Flash 存储器扩展如图 6.3 所示，U8、U11 即为两片 Flash 存储器。Flash 存储器的硬件连接比较简单，只要将读、写、片选、CLK 信号线和 CPU 直接相连即可。

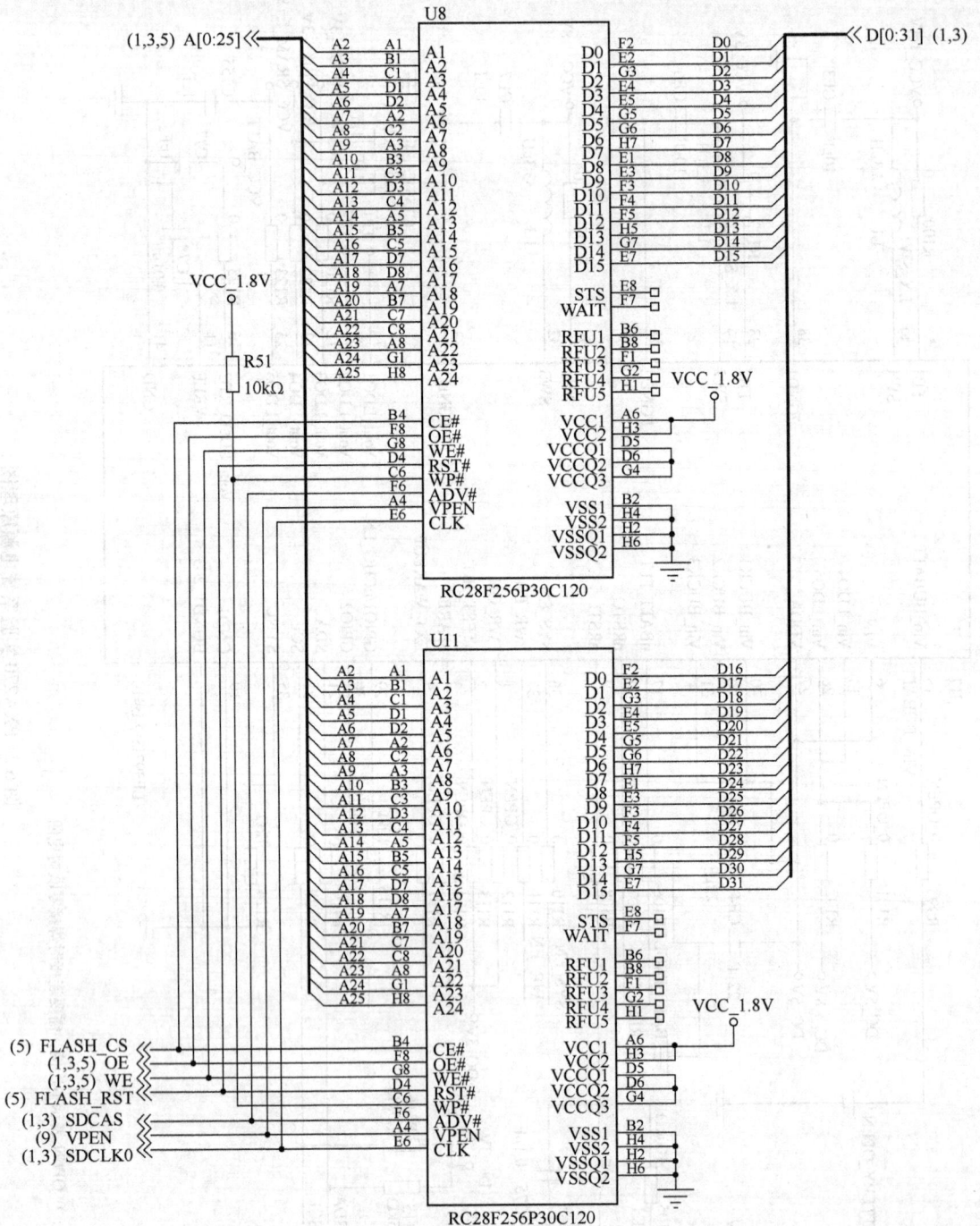

图 6.3　Flash 存储器扩展

2. SDRAM 存储器

系统扩展了 64MB SDRAM。SDRAM 不具有掉电保持数据的特性，但其存取速度大大高于闪存，且具有读写属性。因此，SDRAM 在系统中主要用作程序的运行空间、数据及堆栈区。SDRAM 采用 Infineon 公司 HYB25L256160A（4Banles × 4Mbit × 16），双片构成 64MB 的容量，SDRAM 存储器扩展如图 6.4 所示。U2，U5 即为两片 SDRAM。单片 SDRAM 为 16

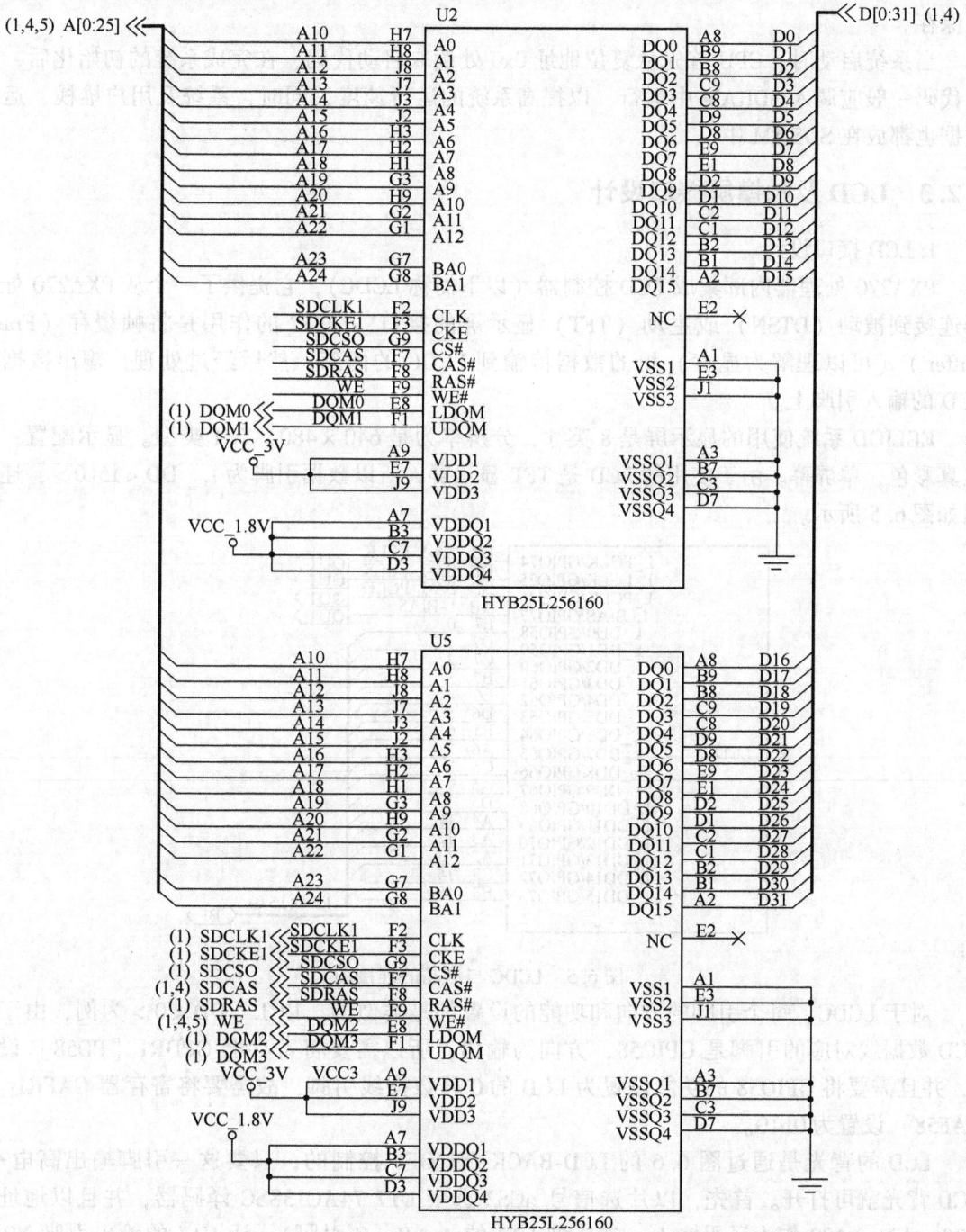

图 6.4　SDRAM 存储器扩展

位数据总线，采用两片 SDRAM 数据总线并行连接，与 PXA270 为 32 位数据总线连接。通过 PXA270 芯片的相关的寄存器的设置，可以配置 SDRAM 控制器的读取速度以及设备类型。CAS、RAS 及 CLK 与 SDRAM 单独相连，初始化以后，CLK、RAS 及 CAS 信号自动产生。64MB 的内存地址空间为 0xA000 0000 ~ 0xA3FF FFFF，供系统工作时程序的运行和各种数据的保存。

当系统启动时，CPU 首先从复位地址 0x0 处读取启动代码，在完成系统的初始化后，程序代码一般应调入 SDRAM 中运行，以提高系统的运行速度，同时，系统及用户堆栈、运行数据也都放在 SDRAM 中。

6.2.3 LCD 及触摸屏接口设计

1. LCD 接口设计

PXA270 处理器内部集成 LCD 控制器（以下简称 LCDC），它提供了一个从 PXA270 处理器连接到被动（DTSN）或主动（TFT）显示屏的接口，LCDC 的作用是将帧缓存（Frame Buffer）（可以理解为显存）里的数据传输到 LCDC 的内部，然后经过处理，输出数据到 LCD 的输入引脚上。

EELIOD 系统使用的显示屏是 8 英寸，分辨率为是 640 × 480，TFT 类型。显示配置：16 位真彩色，单屏幕。由于使用的 LCD 是 TFT 显示屏，所以数据引脚为 L_DD < 15:0 >，连接图如图 6.5 所示。

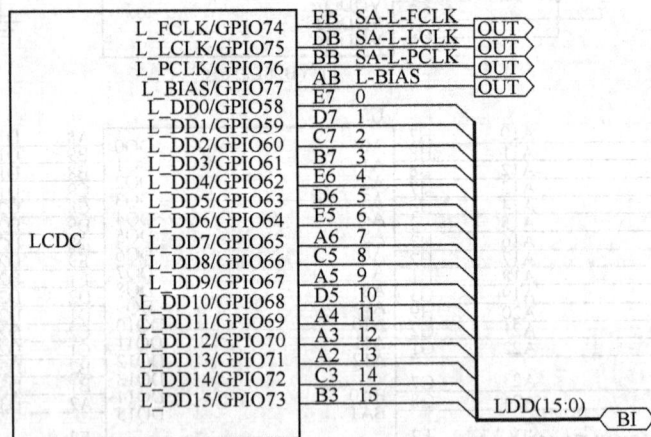

图 6.5 LCDC 与液晶的连接图

对于 LCDC，每个引脚的方向和功能的设置都是类似的。以 L_DD < 0 > 为例，由于该 LCD 数据线对应的引脚是 GPIO58，方向为输出，所以需要将寄存器 GPDR1［PD58］设置 1，并且需要将 GPIO58 的功能设置为 LCD 的 0 号数据线引脚，故需要将寄存器 GAFR1_U［AF58］设置为 0b10。

LCD 的背光是通过图 6.6 的 LCD-BACK-ON/OFF 控制的，只要这一引脚输出高电平，LCD 背光就可打开。首先，以片选信号 nCS2 选中 U17 74AC138SC 译码器，并且以地址线 A20、A21、A22 作为译码输入（连接到 U17 的 A、B、C 引脚），让 U17 的输出引脚 Y0 为低电平，该信号可让 U18 74ACQ374SJX 锁存器锁存来自数据总线的低 8 位数据，只要在数据总线上输出 0x80，则可以使 LCD-BACK-ON/OFF 输出高电平。

nCS2 对应的引脚为 GPIO78，需将此引脚设置为输出状态，即需要将寄存器 GPDR2 [PD78] 设置为 1，另外要将该 GPIO78 引脚的功能设置为 nCS2，即需要将寄存器 GAFR2_L [AF78] 设置为 0b10，由于 nCS2 的片选基地址为 0x0800 0000，并且译码输入信号为 000，所以只需访问地址 0x0800 0000，并且输出 0x80 便可以打开 LCD 背光。

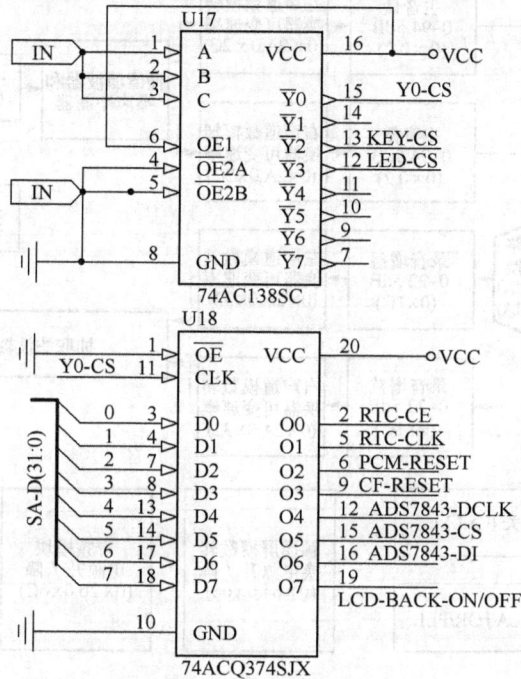

图 6.6　LCD 背光电路图

2. 触摸屏接口设计

触摸屏控制器选用 UCB1400BE，它是一个立体声音频多媒体数字信号编解码器，并整合了触摸屏与电源管理接口。UCB1400BE 以线性的方式输出信号，直接驱动耳机。触摸屏接口直接连接到四线制的触摸屏，内置一个 10 位模拟信号到数字信号转换器来读出触摸屏的参数值，提供 10 个通用 I/O 可编程引脚作为系统的输出/输入。

UCB1400BE 的特点为：

- 采用 LQFP48 封装；
- 集成 AC′97 Rev2.1 接口；
- 提供可编程抽样速率，并增加输出/输入控制；
- 四线电阻式触摸屏接口电路提供位置、压力、金属板阻抗测量；
- 带内部跟踪和保持电路的 10 位逐次逼近式 ADC，触摸屏读出及监控四个外部高压源的模拟多路复用器；
- 10 个通用输入/输出引脚；
- 3.3V 工作电压以及内置的电源节能模式设计，以应用于移动或电池供电的系统。

UCB1400BE 的功能框图如图 6.7 所示。详细的介绍参见 UCB1400BE 数据手册。

由图 6.7 可以看到各个引脚的结构与功能，TSPX、TSMX、TSMY、TSPY 这四个引脚是触摸屏的接口。表 6.3 是 ADC 与触摸屏接口的定义。

左通道线路
输出 (LINE
_OUT_L)

右通道线路
输出 (LINE
_OUT_R)

左通道线路
输入
(LINE_IN_L)

送话器输入
(MICP)

右通道线路
输入
(LIN_IN_R)

送话器地
(MICGND)

晶振输入
(XTL_IN)

晶振输出
(XTL_OUT)

IO[0:0]

触摸屏 X+
(TSPX)

触摸屏 X−
(TSMX)

触摸屏 Y+
(TSPY)

触摸屏 Y−
(TSMY)

AD[3:0]

模数转换器
同步信号
(ADCSYNC)

主音量
0~94.5dB
(0 x 0.2)

左声道数模转
换器可变速率
(0 x 2A,0 x 2C)

主音量
0~94.5dB
(0 x 0.2)

右声道数模转
换器可变速率
(0 x 2A,0 x 2C)

插值滤波器和
噪声平衡器

DSP
(0 x 8A)

回环
(0 x 20)

多路
转换
(MUX)
(0 x 1A)

0~22.5 dB
(0 x 0E)

录音增益
0~22.5dB
(0 x 1C)

左声道模数转
换器可变速率
(0 x 2A,0 x 32)

录音增益
0~22.5dB
(0 x 1C)

右声道模数转
换器可变速率
(0 x 2A,0 x 32)

抽取滤波器

OVFL

地开关 (0 x 1A)

OSCILLATOR/PLL

触摸屏模数转
换电源升 / 降
(0 x 64,0 x 66)

音频模块
电源升 / 降
(0 x 26,0 x 6C)

I/O 模块数字方向

I/O 数据

触摸屏偏
置矩阵
(0 x 84)

中断信号正负
状态 / 清除

中断

偏置电流

模数转换就绪

多路
转换
(MUX)
(0 x 64,
0 x 66)

模数转换
控制数据

模数转换数据

数字接口

复位
(RESET)

同步
(SYNC)

位时钟
(BIT_CLK)

串行数据
输出(SDATA
_OUT)

串行数据
输入
(SDATA_IN)

中断输出
(IRQOUT)

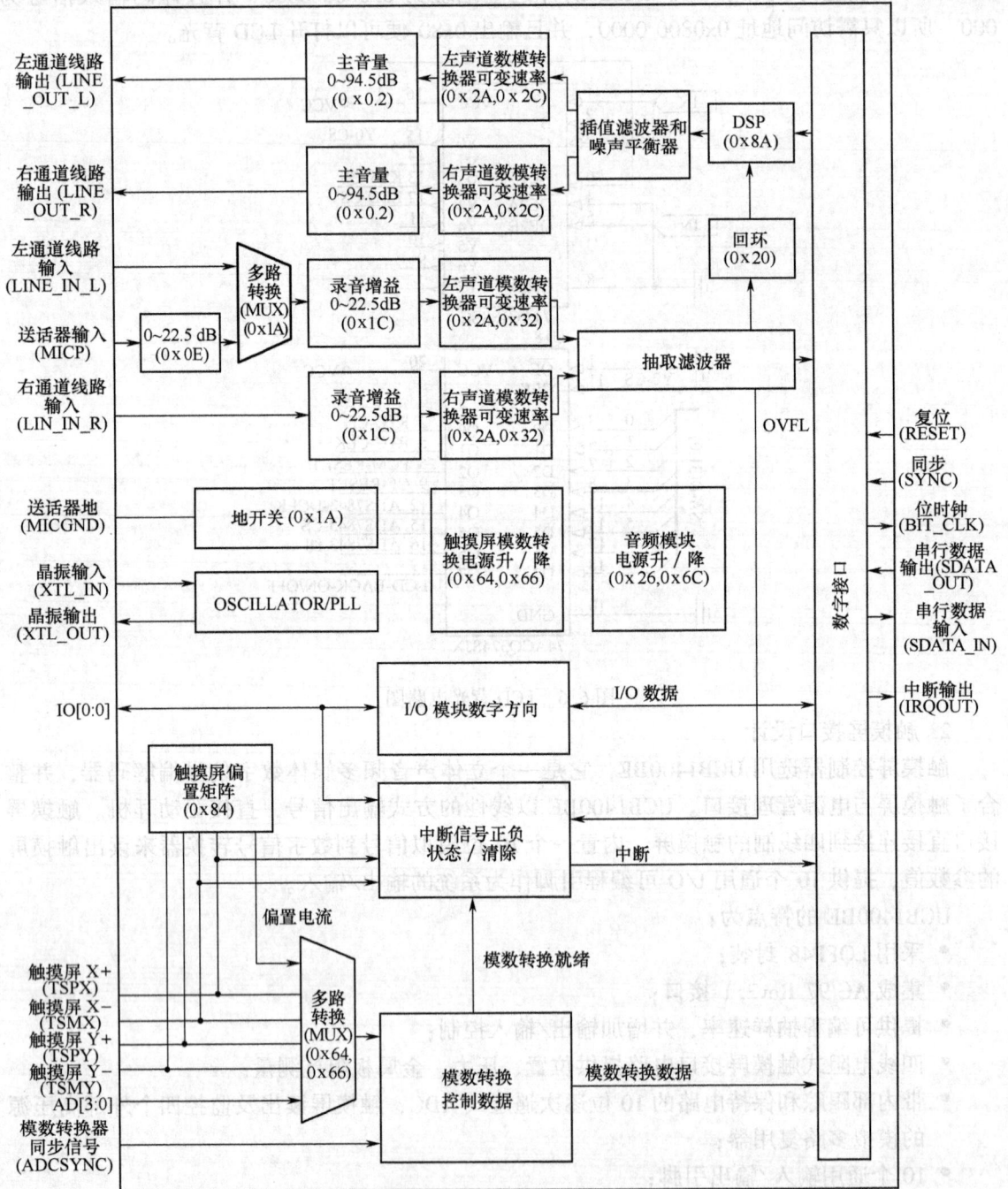

图 6.7　UCB1400BE 的功能框图

表 6.3　ADC 与触摸屏接口的定义

符　号	引　脚	类　型	描　述
AD [3：0]	13、14、15、16	输入电压输出	AD [3：0]
TSPX	17	输入/输出，触摸屏 X + 端	TSPX
TSMX	18	输入/输出，触摸屏 X − 端	TSMX
TSMY	19	输入/输出，触摸屏 Y − 端	TSMY
TSPY	20	输入/输出，触摸屏 Y + 端	TSPY

UCB1400BE 功能引脚中，从 17、18、19、20 四个引脚引出 X +、X −、Y +、Y −，如图 6.8、图 6.9 所示。

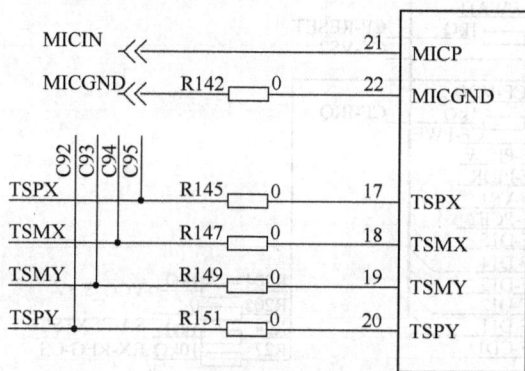

图 6.8　触摸屏接口电路图

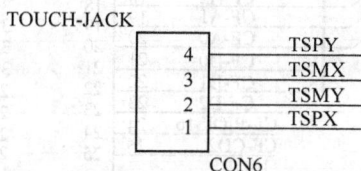

图 6.9　触摸屏接线插槽

6.2.4　多媒体接口设计

1. CF 卡接口

Intel XScale PXA270 处理器内部集成了双通道 16 位 PCMCIA PC Card/CF 控制器，支持 8 位/16 位 I/O 模式和存储器模式的访问。CPU 数据线的低 16 位和地址线的低 10 位分别通过两片 74LCX16245 缓冲，再和外设相连。PCMCIA/CF 接口如图 6.10 所示，可以看到 CF-CD1/CF-CD2 被拉高到 VCC_3.3，而插进存储卡时，卡内将此两脚对地短接，则表现为低电平。在简化的系统设计中，还可以忽略 BVD1/STSCHG，用 CD 信号的上升沿来做卡插入/拔出中断。考虑到 WinCE 中 PC CARD 设备在整个系统一般不作为高优先级的中断设备，RESET 和 IRQ 可连接到 PXA270 的空余用户 GPIO，本设计中，CF 卡的 IRQ 信号连接到 CPU 的 GPIO22 脚，而 CPU 是通过数据线读取 RESET 信号。

2. MMC/SD 接口

PXA270 内置有 MMC/SD 卡控制器，支持 MMC 卡规范 3.2、SD 卡规范 1.01、SDIO 卡规范 1.0，既支持一般读写方式，也支持 SPI 方式。PXA270 提供如下信号：MMCLK、MMC-MD、MMDAT、MMDAT1、MMDAT2/MMCCS0、MMDAT3/MMCCS1。

MMC/SD 卡检测信号 MMC-DETECT 连接到 CPLD 上，高电平表示有卡插入，可以用中断方式，也可用查询方式。软件要提供必要的去抖功能。卡写保护信号 MMC-WP 也是连接到 CPLD 上，高电平表示写保护。电源使能信号由 CPLD 提供，低电平允许给 SD 卡提供电源，使用电源芯片 RT9178-33 产生 MMC/SD 所需的 3.3V 电源电压，接口插座采用 MMC/SD 兼容型卡座。其接口原理图如图 6.11 所示。

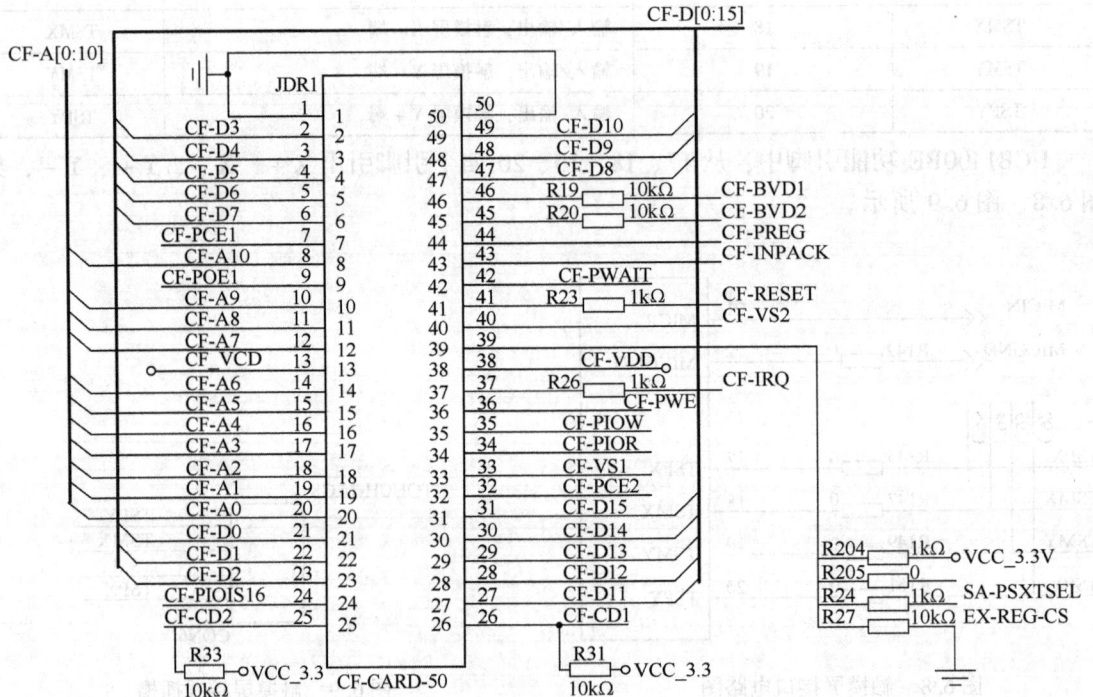

图 6.10　CF 卡接口原理图

3. Camera 接口

Quick Capture 技术是一种专为手持设备设计，用来改进图像采集质量和传输速度的技术。PXA 270 的 Quick Caqture 技术，为成像设备与无线设备提供接口，有助于改进图像质量以及降低产品整体成本。该项技术包括快速浏览、快速拍照和快速视频拍摄三种操作模式。可以支持 400 万像素数码镜头，并能提供最大 416Mbit/s 的数据传输速率。Quick Capture 的接口连接在扩展板上，如果用户需要使用其功能，只需要再购买一个摄像头功能模块就可以拍照和浏览了。模块板上的摄像头模组是环球光显公司的型号为 CN013V2E1F00 的摄像头感应器。在 VGA（640×480）分辨率下，每秒传输的图片能达到 15 帧，具备自动曝光和白平衡功能，并且针对嵌入式应用做了很多优化处理，所艺非常适合嵌入式领域的应用。

因为 PXA 270 的 Quick Capture 部分的信号线有很多都是有复用功能的，所以当使用快速视频捕捉时需要进行切换，在 EELIOD 系统中使用的是电子开关 MAX4674，当 A0 端为高电平时，NO = COM；当 A0 端为低电平时，NC = COM。在 EELIOD 系统中 Quick Capture 是和电机、按键、485 控制信号共用信号线的，所以要使用 Quick Capture 功能，其他列举的功能将不能使用。Quick Capture 接口原理图如图 6.12 所示。

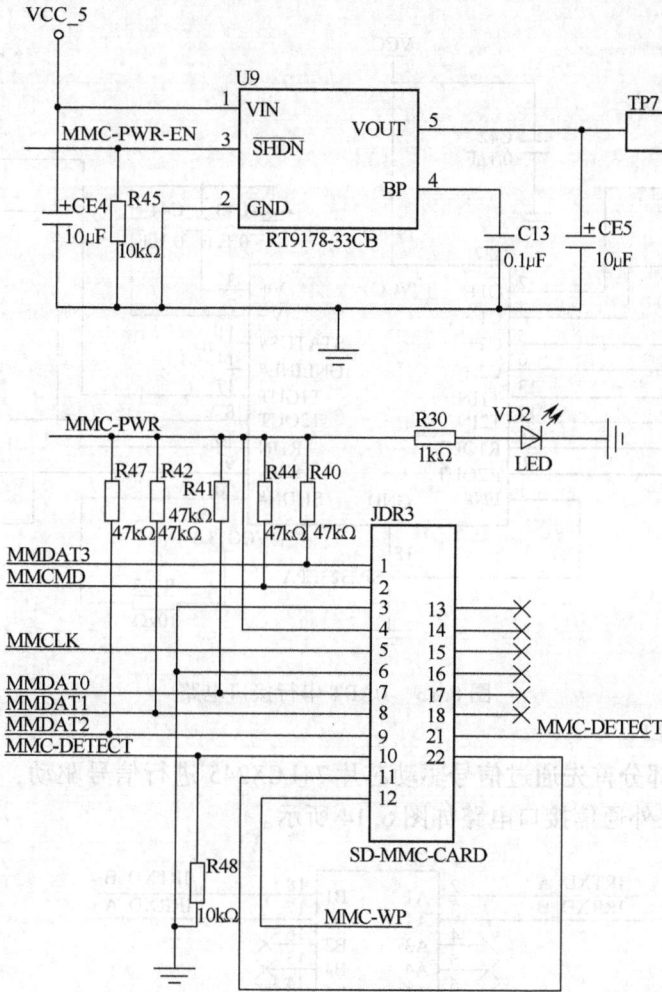

图 6.11 MMC/SD 卡接口原理图

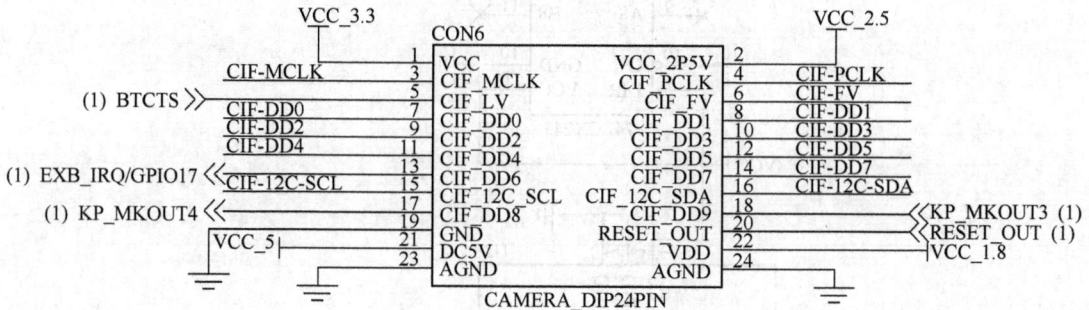

图 6.12 Quick Capture 接口原理图

6.2.5 通信接口设计

1. UART 接口

使用电平转换芯片 SP2323EPA 将 UART 电平转换为 RS-232 电平，再连接至 DB9 插座。这样系统可以与外部 RS-232 设备进行通信。UART 串行接口电路如图 6.13 所示。

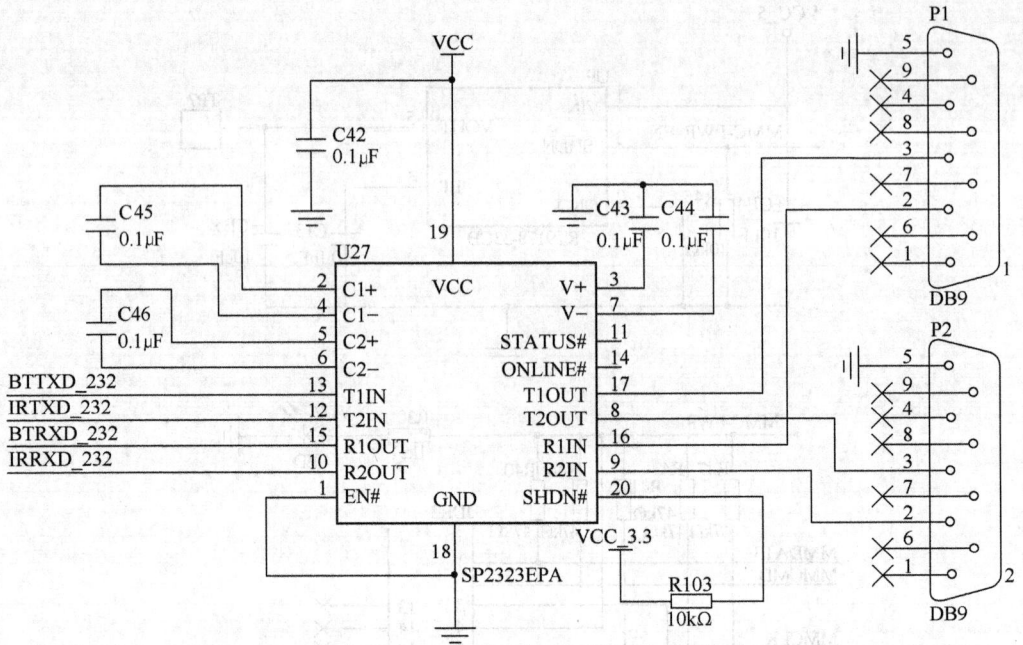

图 6.13 UART 串行接口电路

2. 红外通信接口

红外串行通信部分首先通过信号驱动芯片 74LCX245 进行信号驱动，之后接入红外收发芯片 HSDL3600。红外通信接口电路如图 6.14 所示。

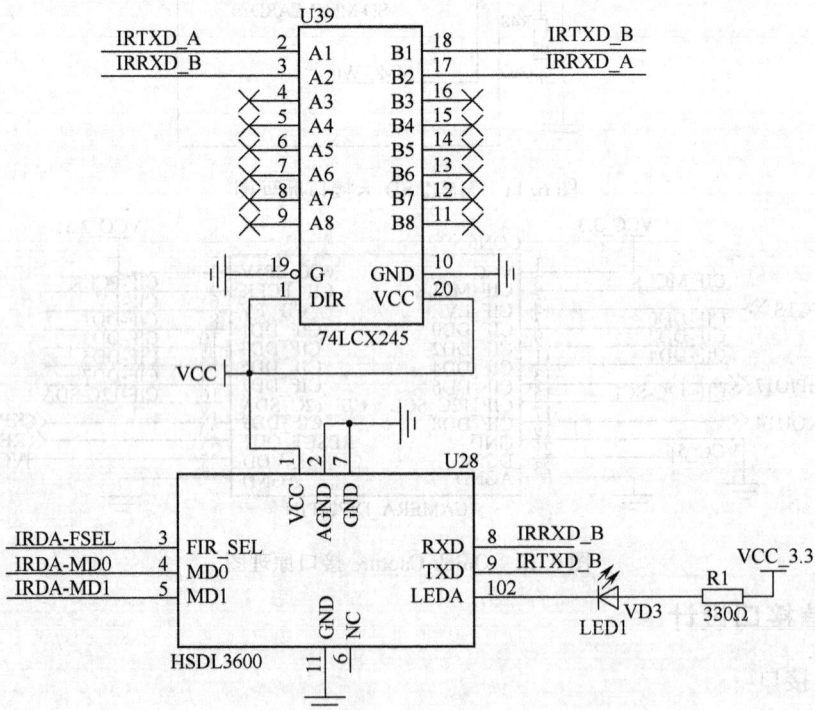

图 6.14 红外通信接口电路

3. USB 接口

USB 设备接口采用 B 型 USB 接口。当接入外部设备时，可由外部设备对其供电，并通过复位芯片 PST3604 产生 USB 设备唤醒信号给 CPU。USB 设备接口电路如图 6.15 所示。

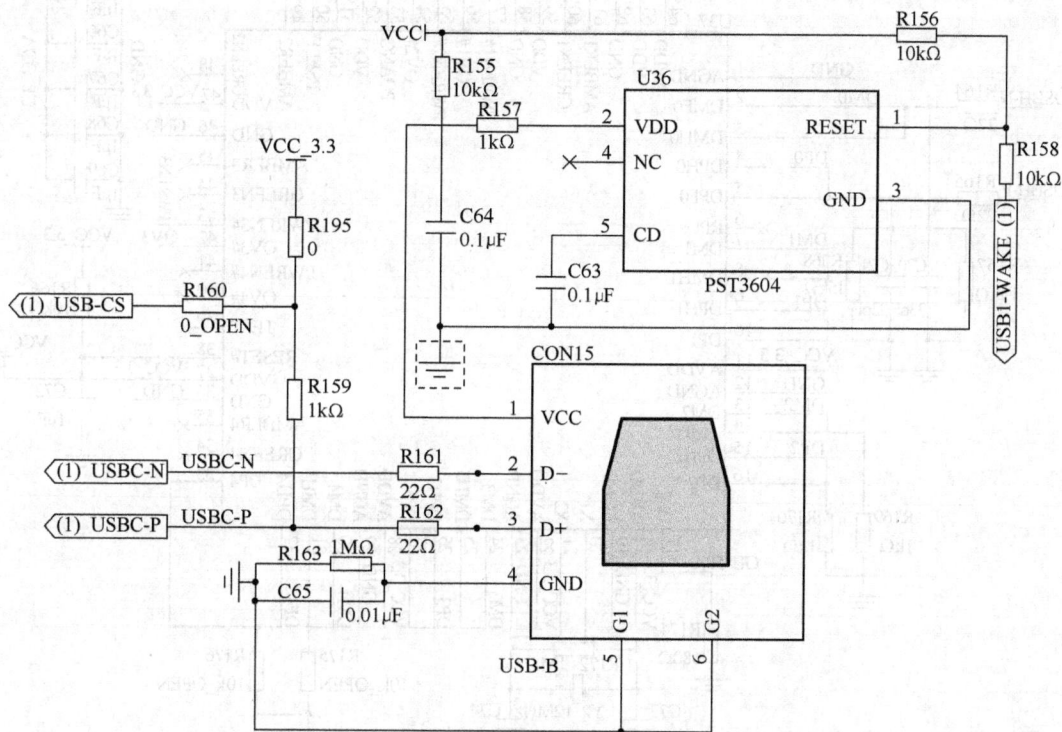

图 6.15　USB 设备接口电路

USB 主机部分采用 GL850A 芯片扩展出两路 USB 主机接口，GL850A 同时拥有过载保护功能，提供良好的 EMI/ESD 处理，也提供电源及总线自动侦测模式。USB 主机接口电路如图 6.16 所示。

6.2.6　通用 I/O 接口设计

1. 键盘接口电路

PXA270 的键盘接口支持两种键盘模式：一种是矩阵键盘接口模式，另外一种是直连键盘接口模式。EELIOD 系统的按键部分使用的是 PXA270 的专用矩阵键盘接口和直连键盘接口两种接口方式。其中按键 SW1～SW4 使用的是直连键盘接口方式，当键盘按下直接产生一个中断，高有效，CPU 按照对应的键值响应中断。而按键 SW5～SW16 是采用矩阵键盘扫描的方式，通过对行列的扫描判断是否是有对应的按键按下。这样的设计使实验者可以根据自己的需要开发不同的按键输入方式，如普通的数字键就使用矩阵键盘方式，而特殊功能键使用直连键盘方式。

图 6.17 和图 6.18 分别是两种键盘模式的接口电路。

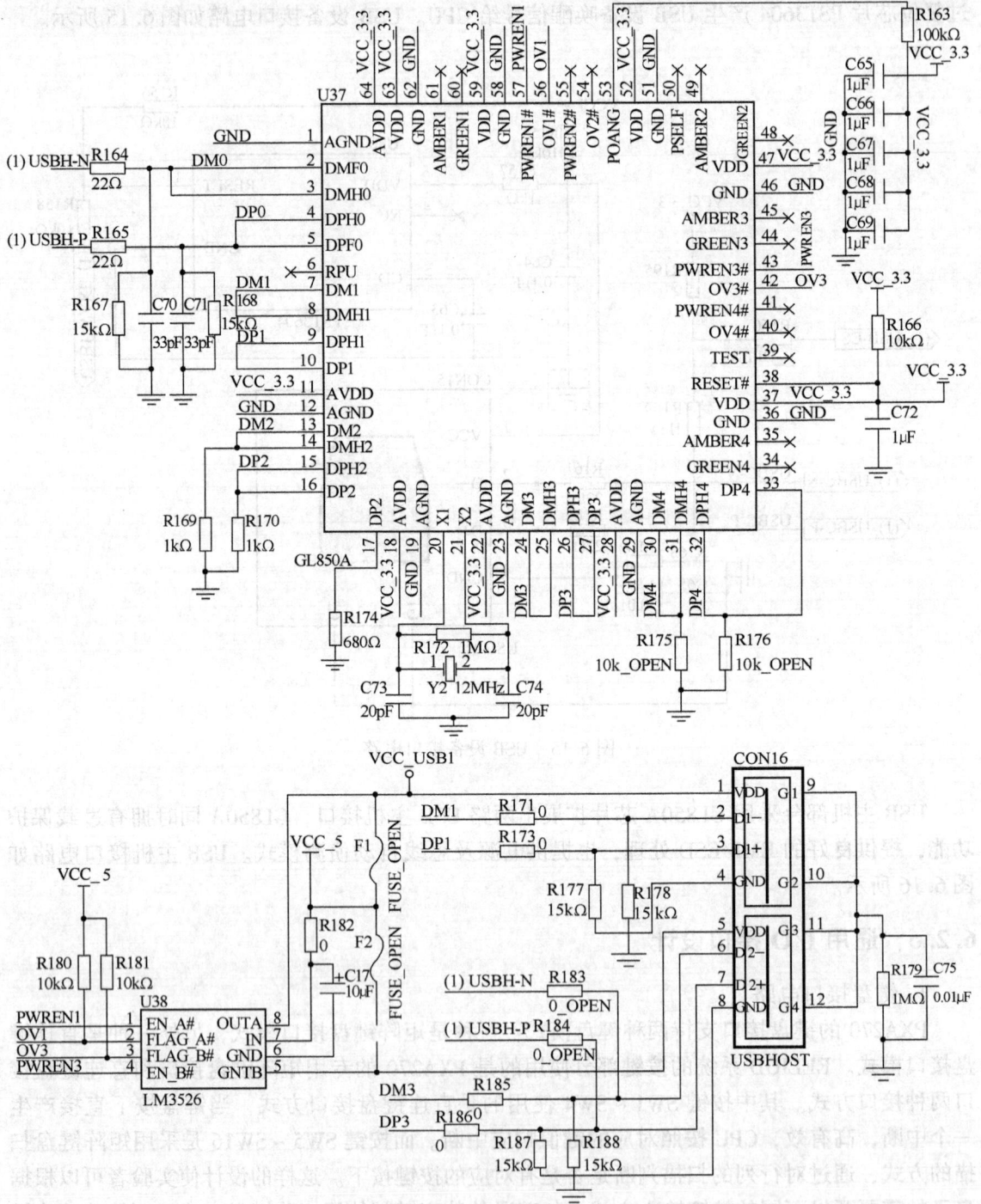

图 6.16 USB 主机接口电路

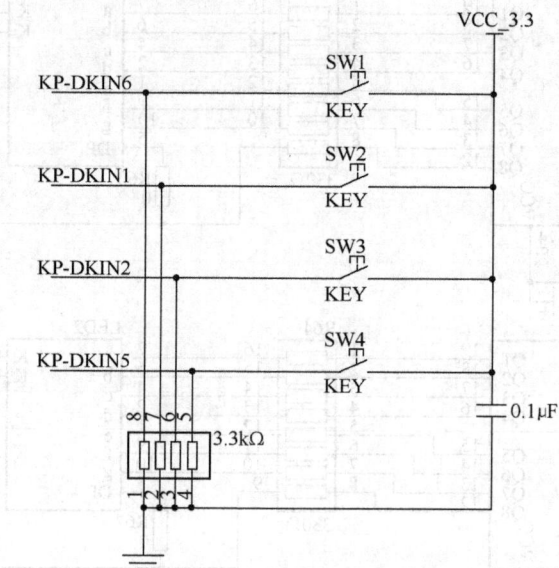

图 6.17　直连键盘接口电路

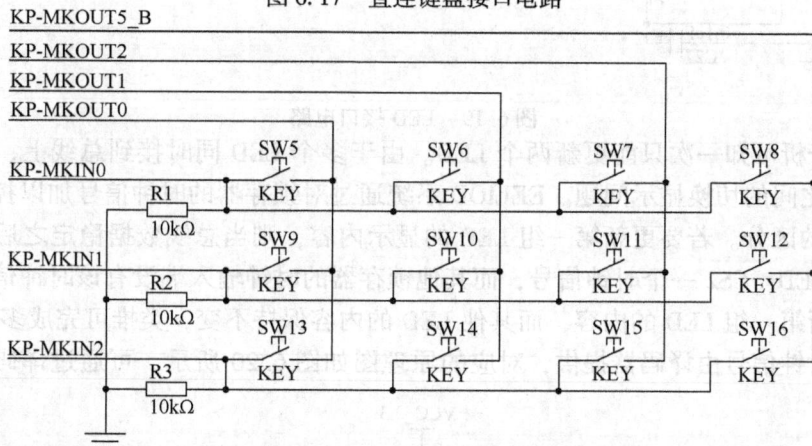

图 6.18　矩阵键盘接口电路

2. LED 接口电路

EELIOD 系统共配备四个八段数码管，两个为一组，LED 接口电路原理图如图 6.19 所示，可以看出该 LED 为共阳极数码管，对应的笔划段驱动端为阴极，当其驱动端为低电平时，对应的笔划段二极管点亮。

从图 6.19 可以看出采用总线方式扩展 LED 显示器，总线数据首先经过锁存器 74HC574 对总线数据锁存，这样就可以在保证数据正常显示的情况下释放总线。另外还由于有多个 LED 显示器，且总线不能同时更新多个 LED，这样采用锁存的方法就可分别完成对多个 LED 的更新。以图 6.19 为例，总线的 D0 ~ D6 位分别驱动 LED1 的笔划段 abcdefg，D8 ~ D14 分别驱动 LED2 的笔划段 abcdefg。总线的第 D7、D15 位经过锁存器不仅仅接到 LED 的 DP 段，还接到晶体管 VT3、VT4 的基极上，这样当 D7、D15 为低电平时晶体管 VT3、VT4 导通，LED 的阳极接通，处于正常工作状态，通过总线完成数据信息的显示。当 D7、D15 为高电平时晶体管 VT3、VT4 处于关闭状态，LED 处于关闭状态。

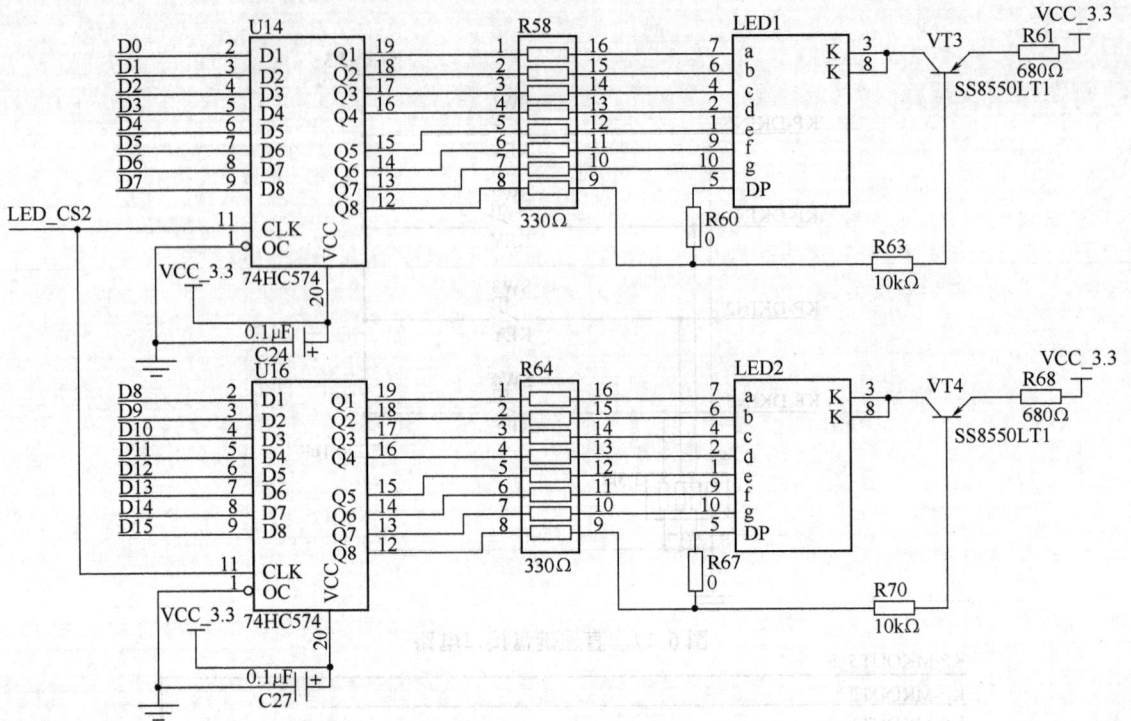

图 6.19　LED 接口电路

由以上分析可知一次只能更新两个 LED。由于多个 LED 同时接到总线上，这样就涉及到多个 LED 之间的切换显示问题。EELIOD 系统通过对锁存器的时钟信号加以控制来完成不同 LED 之间的区分。若要更新第一组 LED 的显示内容，则当总线数据稳定之后给锁存器的时钟输入端 LED _ CS2 一个时钟信号，而其他锁存器的时钟输入端没有该时钟信号，这样就可保证只更新第一组 LED 的内容，而其他 LED 的内容保持不变，类推可完成多组 LED 的更新。此处的时钟信号由译码器提供，对应的原理图如图 6.20 所示，可通过译码器的输入端

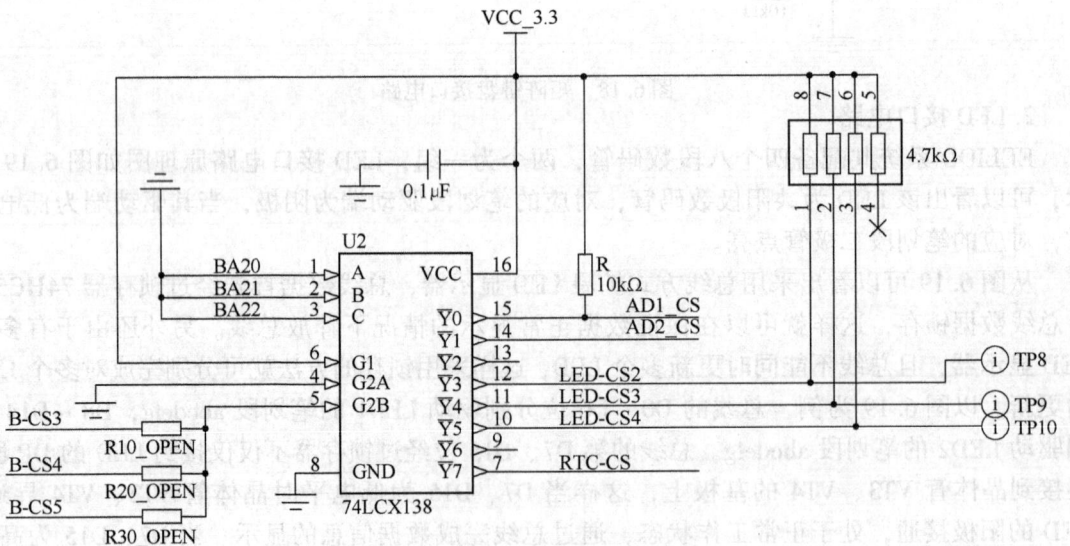

图 6.20　LED 译码电路

A、B、C 来控制输出端 LED _ CS 高低电平的跳变。

6.3　EELIOD 系统程序设计实例

本节通过分析系统引导程序和两个功能程序来介绍 EELIOD 系统基于 ADS 开发环境下的程序设计。

6.3.1　系统引导程序分析

对于 PXA270 处理器，系统复位后的 PC 指针总是指向 0x0 地址，EELIOD 系统中 PXA270 的片选信号 NCS0 作为 Flash 存储器的片选信号，且 Flash 存储器的地址空间为 0x0000 0000 ~ 0x03FF FFFF，系统引导程序被烧写到该 Flash 存储芯片中，且第一条指令放到 0x0 的地址。地址 0x0 ~ 0x1F 的地址空间存放的是中断向量表，0x0 ~ 0x03 是复位中断向量的入口点，这样在 0x0 ~ 0x03 的地址空间装载一条无条件跳转语句，在系统加电或复位时，CPU 就会读取该指令跳转到系统初始化程序开始正常运行。其程序如下：

```
AREA boot , CODE , READONLY
ENTRY                            ; 程序入口
b  post                          ; 第一条指令，0x00 ~ 0x03
b  swi _ Handler                 ; 第二条指令，0x04 ~ 0x07
……
```

所以，系统复位后将执行"b post"指令，跳转到标号为 post 的程序段运行。

系统复位后，大部分寄存器都被清空，要想存储器上的映像能够运行起来（映像中的可读写段在运行时需要被装载到 SDRAM），这就需要对存储器控制寄存器进行配置。简单的说，这里配置的目的就是要告诉处理器关于系统板上存储器的相关信息。用户应该根据需要，对处理器和周边设备进行初始化。另外还需要配置堆栈寄存器，以供各种工作模式下的子程序调用。

```
    post
        mov       r14, pc
        ldr       pc, = post _ initGpio        ; 配置相应的 I/O 接口线
        mov       r14, pc
        ldr       pc, = post _ initMem         ; 配置存储器控制寄存器
        mov       r14, pc
        ldr       pc, = post _ initKey         ; 配置键盘接口
        ldr       r0, = postDelay              ; 装载延时参数
    postLoop                                   ; 延时
        sub       r0, r0, #0x1
        cmp       r0,, #0x0
        bne       postLoop
        mov       r0, #0xa000000               ; 点亮板载发光二极管
        ldrh      r2, [r0, #0]
```

```
        and         r2, r2, #0xFFFFCFFF
        strh        r2, [r0, #0]
        ldr         r13, = osStack              ；配置堆栈寄存器，开辟堆栈空间
        ldr         pc, = dummyOs               ；跳转到功能程序
        END                                     ；程序运行结束
```

从程序代码能看出，跳转到功能程序以前需要配置 I/O 口、配置存储器控制寄存器、配置堆栈寄存器。至于配置键盘接口以及点亮板载发光二极管等功能，也可以放在功能程序里根据特定需要进行配置。在此，重点介绍存储器控制寄存器的配置程序。

```
EXPORT post _ initMem          ；定义 post _ initMem 函数
AREA    post _ initMem,    CODE,      READONLY
Ldr     r11, = MDCNFG    ；用 0x020 00ac9 来配置 MDCNFG 控制寄存器
ldr     r1, = 0x02000ac9
str     r1, [r11]
nop
nop
ldr     r11, = MDREFR    ；用 0x0011 e018 常量值来配置 MDREFR 控制寄存器
ldr     r1, = 0x0011e018
str     r1, [r11]
nop
nop
ldr     r11, = MSC0      ；用 0x95c0 95c0 常量值来配置 MSC0 控制寄存器
ldr     r1, = 0x95c095c0
str     r1, [r11]
nop
nop
ldr     r11, = MSC1      ；用 0xb884 a691 常量值来配置 MSC1 控制寄存器
ldr     r1, = 0xb884a691
str     r1, [r11]
nop
nop
ldr     r11, = MSC2      ；用 0x7ff4 b88c 常量值来配置 MSC2 控制寄存器
ldr     r1, = 0x7ff4b88c
str     r1, [r11]
nop
nop
ldr     r11, = MECR      ；用 0x1 常量值来配置 MECR 控制寄存器
ldr     r1, = 0x1
str     r1, [r11]
nop
```

```
        nop
        ldr   r11,  = SXCNFG        ; 用 0x0 常量值来配置 SXCNFG 控制寄存器
        ldr   r1,   = 0x0
        str   r1,  [r11]
        nop
        nop
        ldr   r11,  = SXMRS         ; 用 0x0 常量值来配置 SXMRS 控制寄存器
        ldr   r1,   = 0x0
        str   r1,  [r11]
        nop
        nop
        ldr   r11,  = MDMRS         ; 用 0x32 0032 常量值来配置 MDMRS 控制寄存器
        ldr   r1,   = 0x320032
        str   r1,  [r11]
        nop
        nop
        ldr   r11,  = BOOT _ DEF    ; 用 0x0000 0008 常量值来配置 BOOT _ DEF 控制寄存器
        ldr   r1,   = 0x00000008
        str   r1,  [r11]
        nop
        nop
        mov   pc,  r14             ; 恢复 PC 指针,跳转到子程序调用入口处
        END                        ; 子程序结束
```

在此需要配置 MDCNFG、MDREFR、MSC0、MSC1、MSC2、MECR、SXCNFG、SXMRS、MDMRS、BOOT _ DEF 寄存器,其具体设置内容需要参考 PXA270 数据手册里关于存储器控制寄存器的详细描述并根据实际需要配置每个寄存器的每一位。

6.3.2　通用 I/O 程序设计实例

I/O 口操作是最基本的功能。本小节利用 LED 显示的实例来介绍 I/O 口编程的具体过程。硬件电路如 6.2.6 节所述,此处 LED 采用总线方式驱动,所以需要了解 LED 对应的地址。由 LED 译码电路(见图 6.20)可知,译码器 74LCX138 的 G2B 引脚由 CPU 的 CS4 驱动,而片选信号 CS4 的对应的基地址为 0x1000 0000,所以可以判断 LED 的基地址为 0x1000 0000。具体 LED _ CS2、LED _ CS3 的地址偏移由译码器的 A、B、C 引脚确定,而 A、B、C 引脚分别对应地址线 BA20、BA21、BA22。当 LED _ CS2 被选通时,即译码输出为 Y3,则此时 A、B、C 引脚的对应输入为 110,即 BA20、BA21、BA22 的对应值为 110,则对应的地址偏移可为 0x300 0000 ~ 0x3F FFFF 之间的任何值,此处采用 0x300 0000,则 LED _ CS2 的地址为 0x1030 0000,同理 LED _ CS3 的地址为 0x1040 0000。对应的地址如表 6.4 所示。

表 6.4　LED 对应地址列表

片选控制的对应 LED	地　址
LED_CS2（LED1，LED2）	0x1030 0000
LED_CS3（LED3，LED4）	0x1040 0000

在系统运行过程中若要对 LED1 和 LED2 进行操作，可将要显示的数据通过访问地址 0x1030 0000 来达到控制 LED 显示的目的。LED_CS2 为锁存器 74HC574 提供时钟信号，在总线数据稳定之后要在 LED_CS2 上产生一个电平跳变，为锁存器提供时钟信号，以便锁存总线数据。此处的 LED_CS2 上的电平跳变可通过译码器选通无任何连接的 Y6 来实现，即向地址 0x1060 0000 处写任意数。同样原理，LED3 和 LED4 也采用同样方法更新。

程序启动代码部分跟 6.3.1 节的代码部分一样，启动配置完成后，就跳转进入功能应用程序。本部分的功能应用程序 dummyOs 子函数如下：

```
void dummyOs (void)
{
    unsigned long data_temp;
    int i;
    int led_sharp;
    int button_val = 0;
    int temp = 0;
    int kbd_buff1 = 0;
    int kbd_buff2 = 0;
    int kbd_buff3 = 0;
    LED_CS1 = ~ temp;           //置高 LED1 的各段控制信号，即关闭 LED1 各段
                                的显示
    LED_CS2 = ~ temp;           //置高 LED2 的各段控制信号，即关闭 LED2 各段的
                                显示 LED_8SEG = ~ temp;
    data_temp = 0xffffce00;
    LED_BOARD = data_temp;      //点亮板载发光二极管
    LED_dummyAddress = data_temp;
    data_temp = 0;
    LED_CS1 = data_temp;        //置低 LED1 的各段控制信号，即点亮 LED1 各段的
                                显示
    LED_CS2 = data_temp;        //置低 LED2 的各段控制信号，即点亮 LED2 各段的
                                显示
    LED_8SEG = data_temp;
    data_temp = ~0x6666& ~ (1 < <15) & ~ (1 < <7);
    data_temp = data_temp < <16;
    LED_CS1 = data_temp;        //传送显示内容到 LED1 的各段控制信号线
    LED_CS2 = data_temp;        //传送显示内容到 LED1 的各段控制信号线
```

```
    LED _ 8SEG = data _ temp;
}
```

从以上代码看出，采用总线驱动控制 LED 的显示的方式，对每个 LED 相应的地址空间赋值就能完成 LED 显示内容的更新和锁存。

6.3.3　LCD 程序设计实例

LCD 显示系统硬件设计如 6.2.3 节所述。本节介绍 LCD 的程序设计原理及流程。

LCD 控制寄存器（LCDC）的内部结构主要由以下部分组成：LCDDMAC（集成在 LCDC 内部的 DMAC（Direct Memory Access Controller）），输入/输出 FIFO，内部调色板，TMED 抖动引擎，寄存器组。LCDC 会因所接的 LCD 类型不同，内部寄存器的配置方式也会有所不同。

当接被动（Passive）显示屏（STN）时，并且显示模式为单色（1 位/像素）或彩色（2 位/像素，4 位/像素，8 位/像素）时，LCDC 必须首先初始化内部调色板（LCDC 内部的 DMAC 会将外部调色板的数据填充内部调色板，外部调色板是预先写于内存空间的调色板，大小与内部调色板一致）。然后 DMAC 将存储在帧缓存（Frame Buffer）内的编码像素值传输到输入 FIFO 中，输入 FIFO 的数据会再次被提取出来，作为索引指针来提取内部调色板的数据（16 位），从内部调色板得到的数据会被传送到帧速率控制逻辑单元，帧速率控制逻辑单元使用非持久调节能量发送算法来产生发送到 LCD 的像素数据，该像素数据会被锁存到输出 FIFO 里，然后再发送到 LCD 上。如果显示模式为 16 位/像素，则无需填充内部调色板，事实上内部调色板由于只能存放 256 种颜色的 RGB 值，明显不能满足 16 位/像素（因为 16 位/像素能够表示的颜色范围达 65536），因此从帧缓存里提取的每个像素值则直接为 RGB 值（Red：5 位，Green：6 位，Blue：5 位），16 位/像素的显示模式与其他的显示模式的唯一区别是不使用内部调色板，所以数据从输入 FIFO 出来后就直接进入到帧速率控制逻辑单元。当接主动（Active）显示屏（TFT）时，LCDC 内部的工作方式相对简单，此时，LCDC 无需加载数据到内部调色板，并且数据无需经过帧速率控制单元的处理，帧缓存（Frame Buffer）内的数据是 16 位的像素数据，通过 DMAC 传输到输入 FIFO 后，数据又立刻被传送到输出 FIFO。

1. DMAC

LCD 控制寄存器（LCDC）内部有一个 DMAC，这个 DMAC 包括两个通道，通道 1 用于传输外部调色板的数据到 LCDC 的内部调色板以及将帧缓存的数据传输到输入 FIFO 内。通道 2 则用在双行扫描模式，屏幕的上下两部分分别使用通道 1 和通道 2 来传送其对应的帧缓存数据，而外部调色板数据则只使用通道 1 来传输。在使用 DMAC 前，必须进行对其初始化，DMAC 的初始化方式有别于其他控制器。在 DMAC 被初始化后，它就会自动的从帧缓存里提取数据，每当输入 FIFO 有 32 字节的空间为空时，输入 FIFO 就会向 DMAC 发出服务请求，DMAC 就会从帧缓存里提取 32 字节的数据到输入 FIFO。

2. 输入 FIFO

LCDC 内有两个输入 FIFO，每个 FIFO 由 128 个字节组成，也可以看成是由 16 个单元组成，每个单元 8 个字节。DMAC 的每次操作都会从帧缓存内将 32 字节数据传输到 FIFO，并且每单元（8 字节）的数据会按照在寄存器里（LCCR3［BPP］）设定的模式，以 1 位、2

位、4 位、8 位或 16 位进行分解，分解后的数据会独立地作为调色板的索引值。这两个
FIFO 分别与 DMAC 的两个通道相连接，所以，当运行在单屏幕模式下时，只有与 DMAC 的
一通道相连接的 FIFO 才会工作，另一个 FIFO 仅会在双屏幕模式下被使用。

3. 调色板

LCD 控制寄存器（LCDC）的内部调色板由 512 个字节组成，每两个字节为 1 个单元，
能够保存 256 种 16 位的颜色值，对于彩色，取红色的 5 位、绿色的 6 位、蓝色的 5 位组成；
对于单色，虽然调色板仍然使用 16 位来存储 RGB 值，但仅用低 8 位来存储，如图 6.21 所
示。

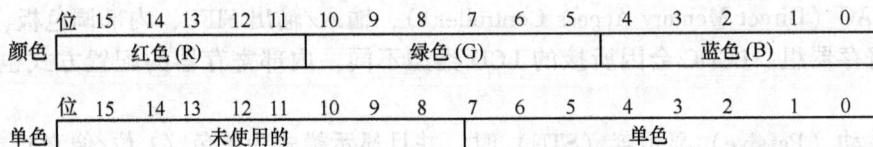

位	15	14	13	12	11	10	9	8	7	6	5	4	3	2	1	0
颜色	红色 (R)					绿色 (G)						蓝色 (B)				

位	15	14	13	12	11	10	9	8	7	6	5	4	3	2	1	0
单色	未使用的								单色							

图 6.21　调色板的 16 位单元数据

LCDC 的内部调色板在使用前为空，所以，如果 LCDC 在工作后，用到内部调色板，必
须在 LCDC 使用前对内部调色板初始化，这里的初始化是指将 RGB 值写入到内部调色板内。
用户并不需要将数据直接写入到内部调色板，写入内部调色板是交给 DMAC 来完成的，但
用户必须在内存里建立一个外部调色板，这个外部调色板的空间大小应该与内部调色板大小
一致，但传输的数量并不是将完整的外部调色板传输到内部调色板，传输数量的依据是按照
显示模式来决定的。

由于在 1 位/像素的显示模式下，仅能访问调色板的头两个单元（每单元 16 位），调色
板的其他空间都不能被访问，所以只需将外部调色板的两单元数据传输到内部调色板即可，
如此类推，2 位/像素的显示模式下，则能访问内部调色板的头 4 个单元；4 位/像素的显示
模式下，则能访问 16 个单元；8 位/像素的显示模式下，则能完全访问整个内部调色板，只
有在这个模式下，才需要将整个外部调色板填充到内部调色板里。但由于帧缓存和外部调色
板都是使用通道一，DMAC 是通过 LDCMD0［PAL］和 LDCMD0［LEN］的设置来区分这两
种数据以及决定传输的数量。

4. 输出 FIFO

像素数据被传输到输出引脚之前会被锁存到输出 FIFO，同样，LCDC 内有两个输出
FIFO 应用到单屏幕或双屏幕显示模式。

5. 引脚描述

LCD 控制器（LCDC）与 LCD 显示屏的通信引脚包括：数据线引脚 L_DD < 15:0 >，时
钟信号引脚 L. PCLK、L. LCLK、L. FCLK、L. BIAS。其中，L_DD < 15:0 > 用于传输像素数
据，根据不同的显示模式 L_DD 会有所不同。各模式下数据线引脚的分配如表 6.5 所
示。

表 6.5　各模式下数据线引脚的分配

单/彩色显示	单/双屏幕模式	Passive（STN）/Active（TFT）显示屏	屏 幕 位 置	L_DD
单色		Passive	全屏	L_DD < 3:0 >
单色	单	Passive	全屏	L_DD < 7:0 >

（续）

单/彩色显示	单/双屏幕模式	Passive（STN）/Active（TFT）显示屏	屏幕位置	L_DD
单色	双	Passive	上半部	L_DD<3:0>
			下半部	L_DD<7:4>
彩色	单	Passive	全屏	L_DD<7:0>
彩色	双	Passive	上半部	L_DD<7:0>
			下半部	L_DD<15:8>
彩色	单	Active	全屏	L_DD<15:0>

综合来说，决定 L_DD 的使用是通过设置 LCCR0［CMS］（决定单/彩色显示）、LCCR0［SDS］（决定单/双屏幕模式）、LCCR0［PAS］（决定被动/主动模式）、LCCR0［DPD］（决定单色显示时是使用 4/8 条数据线）。

对应时钟信号描述请参阅 PXA270 数据手册。

6. LCD 显示程序原理

理解了 LCD 显示原理后，通过对 LCD 控制寄存器的编程达到给 LCD 输出显示信号的目的。其步骤如下：

1）设置 LCDC 与 LCD 接口引脚。由于 EELIOD 系统使用的 LCD 是 TFT 显示屏，所以数据引脚为 L_DD<15:0>，接线原理如图 6.5 所示。

2）打开 LCD 背光，如 6.2.3 节所述。

3）设置帧描述符（Frame Descriptors）。LCDC 内的 DMAC 需要初始化才可以工作，因为在 DMAC 工作之前需要提供 DMAC 一些相关信息：

- 下一个帧描述符的位置；
- 帧缓存的空间位置；
- 现在传送的是调色板数据还是图像数据；
- 在一个帧开始/结束时是否产生中断；
- 所传送的数据的总容量。

LCDC 内关于帧描述符的寄存器有四个，分别是：FDADRx、FSADRx、FIDRx、LDCMDx（x 取 0 或 1，与 DMAC 的 0 号通道或 1 号通道相对应）。这四个寄存器的初始化方式并不是通过程控赋值，而是通过 DMAC 自动提取预先在内存里写好的数值，然后自动为这些寄存器赋值。为了让 DMAC 找到这些预先写好的数值，第一次使用 DMAC 或停用 LCDC 后又重新使用时，仍然需要通过软件来初始化 FDADRx，因为 FDADRx 的数值就是表示下一个帧描述符的位置。当 DMAC 获得帧描述符的位置后，它从该位置获取相应的数值，然后将另外三个寄存器初始化，再读取写在内存的为 FDADRx 预先准备好的数值，根据该数值跳转到指定的位置读取其他的帧描述符。

首先，需要在启动 LCDC 前定义帧描述符，该帧描述符必须定义在内存空间，而且必须是连续的 4×4 字节的空间，这个空间划分为四个单元，每个单元都是 32 位，并且帧描述符的开始地址能够被 8 整除，即二进制表示的开始地址的最低三位必须为 0。如图 6.22 所示。

这里需要提出一点：FDADRx 的值是指下一个帧描述符的地址，并不是当前的帧描述符的地址。读者可能会提出为什么需要这么多帧描述符，这里主要有两个原因：如果需要将外部的调色板装载到内部调色板时，就需要另外一个帧描述符来描述该外部调色板的空间，这样，当 LCDC 启动后，DMAC 就可以知道从哪里装入外部调色板数据。如果使用多个帧缓存，也需要使用帧描述符来为 DMAC 提供相关信息。LCDC 启动后至少需要一个帧缓存来存储当前显示的图像数据，但可以多开辟几个帧缓存来保存数据，这样便能够快速切换显示屏的画面，另外还可以将需要进行处理的数据在另一帧缓存内存储，处理完再显示出来。

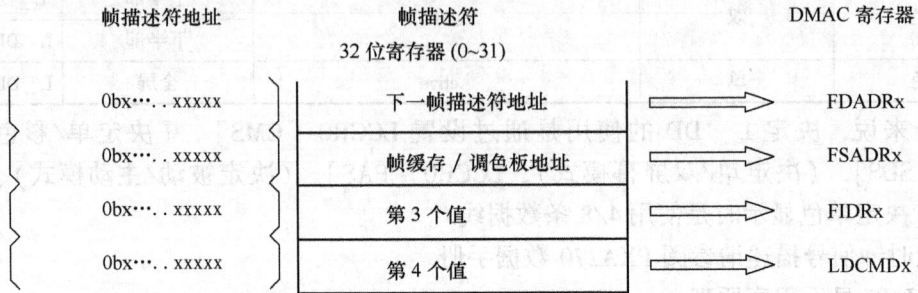

图 6.22   LCD 帧描述符配置

通过程序为 FDADRx 赋值的访问流程如图 6.23 所示。

如果只使用一个帧描述符，则必须将帧描述符的第一单元设为当前帧描述符的地址，如图 6.23 所示。若只装入调色板描述符，需将 ADDR1 设为 ADDR0。由于帧描述符的四个单元实质就是寄存器 FDADR0、FSADR0、FIDR0、LDCMD0 的数值，所以在帧描述符里设置的数值必须依据这些寄存器进行配置。寄存器 FDADRx 存储的是下一个帧描述符地址，该地址必须能够被 8 整除，即 FDADRx [2:0] 为 0。寄存器 FSADRx 存储的是帧缓存的地址，该地址必须能够被 8 整除，即 FDADRx [2:0] 为 0。寄存器 FSADRx 存储的是当前帧的 ID，通过读取 LCD 中断控制寄存器可以访问到这个 ID。EELIOD 系统不使用 LCDC 提供的中断，故不使用该寄存器，设为 0 即可。寄存器 LDCMDx 为只读寄存器，存储 LCD DMA 通道命令及通道深度。

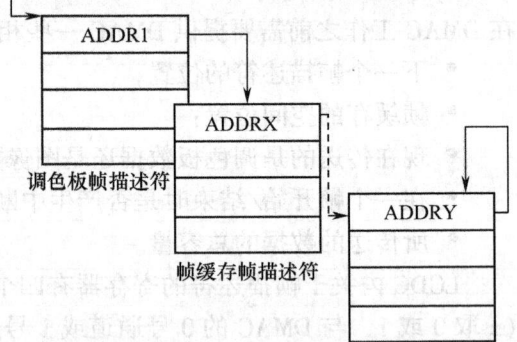

图 6.23   帧描述符的访问流程

EELIOD 系统使用的是 TFT 显示屏，故无需初始化内部调色板，只需一个帧描述符来描述帧缓存空间便可以了，在内存地址 0xA030 0000 开始的地方开辟一个帧描述符。如下所示：

[0xA030 0000] = 0xA030 0000

[0xA030 0004] = 0xA050 0000

[0xA030 0008] = 0x0

[0xA030 000C] = 0x0009 6000

4) 设置寄存器 LCCR1、LCCR2、LCCR3。LCCR1、LCCR2、LCCR3 为 LCDC 的三个

控制寄存器，具体描述请参阅 PXA270 数据手册里关于 LCD 控制器部分，在 EELIOD 系统中具体配置为：0x530F EE7F、0x210A 05DF、0x0440 FF01。程序代码如下：

```
Ldr   r11,  = LCCR1
Ldr   r1,   = 0x530F EE7F          ；配置 LCCR1 寄存器为 0x530F EE7F
str   r1,  [ r11 ]
nop                                ；延时
nop
ldr   r11,  = LCCR2
ldr   r1,   = 0x210A 05DF          ；配置 LCCR2 寄存器为 0x210A 05DF
str   r1,  [ r11 ]
nop
nop
ldr   r11,  = LCCR3               ；配置 LCCR3 寄存器为 0x0440 FF01
ldr   r1,   = 0x0440 FF01
str   r1,  [ r11 ]
```

　　5）设置 FDADR0，LCCR0。FDADR0 的数值为帧描述符地址，设置该寄存器是为了让 DMAC 自动到 FDADR0 所指的位置读取帧描述符，并且自动为 FSADR0，FIDR0，LDCMD0 赋值。

　　对 FDADR0 设置为 0xA030 0000，所以地址 0xA030 0000 是在内存开辟的帧描述符的首地址。本寄存器必须在 LCDC 启动之前设置。

　　LCCR0 为 LCDC 的 0 号控制寄存器，详细描述请参阅 PXA270 数据手册。EELIOD 系统中具体配置值为 0x0030 0CF8。

```
Ldr   r11,  = FDADR0
ldr   r1,   = 0xA030 0000          ；配置 FDADR0 寄存器为 0xA030 0000
str   r1,  [ r11 ]
nop
nop
ldr   r11,  = LCCR0
ldr   r1,   = 0x3B8 00F8           ；配置 LCCR0 寄存器为 0x3B8 00F8
str   r1,  [ r11 ]
nop
nop
```

　　6）字符显示。设置完以上的寄存器后，现在将需要显示的图像"画"到帧缓存。图 6.24 所示为 32×32 的字模。

　　字模的每一行有 32 个小格，计算机只需用 1 位来表示 1 个小格是否填色，如果有填色，则用 1 表示，没有则用 0 表示，所以字模的一行需要用 32 位来表示。

图 6.24　字模

　　采用 16 位/像素的显示模式，帧缓存里表示每个像素的像素值需要两个字节，LCD 液晶屏上任何一个像素对应到帧缓存地址的计算公式如下：

$$Position (x, y) = Address \_ base + y \times 640 \times 2 + x \times 2$$

Position（x，y）为 LCD 上的（x，y）坐标在帧缓存的对应地址。Address＿base 为帧缓存的基地址。只要对上图的每一位进行扫描，当扫描到 1，则在帧缓存的相应位置设置像素值就能将该字符显示出来。

7）启动 LCD 控制器。当 LCDC 启动后，DMAC 便根据 FDADR0 的值找到帧描述符，然后将帧描述符的第二个单元传递到寄存器 FSADR0，DMAC 便到 FSADR0 所指的地址提取像素数据。LCD 控制器可以在不用时关闭，然后在需要使用时再打开。通过在 LCCR0［DIS］设 "1" 可以关闭 LCD；当关闭后，可以通过编程重新为 LCCR0 赋值，并且在 LCCR0［ENB］设 "1" 来重新启动 LCDC。这里值得注意的是，如果内部调色板已经被初始化，重启 LCDC 就无需再次载入外部调色板，仅传送帧缓存数据即可，如果需要改变帧缓存的地址空间则需要在重启 LCDC 前为 FDADR0 再次赋值。

关闭 LCDC 的程序代码如下：

```
LCD _ LCCR0 = LCD _ LCCR0 | DIS;              //关闭 LCD 控制器
```

启动 LCDC 的程序代码如下：

```
LCD _ FDADR0 = 0xa0300000;                    //重新配置 LCDC
LLCD _ FSADR0 = 0xa0500000;
LCD _ LCSR = 0;
LLCD _ LCCR0 = 0x3b008f8;
Ludelay (1);                                  //延时
LCD _ LCCR0 = LCD _ LCCR0 | ENB;             //启动 LCDC
```

PXA270 为 LCD 显示提供了丰富的功能，通过对 LCDC 相关寄存器的配置就能达到需要的效果，配置这些 LCDC 控制寄存器需要仔细阅读 PXA270 数据手册。

本 章 小 结

本章介绍了 EELIOD 系统的硬件资源，详细介绍了 EELIOD 系统硬件设计，包括电源、存储系统、LCD 及触摸屏人机接口系统以及多种通信接口的应用电路，仅供读者参考，以利于更深入的了解 PXA270 处理器和快速掌握 PXA270 系统硬件设计。另外，通过介绍三个程序设计实例，给读者提供了 EELIOD 系统的软件设计的步骤，以期达到举一反三的作用。

思考题与习题

6.1 系统的 Flash、SDRAM 空间是怎样进行空间定位的？

6.2 LCD 显示中帧缓存（Frame Buffer）是什么概念？在 LCD 显示中如何进行操作？若要使用 1024 × 768 的显示屏，并以 8bit/pix 显示，则帧缓存（Frame Buffer）需要多少字节？

6.3 若需要使用内部调色板，应如何操作 LCDC？此时 DMAC 如何区别是帧缓存（Frame Buffer）还是调色板的内容？

6.4 若需要设置 UART 的波特率为 19200，应如何设置分频器？

6.5 实现简单 printf 函数，实现字符格式（％c）、整数格式（％d）、字符格式（％s）的输出功能。

第7章　嵌入式 Linux

基于 GNU/GPL 公约的 Linux 操作系统是源代码完全开放的操作系统，并具有可移植性强、良好的可裁减性、优秀的网络功能和标准丰富的 API 接口等优点，从而在嵌入式系统中得到越来越广泛的应用。在嵌入式系统中应用 Linux 操作系统主要包括三个方面的内容：针对特定嵌入式平台的 Linux 操作系统的移植、Linux 驱动程序的设计及 Linux 应用程序的开发。本章基于 EELIOD 系统对这三个方面的内容做一个详细的介绍。

7.1　概述

7.1.1　Linux

Linux 是类 UNIX 操作系统。最初是由 Linus Torvalds 于 1991 年在基于 Intel80386 处理器的 IBM 兼容机上开发的操作系统，在短短的十几年的时间里发展成为功能强大、设计完善的操作系统。Linux 有着异常丰富的驱动程序资源，支持各种主流的硬件设备与技术。Linux 包含了现代的 UNIX 操作系统的所有功能特性，这些功能包括多任务、虚拟内存、虚拟文件系统、SVR4 进程间通信、对称多处理器（SMP）、多用户支持等功能。现在 Linux 能够支持 x86、Alpha、SPARC、68k、PowerPC、ARM、MIPS、VAX、AMD x86-64 等多种体系结构，与其他的操作系统相比有非常丰富的 CPU 支持。

Linux 操作系统遵从 GPL（GNU General Public License）版权协议。Linux 是免费的公开软件，但是 Linux 与 Linux 内核源代码是有版权保护的，由自由软件基金会（Free Software Foundation, FSF）管理。Linux 操作系统的许多重要组成部分直接来自 GNU 项目。另外，Linux 不是 UNIX 操作系统，因为它不包括一些 UNIX 系统下的文件应用程序、图形界面、系统管理命令、文档编辑、编译等工具。但是，基于 GPL 版权协议，这些工具是可以安装在基于 Linux 的操作系统上。当 Linux 用户需要这些附加软件支持时，可以在标准的 UNIX 系统上得到源代码，然后安装在基于 Linux 的操作系统上。

一些商业 UNIX 操作系统有很长的历史，在这个过程中形成了 POSIX 协议。POSIX（Portable Operating System Interface for Computing Systems）是 IEEE 和 ISO/IEC 根据 UNIX 的实践和经验，制定的描述操作系统的调用服务接口的软件标准。制定这个标准的目的是为了在源代码层次上支持应用程序在多种操作系统上的可移植性与运行。Linux 作为类 UNIX 操作系统支持 IEEE 的 POSIX 标准。

Linux 具有以下特性：

单一内核：操作系统中所有的系统相关的功能都被封装在内核中。它们与外部程序处在不同的地址空间中，并通过各种方式防止外部程序直接访问内核中的数据结构。程序只有通过系统调用界面访问内核结构。

1）支持多处理器。从 Linux2.0 开始，它不仅支持单处理器，还能支持不同内存模式的对称多处理器（SMP）。系统使用多个处理器而每个处理器可以处理任意一个任务。2.6 版本的 Linux 已经接近优化使用 SMP 了。

2）良好的开放性。Linux 遵循世界标准规范，特别是开放系统互联（OSI）国际标准。因此它有很好的兼容性与可移植性。Linux 遵循 IEEE 的 POSIX 标准。从版本 1.2 开始完全支持 POSIX1003.1，因此，Linux 在界面上有很好的通用性。

3）设备独立性。与其他 UNIX 系统一样，Linux 将所有外部设备统一当作文件来处理，只要安装它们的驱动程序，任何用户都可以像使用文件一样操作这些设备，而不必知道它们具体的存在形式。

4）支持多线程。嵌入式 Linux 实现的线程机制与 Microsoft Windows 或 Sun Solaris 等操作系统不同。这些系统都在内核中提供了专门支持线程的机制，把线程叫做轻量级进程。而 Linux 则把线程先当作进程看待，这些进程通过系统调用 clone（）来指定它们共享某些资源。一般情况下线程间上下文切换比普通的进程的上下文切换开销小。因为前者通常在一个共同的地址空间。

5）抢占式内核功能。以前版本的 Linux 是不允许进程进行调度的。这就意味着一旦系统调用中有某个任务正在执行，那么该任务就会控制处理器，直到系统调用结束，而不管其使用处理器时间的长短。现在，内核在一定程度上使用了可抢占的模式。因此，在一些时效性比较强的事件中，Linux 2.6 要比旧版本具有更好的响应能力。

6）文件系统。Linux 支持不同类型的文件系统，除了 ext2/ext3 文件系统外，还支持 MSDOS、VFAT、NTFS、AFF、HPFS 及网络文件系统 NFS 等文件系统。

现在嵌入式系统采用 Linux 操作系统的产品急速增长，Linux 操作系统在手机、PDA、数码相机、可视电话、家庭网络设备、洗衣机、电冰箱及智能玩具等方面有广泛的应用前景。主要有以下几个原因使 Linux 应用广泛。

1）公开源代码。Linux 操作系统作为成熟的操作系统完全公开源代码，与其他商业实时操作系统相比，不仅有关的书籍、软件丰富，而且存在大量的支持 Linux 的公司、社团，使客户能安心使用 Linux 操作系统。

2）没有专利费。商用实时系统基本上都要缴付专利费，在这一点上也是 Linux 的优势所在。

3）外部设备驱动丰富。从串口驱动到网络设备驱动，从 USB 到 IEEE1394，开发了丰富的外部设备驱动。

4）网络协议及中间件非常丰富。作为桌面系统而开发的 Linux 含有大量的图形界面接口（GUI）、Java 及网络协议等软件，它们都可以以公开源代码的形式下载。

5）稳定可靠。Linux 作为服务器有非常稳定的评价。另外，强有力的内存保护功能使得即使一个进程出现问题也不会影响到系统的安全。

Linux 内核是整个操作系统的重要组成部分，是运行程序和管理硬件的内核。Linux 内核可分为进程管理、内存管理、虚拟文件管理、设备管理和网络管理五部分。

随着多种处理器及硬件架构的发展，陆续出现了诸如 Vxwork、Windows CE、μC/OS-Ⅱ、pSOS 和 QNX 等商业化的操作系统。Linux 由于源代码开放从一开始就有得天独厚的优势，因而具有广阔的发展前景。利用 Linux 自身的许多特点，把它应用到嵌入式系统里就构成了嵌入式 Linux。具体来说，嵌入式 Linux（Embedded Linux）是指对标准 Linux 经过小型化裁剪处理之后，能够固化在容量只有几 MB 的存储器芯片或者微控制器中，是适合于特定嵌入式应用场合的专用 Linux 操作系统。嵌入式 Linux 同 Linux 一样，具有低成本、多种硬件平台支持、优异的性能和良好的网络支持等优点。另外，为了更好地适应嵌入式领域的开发，嵌入式 Linux 还在 Linux 基础上做了部分改进，主要的改动有：

1) 改善的内核结构。Linux 内核采用的是整体式结构（Monolithic），整个内核是一个单独的、非常大的程序，这样虽然能够使系统的各个部分直接沟通，提高系统响应速度，但与嵌入式系统存储容量小、资源有限的特点不相符合。因此，在嵌入式系统经常采用的是另一种称为微内核（Microkernel）的体系结构，即内核本身只提供一些最基本的操作系统功能，如任务调度、内存管理、中断处理等，而类似于文件系统和网络协议等附加功能则运行在用户空间中，并且可以根据实际需要进行取舍。这样就大大减小了内核的体积，便于维护和移植。

2) 提高的系统实时性。由于现有的 Linux 是一个通用的操作系统，虽然它也采用了许多技术来加快系统的运行和响应速度，但从本质上来说并不是一个嵌入式实时操作系统。因此，利用 Linux 作为底层操作系统，在其上进行实时化改造，从而构建出一个具有实时处理能力的嵌入式系统，如 RT-Linux 已经成功地应用于航天飞机的空间数据采集、科学仪器测控和电影特技图像处理等领域。

嵌入式 Linux 同 Linux 一样，也有众多的版本，不同的版本分别针对不同的需要在内核等方面加入了特定的机制。

7.1.2　嵌入式 Linux 系统交叉开发环境

由于嵌入式系统不是通用的计算机系统，所以嵌入式系统通常是个硬件资源受到限制的系统。在嵌入式系统的应用当中，一个很重要的问题是体积问题。因此，大部分的嵌入式系统没有磁盘等大容量存储设备。嵌入式系统设计不但要考虑系统的体积、重量，还要考虑系统的功耗问题。所以，不可能直接安装发行版的 Linux 系统。另外，系统资源的有限也使开发者不能直接在嵌入式系统的硬件平台上编写软件。

目前，解决这个问题的办法是采用交叉开发模型。交叉开发模型主要思想是，首先在宿主机（Host）上安装开发工具，编辑、编译目标板（Target）的 Linux 引导程序、内核和文件系统，然后下载到目标板上运行。通常这种在宿主机环境下开发，在目标机上运行的开发模式叫做交叉开发。交叉开发模型如图 7.1 所示。

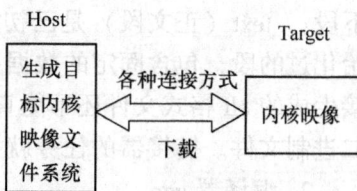

图 7.1　交叉开发模型

7.1.3　开发工具 GNU 介绍

GNU（GNU's Not UNIX）项目是自由软件基金会的董事长 Richard M. Stallman 于 1984年发起的，意在软件开发团体中发起支持开发自由软件的运动。他的首要目标就是开发一个对用户开放的可以自由使用的与 UNIX 兼容的可移植操作系统。这个系统被命名为 GNU，与 UNIX 类似，但不是 UNIX 系统。

GNU 软件包括 C 编译器 gcc、C++ 编译器 g++、GNU 的汇编器 as、GNU 的链接器 ld、二进制转换工具（objcopy、objdump）、调试工具（gdb、gdbserver、kgdb）和基于不同

硬件平台的开发库。下面分别介绍。

1. GNU Binutils 工具

GNU Binutils 工具是一套用来构造和使用二进制代码所需的工具。建立嵌入式交叉编译环境，GNU Binutils 工具包是不可缺少的，没有 GNU Binutils，GNU 的 C 编译器 gcc 将无法正常工作。GNU Binutils 的官方下载地址是：ftp://ftp.gnu.org/gnu/binutils/，在这里可以下载到不同版本的 GNU Binutils 工具包。GNU Binutils 工具包主要有以下一系列的部件：

- Ld GNU 的链接器：ld 是 GNU Binutils 工具包中重要的工具，用于链接由汇编器产生的目标代码生成可执行文件；
- as GNU 的汇编器：as 工具主要将汇编语言编写的源程序转换成二进制形式的目标代码；
- objcopy：复制或转换目标文件；
- objdump：显示目标文件信息；
- ranlib：对归档文件生成索引；
- readelf：显示 elf 格式目标文件的信息；
- size：列出目标模块或文件的代码尺寸。

其中，对于 as 汇编器来说，在编译 C 语言程序时，GNU gcc 编译器会首先输出一个作为中间结果的 as 汇编语言文件，然后调用 as 汇编器把这个临时的汇编语言程序编译成目标文件。也就是说 as 汇编器最初是专门用于汇编 gcc 产生的中间汇编语言程序的，而非作为一个独立的编译器使用。因此，as 汇编器也支持很多 C 语言特性。

使用 as 汇编器编译一个汇编语言的基本命令格式如下：

#as – o test test. s

其中，test. s 为输入的汇编语言程序名；test 为目标文件名，如果没有使用目标文件名，那么 as 会编译输出名为 a. out 的默认文件名。

另外，objcopy 的功能是转换目标文件。在缺省条件下，GNU 编译器生成的目标文件格式为 elf 格式，elf 文件由若干段或区（section）组成。如 C 源程序生成的目标代码中包含如下段：. text（正文段）是已初始化过的段，包含程序的指令代码；. data（数据段）也是已初始化过的段，包含固定的数据；. bss（未初始化数据段）包含未初始化的变量、数组等。链接生成的 elf 格式文件还不能直接下载到目标平台来运行，需要通过 objcopy 工具生成最终的二进制文件。链接器的任务就是将多个目标文件的 . text、. data 和 . bss 连接在一起。

2. 编译器 gcc

gcc 是 GNU 推出的功能强大、性能优越的多平台编译器，是 Linux 中最重要的软件开发工具。是 GNU 的代表作品之一。现在 gcc 不仅支持 C 语言，而且还支持 Ada 语言、C + +语言、Java 语言、Objective C 语言、Pascal 语言、Fortran 语言等。汇编语言的编译器为 as。编译器被成功地移植到不同的处理平台上，标准的台式 Linux 上的 gcc 是针对 Intel CPU 的，而ARM 系列开发软件使用的是针对 ARM 系列处理器的 gcc 编译器 arm-elf-gcc、arm-elf-as 及相应的 GNU Binutils 工具包。

使用 gcc 编译器编译 C 语言程序时，通常会经过四个处理阶段，即预处理阶段、编译阶段、汇编阶段和链接阶段。在预处理阶段中，gcc 会把 C 程序传递给 C 前处理器 CPP，比如将 C 语言程序中头文件包含进来和对宏进行替换处理，输出纯 C 语言代码；在编译阶段，

gcc 把 C 语言程序编译生成与机器对应的 as 汇编语言代码；在汇编阶段，as 汇编器把汇编代码转换成机器指令，生成扩展名为.o 的目标文件；最后 GNU ld 链接器把程序的相关目标文件组合链接在一起，生成程序的可执行映像文件。

gcc 是通过文件的后缀来区别文件的类别，表 7.1 给出 gcc 的部分约定规则。在使用 gcc 编译器时，需要给出一系列调用参数和文件名，当没有给出时，gcc 将使用缺省参数，比如没有给出可执行文件名，gcc 将生成一个名叫 a. out 的可执行文件。gcc 编译器的调用参数大约有 100 多个，这里介绍一些基本常用的参数。gcc 基本的用法是：

gcc［options］［filename］

其中，options 就是参数选项；filename 是相关的文件名称。常用的选项有：

- – c 只编译生成目标文件，不链接成可执行文件；
- – E 只对程序进行预处理；
- – g 生成调试信息，GNU 调试器可利用该信息；
- – l library 用来指定所使用的库文件；
- – l directory 为 include 文件的搜索指定目录；
- – o filename 生成指定的文件名的可执行文件；
- – O 对程序进行优化编译、链接，优化生成代码；
- – O2 比 – O 更好地进行优化编译、链接，链接过程更慢；
- – pg gcc 在编译好的代码里加入额外代码。在程序运行时，产生 gprof 用性能分析信息显示程序的耗时情况；
- – w 不产生警告信息；
- – Wall 产生警告信息。

例如，下面的命令：

#gcc – o Test Test. c

执行该指令就会在当前目录下生成一个名为 Test 的可执行文件。

表 7.1 gcc 支持的源程序扩展名

后缀类别	说　明
. c	C 语言源程序
. a	由目标文件构成的档案库文件
. C；. cc；. cxx	C＋＋源程序
. h	源程序所包含的头文件
. i	预处理过的 C 程序
. ii	预处理过的 C＋＋程序
. m	Objective-C 语言源程序
. o	编译后的目标文件
. s	汇编语言源程序
. S	预处理过的汇编源程序

3. 调试器 gdb

gdb 是 Gnu DeBugger 的缩写，是用来调试 C 和 C＋＋程序的调试工具。开发者在使用它时，可以了解程序在运行时的详细情况，如程序的内部结构和内存等信息。gdb 能够通过完成以下几个任务来帮助查找程序中的错误：

- 启动程序，设置影响程序运行的调试条件；
- 能使程序在特定条件下停止；
- 在程序停止时，检查程序的运行情况；
- 调整程序，改正错误后继续调试。

gdb 是在命令行模式下工作的。它提供了丰富的命令来完成调试。

要注意的是，在使用 gdb 调试程序前，必须使用带 – g 或 – gdb 编译选项的 gcc 命令来编译源程序。只有这样才会在目标文件中产生相应的调试信息。调试信息包括源程序的变量的类型、可执行文件中的地址映射及源代码的行号。gdb 利用这些信息调试程序。

如果已经编译好了程序（设定目标文件名为 Filename），可以输入命令 gdb Filename，来启动 gdb 并加载目标程序。如果只输入 gdb 命令启动 gdb，则必须在 gdb 界面输入目标文件名载入程序。

表 7.2 列举了一些常用的 gdb 调试命令。

表 7.2　常用 gdb 调试命令

命　　令	说　　明
File	指定要调试的可执行程序
Kill	终止正在调试的可执行程序
Set	修改变量值
Next	执行一行源代码但不进入函数内部
List	部分列出源代码
Step	执行一行源代码进入函数内部
Run	执行当前的可执行程序
Quit	结束 gdb 调试任务
Watch	可以检查一个变量的值而不管它何时被改变
Print	输出表达式的值
Break N	指定第 N 行源代码为断点
Info Break	显示当前断点的清单，包括到达断点的次数等信息
Info Files	显示被调试文件的详细信息
Info Func	显示所有的函数名
Info Local	显示函数中的局部变量信息
Info Prog	显示被调试程序的执行状态
Info Var	显示所有的全局和静态变量名称
Make	在不退出 gdb 的情况下运行 Make 工具
Shell	在不退出 gdb 的情况下运行 Shell 命令
Continue	继续执行正在调试的程序
Help	获得命令说明帮助

7.2　ARM Linux 在 EELIOD 系统上的移植

要在嵌入式系统中运行 Linux 操作系统，必须首先在宿主机上通过交叉编译生成三种映像文件：启动代码（Bootloader）的映像文件、内核（Kernel）的映像文件以及根文件系统（Root filesytem）的映像文件。然后分别将这三种映像文件下载到嵌入式系统的固态存储器（比如 Flash 存储器）的相应位置。一般是在 Flash 的 0x0 的地址开始放置 Bootloader 的映像文件以及启动参数，接着是 Kernel 的映像文件，最后是根文件系统映像文件，如图 7.2 所示。当系统上电或复位时，从 0x0 的地址读取 Bootloader 并运行，进行必要的初始化之后，然后将 Flash 中的 Kernel 映像文件拷贝到 SDRAM 中，并设置必要的内核启动参数，之后跳到 Kernel 的第一条指令去执行，从而将 CPU 的控制权转交给 Kernel，Kernel 启动起来后将 Flash 中的根文件系统挂接为自己的根文件系统，此时，Linux 操作系统启动完成。本小节重点介绍 Bootloader、Kernel 以及 Root filesystem 这三种映像的交叉编译及下载。

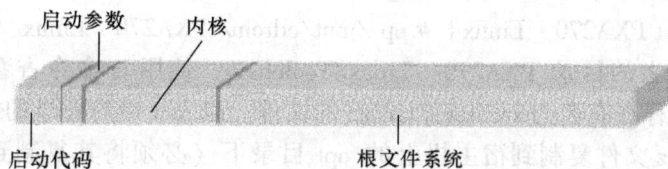

图 7.2　Flash 中嵌入式 Linux 映像文件的布置结构

7.2.1　ARM Linux 开发环境的建立

1. 工具链简介

ARM 交叉编译环境不同于 x86 系列桌面的编译环境。PXA270 处理器是基于 ARM 体系结构的，所以在基于 PXA270 处理器的嵌入式的开发过程中必须使用 ARM 的交叉编译环境。

工具链主要包括 GNU Compiler Collection、GNU Libc 以及用来编译、测试和分析软件的 GNU Binutils 三个大的模块。具体包括：

- GNU gcc compilers for C，C + +
- GNU binutils
- GNU C Library
- GNU C header

通用的 GNU 工具链都是针对 x86 体系结构的，而上述的 GNU 交叉编译工具是针对 ARM 的，最终编译后产生的二进制文件只能在 ARM 架构的处理器上运行。

2. 工具链的安装与配置

在本书使用的所有的工具链均以压缩文件的形式提供，如下所示：

- binutils-2. 15. tar. gz
- gcc-3. 3. 2. tar. gz
- glibc-2. 3. 2. tar. gz

- glibc-Linuxthreads-2. 3. 2. tar. gz

搭建开发环境所需的资源文件已经全部在 EELIOD 系统光盘中提供，在宿主机上以 root 用户登录，放入光盘之后使用 mount 命令将其挂载，这样主机就可以将光盘当作文件来读取。当光盘放入光驱之后，如果 Linux 系统可以自动的挂载，则可以跳过这个步骤。

[root@ localhost root] # mount /dev/cdrom /mnt/cdrom

[root@ localhost root] # cd /mnt/cdrom

检查 CD-ROM 是否被挂载。使用如下的 cat 命令来检查 CD-ROM 是否被正确挂载。

[root@ localhost root] # cat /proc/mounts | grep cdrom

/dev/cdrom /mnt/cdrom iso9660 ro, nosuid, nodev 0 0

检查 CD-ROM 正确挂载后，需要在宿主机上创建目录，并将光盘内容复制到目录中。在根目录创建一个名为 PXA270 _ Linux 的目录，将光盘中 PXA270 _ Linux 目录下的所有文件复制到了新创建的目录中。

[root@ localhost root] # mkdir /PXA270 _ Linux

[root@ localhost root] # cd /PXA270 _ Linux

[root@ localhost PXA270 _ Linux] # cp /mnt/cdrom/ PXA270 _ Linux/ * - a. /

切换到宿主机上的目录/PXA270 _ Linux/Toolchain，使用 ls 命令查看该目录下的文件，可以看到该目录下存在有名为 xscalev1. tar. gz 的文件。以 root 用户登录的前提下，使用 cp 命令将 xscalev1. tar. gz 文件复制到宿主机上的/opt 目录下（必须将其复制到/opt 目录下）。然后进入到/opt/目录下，解压该文件：

[root@ localhost opt] # tar xvfz xscalev1. tar. gz

如图 7.3 所示，移动到 bin 目录下使用 ls 命令查看，可以看到这些编译工具。

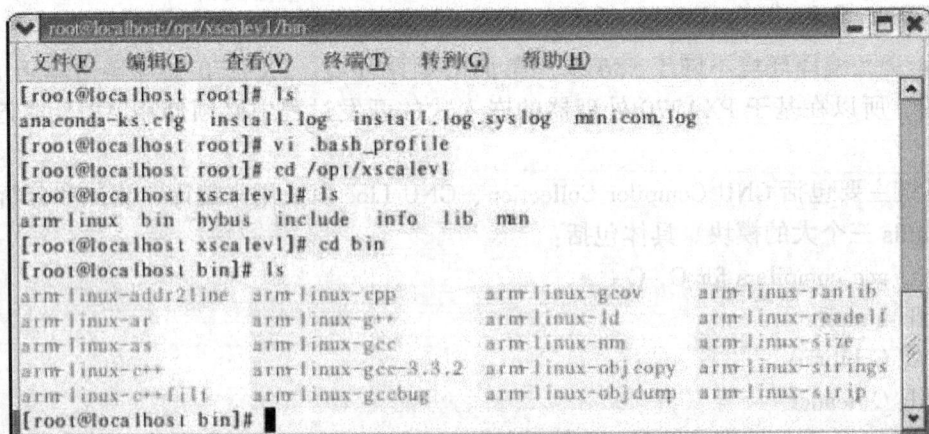

图 7.3　toolchain 软件列表

为了之后在任何目录下面都能够使用 Toolchain，必须要对路径进行设置。打开 /root/. bash _ profile文件来设置路径，如图 7.4 所示，使用 vi 编译器来打开. bash _ profile 文件。

[root@ localhost root] # vi ~/. bash _ profile

添加下述的路径：

PATH = $ PATH：/opt/xscalev1/bin

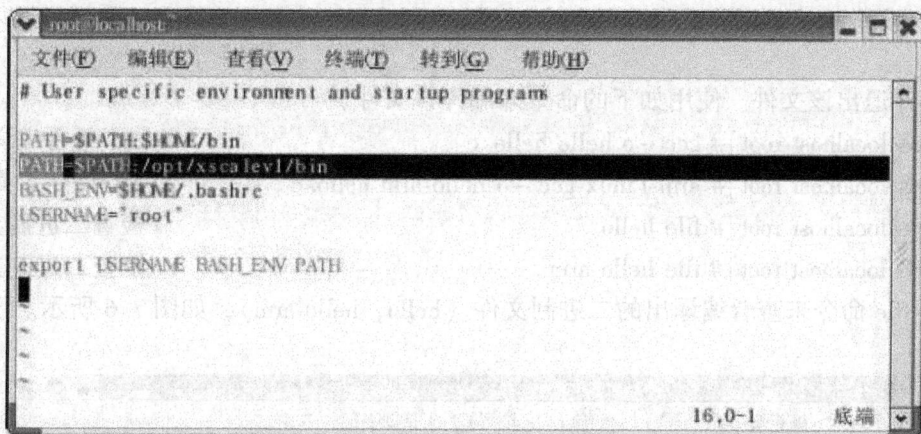

图 7.4　/root/. bash _ profile 的内容

现在在任何的目录下都能打开/opt/xscalev1/bin。

保存并退出该文件，使用 source 命令来使路径生效。此时，使用 arm-Linux-命令时，Toolchain 中的工具会被显示出来。如图 7.5 所示。

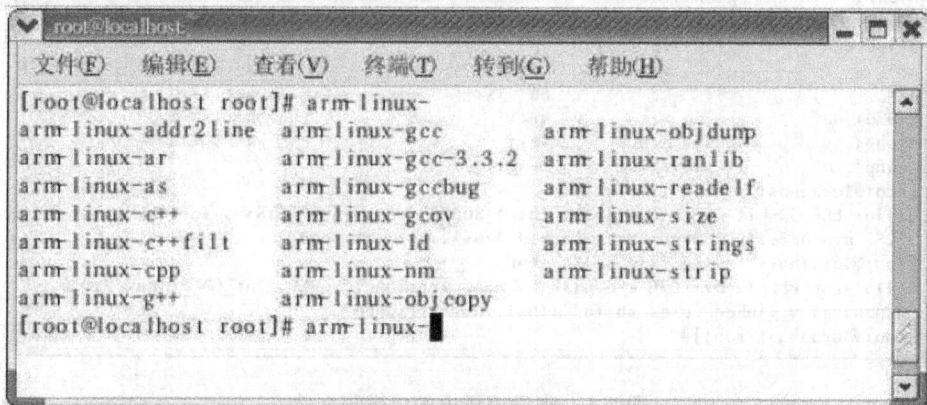

图 7.5　交叉编译的使用

7.2.2　ARM Linux 的交叉编译

arm-Linux-gcc 生成 ARM 的二进制代码，不同于 x86 系列的 gcc 生成的二进制代码。以下用一个简单的程序测试这个编译器，使用 gcc 和 arm-Linux-gcc 这两个工具来进行编译。

首先，使用 vi 编辑器创建一个 hello. c 文件。编写一个简单的程序来打印出一行简单的信息：Hello World。程序如下：

```
#include "stdio. h"
main ( )
{
```

```
printf("Hello World\n");
return 0;
}
```

保存并退出该文件。使用如下的命令来编译该文件。

[root@ localhost root]# gcc – o hello hello. c   //x86 平台编译

[root@ localhost root]# arm-Linux-gcc – o hello-arm hello. c   //ARM 平台编译

[root@ localhost root]# file hello   //检查二进制文件

[root@ localhost root]# file hello-arm   //检查二进制文件

使用 file 命令来查看编译出的二进制文件（hello，hello-arm），如图 7.6 所示。

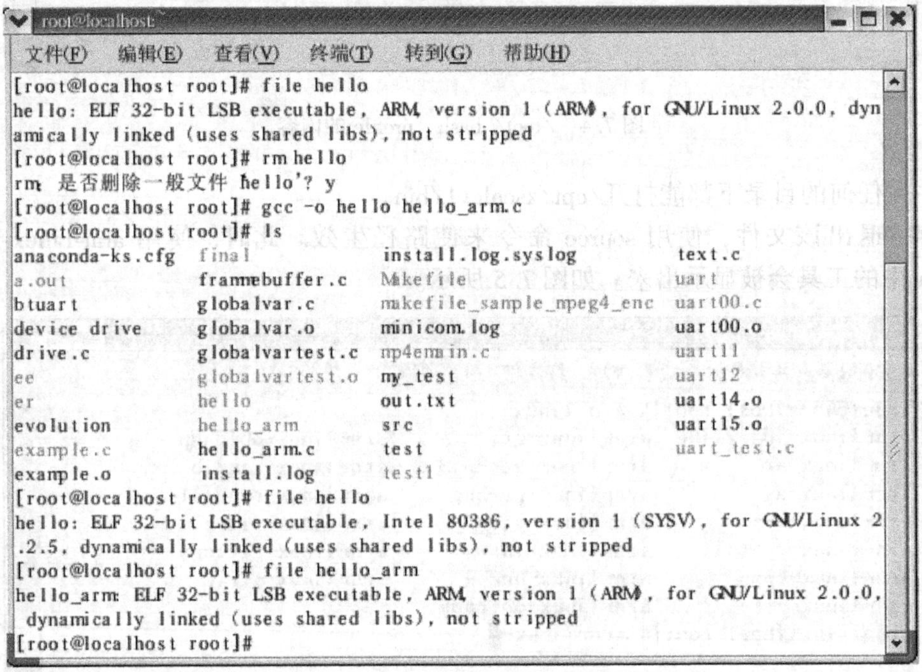

图 7.6　查看编译出的二进制文件

将 EELIOD 系统的串口 0 和宿主机的串口 0 相连，作为 Linux 命令控制台使用。下载该二进制（hello-arm）文件到 EELIOD 系统并执行，将会输出"Hello World"。若要下载到 EELIOD 系统，将会使用到 minicom 中的串口下载功能，首先需要配置 minicom。配置完成之后，可以通过 minicom 来对 EELIOD 系统进行操作。

在 EELIOD 系统启动之后，在 minicom 中按下 Ctrl + A、Z、S，选择 zmodem。并且移动到 hello-arm 所在的目录（按下空格键两次）。此时，即可通过按下 Space 键来选择 hello-arm 文件并随之按下 Enter 键下载。如图 7.7 ~ 图 7.11 所示。

执行命令：

#. /hello _ arm

即可看到运行结果。

hub.c: Maybe the USB cable is bad?
hub.c
hub.c

```
                   Minicom Command Summary
Setti
mount         Commands can be called by CTRL-A <key>
mount
INIT:                Main Functions                    Other Functions
Enter  Dialing directory..D  run script (Go)....G |  Clear Screen.......C
Start  Send files........S   Receive files......R |  cOnfigure Minicom..O
Start  comm Parameters....P  Add linefeed.......A |  Suspend minicom....J
Start  Capture on/off.....L  Hangup.............H |  eXit and reset.....X
Start  send break........F   initialize Modem...M |  Quit with no reset.Q
Mount  Terminal settings..T  run Kermit.........K |  Cursor key mode....I
Start  lineWrap on/off....W  local Echo on/off..E |  Help screen........Z
Start                                             |  scroll Back........B
Start

Paket       Select function or press Enter for none.█
Kerne
51Boa             Written by Miquel van Smoorenburg 1991-1995
Welco             Some additions by Jukka Lahtinen 1997-2000
Packa             i18n by Arnaldo Carvalho de Melo 1998
```

CTRL-A Z for help |115200 8N1 | NOR | Minicom 2.00.0 | VT102   Offline

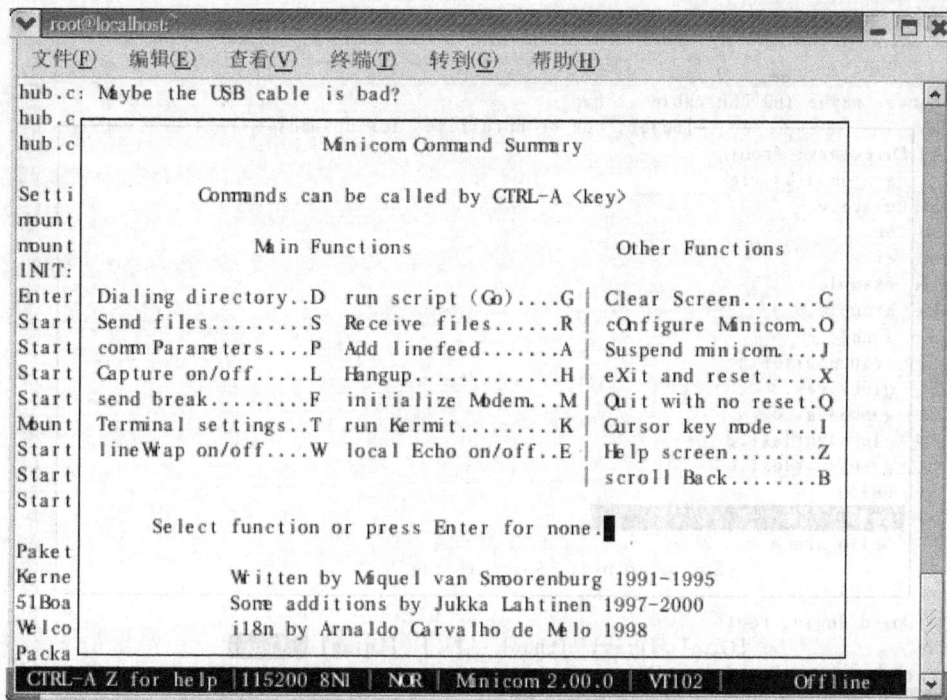

图 7.7　minicom 中按下 Ctrl + A、Z

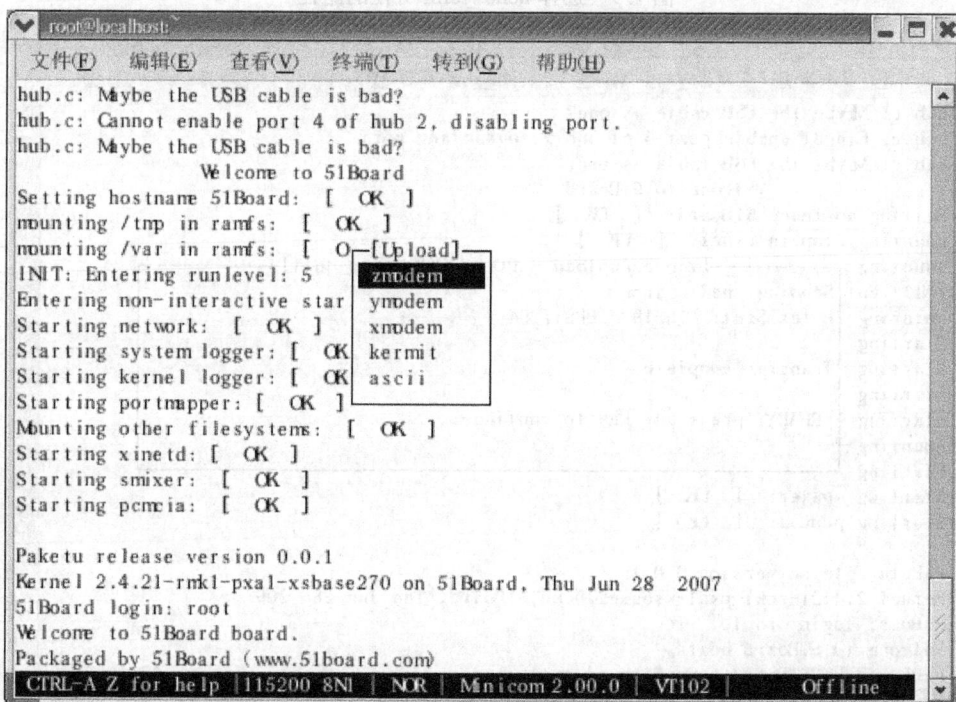

hub.c: Maybe the USB cable is bad?
hub.c: Cannot enable port 4 of hub 2, disabling port.
hub.c: Maybe the USB cable is bad?
　　　　Welcome to 51Board
Setting hostname 51Board: [OK]
mounting /tmp in ramfs: [OK]
mounting /var in ramfs: [O ─[Upload]─
INIT: Entering runlevel: 5   │ zmodem │
Entering non-interactive star │ ymodem │
Starting network: [OK]   │ xmodem │
Starting system logger: [OK │ kermit │
Starting kernel logger: [OK │ ascii │
Starting portmapper: [OK] └────────┘
Mounting other filesystems: [OK]
Starting xinetd: [OK]
Starting smixer: [OK]
Starting pcmcia: [OK]

Paketu release version 0.0.1
Kernel 2.4.21-rmk1-pxa1-xsbase270 on 51Board, Thu Jun 28 2007
51Board login: root
Welcome to 51Board board.
Packaged by 51Board (www.51board.com)

CTRL-A Z for help |115200 8N1 | NOR | Minicom 2.00.0 | VT102   Offline

图 7.8　选择 Send files（按 S 键）

```
root@localhost
文件(F)   编辑(E)   查看(V)   终端(T)   转到(G)   帮助(H)
hub.c: Maybe the USB cable is bad?
hu          ┌─[Select one or more files for upload]─┐
hu  Directory: /root
    anaconda-ks.cfg
Se  drive.c
no  ee
no  er
IN  example.c
En  example.o
St  final
St  framebuffer.c
St  globalvar.c
St  globalvar.o
Mo  globalvartest.c
St  globalvartest.o
St  hello
St  hello_arm
    hello_arm.c
Pa          ( Escape to exit, Space to tag )
Ke  └─────────────────────────────────────┘
51Board login: root
We          [Goto] [Prev] [Show] [Tag] [Untag] [Okay]
Packaged by 51Board (www.51board.com)
 CTRL-A Z for help  115200 8N1   NOR   Minicom 2.00.0   VT102        Offline
```

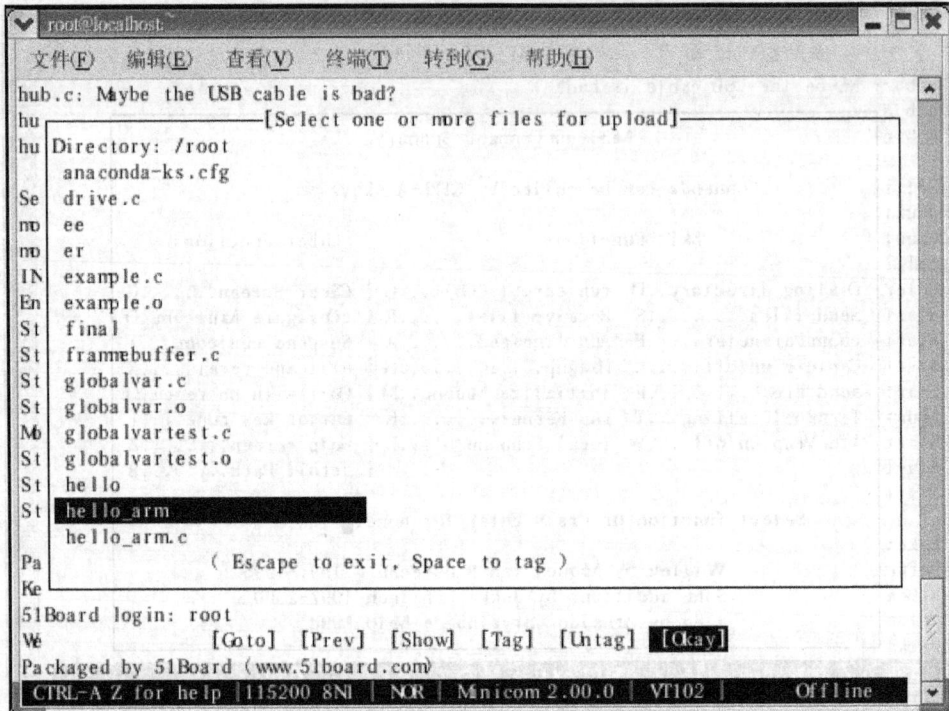

图 7.9   选择 hello _ arm 所在的路径

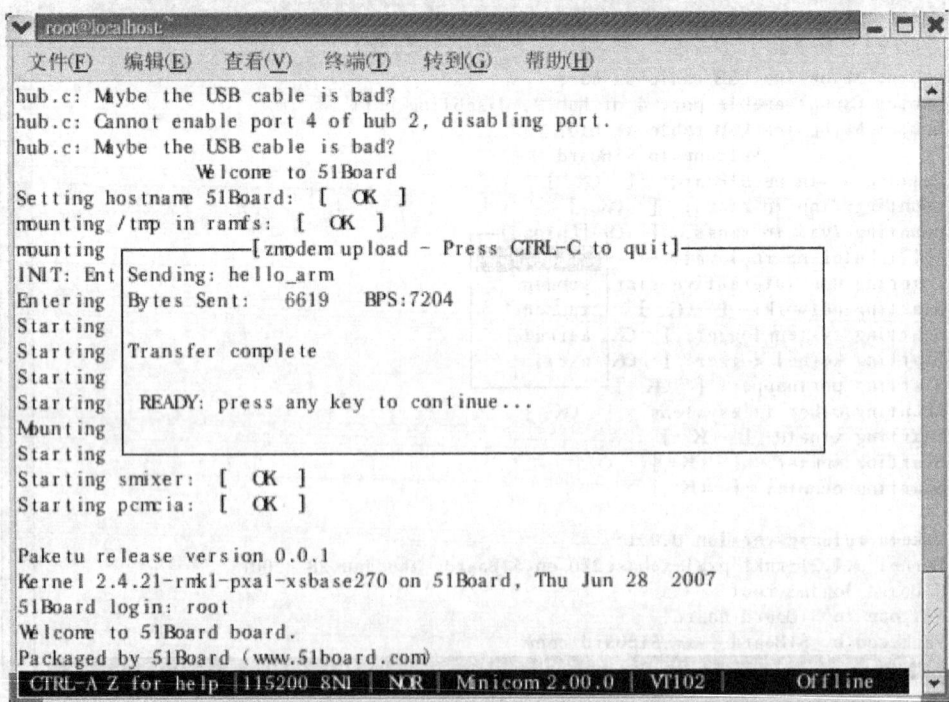

```
root@localhost
文件(F)   编辑(E)   查看(V)   终端(T)   转到(G)   帮助(H)
hub.c: Maybe the USB cable is bad?
hub.c: Cannot enable port 4 of hub 2, disabling port.
hub.c: Maybe the USB cable is bad?
             Welcome to 51Board
Setting hostname 51Board:  [  OK  ]
mounting /tmp in ramfs:  [  OK  ]
mounting    ┌─[zmodem upload - Press CTRL-C to quit]─┐
INIT: Ent Sending: hello_arm
Entering  Bytes Sent:   6619    BPS:7204
Starting
Starting  Transfer complete
Starting
Starting    READY: press any key to continue...
Mounting
Starting  └────────────────────────────────────────┘
Starting smixer:  [  OK  ]
Starting pcmcia:  [  OK  ]

Paketu release version 0.0.1
Kernel 2.4.21-rmk1-pxa1-xsbase270 on 51Board, Thu Jun 28  2007
51Board login: root
Welcome to 51Board board.
Packaged by 51board (www.51board.com)
 CTRL-A Z for help  115200 8N1   NOR   Minicom 2.00.0   VT102        Offline
```

图 7.10   hello _ arm 发送成功

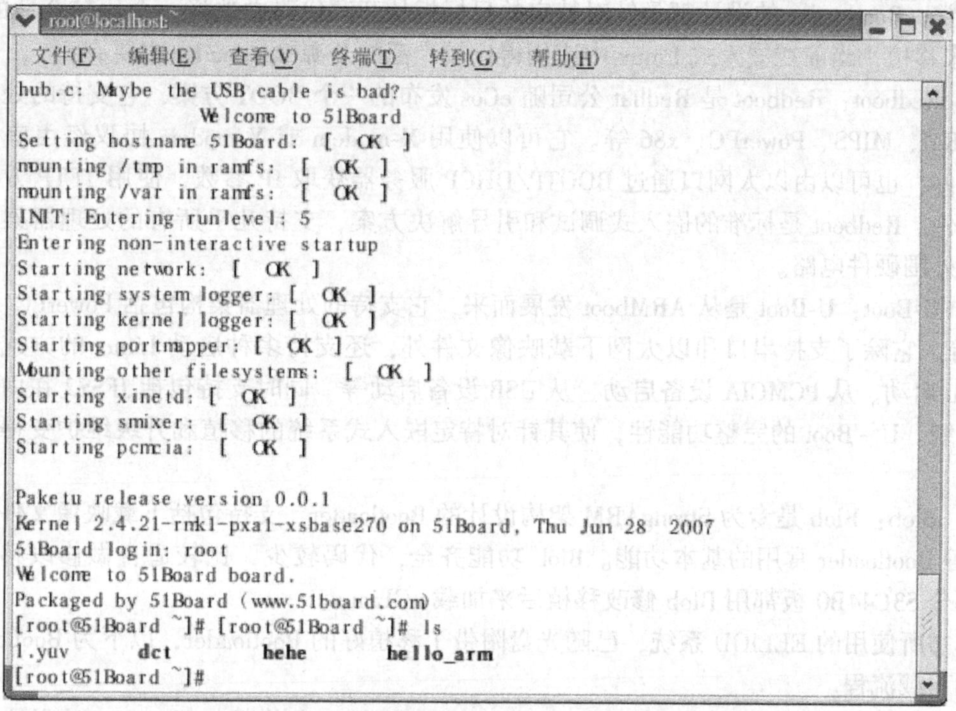

图 7.11 查看 EELIOD 系统上 hello_arm 文件

7.2.3 ARM Linux 启动代码的编译及下载

Bootloader 是嵌入式 Linux 启动之前运行的一小段代码。它一般被放在存储系统 0x0 所在的固态存储器中（如 ROM、EEPROM 或 Flash 等），CPU 在复位时通常从地址 0x0 取它的第一条指令，因此在系统上电后，CPU 将首先执行 Bootloader 程序。

不同的 CPU 体系结构有不同的 Bootloader，有些 Bootloader 也支持多种体系结构的 CPU。Bootloader 除了依赖于不同的 CPU 系统结构之外，同时也依赖于具体的嵌入式系统板极设备的配置，也就是说，对于两个不同的嵌入式系统开发板，即使它们是基于同一种 CPU，要想让运行在一块板子上的 Bootloader 也能运行在另一块板子上，通常也都需要修改 Boorloader 的源代码。因此，建立一个适用所有嵌入式系统平台的 Bootloader 几乎是不可能的，尽管如此，所有的 Bootloader 通常都包含以下四个方面的功能：

1）初始化硬件：初始化 CPU 时钟、内存管理、中断、GPIO 和 UART 等。

2）启动 Linux：这是 Bootloader 最重要的功能，它将内核映像复制到 SDRAM 中，并跳到内核入口处。

3）下载映像：将 Bootloader、Kernel、Filesystem 的映像文件从宿主机下载到目标板的 SDRAM 中，下载的方式可使用宿主机与目标板通信方式中的任何一种，比如以太网、串口、并口、JTAG、USB 等，这也是 Bootloader 设计中最主要的工作。比较常用的是以太网的方式，使用 TFTP 将映像文件下载到 SDRAM 中。

4）存储器管理：实现对目标板中固态存储器擦除（Erase）、烧写（Write）、读取（Read）以及锁定（Lock）和解锁（Unlock）等功能。

通常，Bootloader 的设计都是针对特定的目标板从开源代码中选择一个比较合适的 Boot-loader 来移植，当前在嵌入式 Linux 中应用得比较广泛的开源 Bootloader 主要有：

1）Redboot：Redboot 是 Redhat 公司随 eCos 发布的一个 BOOT 方案，它支持的处理器架构有 ARM、MIPS、PowerPC、x86 等。它可以使用 X-modem 或 Y-modem 协议经由串口下载映像文件，也可以由以太网口通过 BOOTP/DHCP 服务器获取 IP 参数，使用 TFTP 方式下载映像文件。Redboot 是标准的嵌入式调试和引导解决方案，支持几乎所有的处理器架构以及大量的外围硬件电路。

2）U-Boot：U-Boot 是从 ARMboot 发展而来，它支持的处理器架构包括 PowerPC、ARM、MIPS 等，它除了支持串口和以太网下载映像文件外，还支持多种启动 Linux 的方式，比如从 Flash 启动、从 PCMCIA 设备启动、从 USB 设备启动等。同时支持包括 JFSS2 在内的多个文件系统。U – Boot 的完整功能性，使其针对特定嵌入式系统的移植和升级维护变得十分方便。

3）Blob：Blob 是专为 StrongARM 架构设计的 Bootloader，支持包括下载映像文件、引导 Linux 等 Bootloader 常用的基本功能。Blob 功能齐全，代码较少，比较适合做修改移植，目前大部分 S3C44B0 板都用 Blob 修改移植后来加载 uCLinux。

本书所使用的 EELIOD 系统，已随光盘附带了移植好的 Bootloader，以下为 Bootloader 的编译和下载流程。

在进行 Bootloader 编译之前，必须确认已经在宿主机上安装了 Toolchain（安装方法参照7.2.1 小节）。切换到 Bootloader 所在的目录/Boot-XSBASE270，可以查看到该目录下的所有源代码文件。可用 Make 命令来创建名为 boot 的 Bootloader 映像文件，如图 7.12、图 7.13 所示。

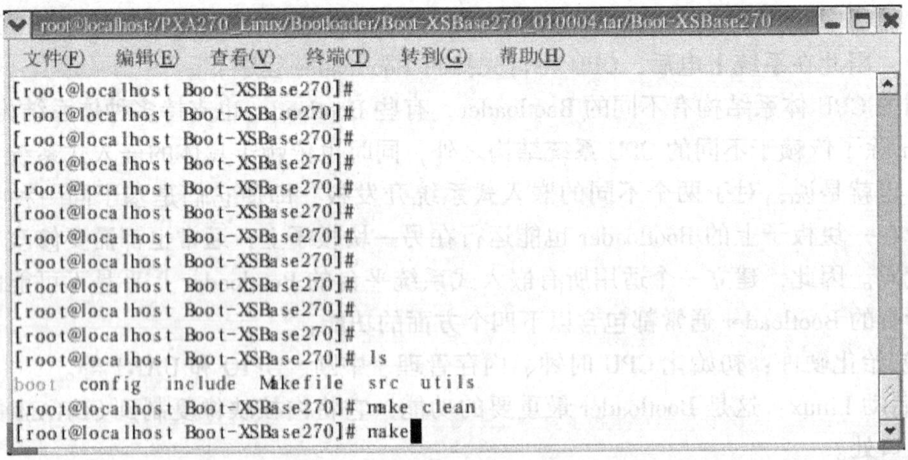

图 7.12　使用 Make Clean 清除已存在的 boot 映像文件

使用 JTAG 烧写工具将宿主机的并口和 EELIOD 系统的 JTAG 口相连，将光盘所带的jflashmm 烧写程序和新编译的 boot 文件复制到新创建的 flash 目录下，然后使用 jflashmm 命令烧写 Bootloader 到 EELIOD 系统的 Flash 中，如图 7.14、图 7.15 所示。

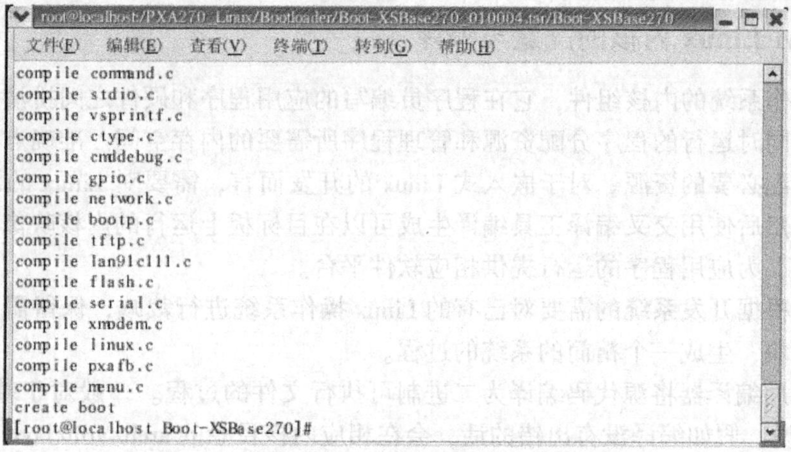

图 7.13 使用 Make 编译生成 boot 映像文件

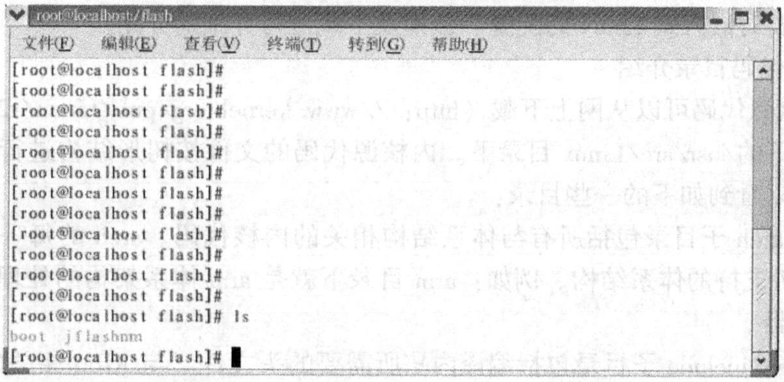

图 7.14 查看 boot 和 jflashmm 文件是否存在

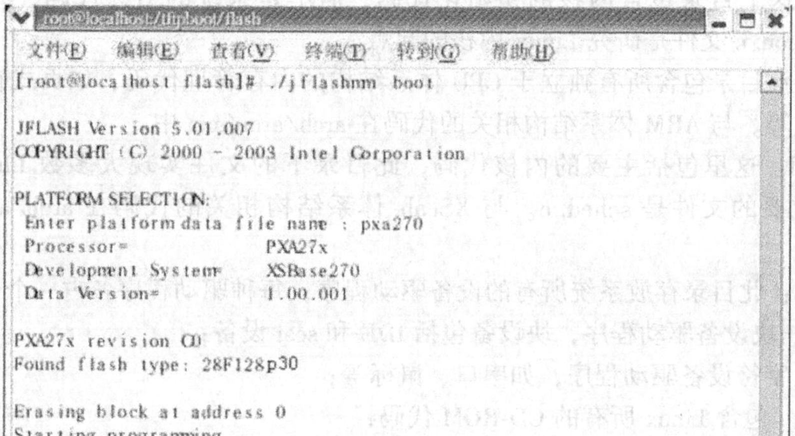

图 7.15 执行 jflashmm 烧写命令

7.2.4　ARM Linux 内核的配置与编译

内核是操作系统的内核组件，它在程序员编写的应用程序和硬件之间扮演一个协调者的角色，负责为同时运行的程序分配资源和管理程序所需要的内存空间。准确点说，是为运行进程和线程分配必要的资源。对于嵌入式 Linux 的开发而言，需要对 Linux 的源代码做一个适当的配置，然后使用交叉编译工具编译生成可以在目标板上运行的内核映像文件，并将其下载到目标板，为应用程序的运行提供相应软件平台。

配置就是根据开发系统的需要对已有的 Linux 操作系统进行裁减，保留需要的模块，去掉不需要的模块，生成一个精简的系统的过程。

编译是使用编译器将源代码编译为二进制可执行文件的过程。一般对于基于 ARM 的嵌入式 Linux 来说，假如编译没有出错的话，会在相应内核目录的 arch/arm/boot 子目录下找到生成的内核映像文件 zImage，之后就可以将该文件下载到目标板。

本小节主要对嵌入式 Linux 的配置、编译及下载进行详细的介绍。

1. 内核源代码目录介绍

Linux 内核源代码可以从网上下载（http：//www.kernel.org/pub/Linux/v2.4）。Linux 源代码在根目录下的/usr/src/Linux 目录下。内核源代码的文件按树形结构进行组织，在源代码树最上层可以看到如下的一些目录：

1）arch：arch 子目录包括所有与体系结构相关的内核代码。arch 的每一个子目录都代表一个 Linux 所支持的体系结构。例如：arm 目录下就是 arm 体系架构的处理器目录，包含 PXA 系列处理器。

2）include：include 子目录包括编译内核所需要的头文件。与 ARM 相关的头文件在 include/asm-arm 子目录下。

3）init：这个目录包含内核的初始化代码，但不是系统的引导代码，其中所包含的 main.c 和 version.c 文件是研究 Linux 内核的起点。

4）mm：该目录包含所有独立于 CPU 体系结构的内存管理代码，如页式存储管理内存的分配和释放等。与 ARM 体系结构相关的代码在 arch/arm/mm 中。

5）kernel：这里包括主要的内核代码，此目录下的文件实现大多数 Linux 的内核函数，其中最重要的文件是 sched.c。与 XScale 体系结构相关的代码在 arch/arm-pxa/kernel 目录中。

6）drives：此目录存放系统所有的设备驱动程序，每种驱动程序各占一个子目录。

- /block　块设备驱动程序，块设备包括 IDE 和 scsi 设备；
- /char　字符设备驱动程序，如串口、鼠标等；
- /cdrom　包含 Linux 所有的 CD-ROM 代码；
- /pci　PCI 卡驱动程序代码，包含 PCI 子系统映射和初始化代码等；
- /scsi　包含所有的 SCSI 代码以及 Linux 所支持的所有的 SCSI 设备驱动程序代码；
- /net　网络设备驱动程序；
- /sound　声卡设备驱动程序；
- /lib　放置内核的库代码；
- /net　包含内核与网络相关的代码；

- /ipc　包含内核进程通信的代码;
- /fs　是所有的文件系统代码和各种类型的文件操作代码,它的每一个子目录支持一个文件系统,如 JFFS2;
- /scripts　包含用于配置内核的脚本文件等,每个目录下一般都有 depend 文件和一个 makefile 文件,它们是编译时使用的辅助文件,仔细阅读这两个文件对弄清各个文件之间的相互依托关系很有帮助。

2. 内核配置系统的基本结构

Linux 内核的配置系统由四个部分组成:

- Makefile:分布在 Linux 内核源代码中的 Makefile,定义 Linux 内核的编译规则;顶层 Makefile 是整个内核配置、编译的总体控制文件。
- 配置文件　config. in:给用户提供配置选择的功能;. config:内核配置文件,包括由用户选择的配置选项,用来存放内核配置后的结果。
- 配置工具:包括对配置脚本中使用的配置命令进行解释的配置命令解释器和配置用户界面(基于字符界面:make config;基于 Ncurses 图形界面:make menuconfig;基于 XWindows 图形界面:make xconfig)。这些配置工具都是使用脚本语言,如 Tcl/TK、Perl 编写的(也包含一些用 C 编写的代码)。除非是配置系统的维护者,一般的内核开发者无须了解它们的原理。所以,本书对这方面的原理略过不讲,要想详细了解这方面内容的读者请参考相关的书籍资料。
- rules. make:规则文件,被所有的 Makefile 使用。

(1) 编译规则 Makefile

利用 make menuconfig(或 make config、make xconfig)对 Linux 内核进行配置后,系统将产生配置文件(. config)。在编译时,顶层 Makefile 将读取 . config 中的配置。顶层 Makefile 完成产生内核文件(vmLinux)和内核模块(module)两个任务,为了达到此目的,顶层 Makefile 递归进入到内核的各个子目录中,分别调用位于这些子目录中的 Makefile,然后进行编译。至于到底进入哪些子目录,取决于内核的配置。顶层 Makefile 中的 include arch/ $(ARCH)/Makefile 指定特定 CPU 体系结构下的 Makefile,这个 Makefile 包含了特定平台相关的信息。

各个子目录下的 Makefile 同样也根据配置文件(. config)给出的配置信息,构造出当前配置下需要的源文件列表,并在文件最后有 include $(TOPDIR)/Rules. make。

顶层 Makefile 定义并向环境中输出了许多变量,为各个子目录下的 Makefile 传递一些变量信息。有些变量,比如 SUBDIRS,不仅在顶层 Makefile 中定义并且赋初值,而且在 arch/ */Makefile 还作了扩充。现对部分主要变量介绍如下:

- 版本信息:有关版本信息变量有 VERSION、PATCHLEVEL、SUBLEVEL,EXTRAVERSION, KERNELRELEASE。版本变量信息定义了当前内核的版本,如 VERSION = 2、PATCHLEVEL = 4、SUBLEVEL = 18、EXATAVERSION = - rmk7,它们共同构成内核的发行版本 KERNELRELEASE:2. 4. 18 - rmk7。
- CPU 体系结构变量 ARCH:在顶层 Makefile 的开头,用 ARCH 定义目标 CPU 的体系结构,如 ARCH: = arm 等。许多子目录的 Makefile 中要根据 ARCH 的定义选择编译源文件的列表。

- 路径信息变量 TOPDIR、SUBDIRS：TOPDIR 变量定义了 Linux 内核源代码所在的根目录。例如，各个子目录下的 Makefile 通过 $（TOPDIR）/Rules. make 就可以找到 Rules. make 的位置。SUBDIRS 变量定义了一个目录列表，在编译内核或模块时，顶层 Makefile 根据 SUBDIRS 变量决定需要进入哪些子目录。SUBDIRS 变量的值取决于内核的配置，在顶层 Makefile 中 SUBDIRS 赋值为 kernel drivers mm fs net ipc lib；根据内核的配置情况，arch/ * /Makefile 中对 SUBDIRS 的值进行了扩充以满足特定 CPU 体系结构的要求。
- 内核组成信息变量：HEAD，CORE _ FILES，NETWORKS，DRIVERS，LIBS。
- 编译信息变量：CPP，CC，AS，LD，AR，CFLAGS，LINKFLAGS。CROSS _ COMPILE 定义了交叉编译器前缀 arm-Linux-，表明所有的交叉编译工具都是以 arm-Linux-开头的，所以在各个交叉编译器工具之前都加入了 $（CROSS _ COMPILE）变量引用，以组成一个完整的交叉编译工具文件名，如 arm-Linux-gcc。CFLAGS 定义了传递给 C 编译器的参数。LINKFLAGS 是链接生成 vmLinux 时所使用的参数，LINKFLAGS 在 arm/ * /Makefile 中定义。
- 配置变量 CONFIG _ *（ * 表示通配符）：配置文件（. config）中有许多的配置变量等式，用来说明用户配置的结果。例如 CONFIG _ MODULES = y 表明用户选择了 Linux 内核的模块功能。

配置文件（. config）被顶层 Makefile 包含后，就形成许多的配置变量，每个配置变量具有四种不同的值：

y 表示本编译选项对应的内核代码被静态编译进 Linux 内核；

m 表示本编译选项对应的内核代码被编译成模块；

n 表示不选择此编译选项；

如果根本就没有选择，那么配置变量的值为空。

（2）配置文件 config. in

除了 Makefile 的编写外，另外一个重要的工作就是把新增功能加入到 Linux 的配置选项中来提供功能的说明，让用户有机会选择新增功能项。Linux 所有选项配置都需要在 config. in 文件中用配置语言来编写配置脚本，然后顶层 Makefile 调用 scripts/Configure，按照 arch/arm/config. in 来进行配置。命令执行完后生成保存有配置信息的配置文件（. config）。下一次再做 make config 时将产生新的 . config 文件，原 . config 被改名为 . config. old。

（3）Rules. make 规则文件

Rules. make 文件起着非常重要的作用，它定义了所有 Makefile 共用的编译规则。例如，如果需要将本目录下所有的 c 程序编译成汇编代码，需要在 Makefile 中有以下的编译规则：

%. s：%. c

　$（CC）$（CFLAGS）– S $ < – o $@

有很多子目录下都有同样的要求，就需要在各自的 Makefile 中包含此编译规则，这会比较麻烦。而 Linux 内核中则把此类的编译规则统一放置到 Rules. make 中，并在各自的 Makefile 中包含进了 Rules. make（include Rules. make），这样就避免了在多个 Makefile 中重复同样的规则。对于上面的例子，在 Rules. make 中对应的规则为：

%. s：%. c

$(CC) \ (CFLAGS) \ (EXTRA\_CFLAGS) \ (CFLAGS\_ \ ($*$F)) \ (CFLAGS_ \ $@)$ $-S \ $< \ -o \ $@$

3. 编译内核的常用命令

编译 Linux 内核常用命令包括：make config, make dep, make clean, make mrproper, make zImage, make bzImage。

- Make config：内核配置，调用 ./scripts/Configure 按照 arch/i386/config.in 来进行配置。命令执行后产生文件 .config，其中保存着配置信息。下次在做 make config 时将产生新的 .config 文件，源文件 .config 更名为 .config.old。

- make dep：寻找依存关系。产生两个文件 .depend 和 .hdepend，其中 .hdepend 表示每个 .h 文件都包含其他哪些嵌入文件。而 .depend 文件有多个，在每个会产生目标文件 (.o) 文件的目录下均有 .depend 文件，它表示每个目标文件都依赖于哪些嵌入文件 (.h)。

- make clean：清除以前所产生的所有的目标文件、模块文件、内核及一些临时文件等，不产生任何文件。

- make rmproper：删除所有以前在生成内核过程中所产生的文件，及除了做 make clean 外，还要删除 .config、.depend 等文件，把内核源代码恢复到最原始的状态。下次构核时必须进行重新配置。

- make：生成内核。通过各目录的 Makefile 文件进行，会在各个目录下产生许多目标文件，如内核代码没有错误，将产生文件 vmLinux，这就是生成内核的内核。并产生映像文件 system.map。.version 文件中的数加 1，表示版本号的变化。

- make zImage：在 make 的基础上产生压缩的内核映像文件 ./arch/ $(ARCH) /boot/zImage 以及在 ./arch/ $(ARCH) /boot/compressed 目录下产生一些临时文件。

- make bzImage：在 make 的基础上产生压缩比例更大的内核映像文件 ./arch/ $(ARCH) /boot/bzImage 以及在 ./arch/ $(ARCH) /boot/compressed 目录下产生一些临时文件。在内核太大时进行。

4. 内核编译过程

- make clean：删除所有以前在生成内核过程中所产生的文件；
- make menuconfig：内核配置；
- make dep：寻找依存关系；
- make zImage：产生压缩的内核映像文件。

内核编译完毕之后，生成 zImage 内核映像文件，保存在源代码的 arch/arm/boot/ 目录下。

5. 内核配置项介绍

首先将压缩的 Linux 内核源代码文件 Linux-2.4.21-PXA270. tar. gz 解压，进入 Linux 内核源代码所在的目录，并输入 make menuconfig，如图 7.16 所示，系统弹出内核配置图形界面，便可进行内核选项的配置。

[root@ localhost root] # tar xvfz Linux-2.4.21-PXA270. tar. gz

[root@ localhost root] # cd PXA270 _ Linux/kernel/

[root@ localhost kernel] # make xsbase270 _ config

［root@ localhost kernel］# make oldconfig　　　//建立 PXA270 – Module 标准配置环境

［root@ localhost kernel］# make menuconfig

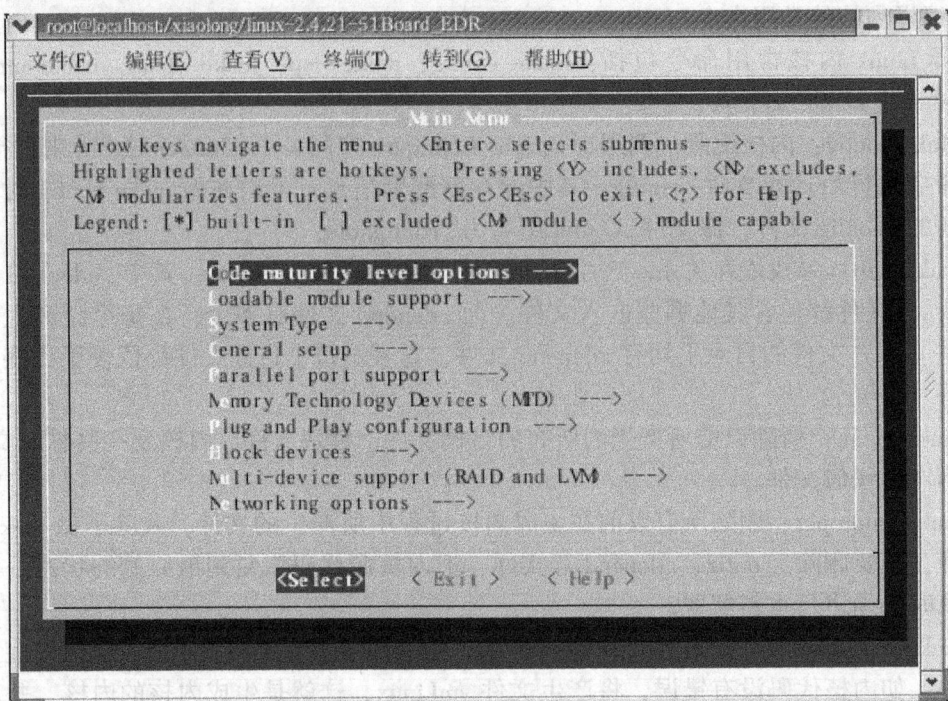

图 7.16　内核配置界面

配置界面的使用方法：

- 在菜单方式的配置界面上可用↑↓方向键在各菜单之间移动；
- 在标有 "– – – – >" 标志的地方按回车键进入下级菜单；
- 按两次 <Esc> 或选择 <Exit> 则返回到上级菜单；
- 按 "h" 键或选择下面的 <Help> 则可看到配置帮助信息；
- 按 Tab 键则在各控制选项之间移动；
- Y 表示包含该功能选项配置在内核中，M 表示以模块的方式编译到内核中，N 表示该功能选项不进行编译；
- 设置状态在 [ ] 或 < >中，用 "＊"（选择），"M"（模块），空格（除外）来表示。

对于 Linux 内核配置由于本书的篇幅所限，不能一一做介绍，这里主要介绍通过配置让 Linux 内核支持 USB 摄像头。

首先在 Linux 内核所在的目录下执行 make menuconfig 命令，弹出内核配置主界面，选中多媒体设备选项 "USB support – >"，如图 7.17 所示。按回车键，进入多媒体设备配置界面，如图 7.18 所示。在多媒体配置界面中，选中 "USB OV511 Camera support"，就可以使内核实现对 USB 摄像头驱动的支持，为视频采集设备提供编程接口。

使用 make dep 建立文件间的依赖关系：

［root@ localhost kernel］# make dep

使用 make zImage 建立命令编译内核：

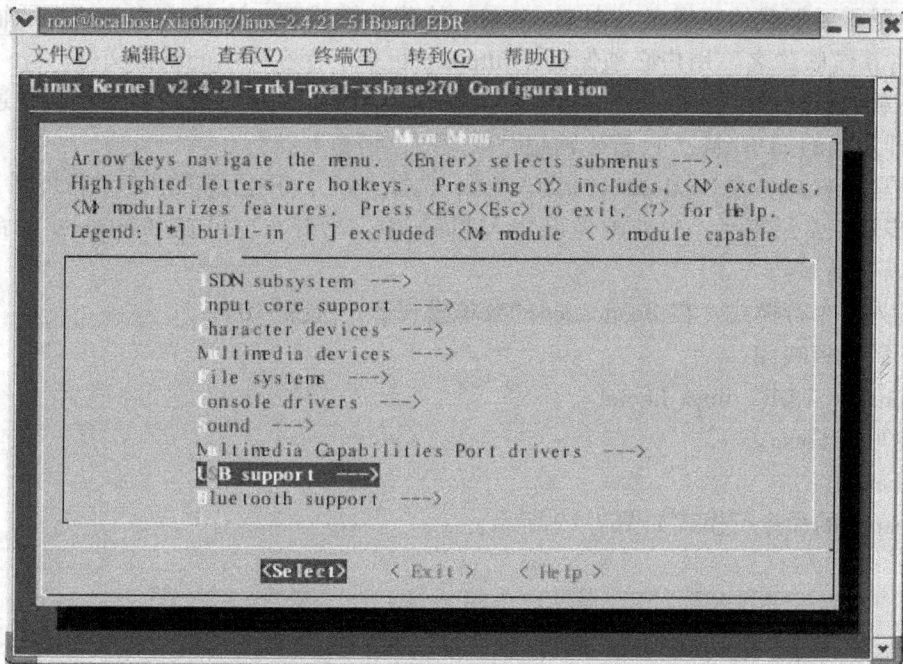

图 7.17 内核配置主界面——USB 支持

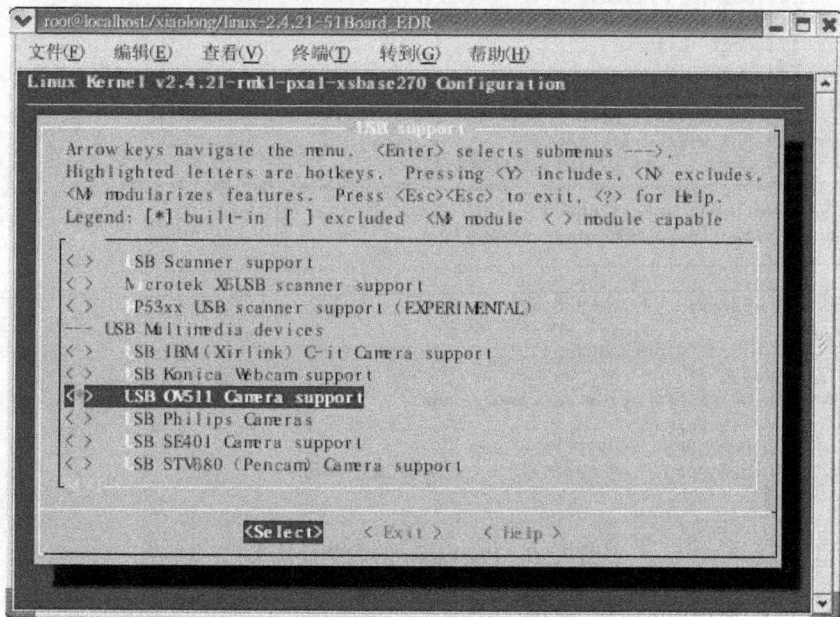

图 7.18 OV511 USB 摄像头驱动配置界面

[root@ localhost kernel] # make zImage

如果编译成功，就会在相应的内核目录的 arch/arm/boot/子目录出现 zImage 文件。

6. 下载 Linux 内核映像

如果 bootp 和 tftp 命令能够正常工作，可以使用以下命令来下载内核映像。具体步骤如下：

1) 设置需要下载的映像名。在 Bootloader 的菜单模式下，选择 "a"，按提示输入内核映像和文件系统映像名，用户必须保证在/tftpboot 目录下存在同名的映像文件。

2) 下载内核映像。在 Bootloader 的菜单模式下，选择 "3"，此时，内核映像通过以太网下载到开发板的 SDRAM 上；若传输超时或失败，请重新执行。

3) 烧写到 Flash：在 Bootloader 的菜单模式，选择 "4"，将刚下载的内核映像烧到 Flash 上。

以上步骤正常结束后，内核映像已烧入 Flash 中。另外，也可在 Bootloader 的命令行模式下执行以上操作：

1) 进入命令行模式。在 Bootloader 的菜单模式下，选择 "0"。

2) 下载内核映像。

tftp zImage _ EDR _ tinyx kernel

3) 烧写到 Flash。

flash kernel

Bootloader 的命令行模式如图 7.19 所示。

```
============================== Operation Menu ==============================
          [0] CommndLine mode
          [1] View current configuration
          [2] Bootp
          [3] Download default Kernel (zImage_EDR_tinyx)
          [4] Flash Kernel
          [5] Download default Filesystem (rootfs270tinyx.img)
          [6] Flash Filesystem
          [7] Boot system
          [8] Reboot system
          [9] Reset to factory default configuration
          [a] Set default Kernel filename and Filesystem filename
          [b] Set boot delay time
          [c] Help(to get a list of commands)
------------------------------------------------------------------------
Please enter your selection: 0
51Board> tftp zImage_EDR_tinyx kernel
tftp start...
my ip address       : 192.168.0.50
server ip address   : 192.168.0.100
filename            : zImage_EDR_tinyx
store at            : 0xA0008000
loading start...
1239756 (0x0012EACC) bytes received. done.
51Board> flash kernel
erase at 0x00040000~0x0017ffff : done.
write at 0x00040000~0x0016eacb with 0xa0008000 : done.
51Board>
```

图 7.19 Bootloader 的命令行模式

7.2.5 嵌入式 Linux 的文件系统

Linux 允许众多不同的文件系统共存，并支持跨文件系统的文件操作，这是因为有虚拟文件系统的存在。虚拟文件系统（Virtual File System，VFS）是 Linux 内核中的一个软件抽象层。它通过使用同一套文件 I/O 系统调用即可对 Linux 中的任意文件进行操作，而无需考虑其所在的具体文件系统格式；更进一步，对文件的操作可以跨文件系统而执行。其逻辑结构如图 7.20 所示。

在嵌入式系统比较常用的文件系统主要有：

1）EXT 文件系统：Ext2fs 是 Linux 的标准文件系统，它已经取代了扩展文件系统（或 Extfs）。Ext2fs 具有以下一些优点。

- 支持达 4TB 的内存；
- 文件名称最长可以到 1012 个字符；
- 在创建文件系统时，管理员可以根据需要选择存储逻辑块的大小（通常大小可选择 1024、2048 和 4096 字节）；
- 可以实现快速符号链接，不需为符号链接分配数据块，并且可将目标

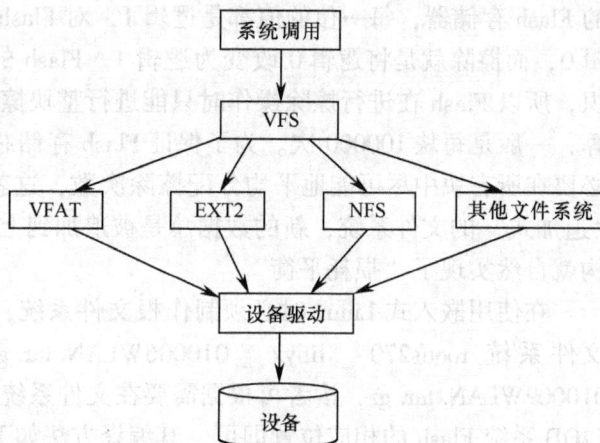

图 7.20　Linux 虚拟文件系统逻辑结构

名称直接存储在索引节点（inode）表中。这使文件系统的性能有所提高，特别在访问速度上。

由于 Ext2fs 文件系统的稳定性、可靠性和健壮性，所以几乎在所有基于 Linux 的系统（包括台式机、服务器和工作站，甚至一些嵌入式设备）上都使用 Ext2fs 文件系统。

2）NFS 文件系统：NFS 是由 SUN 公司开发，于 1984 年推出。NFS 文件系统能够使文件实现共享，它的设计是为了在不同的系统之间使用，所以 NFS 文件系统的通信协议设计与操作系统无关。当使用者想使用远端文件时只要用"mount"命令就可以把远端文件系统挂载在自己的文件系统上，使远端的文件在使用上和本地机器的文件没有区别。

3）JFFS2 文件系统：JFFS 文件系统是瑞典 Axis 通信公司开发的一种基于 Flash 的日志文件系统，它在设计时充分考虑了 Flash 的读写特性和电池供电的嵌入式系统的特点，在这类系统中必需确保在读取文件时，如果系统突然掉电，其文件的可靠性不受到影响。对 Red Hat 的 DavieWoodhouse 改进后，形成了 JFFS2。主要改善了存取策略以提高 Flash 的抗疲劳性，同时也优化了碎片整理性能，增加了数据压缩功能。需要注意的是，当文件系统已满或接近满时，JFFS2 会大大放慢运行速度。这是因为垃圾收集的问题。相对于 Ext2fs 而言，JFFS2 在嵌入式设备中更受欢迎。JFFS2 文件系统通常用来当作嵌入式系统的文件系统。JFFS2 克服了 JFFS 的一些缺点：

- 使用了基于哈希表的日志节点结构，大大加快了对节点的操作速度；
- 支持数据压缩；
- 提供了"写平衡"支持；
- 支持多种节点类型；
- 提高了对闪存的利用率，降低了内存的消耗。

只需要在嵌入式 Linux 中加入 JFFS2 文件系统并做少量的改动，就可以使用 JFFS2 文件系统。通过 JFFS2 文件系统，可以用 Flash 存储器来保存数据，即将 Flash 存储器作为系统的硬盘来使用。可以像操作硬盘上的文件一样操作 Flash 存储器上的文件和数据。同时系统运行的参数可以实时保存到 Flash 存储器中，在系统断电后数据不会丢失。作为一种 EEPROM，Flash 存储器可分为 NOR Flash 和 NAND Flash 两种主要类型。一片没有使用过

的 Flash 存储器，每一位的值都是逻辑 1，对 Flash 的写操作就是将特定位的逻辑 1 改变为逻辑 0，而擦除就是将逻辑 0 改变为逻辑 1。Flash 的数据存储是以块（Block）为单位进行组织，所以 Flash 在进行擦除操作时只能进行整块擦除。Flash 的使用寿命是以擦除次数进行计算，一般是每块 100000 次。为了保证 Flash 存储芯片的某些块不早于其他块达到其寿命，有必要在所有块中尽可能地平均分配擦除次数，这就是"损耗平衡"。JFFS2 文件系统是一种"追加式"的文件系统，新的数据总是被追加到上次写入数据的后面。这种"追加式"的结构就自然实现了"损耗平衡"。

在使用嵌入式 Linux 时必须制作根文件系统，EELIOD 系统附带的光盘中有已做好的根文件系统 rootfs270 ＿ tinyx ＿ 010006WLAN. tar. gz 及包含 qt 库函数的 rootfs270 ＿ qt ＿ 010009WLAN. tar. gz，读者可根据需要在文件系统中加入相应文件，然后编译并下载到 EELIOD 系统 Flash 的相应位置即可，其编译方法如下：

将光盘中 rootfs270 ＿ qt ＿ 010009WLAN. tar. gz、mkrootfs. sh、mkfs. jffs2 三个文件复制到 root 目录下。

将 rootfs270 ＿ tinyx ＿ 010006WLAN. tar. gz 解压缩：

［root@ localhost root］#tar xvfz rootfs270 ＿ tinyx ＿ 010006WLAN. tar. gz

这时会在当前目录下出现 rootfs270 子目录，执行 mkrootfs 根文件系统编译命令：

［root@ localhost root］#. /mkrootfs

如果编译成功，在当前目录下会出现根文件系统映像 rootfs270. img，然后将生成的 rootfs270. img 复制到/tftpboot 目录中，烧写到 EELIOD 系统的 Flash 中即可，烧写方法可参考内核的烧写方法。

7.3　ARM Linux 的设备驱动

7.3.1　Linux 的设备管理

Linux 是类 UNIX 操作系统。它继承了 UNIX 的设备管理方法，将所有的设备看作具体的文件，通过文件系统对设备进行访问。所以在 Linux 框架中，与设备相关的处理可以分为文件系统层与设备驱动层。文件系统层向用户提供一组统一规范的用户接口，而设备驱动层则操作硬件上的设备控制器，完成设备的初始化、打开、释放及数据在内核和设备间的传输等操作。所以，实现一个设备驱动程序，只要根据具体的硬件特性向文件系统提供一组访问接口即可。设备驱动程序主要完成以下几个功能：

1）对设备的初始化和释放。

2）把数据从内核传到硬件和从硬件读取数据。

3）读取应用程序传给设备文件的数据和回送应用程序要求的数据。

4）检测和处理设备出现的错误。

Linux 系统中，内核提供保护机制，用户空间的进程一般不能直接访问硬件，所以在嵌入式系统的开发中，很大的工作是为各种设备编写驱动程序。Linux 设备驱动的特点是可以用模块的形式加载各种类型的设备，因此具有很大的灵活性。但是对系统性能与内存利用有负面的影响。装入的内核模块与其他内核模块一样，具有相同的访问权限，因此，差的内核模块会导致系统崩溃。

（1）设备的分类

Linux 支持的设备可以分成三类：字符设备、块设备和网络设备。其中字符设备是没有缓冲区而直接读写的设备，数据的处理是以字节为单位逐个进行 I/O 操作。比如系统的串口设备/dev/cua0 和/dev/cua1，嵌入式系统中的按键、触摸屏和手写板等也属于字符设备。块设备是指那些输入输出时数据处理以块为单位的设备。块的大小一般设定为 512 或 1024 字节。块设备的存取通过 Buffer、Cache 来进行，支持数据的随机读写。块设备可以通过其设备相关文件进行访问，通常的访问方法是通过文件系统。只有块设备可安装文件系统。当用户对块设备发出读写要求时，驱动程序先查看缓冲区中的内容，如果缓冲区中的数据能满足用户的要求就返回相应的数据，否则就调用相应的请求函数来进行实际的 I/O 操作。网络设备则是采用分层的思想。设备驱动的发送函数经网络协议层把数据包发送到具体的通信设备上，通信设备传来的数据也在设备驱动程序的接收函数中被解析并组成相应的数据包传给网络协议层。

（2）设备文件

Linux 系统是通过文件系统层对设备进行访问的，它们可以使用和操作文件相同的、标准的系统调用接口来完成打开、读写、I/O 控制及关闭操作，而驱动程序的主要任务就是要实现这些系统调用的函数。在 Linux 2.4 内核之前，Linux 将设备文件放在/dev 目录下，设备的命名一般为“设备文件名 + 数字或字母”表示的子类，如/dev/hda0、/dev/hda1 等。在 Linux 2.4 内核中引入设备文件系统（devfs），所有的设备文件作为一个可以挂装的文件系统，这样就可以被文件系统进行统一管理。从而设备文件就可以挂装到任何需要的地方。命名的规则也发生了变化，一般在主设备目录下建立设备名目录，再将具体的子设备文件建立在该目录下。

（3）主设备号和次设备号

每个设备文件都有一对称做主次设备号的参数，才能唯一标识一个设备。主设备号标识该设备所使用的驱动程序；次设备号用来标识使用同一驱动程序的不同硬件设备。次设备号只能由设备驱动程序使用，内核仅将它作为参数传递给驱动程序。向系统添加与注销一个主设备号，请参见设备的初始化和卸载部分。创建指定类型的设备文件可以使用 mknod 命令，同时为其分配相应的主次设备号。注意：生成设备文件要以 root 目录注册。具体用法如下：

mknod 设备名 设备类型 主设备名 次设备名

设备操作宏 MAJOR（dev）和 MINOR（dev）可分别用于获得设备（dev）的主次设备号，宏 MKDEV（ma，mi）的功能是根据主设备号 ma 与次设备号 mi 来得到相应的 dev。这三个宏中 dev 为 kdev_t 结构，它的主要功能是保存设备号。这些宏的定义和 kdev_t 结构见 <Linux/kdev_t.h> 文件。对于 Linux 中对设备号的分配原则可以参考 documentation/devices.txt。

在设计驱动程序时需要注意的是：在 Linux 下用户进程是运行在用户态，内核代码是在内核态被执行的。在用户进程调用驱动程序时，系统进入内核态，这时不再是抢先式调度。也就是说，系统必须在驱动程序的子函数返回后才能进行其他的工作。如果驱动程序陷入死循环，只有重新启动 EELIOD 了。

7.3.2　设备驱动程序结构

所有设备的驱动程序都有一些共性，了解设备驱动程序的基本结构，对于进行嵌入式系统的开发有很大的参考价值。通常，一个驱动程序完成两个任务：模块的某些函数作为系统调用，而另外一些函数则负责处理中断。无论对字符设备还是块设备，嵌入式 Linux 设备驱动程序的设计大致包括以下步骤：

1）向系统申请获得主、次设备号。

2）实现设备初始化和卸载模块。

3）设计对设备文件操作，如定义 file_operations 结构。

4）设计对设备文件操作调用，如 read、write 等操作。

5）实现中断服务函数，用 request_irq 向内核注册。

6）将驱动程序编译到内核或编译成模块，用 ismod 命令加载。

7）生成设备节点文件。

以上简单介绍了开发 Linux 设备驱动程序的流程。特别需要注意的是，以上使用的是动态模块加载方法把驱动加入到内核，除此之外，还可以直接把驱动静态地编译到内核。以下介绍设备的初始化和卸载、设备打开与释放操作、设备读写操作、设备控制操作、中断服务函数及驱动程序的加载方法。

（1）设备的初始化和卸载

向系统添加一个驱动程序相当于添加一个主设备号，字符型设备主设备号的添加和注销分别通过调用函数 register_chrdev（）和 unregister_chrdev（）来实现，这两个函数原型参见 <Linux/fs.h> 文件。

extern int register_chrdev（unsigned int major, const char * name, struct file_operations * fops）；

extern int unregister_chrdev（unsigned int major, const char * name）；

这两个函数运行成功时，返回 0；运行失败时，返回一个负数或错误码。参数 major 是对应所请求的设备号，name 对应设备的名字，fops 是指向该设备对应文件数据结构指针。这个结构将在下一部分介绍。

同样，块设备主设备号的添加和注销分别通过调用函数 register_blkdev（）和 unregister_blkdev（）来实现，这两个函数原型参见 <Linux/fs.h> 文件。在内核中注销设备的同时，释放占有的主设备号。

（2）设备文件打开与释放操作

打开设备的操作是通过调用定义在 include/Linux/fs.h 中的 file_operations 结构中的函数 open（）来完成的。file_operations 数据结构是一组设备文件的具体操作的集合，包括打开设备、读取设备等。请注意不同版本的内核会稍有不同。

```
struct file_operations {
    loff_t ( * llseek)(struct file * , loff_t, int);
    ssize_t ( * read)(struct file * , char * , size_t, loff_t * );
    ssize_t ( * write)(struct file * , char * , const char, size_t,loff_t * );
    int ( * readdir)(struct file * , void * , filldir_t);
```

```
unsigned int ( * poll) ( struct file * , struct poll _ table _ struct * ) ;
int ( * ioctl) ( struct inode * , struct file * , unsigned int, unsigned long) ;
int ( * mmap) ( struct file * , struct vm _ area _ struct * ) ;
int ( * open) ( struct inode * , struct file * ) ;
int ( * flush) ( struct file * ) ;
int ( * release) ( struct inode * , struct file * ) ;
int ( * fsync) ( struct inode * , struct dentry * , int datasync) ;
int ( * fasync) ( int, struct file * , int) ;
int ( * lock) ( struct file * , int, struct _ file _ lock * ) ;
ssize _ t ( * readv) ( struct file * , const struct iovec * ,unsigned long, loff _ t * ) ;
ssize _ t ( * writev) ( struct file * , const struct iovec * , unsigned long, loff _ t * ) ;
struct module * owner; } ;
```

从以上可以看出，Linux 是通过 file _ operations 结构中提供的函数进行设备操作的。比如对设备文件进行诸如 open、close、read、write 等操作。

打开设备准备 I/O 操作，无论字符型设备还是块设备都调用 open（）函数。open（）函数必须对将要进行的 I/O 操作做好必要的准备工作。比如检查设备相关错误，如果是第一次打开，则初始化硬件。如果设备是独占的，则 open（）函数必须设置一些标志以表示此设备处于忙状态。如果有必要，更新读写操作的当前位置指针 f _ ops，分配和填写 file - > private _ data 里的数据结构。将计数器加 1。open（）函数打开成功，返回值就是文件描述字的值（非负值），否则返回 - 1。释放设备则通过调用 file _ operations 结构中的 release（）函数来完成。此函数主要完成以下工作：将计数减 1，释放 file - > private _ data 中分配的内存，如果是最后一个释放，则关闭设备。

（3）设备读写操作

几乎所有设备都需要输入和输出。对于字符设备的读写操作，可以直接使用函数 read（）和 write（）。对于块设备的读写操作，则要调用函数 block _ read（）和 block _ write（）来进行读写操作。另外，操作系统定义好一些读写接口，要由驱动程序完成具体的功能。在初始化时，需要把有这种接口的读写函数注册到操作系统。

（4）设备控制操作

进行读写之外的操作时，可使用函数 ioctl（）。函数原型为：

```
int ioctl ( int fd, int cmd, … ) ;
```

其中，fd 为文件描述符；参数 cmd 不经修改传递给驱动程序。可选参数无论是指针还是整数值，都以 unsigned long 的形式传递给驱动程序。

（5）设备驱动的轮询方式与中断处理方式

设备驱动可以有两种方式进行：轮询方式与中断处理方式。所谓轮询方式，是指内核定期对设备的状态进行查询，然后作出相应的处理。轮询方式的缺点是如果设备驱动被连接在内核中，这种方式将使内核一直处理查询状态，直到设备给出应答为止。而中断处理方式则为当操作系统向一个设备发出一个请求操作，该设备就在自己的设备控制器控制下工作，在它完成所请求的任务时，利用中断来通知操作系统，操作系统根据它的状态调用相应的处理函数进行处理。中断处理方式能够避免轮询方式带来的低效率，在实际应用中大量被采用。

在 Linux 系统中，对中断的处理属于系统内核部分，如果设备与系统之间以中断方式进行数据交换，就必须在系统中注册该设备的中断处理程序。中断信号线（IRQ）是非常珍贵和有限的资源。如果设备需要 IRQ 支持，则要注册中断。注册中断使用函数 request＿irq，通过 free＿irq 来释放中断。下面是在头文件 < Linux/sched. h > 中声明的函数：

  int request＿irq(unsigned int irq,

         void (＊handler)(int, void ＊,struct pt＿regs ＊),

         unsigned long flags, const char ＊device, void ＊dev＿id);

  void free＿irq(unsigned int irq, void ＊dev＿id);

其中，参数 irq 表示所要注册的设备中断号；handler 为向系统注册的中断处理子程序；dev＿id 为注册时告诉系统的设备标识；regs 为中断发生时的寄存器内容；device 为设备名；flag 是注册时的选项，它决定中断处理程序的一些特性，其中最重要的选项是 SA＿INTERRUPT，如果中断 SA＿INTERRUPT 为 1，处理程序是快速中断处理程序，为 0 则是慢速中断处理程序。如果是中断处理程序，Linux 系统允许进行多重中断。flags 的另外两个选项是中断号，它判断是否可以被共享。在 Linux 系统中，中断可以被不同的中断处理程序共享，这要求每一个共享此中断的处理程序在申请中断时在 flags 里设置 SA＿SHIRQ，这些处理程序之间以 dev＿id 来区分。如果中断由某个处理程序独占，则 dev＿id 可以为 NULL。

（6）驱动程序的加载方法

在设计完主要数据结构和函数接口后就要把设备驱动加入到内核中。除了采用动态模块加载方法把驱动加到内核外，还可以直接把驱动静态地编译到内核。静态加载方式参照 7.2 节 Linux 内核的配置和编译。下面介绍以模块的形式动态加载驱动程序。

内核模块是 Linux 内核的重要组成部分，内核模块能在 Linux 系统启动之后动态进行装载和卸载，因此不需对内核进行重新编译或重启系统就可将内核的一部分替换掉，Linux 内核的所有设备驱动、文件系统、网络协议等可做成模块的形式来提供。在所有的模块中需记录编译的内核版本信息，并与当前执行的内核版本一致。即模块具有版本依赖性，如果不一样就会出错，当然可以在模块程序中的 include < Linux/module. h > 之前通过宏定义#define ＿＿NO＿VERSION＿＿表明不定义模块的版本信息。

内核模块程序与一般应用程序之间主要不同之处是，模块程序没有 main（）函数，模块程序在装载时调用 init＿module（void）函数添加到内核中，在卸载时调用 void cleanup＿module（）函数从内核中卸载。另外，一个应用程序从头到尾只执行一个任务，但一个模块可以把响应未来请求的事务登记到内核中，然后等待系统调用。

对模块的初始化是由 main. c 中的 init＿module（）函数完成的。它调用 register＿chrdev（）来注册驱动设备，并调用 module＿register＿chrdev（）函数，register＿chrdev（）需要三个参数。参数 1 是希望获得的设备号，如果是零的话，内核会分配一个没有被占用的设备号；参数 2 是设备名；参数 3 用来登记驱动程序实际执行函数的指针。如果注册成功，返回设备的主设备号，同时设备名就会出现在/proc/devices 文件里；如果注册失败，则返回一个负值。void cleanup＿module（）函数则是调用 unregister＿chrdev（）函数来释放设备在系统设备表中占有的表项。

在完成编写这两个函数后，需要对编写的驱动程序代码进行编译，并用命令 insmod 加载到内核中，用命令 rmmod 卸载一个模块。这两个命令分别调用 init＿module（）和 cleanup

_ module（）函数。

在 2.3 版本以后的 Linux 内核中，提供了一种新的方法来命名这两个函数。例如，可以定义 my _ init（）代替 init _ module（）函数，定义 my _ cleanup（）代替 cleanup（）函数，然后在源代码末尾处加上下面的语句：

module _ init（my _ init）；

module _ exit（my _ cleanup）；

7.3.3　GPIO 驱动程序设计

本节介绍在驱动程序中如何实现对 GPIO 的操作，重点介绍驱动程序框架的设计，以及在嵌入式系统中调试驱动程序的流程。GPIO 驱动程序的设计主要包括以下四个函数的设计：

- 加载本驱动时执行 init _ module 函数，以注册本驱动，同时系统为本驱动分配一对唯一的主设备号和从设备号；
- 卸载驱动时执行 cleanup _ module 函数，系统回收已分配的主设备号和从设备号；
- 打开驱动程序文件时执行 gpio _ open 函数，通过调用 GPIO _ init 初始化 GPIO15，设置其为输出端口，通过调用 GPIO _ hig 使 GPIO15 引脚输出高电平，并将驱动程序的引用计数加 1；
- 关闭驱动程序文件时执行 gpio _ release 函数，并调用 GPIO _ low 使 GPIO15 引脚输出低电平，并将驱动程序的引用计数减 1。

在驱动程序的设计中，由于 Linux 运行时使用的是虚拟内存，因此在驱动程序中访问处理器的特殊功能寄存器时，需要将相应的特殊功能寄存器的物理地址转换成虚拟地址。本例中，就是包含 < asm/hardware. h > 头文件，通过 hardware. h 中进一步引用定义了 PXA270 处理器特殊功能寄存器虚拟地址的头文件 \ include \ asm-arm \ arch-pxa \ pxa-regs. h。其中定义了控制 GPIO 所需要的三个寄存器：

#define GPDR0　　__ REG（0x40E0000C）/ * GPIO 方向寄存器 */

#define GPSR0　　__ REG（0x40E00018）/ * GPIO 输出置位寄存器 */

#define GPCR0　　__ REG（0x40E00024）/ * GPIO 输出复位寄存器 */

其中 __ REG 宏调用了物理地址到虚拟地址的转换函数 io _ p2v（x）。

#define io _ p2v(x)（~((x)| 0xbe000000)^（~((x) >> 1)& 0x06000000））

define __ REG(x) __ REGP(io _ p2v(x))

GPIO 驱动程序源代码如下：

```
/ * * * * * * * * * * * * * gpio. c * * * * * * * * * * * * * * * * * * * * * * /
#ifndef MODULE
#define MODULE
#endif
#ifndef __ KERNEL __
#define __ KERNEL __
#endif
#if CONFIG _ MODVERSIONS == 1
```

```
#define MODVERSIONS
#include < Linux/modversions. h >
#endif
#include < Linux/kernel. h >
#include < Linux/module. h >
#include < Linux/init. h >
#include < Linux/fs. h >
#include < Linux/errno. h >
#include < asm/uaccess. h >
#include < asm/segment. h >
#include < asm/hardware. h >
//#include < asm/xsbase270. h >
#include < Linux/mm. h >
#include < asm/io. h >
#ifndef KERNEL _ WERSIONS
#define KERNEL _ VERSIONS(a,b,c)((a) * 65536 + (b) * 256 + (c))
#endif
MODULE _ LICENSE("GPL");
#define DEVICE _ NAME "gpio"                              //设备名称
static int Major;
struct file _ operations Fops = {                         //设备文件结构体
    llseek:NULL,
    read:NULL,
    write:NULL,
    readdir:NULL,
    ioctl:NULL,
    mmap:NULL,
    open:gpio _ open,
    release:gpio _ release
};
void GPIO _ init( void)
{
    GPDR0 | = 0x8000;                                     //将 GPIO15 置为输出
}
void GPIO _ high( void)
{
    GPSR0 | = 0x8000;                                     // GPIO15 输出为高
}
void GPIO _ low( void)
```

```
{
    GPCR0 | = 0x8000;                                      // GPIO15 输出为低
}
/* 打开设备文件 */
static int gpio_open( struct inode * inode, struct file * file )
{
    printk("device_open(%p,%p)\n",inode,file);
    printk(KERN_WARNING "LED working. \n");
    GPIO_init();
    GPIO_high();
    MOD_INC_USE_COUNT;                                     //设备计数器加 1
    return SUCCESS;
}
/* 释放设配节点 */
static int gpio_release( struct inode * inode, struct file * file )
{
        printk("device_release(%p,%p)\n",inode,file);
        printk(KERN_WARNING "LED stopping. \n");
        GPIO_low();
        MOD_DEC_USE_COUNT;                                 //设备计数器减 1
        return 0;
}
/* 加载模块 */
int init_module()
{
        Major = register_chrdev(0,DEVICE_NAME,&Fops);//注册字符设备
        if( ! Major)
        {
            printk("register device fail \n");
            return 1;
        }
        printk("gpio. c:register OK:The major is %d\n",Major);
        return 0;
}
/* 卸载模块 */
void cleanup_module()
{
        int ret;
        ret = unregister_chrdev( Major,DEVICE_NAME); //卸载字符设备
```

```
        printk("uart00mod. c:unregister OK\n");
}
```

/ * * * * * * * * * * * * * gpio. c * /

在 GPIO 驱动程序中分别用到了 register_chrdev、unregister_chrdev、printk 函数。register_chrdev、unregister_chrdev 由 < Linux/fs. h > 定义，表示向系统增加或删除一个字符设备驱动。

register_chrdev 函数原形：

int register_chrdev（unsigned int major, const char * name, struct file_operation * fops）；

返回值提示操作是成功还是失败，负的返回值表示错误，0 或正的返回值表明操作成功。

major	被请求的主设备号
name	设备名称
fops	指向指针数组的指针

unregister_chrdev 函数原形：

int unregister_chrdev（unsigned int major, const char * name）；

| major | 主设备号 |
| name | 设备名称 |

驱动程序是运行在内核态，如果要输出调试信息应调用 printk 函数，printk 功能与 printf 相似，但它不依赖 C 库。

驱动程序和应用程序的编译不同，应用程序所引用的头文件在是 gcc 编译器所在的 include 目录，而驱动程序引用的头文件在 EELIOD 系统内核所在的 inlcude 目录，在本例中，设置 INCPATH 为/root/PAX270_Linux/include；在编译标志 CFLAGS 的设置中，- D__KERNEL__表示编译内核、- DMODULE 表示编译模块、- Wall 表示生成所有级别的警告信息、- O2 表示优化等级。GPIO 驱动程序的 makefile 如下：

/ * * * * * * * * * * * * * makefile * /

```
#源文件名
# path to source file
SOURCES = gpio. c
#源文件所包含的头文件路径
# INCPATH 指向内核源代码中 include 目录
INCPATH = /root/PXA270_Linux/include
#生成的目标文件名
OBJS = gpio. o
#编译工具路径
# 编译器为已经装好的交叉编译器
CC = /opt/xscalev1/bin/arm-Linux-gcc
#编译指令
# options
```

CFLAGS = -D__KERNEL__ -DMODULE -DLinux -O2 -Wall -I $(INCPATH)
#编译
#all: $(OBJS)
$(OBJS): led.c
    $(CC) $(CFLAGS) -c -o $(OBJS) $(SOURCES)
#删除中间文件
clean:
    rm -f *.o
/* * * * * * * * * * * * * * makefile * * * * * * * * * * * * * * */

在宿主机上执行 makefile，将会生成 gpio.o 文件，如图 7.21 所示。

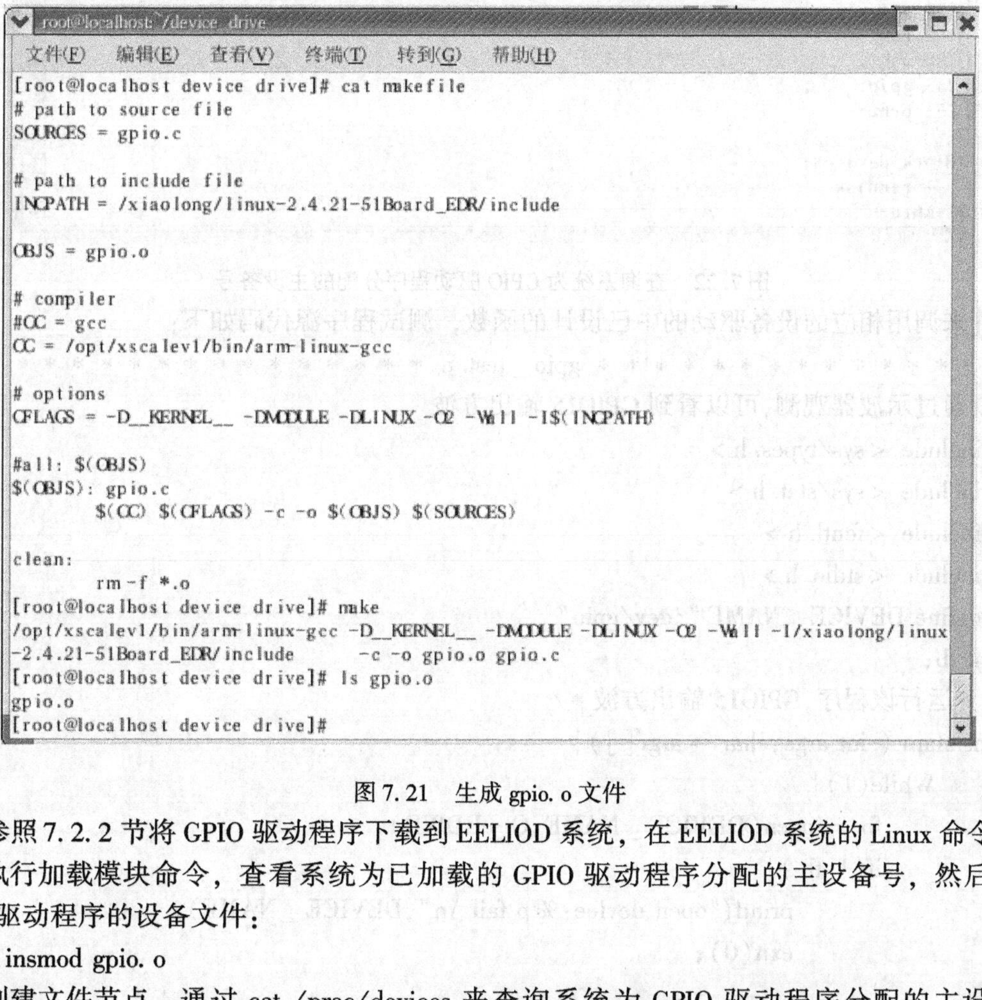

root@localhost:~/device_drive
文件(F) 编辑(E) 查看(V) 终端(T) 转到(G) 帮助(H)
[root@localhost device drive]# cat makefile
# path to source file
SOURCES = gpio.c
# path to include file
INCPATH = /xiaolong/linux-2.4.21-51Board_EDR/include
OBJS = gpio.o
# compiler
#CC = gcc
CC = /opt/xscalev1/bin/arm-linux-gcc
# options
CFLAGS = -D__KERNEL__ -DMODULE -DLINUX -O2 -Wall -I$(INCPATH)
#all: $(OBJS)
$(OBJS): gpio.c
$(CC) $(CFLAGS) -c -o $(OBJS) $(SOURCES)
clean:
rm -f *.o
[root@localhost device drive]# make
/opt/xscalev1/bin/arm-linux-gcc -D__KERNEL__ -DMODULE -DLINUX -O2 -Wall -I/xiaolong/linux
-2.4.21-51Board_EDR/include -c -o gpio.o gpio.c
[root@localhost device drive]# ls gpio.o
gpio.o
[root@localhost device drive]#

图 7.21　生成 gpio.o 文件

参照 7.2.2 节将 GPIO 驱动程序下载到 EELIOD 系统，在 EELIOD 系统的 Linux 命令控制台下执行加载模块命令，查看系统为已加载的 GPIO 驱动程序分配的主设备号，然后创建 GPIO 驱动程序的设备文件：

insmod gpio.o

创建文件节点，通过 cat /proc/devices 来查询系统为 GPIO 驱动程序分配的主设备号（在本例中为 253），如图 7.22 所示，并创建 GPIO 的驱动程序的设备文件：

mknod /dev/gpio c 253 0

下面通过一个测试程序来验证已设计的驱动程序，测试程序运行在用户态，通过打开设

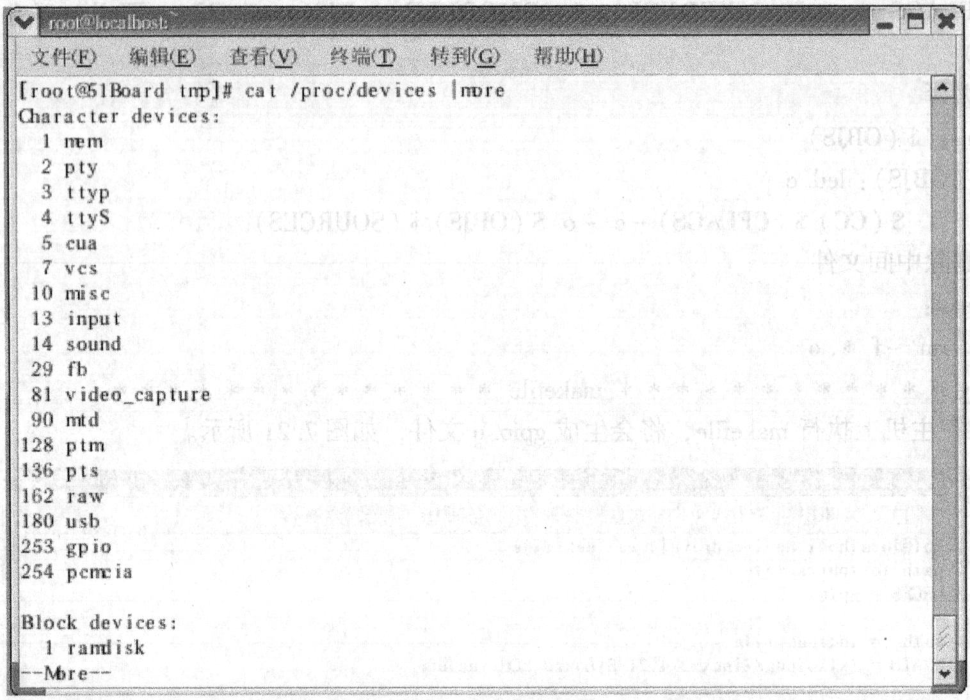

图 7.22　查询系统为 GPIO 驱动程序分配的主设备号

备文件来调用相应的设备驱动的中已设计的函数，测试程序源代码如下：

```
/***************** gpio _ test. c *********************/
//通过示波器观测,可以看到 GPIO15 输出方波
#include  < sys/types. h >
#include  < sys/stat. h >
#include  < fcntl. h >
#include  < stdio. h >
#define DEVICE _ NAME "/dev/gpio"
int fb;
/* 运行该程序,GPIO15 输出方波 */
int main ( int argc,char * argv[ ]) {
    While(1) {
        fb = open( DEVICE _ NAME,O _ RDWR) ;
        if( ! fb ) {
                printf("open device:% p fail \n",DEVICE _ NAME) ;
                exit(0) ;
        }
        printf("open the device is % d\n",fb) ;
        for( i =0 ;i < 5000;i + +) {
                for( j =0 ;j < 5000; j + +) {
```

```
                    }
               }
           close(fb);
           for(i =0 ;i < 5000;i + +){
               for(j =0 ;j < 5000; j + +){
                       ;
                   }
               }
           }
       }
```
/ * * * * * * * * * * * * * * gpio _ test. c * * * * * * * * * * * * * * * * * * * /

在宿主机下编译测试程序用以下指令：

[root@ localhost root] # arm-Linux-gcc – o gpio _ test gpio _ test. c

将会在同一目录下生成可执行文件 gpio _ test，参照 7.2.2 节将 GPIO 驱动程序下载到 EE-LIOD 系统，执行下列命令：

#. / gpio _ test

这时用示波器测试 GPIO15，EELIOD 系统 GPIO15 将会输出方波。

7.3.4　基于轮询的 UART 驱动程序设计

本小节通过设计基于轮询的 UART 驱动程序，介绍驱动程序中用户空间和内核空间的数据互传，其主要函数的功能如下：

init _ module( )函数用来初始化串口模块，加载串口设备驱动。

uart _ open( )函数用来打开一个串口设备节点，当一个设备节点被打开时，计数器 MOD _ INC _ USE _ COUNT 加 1。

uart _ release( )函数用来关闭一个设备节点，当一个设备节点被关闭时，MOD _ DEC _ USE _ COUNT 减 1。

uart _ write( )函数首先调用 copy _ from _ user( )函数将用户空间的数据复制到内核空间，然后通过蓝牙串口 BTuart 发送出去，在该函数中调用了 SerialOutputByte( )函数。

uart _ read( )函数中，首先读 BTRBR 寄存器，将接收到的数据读到内核空间，然后通过 copy _ to _ user( )函数将接收数据复制到用户空间。

cleanup _ module( )函数将 BTuart 设备驱动卸载。

uart _ init(void)函数主要来配置串口的波特率、数据位、停止位和奇偶校验位。

SerialOutputByte(const char c)函数是串口发送函数，将字符 C 通过串口发送出去。

SerialInputByte(void)函数是串口接收数据函数。

基于轮询的 UART 驱动程序源代码如下：

/ * * * * * * * * * * * * uart _ drv. c * /
```
#include  < Linux/kernel. h >
#include  < Linux/module. h >
#if CONFIG _ MODVERSIONS = =1
```

```
#define MODVERSIONS
#include < Linux/modversions. h >
#endif
#include < Linux/fs. h >
#include < Linux/wrapper. h >
#include < Linux/types. h >
#include < Linux/init. h >
#include < Linux/delay. h >
#include < asm/segment. h >
#include < asm/hardware. h >
#include < asm/irq. h >
#ifndef KERNEL _ VERSIONS
#define KERNEL _ VERSIONS(a,b,c)((a) * 65536 + (b) * 256 + (c))
#endif
#if Linux _ VERSION _ CODE > KERNEL _ VERSION(2,2,0)
#include < asm/uaccess. h >
#endif
#define DEVICE _ NAME "uart _ test"
#define SetUartBand
#define GetUartBand
void uart _ init(void);
void SerialOutputByte(const char c);
void SerialOutputString(char * str);
int SerialInputByte(void);
unsigned char data;
void uart _ init(void)
{
    GPDR1 = 0x800;
    GPDR1 = 0x8000;
    GAFR1 _ L = 0x900000;
    GAFR1 _ L = 0x60000000;
    tBTLCR = 0x00000003;                     //无奇偶校验,1 个停止位
    tBTFCR = 0x000000c1;                     //清除 tra
    tBTIER = 0x00000040;                     //使能接收中断
    tBTMCR = 0x08;                           //中断使能
    tBTLCR | = 0x00000080;
    tBTDLL = 0x8;                                   //波特率 115200
    tBTDLH = 0x0;
    tBTLCR & = 0xFFFFFF7F;
```

```
    while( ! tBTLSR & 0x00000040 ) ;
}
void SerialOutputByte( const char c) {
    while ( ( tBTLSR & 0x00000020) = = 0 ) ;
    BTTHR = ( (ulong)c & 0xFF) ;
    if ( c = = '\n') SerialOutputByte('\r') ;
}
void SerialOutputString( char * str)
{
    int i = 0;
    while( * ( str + i) !  = '\0')
    {
      SerialOutputByte( * ( str + i)) ;
       i + +;
    }

}
int SerialInputByte( void)
{
    while( ( tBTLSR & 0x1) = =0) ;                      //等待接收
    return 1;
}
static ssize _ t uart _ write( struct file * file, const char * buf, size _ t length, loff _ t * offset)
{
    ssize _ t ret;
    if( copy _ from _ user( &uart _ data, buf, sizeof( struct _ uart _ data) ) )
    {
        printk("uart00. c:read data error\n") ;
        return  – EFAULT;
    }
    SerialOutputByte( uart _ data) ;
    ret = sizeof( struct _ uart _ data) ;
    return ret;
}
static ssize _ t uart _ read( struct file * file, char * buf, size _ t count, loff _ t * ppos)
{
    ssize _ t ret;
    if( SerialInputByte( ) = 1)
    {
      * buf = BTRBR;
```

```c
        if( copy _ to _ user( &uart _ data, buf, sizeof( char ) ) )
        {
            printk("uart00. c : write data error\n");
            return - EFAULT;
        }
        return 0;
    }
    return 1;
}
static int uart _ open( struct inode  * inode, struct file  * file )
{
    uart _ init();
    printk("device _ open( % p, % p) \n", inode, file);
    if( Device _ Open)
    {
        ;
    }
    Device _ Open + + ;
    Message _ Ptr = Message;
    MOD _ INC _ USE _ COUNT;
    return SUCCESS;
}
static int uart _ release( struct inode  * inode, struct file  * file )
{
    printk("device _ release( % p, % p) \n", inode, file);
    MOD _ DEC _ USE _ COUNT;
    return 0;
}
static int uart _ ioctl( struct inode  * inode, struct file  * filp, unsigned int cmd, unsigned long
arg)
{
    return 0;
}
static int Major;
struct file _ operations Fops = {
    llseek : NULL,
    read : uart _ read,
    write : uart _ write,
    readdir : NULL,
```

```
    ioctl:uart_octl,
    mmap:NULL,
    open:uart_open,
    release:uart_release
};
int init_module()
{
    int t;
    Major = register_chrdev(0,DEVICE_NAME,&Fops);
    t = request_irq(21,dma0_handler,SA_INTERRUPT,"uart_test",NULL);
    printk("register interrupt fig = %d\n",t);
    printk("adcmod.c:register OK:The major is %d\n",Major);
    return 0;
}
void cleanup_module()
{
    int ret;
    ret = unregister_chrdev(Major,DEVICE_NAME);
    printk("adcmod.c:unregister OK\n");
}
/ * * * * * * * * * * * * * * * uart_drv.c * * * * * * * * * * * * * * * * * * * * * /
```

所使用的函数 copy_to_user 和 copy_from_user 由 < asm/uaccess.h > 定义，是实现读写操作的内核函数，其功能和 memcpy 函数相似，但 copy_to_user 和 copy_from_user 是内核空间与用户空间之间的数据交换，而 memcpy 只能是用户空间与用户空间交换数据。

copy_to_user 函数原形：

unsigned long copy_to_user(void * to,const void * from,unsigned long count);

该函数将内核空间缓存数据复制到用户空间。

copy_from_user 函数原形：

unsigned long copy_from_user (void * to, const void * from, unsigned long count);

该函数将用户空间数据复制到内核空间。

驱动程序的 makefile 设计如下：

```
/ * * * * * * * * * * * * * * * makefile * * * * * * * * * * * * * * * * * /
#源文件名
# path to source file
SOURCES = uart_drv.c
#源文件所包含的头文件路径
# INCPATH 指向内核源代码中 include 目录
INCPATH = /root/PXA270_Linux/include
#生成的目标文件名
```

```
OBJS = uart_drv.o
#编译工具路径
# 编译器为已经装好的交叉编译器
CC = /opt/xscalev1/bin/arm-Linux-gcc
#编译指令
# options
CFLAGS = - D __ KERNEL __ - DMODULE - DLinux - O2 - Wall - I $ ( INCPATH)
#编译
#all：$ ( OBJS)
 $ ( OBJS)：led.c
    $ ( CC) $ ( CFLAGS) - c - o $ ( OBJS) $ ( SOURCES)
#删除中间文件
clean：
    rm - f *.o
/ * * * * * * * * * * * * * * makefile * * * * * * * * * * * * * * * * */
```

编译基于轮询的 UART 驱动程序，生成 uart_drv.o，参照 7.3.3 节下载，安装驱动程序，并创建驱动程序设备文件。

下面通过一个测试程序来验证已设计的驱动程序。驱动程序的测试程序实现的功能为：宿主机通过超级终端或 minicom 与 EELIOD 系统的蓝牙串口 BTuart 相连，BTuart 接收到宿主机数据后又发给宿主机。

测试程序源代码如下：

```
/ * * * * * * * * * * * * * * * uart_test.c * * * * * * * * * * * * * * * * */
#include < Linux/fs.h >
#include < Linux/
#include < stdio.h >
#define DEVICE_NAME "/dev/uart_test"
int fb,num;
/ * 运行该程序，通过超级终端给 BTuart 发送数据，BTuart 将把接收到的数据返回给超
级终端 */
int main ( int argc,char * argv[ ])
{
    fb = open( DEVICE_NAME,O_RDWR) ;
    if( ! fb)
    {
        printf("open device:% p fail \n",DEVICE_NAME) ;
        exit(0) ;
    }
    while( read( fb,&num,sizeof( char) ) = 0)
```

```
        {
            printf("the uart is %d\n",num);
            write(fd,&num,sizeof(char));
        }
    close(fd);
}
```

/* * * * * * * * * * * * * uart _ test. c * * * * * * * * * * * * * * */

在宿主机编译测试程序：

[root@ localhost root] # arm – Linux – gcc – o uart _ test uart _ test. c

将会在同一目录下生成可执行文件 uart _ test，将 uart _ test 下载到 EELIOD 系统，在 EELIOD 系统执行测试程序：

[root@ root ~] #. /uart _ test

将宿主机的串口与 EELIOD 系统的蓝牙串口 BTuart 相连，超级终端或 minicom 的波特率设置为 115200，在超级终端或 minicom 上将会显示发送信息。例如：

超级终端发送：BTuart is running;

超级终端接收：BTuart is running;

7.3.5 基于中断的 UART 驱动程序设计

本小节通过设计基于中断的 UART 驱动程序，介绍驱动程序中断功能的实现，其主要函数的功能如下：

init _ module() 函数用来初始化串口模块，加载串口设备驱动。

uart _ open() 函数用来打开一个串口设备节点，当一个设备节点被打开时，计数器 MOD _ INC _ USE _ COUNT 加1。

uart _ release() 函数用来关闭一个设备节点，当一个设备节点被关闭时，MOD _ DEC _ USE _ COUNT 减1。

uart _ write() 函数首先调用 copy _ from _ user() 函数将用户空间的数据复制到内核空间，然后通过蓝牙串口 BTuart 发送出去，在该函数中调用了 SerialOutputByte() 函数。

uart _ read() 函数中，interruptible _ sleep _ on() 使接收进程进入睡眠状态，等待中断唤醒睡眠状态。

uart _ init(void) 函数主要来配置串口的波特率、数据位、停止位、奇偶校验位和开启串口接收中断。

SerialOutputByte(const char c) 函数是串口发送函数，将字符 C 通过串口发送出去。

request _ irq(21,BTuart _ handler,SA _ INTERRUPT,"uart _ test",NULL) 函数用来设置蓝牙串口接收中断，21 是蓝牙串口接收中断的中断向量号，BTuart _ handler 为中断处理函数，即如果发生蓝牙串口接收中断，程序指针将会跳到 BTuart _ handler 函数执行相应操作。

BTuart _ handler() 函数首先唤醒睡眠等待序列，然后读接收缓存区，将接收数据通过 printk(KERN _ WARNING "[BTuart] BTuart receive is:%c \n",temp) 打印出来。

基于中断的 UART 驱动程序源代码如下：

/* * * * * * * * * * * * * uart _ irq _ drv. c * * * * * * * * * * * * * * * * */

```
#ifndef MODULE
#define MODULE
#endif
#ifndef __ KERNEL __
#define __ KERNEL __
#endif
#if CONFIG _ MODVERSIONS = = 1
#define MODVERSIONS
#include < Linux/modversions. h >
#endif
#include < Linux/kernel. h >
#include < Linux/module. h >
#include < Linux/init. h >
#include < Linux/fs. h >
#include < Linux/errno. h >
#include < asm/uaccess. h >
#include < asm/segment. h >
#include < asm/hardware. h >
#include < Linux/mm. h >
#include < asm/io. h >
#ifndef KERNEL _ WERSIONS
#define KERNEL _ VERSIONS(a,b,c)((a) * 65536 + (b) * 256 + (c))
#endif
MODULE _ LICENSE("GPL");
#define DEVICE _ NAME "uart _ test"
#define SetUartBand 0
static DECLARE _ WAIT _ QUEUE _ HEAD (simple _ wait);
void uart _ init(void);
void SerialOutputByte(const char c);
void SerialOutputString(char * str);
int SerialInputByte(char * c);
unsigned char data;
void uart _ init(void)
{
    unsigned int temp;
    unsigned short int i = 1000;
    GPDR1 | = 0x800;
    temp = GPDR1;
    printk("the value in register is % x \n",temp);
```

```
        GAFR1 _ L | = 0x0900000;
        ICLR & = 0xffdfffff;
        ICMR | = 0x200000;
        BTIER = 0x40;
        while(i > 0)i - - ;
        BTLCR = 0x03;                                //无奇偶校验,1 个停止位
        BTFCR = 0xc1;
        BTIER = 0x41;
        BTMCR = 0x08;
        BTLCR | = 0x80;
        BTDLL = 0x60;                                //波特率为 9600
        BTDLH = 0x0;
        BTLCR & = 0x7F;
        while( ! ( BTLSR & 0x40));
    }
    void SerialOutputByte( const char c ) {
        while ( ( BTLSR & 0x20) = = 0 );
        BTTHR = ( c & 0xFF);
    }
    void SerialOutputString( char  *  str )
    {
        int i = 0;
        while( *( str + i)!  = '\0')
        {
            SerialOutputByte( *( str + i));
            i + + ;
        }
    }
    int SerialInputByte( char  * c )
    {
        if(( BTLSR & 0x1) = = 0)
        {
            return 0;
        }
        else
        {
            *c  =  BTRBR;
        return 1;
        }
```

```
}
char * string = "\n BTuart is running normally \n";
void UartTest( )
{
    SerialOutputString( string) ;
}
static ssize _ t uart _ write( struct file * file, const char * buf, size _ t length, loff _ t * offset)
{
    ssize _ t ret;
    if( copy _ from _ user( &data, buf, sizeof( char) ) )
    {
        printk("uart00. c:read data error\n") ;
        return - EFAULT;
    }
    printk( KERN _ WARNING "BTuart transmit data. \n") ;
    SerialOutputByte( data) ;
    ret = sizeof( char) ;
    return ret;
}
static ssize _ t uart _ read( struct file * file, char * buf, size _ t count, loff _ t * ppos )
{
    if( copy _ to _ user( &data, buf, sizeof( char) ) )
    {
        printk("uart00. c:write data error\n") ;
        return - EFAULT;
    }
    printk( KERN _ WARNING "interrupt wait. \n") ;
    interruptible _ sleep _ on( &simple _ wait) ;
    return 0;
}
static int uart _ open( struct inode * inode, struct file * file )
{
    uart _ init( ) ;
    UartTest( ) ;
    printk("device _ open( % p, % p) \n", inode, file) ;
    MOD _ INC _ USE _ COUNT;
    return SUCCESS;
}
static int uart _ release( struct inode * inode, struct file * file )
```

```
        printk("device _ release(% p,% p) \n", inode, file);
        MOD _ DEC _ USE _ COUNT;
        return 0;
    }
static int uart _ ioctl( struct inode  * inode, struct file  * filp, unsigned int cmd, unsigned long
arg)
    {
        return 0;
    }
static void BTuart _ handler( int irq, void  * dev _ id, struct pt _ regs  * regs)
    {
        char temp;
        wake _ up _ interruptible( &simple _ wait);
        temp = BTRBR;
        printk( KERN _ WARNING "[ BTuart] BTuart _ handler( ). \n");
        printk( KERN _ WARNING "[ BTuart] BTuart receive is:% c \n", temp);
    }
static int Major;
struct file _ operations Fops = {
        llseek : NULL,
        read : uart _ read,
        write : uart _ write,
        readdir : NULL,
        ioctl : uart _ ioctl,
        mmap : NULL,
        open : uart _ open,
        release : uart _ release
    };
int init _ module( )
    {
        int t;
        Major = register _ chrdev( 0, DEVICE _ NAME, &Fops);
        if( ! Major)
        {
            printk("register device fail \n");
            return 1;
        }
        printk("uart00. c : register OK : The major is % d\n", Major);
```

```
        t = request _ irq(21,BTuart _ handler,SA _ INTERRUPT,"uart _ test",NULL);
        printk("register interrupt fig = % d\n",t);
        uart _ init();
        UartTest();
        return 0;
    }

    void cleanup _ module()
    {
        int ret;
        free _ irq(21,NULL);
        ret = unregister _ chrdev(Major,DEVICE _ NAME);
        printk("uart00mod. c:unregister OK\n");
    }
```

/ * * * * * * * * * * * * * uart _ irq _ drv. c * * * * * * * * * * * * * * * * * /

该模块中用到的函数有 request _ irq、free _ irq、interruptible _ sleep _ on、wake _ up _ interruptible。

request _ irq 的函数原形为：

int request _ irq(unsigned int irq,void(* handler)(int ,void * , struct pt _ regs *),unsigned long flag,const char * dev _ name,void * dev _ id);

通常，从 request _ irq 函数返回给请求函数的值为 0 时表示请求成功，负值表示错误码。

参数说明：

unsigned int irq：请求的中断号。

void (* handler)(int ,void * ,struct pt _ regs *)：要安装的中断处理函数指针。

unsigned long flag：与中断管理有关的位掩码选项。

const char * dev _ name：传送给 request _ irq 的字符串。

void * dev _ id：用于共享中断信号线。

free _ irq 函数功能是释放所申请的中断。

interruptible _ sleep _ on 函数原形为：

interruptible _ sleep _ on(wait _ queue _ head _ t * queue);

wake _ up _ interruptible 函数原形为：

wake _ up _ interruptible(wait _ queue _ head _ t * queue);

驱动程序的 makefile 设计如下：

/ * * * * * * * * * * * * * makefile * /

```
#源文件名
# path to source file
SOURCES = uart _ irq _ drv. c
#源文件所包含的头文件路径
# INCPATH 指向内核源代码中 include 目录
INCPATH =/root/PXA270 _ Linux/include
```

```
#生成的目标文件名
OBJS = uart _ irq _ drv. o
#编译工具路径
# 编译器为已经装好的交叉编译器
CC  = /opt/xscalev1/bin/arm – Linux – gcc
#编译指令
# options
CFLAGS = – D __ KERNEL __ – DMODULE – DLinux – O2 – Wall – I $ ( INCPATH)
#编译
#all：$ ( OBJS)
 $ ( OBJS)：led. c
     $ ( CC) $ ( CFLAGS) – c – o $ ( OBJS) $ ( SOURCES)
#删除中间文件
clean：
     rm – f *. o
```

/ * * * * * * * * * * * * * makefile * * * * * * * * * * * * * * * * * /

编译基于中断的 UART 驱动程序，生成 uart _ irq _ drv. o，参照7.3.3节下载，安装驱动程序，并创建驱动程序设备文件。

下面仍然通过一个测试程序来验证已设计的驱动程序。驱动程序的测试程序首先会在超级终端或 minicom 上显示 " \ n BTuart is running normally \ n"，其次可以通过键盘将数据发送给宿主机，同时可以通过中断接收宿主机数据，并将接收到的数据用 printk 打印出来。测试程序的源代码如下：

/ * * * * * * * * * * * * * * uart _ irq _ test. c * * * * * * * * * * * * * /

```
#include  < sys/types. h >
#include  < sys/stat. h >
#include  < fcntl. h >
#include  < stdio. h >
#define DEVICE _ NAME "/dev/uart _ test"
int fb;
char num;
/ * 给 BTuart 发送数据,将会显示内核信息和接收数据 * /
int main  ( int argc,char * argv[ ])
{
    fb  = open(DEVICE _ NAME,O _ RDWR);
    if(! fb)
    {
        printf("open device:% p fail \n",DEVICE _ NAME);
        exit(0);
```

```
   }
   read(fb,&num,sizeof(char));
   printf("The uart_test is %c \n",num);
   printf("Please input transmit data \n");
   do
   {
     scanf("%c",&num);
     write(fb,&num,sizeof(char));
   }
   while(num! = 0x0a);
   printf("the uart is %c\n",num)
   close(fb);
}
```

/ * * * * * * * * * * * * uart_irq_test.c * * * * * * * * * * * * * * * * */

编译测试程序用以下指令：

[root@ localhost root]# arm – Linux – gcc – o uart_irq_test uart_irq_test.c

将会在同一目录下生成可执行文件 uart_irq_test

执行测试程序用下列命令：

#. / uart_irq_test。

测试现象：

超级终端或 minicom 波特率设置为 9600，在超级终端或 minicom 上将会显示发送信息，例如：

BTuart 发送：BTuart is running；

超级终端接收：BTuart is running；

超级终端发送：abcd；

BTuart 接收：[BTuart] BTuart receive is：a

　　　　　[BTuart] BTuart receive is：b

　　　　　[BTuart] BTuart receive is：c

　　　　　[BTuart] BTuart receive is：d

7.4 ARM Linux 下应用程序设计

7.4.1 UART 应用程序设计

在 Linux 操作系统中对底层终端的处理是一个非常复杂的过程，需要处理许多不同类型的设备（包括调制解调器、终端仿真、伪终端等）。Linux 系统处理终端的方法是通过串行接口连接的控制台与系统通信并运行程序。由于许多厂商都参与终端的生产，而且每个厂商都为其终端设计相应的命令集，所以需要有一种方法对终端的访问进行一般化处理。

1. 终端控制函数介绍

在对底层终端操作中有一个用于查询和操作终端的标准接口结构体 termios，该结构体对终端的输入、输出、硬件特性、控制协议等方面进行了定义，具体定义形式如下：

```
struct termios{
            tcflag_t   c_iflag;
            tcflag_t   c_oflag;
            tcflag_t   c_cflag;
            tcflag_t   c_lflag;
            tcflag_t   c_line;
            cc_t   c_cc[NCCS];
};
```

其中，参数 c_iflag 用来控制输入处理选项；c_oflag 控制输出数据的处理；c_cflag 设置决定终端硬件特性的控制标志；c_lflag 存放本地模式标志，用来操纵终端特性；c_line 表示控制协议；c_cc 包含特殊字符序列的值以及它们所代表的操作。

终端有两种工作模式，分别为规范模式（或称为 cooked 模式）和非规范模式（或称为原始模式）。在规范模式下，终端设备驱动程序处理特殊字符并以一次一行的方式将输入发送给程序使用。而在非规范模式下，大多数键盘输入得不到处理，也不缓存。

（1）终端属性控制函数

对终端的操作主要通过属性设置函数 tcsetattr() 和属性获取函数 tcgetattr() 来实现。其中 tcsetattr() 函数用来初始化一个 termios 数据结构，并设置用来表示该终端特性的属性值，tcgetattr() 获取和查询终端属性的数据结构。tcsetattr() 和 tcgetattr() 的调用形式如下：

```
int tcsetattr(int fd, int action, struct termios * tp);
```

函数 tcsetattr() 使用由 tp 引用的 termios 数据结构来设置与文件描述符 fd 相关联的终端参数，参数 action 控制设置参数什么时候发生改变。如果取 TASANOW 表示立即改变所设参数属性；如果取 TCSADRAIN 表示 fd 上的输出已经发送到终端后才改变所设置的参数属性；如果取 TCSAFLUSH 表示 fd 上的输出完全被发送到终端后，任何挂起的输入将被丢弃。

```
int tcgetattr(int fd,   struct termios * tp);
```

查询和文件描述符相关联的终端参数，并将参数存储到由 tp 所引用的 termios 数据结构体中，调用成功返回 0，发生错误返回 –1。

（2）终端速度控制函数

终端速度控制函数用来设置终端设备的输入、输出速度，速度以波特率来定义。这些函数都是成对出现的，其中的两个用来获取和设置输入的速度，另两个用来获取和设置输出的速度，它们的定义形式如下：

```
int cfgetispeed (struct termios * tp);
int cfsetispeed (struct termios * tp,   speed_t speed);
int cfgetospeed (struct termios * tp);
int cfsetospeed (struct termios * tp,   speed_t speed);
```

其中，函数 cfgetispeed () 返回由 tp 指针指向的 termios 数据结构中所存储的输入速度值；函数 cfsetispeed () 将由 tp 指针指向的 termios 数据结构中存储的输入速度设置为 speed；函数 cfgetospeed（）返回由 tp 指针指向的 termios 数据结构中所存储的输出速度值；函数 cfse-tospeed（）将由 tp 指针指向的 termios 数据结构中存储的输出速度设置为 speed。

以上四个函数调用成功则返回 0，发生错误则返回 -1。

（3）行控制函数

行控制函数是用来查询和设置各种与数据操作方式、时间等相关的特征。它们的定义如下：

```
int tcdrain( int fd);
int tcflush( int fd, int queue);
int tcflow ( int fd, int action);
```

函数 tcdrain()将使所有挂起的输出操作完成，并将一直保持等待，直到所有输出都已经写到文件描述符 fd 指向的文件为止。

函数 tcflush()将刷新最新排在文件描述符 fd 队列中的输入和输出。参数 queue 用来指定要刷新的数据，如果 queue 取值为 TCIFUSH，刷新接收到但尚未读取的输入数据；如果取值为 TCOFLUSH，刷新被改写但尚未传送的输出数据；如取值为 TCILFLUSH，则两者都刷新。

函数 tcflow()是流量控制函数，用来启动或停止对文件描述符 fd 的数据传送和接收，参数 action 如果为 TCOON，表示启动输出，为 TCOOFF 时表示停止输出；为 TCION 时启动输入；为 TCIOFF 时停止输入。

2. 串口操作函数

在对串口进行编程操作时，可能涉及到打开串口、设置串口参数、读取串口数据、向串口写数据及关闭串口等操作函数，因此使用串口时，必须具有以上几个操作函数。另外，希望在应用程序退出后不改变串口原参数，应对原参数进行保存，待关闭串口时恢复串口原参数。串口的具体实现函数如下：

1）打开串口函数，返回操作标志。

```
int OpenSerialPort( const char * port) {
    int fd = open( port, O _ RDWR | O _ NOCTTY, O _ NONBLOCK);
    if( fd < 0)
        return -1;                                      //打开失败
    fcntl( fd, F _ SETFL, FNDELAY);
    tcgetattr( fd, &termios _ old);                     //将原来串口参数保存到
                                                        //termios _ old 结构体中

    return fd;                                          //返回成功操作标志
}
```

2）关闭串口子程序，返回操作标志。

```
void CloseSerialPort( int serialfd) {
    tcsetattr( serialfd, TCSADRAIN, &termios _ old);    //恢复串口参数
    int fd = close( serialfd);                          //关闭串口
    return fd;                                          //返回操作标志
```

3）向串口写数据，返回写入串口的总长度。

```
int WriteSerialPort(int serialfd, const char * data, int datalength){
    int len, total_len;                             //定义写入长度和总长度变量
    for (total_len = 0; total_len < datalength;){
        len = 0;
        len = write(serialfd, &data[total_len], datalength - total_len);
                                                    //写串口
        if (len > 0)
            total_len += len;
        else{
            tcflush (serialfd, TCOFLUSH);
            break;
        }
    }
    return (total_len);                             //返回总长度
}
```

4）设置串口参数，主要设置数据位、停止位、奇偶校验位、速度、超时设置等参数，返回操作标志。

```
int SetSerialPara(int serialfd, int databits, int stopbits, char parity, int speed, int vtime){
    bzero(&termios_new, sizeof(termios_new));       //对新结构体 termios_new 清空
    cfmakeraw(&termios_new);
    termios_new.c_cflag = speed;                    //设置串口波特率
    termios_new.c_cflag |= CLOCAL | CREAD;
    termios_new.c_cflag &= ~CSIZE;
    switch (databits){                              //设置数据位
        case 8:
                termios_new.c_cflag |= CS8;  break;
        case 7:
                termios_new.c_cflag |= CS7;  break;
        case 6:
                termios_new.c_cflag |= CS6;  break;
        case 5:
                termios_new.c_cflag |= CS5;  break;
        default:
                termios_new.c_cflag |= CS8;  break;
    }
    switch (parity){                                //设置奇偶校验位
        case 'N':
```

```
                    termios _ new. c _ cflag & =  ~ PARENB；break；
            case 'E'：
                    termios _ new. c _ cflag | = PARENB；
                    termios _ new. c _ cflag & =  ~ PARODD；break；
            case 'O'：
                    termios _ new. c _ cflag| = PARENB；
                    termios _ new. c _ cflag | =  ~ PARODD；
                    break；
            default：
                    termios _ new. c _ cflag & =  ~ PARENB；break；
        }
        switch（stopbits）{                                        // 设置停止位
            case 1：
                    termios _ new. c _ cflag & =  ~ CSTOPB；break；
            case 2：
                    termios _ new. c _ cflag | = CSTOPB；break；
            default：
                    termios _ new. c _ cflag & =  ~ CSTOPB；break；
        }
        termios _ new. c _ cc[VTIME] = vtime；                    //设置超时时间
        termios _ new. c _ cc[VMIN] = 0；
        tcflush（serialfd，TCIFLUSH）；
        return tcsetattr（serialfd，TCSANOW，&termios _ new）；      //立即更新设置参数
}
```

5）读取串口数据。因为 Linux 操作系统采用一种特殊的设备文件系统 devfs，使设备作为一种文件存在。因此读取设备数据同读取一般文件的方法相同，读取串口数据的函数采用 Linux 底层函数 read（ ）进行操作，调用方法如下：

　　int read（int fd，char *，int length）；
其中，fd 为设备号；char * 为数据缓冲区；length 每次读取数据的长度；返回值为实际读取数据的长度。其使用方法如下：

```
    int PortRecv(int fd，char * data，int datalen，int baudrate)
    {
        int readlen，fs _ sel；
        fd _ set   fs _ read；
        struct timeval tv _ timeout；
        FD _ ZERO(&fs _ read)；
        FD _ SET(fd，&fs _ read)；
        tv _ timeout. tv _ sec = TIMEOUT _ SEC(datalen，baudrate)；
        tv _ timeout. tv _ usec = TIMEOUT _ USEC；
```

```
        fs _ sel = select( fd + 1, &fs _ read, NULL, NULL, &tv _ timeout);
        if( fs _ sel) {
            readlen = read( fd, data, datalen);
            return( readlen);
        }
        else {
            return( -1);
        }
        return ( readlen);
    }
```

6) 串口应用程序的主函数。串口应用程序主函数通过接收命令行的参数来决定是向串口发送数据，还是接收串口发送来的数据，其源代码如下：

```
/ * * * * * * * * * * * * * serial. c * * * * * * * * * * * * * * * /
#include < stdio. h >
#include < string. h >
#include < unistd. h >
#include < errno. h >
#include < termios. h >
#include < sys/types. h >
#include < sys/stat. h >
#include < stdlib. h >
#define port "/dev/ttyS1 "
struct termios termios _ old;
int main( int arg, char * argv[ ] )
{
    int fd, I, SendLen, RecvLen;
    struct termios termios _ cur, termios _ old;
    char RecvBuf[ 10 ];
    / * 参数为 0 是发送端,参数为 1 是接收端 * /
    if( argc ! = 2) {
        printf("Usage: < type 0 - - send 1 - - receive > \n");
        printf("        eg:");
        printf("              MyPort 0 ");
        exit( -1);
    }
    / * 打开串口 * /
    fd = OpenSerialPort( port);
    if( fd < 0) {
        printf("Error: open serial port error. \n");
```

```
        exit(1);
    }
    SetSerialPara( fd,8,1,0,115200,1);  /* 控制字符, 读取第一个字符的等待时间
unit:0.1s */
    if( atoi( argv[1]) = = 0){
        /* 发送数据 */
        for( i = 0; i < 100; i + +){
            SendLen = WriteSerialPort( fd, "1234567890", 10);
            if( SendLen > 0){
                printf("No % d send % d data 1234567890. \n", i, SendLen);
            }
            else{
                printf("Error: send failed. \n");
            }
            sleep(1);
        }
        CloseSerialPort( fd);
    }
    else{
        /* 接收数据 */
        for( ;;){
            RecvLen = PortRecv( fdcom, RecvBuf, 10, 115200);
            if( RecvLen > 0){
                for( i = 0; i < RecvLen; i + +){
                    printf("Receive data No % d is % x. \n", I, RecvBuf[i]);
                }
                printf("Total frame length is % d. \n", RecvLen);
            }
            else{
                printf("Error: receive error. \n");
            }
            sleep(2);
        }
    }
    return 0;
}
/* * * * * * * * * * * * * * * * serial. c * * * * * * * * * * * * * * * * * * */
```

3. 串口通信源代码的编译

将光盘中提供的 serial. c 的源代码复制到硬盘/root/PAX270 _ Linux 目录下, 对源代码进行编译。

［root@ localhost PAX270 _ Linux］#cd serial

［root@ localhost serial］#arm _ Linux _ gcc　－o serial serial. c

之后将交叉编译生成的 serial 下载到 EELIOD 系统，将 EELIOD 系统的串口 1 和宿主机的串口 1 相连（EELIOD 系统的串口 0 仍然和宿主机的串口 0 相连，作为 Linux 命令控制台使用），在宿主机上另打开一个 minicom，并设置相应的参数，设置完成之后就可以实现宿主机和 EELIOD 系统之间的串口通信，minicom 的设置流程如图 7. 23 ～图 7. 26 所示。

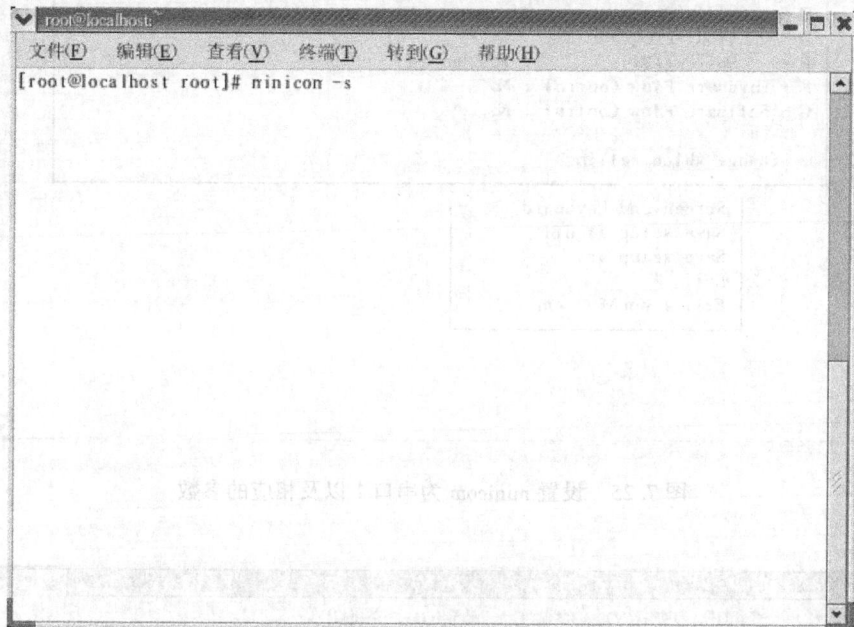

图 7. 23　在终端中执行命令 minicom-s

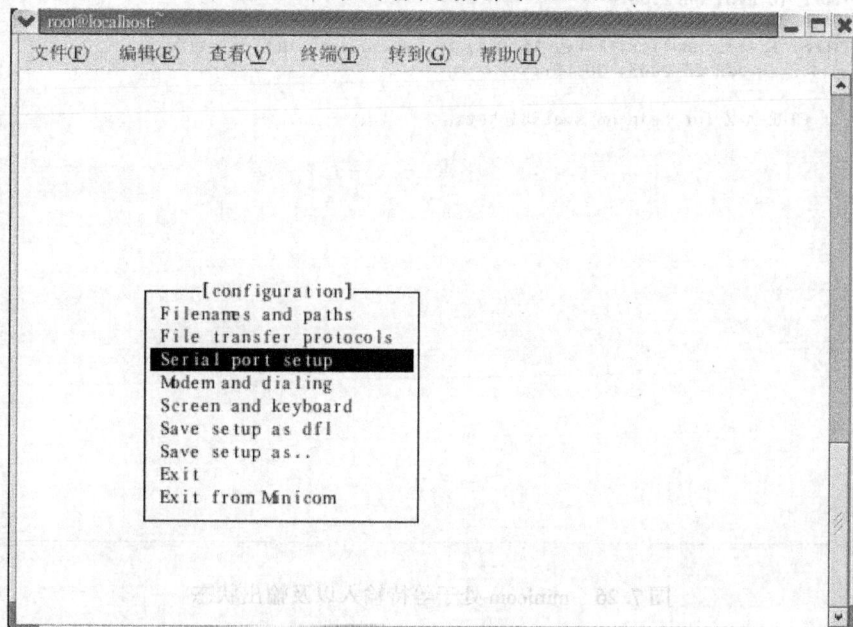

图 7. 24　选择配制 minicom 参数

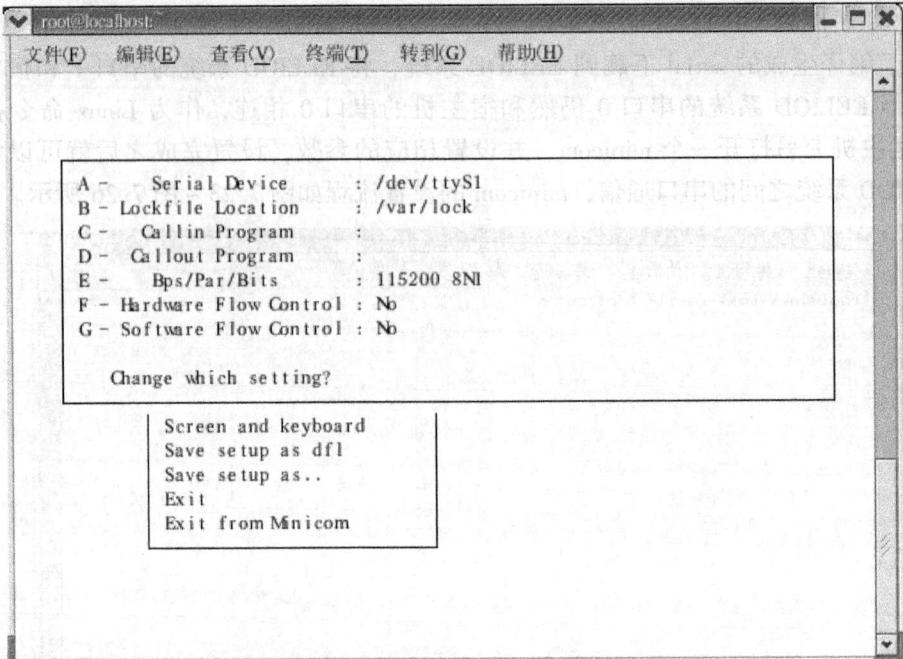

图 7.25　设置 minicom 为串口 1 以及相应的参数

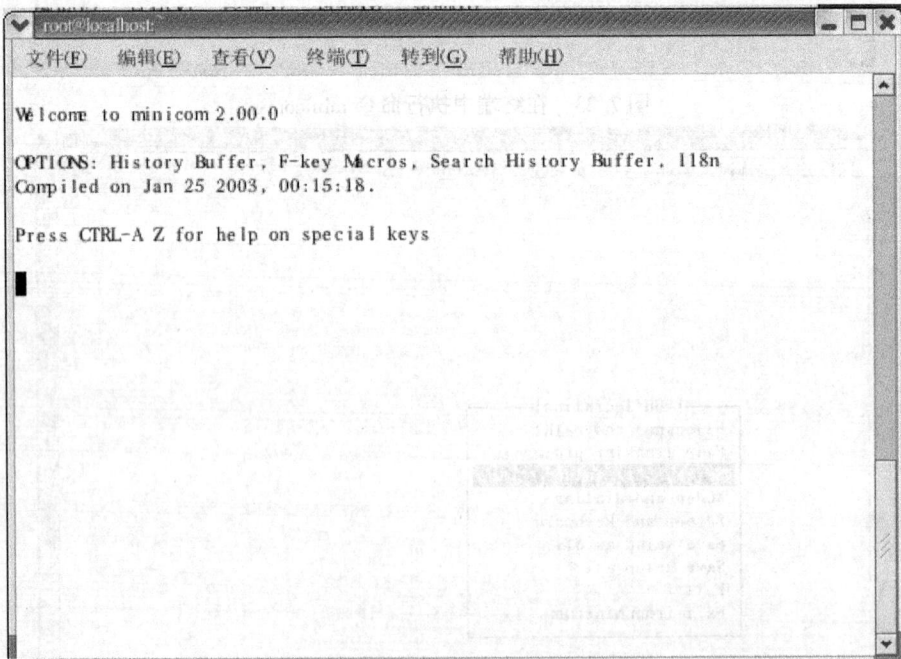

图 7.26　minicom 处于等待输入以及输出状态

执行

　　# ./serial 1

将接收宿主机的串口 1 的数据输入。

　　执行：

　　# ./serial 0

将向宿主机的串口 1 发送字符串 "1234567890"。

　　以上串口通信例程实现了宿主机与 EELIOD 系统的简单的串口通信过程。读者可以根据自己的需要进一步改写函数，实现复杂的串口通信过程。

7.4.2　基于 SOCKET 的网络应用程序设计

　　1. Linux 网络知识介绍

　　（1）客户端程序和服务器端程序

　　网络程序和普通程序最大的区别是网络程序是由两个部分组成的：客户端和服务器端。网络程序是服务器程序先启动，然后等待客户端的程序运行并建立连接。一般来说是服务器端的程序在一个端口上监听，直到有一个客户端的程序发来了请求。

　　（2）TCP/UDP 介绍

　　TCP（Transfer Control Protocol）传输控制协议是一种面向连接的协议，当网络程序使用这个协议的时候，网络可以保证客户端和服务器端的连接是可靠的、安全的。

　　UDP（User Datagram Protocol）用户数据报协议是一种非面向连接的协议，这种协议并不能保证网络程序的连接是可靠的，所以编写的程序一般是采用 TCP 协议的。

　　2. 初等网络函数介绍

　　Linux 系统是通过提供套接字（socket）来进行网络编程的。网络程序通过 socket 和其他几个函数的调用，会返回一个通信的文件描述符，这个描述符被看成普通的文件描述符来操作，这就是 Linux 的设备无关性的好处。通过向描述符读写操作可以实现网络之间的数据交流。

　　1）socket：系统用 socket（）来获得文件描述符，该函数的调用声明格式如下：

　　int socket（int domain, int type, int protocol）；

　　domain：网络程序所在的主机采用的通信协议（AF_Unix 和 AF_INET 等）。AF_UNIX 只能够用于单一的 UNIX 系统进程间通信，而 AF_INET 是针对 Internet 的，因而可以允许在远程主机之间通信。

　　type：网络程序所采用的通信协议（SOCK_STREAM, SOCK_DGRAM 等）。SOCK_STREAM 表明使用的是 TCP 协议，这样会提供按顺序的、可靠、双向、面向连接的比特流。SOCK_DGRAM 表明使用的是 UDP 协议，这样只会提供定长的、不可靠、无连接的通信。

　　protocol：由于指定了 type，一般只要用 0 来代替即可。socket 为网络通信做基本的准备。成功时返回文件描述符，失败时返回 –1，errno 反映错误的详细情况。

　　2）bind：一旦有了一个套接口以后，下一步工作就是把套接口绑定到本地计算机的某一端口上，但如果只想使用 connect（）则无此必要。该函数的调用的声明格式如下：

　　int bind（int sockfd, struct sockaddr * my_addr, int addrlen）；

　　sockfd：是由 socket 调用返回的文件描述符。

addrlen：是 sockaddr 结构的长度。

my＿addr：是一个指向 sockaddr 的指针。sockaddr 结构定义如下：

```
struct sockaddr{
    unisgned short as＿family;
    char sa＿data[14];
};
```

不过由于系统的兼容性，一般不用这个结构，而使用另外一个结构（struct sockaddr＿in）来代替。sockaddr＿in 的定义如下：

```
struct sockaddr＿in{
    unsigned short sin＿family;
    unsigned short int sin＿port;
    struct in＿addr sin＿addr;
    unsigned char sin＿zero[8];
}
```

sin＿family 一般为 AF＿INET，sin＿addr 设置为 INADDR＿ANY 表示可以和任何的主机通信，sin＿port 是要监听的端口号。sin＿zero［8］是用来填充的。bind 将本地的端口同 socket 返回的文件描述符捆绑在一起。成功是返回 0，失败的情况和 socket 一样。

3）listen：在服务器端，如果希望等待一个进入的连接请求，然后再处理这个连接请求，可以通过首先调用 listen（），然后再调用 accept（）来实现。系统调用 listen（）的定义如下：

int listen(int sockfd, int backlog);

sockfd：bind 后的文件描述符。

backlog：设置请求排队的最大长度。当有多个客户端程序和服务器端相连时，使用 backlog 表示可以接受的排队长度。listen 函数将 bind 的文件描述符变为监听套接字，返回的情况和 bind 一样。

4）accept：当远端的客户机试图使用 connect( )连接服务器使用 listen( )正在监听的端口时，此连接将会在队列中等待，直到服务器使用 accept( )处理它。调用 accept( )后，将会返回一个全新的套接口文件描述符来处理这个连接。原来的一个文件描述符还是监听指定的端口，而新的文件描述符可以用来进行数据传递。accept( )的用法如下：

int accept(int sockfd, struct sockaddr * addr, int * addrlen);

sockfd：listen 后的文件描述符。

addr：addrlen 是用来给客户端的程序填写的，服务器端只要传递指针就可以了。bind、listen 和 accept 是服务器端用的函数，accept 调用时，服务器端的程序会一直阻塞到有一个客户程序发出了连接。accept 成功时返回最后的服务器端的文件描述符，这个时候服务器端可以向该描述符写信息了。失败时返回 -1。

5）connect：该系统调用由客户端调用，connect( )用法如下：

int connect(int sockfd, struct sockaddr * serv＿addr, int addrlen);

sockfd：socket 返回的文件描述符。

serv＿addr：储存了服务器端的连接信息，其中 sin＿add 是服务器端的地址。

addrlen:serv＿addr 的长度。

connect 函数是客户端用来同服务器端连接的。成功时返回 0，sockfd 是同服务器端通信的文件描述符，失败时返回 –1。

服务器端程序如下：

```
/* * * * * * * 服务器程序（server.c）* * * * * * * * * * * * * */
#include <stdio.h>
#include <errno.h>
#include <string.h>
#include <sys/types.h>
#include <netinet/in.h>
#include <sys/socket.h>
#include <sys/wait.h>
int main(int argc, char * argv[]){
int sockfd,new＿fd;
struct sockaddr＿in server＿addr;
struct sockaddr＿in client＿addr;
int sin＿size,portnumber;
char hello[]="Hello! Are You Fine? \n";
if(argc! =2){
    fprintf(stderr,"Usage:% s portnumber\a\n",argv[0]);
    exit(1);
}
if((portnumber = atoi(argv[1])) <0){
    fprintf(stderr,"Usage:% s portnumber\a\n",argv[0]);
    exit(1);
}
/* 服务器端开始建立 socket 描述符 */
if((sockfd = socket(AF＿INET,SOCK＿STREAM,0)) = = -1){
    fprintf(stderr,"Socket error:% s\n\a",strerror(errno));
    exit(1);
}
/* 服务器端填充 sockaddr 结构 */
bzero(&server＿addr,sizeof(struct sockaddr＿in));
server＿addr.sin＿family = AF＿INET;
server＿addr.sin＿addr.s＿addr = htonl(INADDR＿ANY);
server＿addr.sin＿port = htons(portnumber);
/* 捆绑 sockfd 描述符 */
if(bind(sockfd,(struct sockaddr * )(&server＿addr),sizeof(struct sockaddr)) = = -1){
    fprintf(stderr,"Bind error:% s\n\a",strerror(errno));
```

```
    exit(1);
}
/* 监听 sockfd 描述符 */
if( listen( sockfd,5) = = 1){
    fprintf( stderr,"Listen error:% s\n\a", strerror( errno));
    exit(1);
}
while(1){
    /* 服务器阻塞,直到客户程序建立连接 */
    sin _ size = sizeof( struct sockaddr _ in);
    if(( new _ fd = accept( sockfd,( struct sockaddr * )( &client _ addr),&sin _ size)) = = -1){
                    fprintf( stderr,"Accept error:% s\n\a", strerror( errno));
                    exit(1);
    }
    fprintf( stderr,"Server get connection from % s\n",
    inet _ ntoa( client _ addr. sin _ addr));
    if( write( new _ fd,hello,strlen( hello)) = = -1){
        fprintf( stderr,"Write Error:% s\n", strerror( errno));
        exit(1);
    }
    /* 该通信已经结束 */
    close( new _ fd);
    /* 循环 */
}
close( sockfd);
exit(0);
}
```

客户端程序如下:
```
/* * * * * * * 客户端程序 client. c * * * * * * * * * * * * * * */
#include  < stdio. h >
#include  < errno. h >
#include  < string. h >
#include  < sys/types. h >
#include  < netinet/in. h >
#include  < sys/socket. h >
#include  < sys/wait. h >
int main( int argc, char * argv[ ]){
int sockfd;
char buffer[ 1024];
```

```
struct sockaddr_in server_addr;
struct hostent * host;
int portnumber,nbytes;
if( argc! =3){
    fprintf( stderr,"Usage:% s hostname portnumber\a\n",argv[0]);
    exit(1);
}
if( (host = gethostbyname( argv[1])) = = NULL)
{
    fprintf( stderr,"Gethostname error\n");
    exit(1);
}
if( (portnumber = atoi( argv[2])) <0)
{
    fprintf( stderr,"Usage:% s hostname portnumber\a\n",argv[0]);
    exit(1);
}
/* 客户程序开始建立 sockfd 描述符 */
if( (sockfd = socket( AF_INET,SOCK_STREAM,0)) = = -1){
    fprintf( stderr,"Socket Error:% s\a\n",strerror( errno));
    exit(1);
}
/* 客户程序填充服务器端的资料 */
bzero( &server_addr,sizeof( server_addr));
server_addr. sin_family = AF_INET;
server_addr. sin_port = htons( portnumber);
server_addr. sin_addr = * ( (struct in_addr *) host - >h_addr);
/* 客户程序发起连接请求 */
if( connect( sockfd,( struct sockaddr *) (&server_addr),sizeof( struct sockaddr)) = = 1){
    fprintf( stderr,"Connect Error:% s\a\n",strerror( errno));
    exit(1);
}
/* 连接成功 */
if( (nbytes = read( sockfd,buffer,1024)) = = -1){
    fprintf( stderr,"Read Error:% s\n",strerror( errno));
    exit(1);
}
buffer[ nbytes] = '\';
printf("I have received:% s\n",buffer);
```

```
/* 结束通信 */
close(sockfd);
exit(0);
}
```

编译网络通信程序的 MakeFile 如下：

```
######### Makefile ##########
all:server client
server:server. c
gcc $^ -o $@
client:client. c
arm - Linux - gcc $^ -o $@
```

运行 make 后会产生两个程序：服务器端和客户端程序。先在宿主机运行 ./server portnumber&（portnumber 随便取一个大于 1024 且不在/etc/services 中出现的号码，如 8888），然后将 client 下载到 EELIOD 系统并运行 ./client localhost portnumber。可以看到服务器端和客户端处于连接状态，根据这些基本函数，可以构造出更复杂的网络通信程序来。

7.4.3　USB 摄像头接口应用程序设计

USB 摄像头以其良好的性能和低廉的价格得到广泛应用。同时因其灵活、方便的特性，易于集成到嵌入式系统中。现有的符合 Video for Linux 标准的驱动程序配合通用应用程序，可以实现 USB 摄像头视频数据的采集及应用开发。

1. 摄像头驱动配置

如果需要在 Linux 操作系统中使用 USB 摄像头进行视频数据采集，则必须在进行内核配置时检查 Linux 内核中是否已经添加了对 USB 摄像头驱动模块的支持，可参照 7.2 节配置 Linux 内核使其支持 USB 摄像头采集。

2. USB 摄像头图像采集程序

Linux 下摄像头驱动是以 81 为主设备号的字符型设备驱动，应用程序可以通过打开一个具有该主设备号的设备文件来建立与设备驱动程序的通信，如果所使用的 Linux 没有该文件，则必须首先手动创建该设备文件，可使用如下命令：

[root@ localhost root]#mknod /dev/video0 c 81 0

在内核/include/Linux/videodev. h 中定义了以下几个重要的结构体，在应用程序中，可通过打开该设备文件，来获取与设备驱动程序通信的设备描述符：

```
int fd = open"(/dev/video0", O _ RDWR)
if (fd < = 0)
{
        printf("Open error");
        exit;
}
```

获取 USB 摄像头信息在 Linux 下可通过以 VIDOCGCAP（或 VIDIOCSCAP）为标志，以数据结构 video _ capability 为参数的 ioctl 来获取（或设置）一个视频设备的性能，如果成功则数据结构 video_capability 包含了该设备的性能信息，如表 7.3 所示。

表 7.3 设备的性能

name［32］	接口名称
type	接口类型
channels	通道总数
audios	音频通道数
maxwidth	以像素为单位的最大捕获图片宽度
maxheight	以像素为单位的最大捕获图片高度
minwidth	以像素为单位的最小捕获图片宽度
minheight	以像素为单位的最小捕获图片高度

可用以下程序来实现：

```
video_capability camera_cap;
if( -1 = = ioctl(fd,VIDOCGCAP, camera_cap))
{
    print("get video information is fail!!! \n");
    exit(1);
}
```

在读取摄像头数据时，既可以对设备文件以文件的方式用 read 函数来获取数据，也可以通过 mmap 函数先开辟一段存储视频数据的缓存区，然后通过 ioctl 来获取捕获图片的数据。前一种方法需要将数据从内核空间复制到用户空间，这样需要消耗一定的时间，后一种方法则省略了复制过程，实时性更好。第二种方法的实现过程如以下代码所示：

```
grab_buf. width = GRAB_WIDTH;
grab_buf. height = GRAB_HEIGHT;
grab_size = grab_buf. width * grab_buf. height * 3;
grab_data = mmap(0,grab_size, PROT_READ|PROT_WRITE, MAP_SHARED, grab_fd,
0); //开辟数据缓存区
if ( -1 = = ioctl(grab_fd,VIDIOCMCAPTURE,&grab_buf)){ //启动一次摄像头捕获
perror("ioctl VIDIOCMCAPTURE");
} else {
    if ( -1 = = ioctl(grab_fd,VIDIOCSYNC,&grab_buf)){
        perror("ioctl VIDIOCSYNC");
    } else {
        * width = grab_buf. width;
        * height = grab_buf. height;
        return grab_data;
    }
}
```

　　捕获到的图片数据存储在以 camera _ data 指针所指的内存地址首地址，长度为 76032 字节的空间内。

　　下面给出完整的摄像头接口应用程序。

```
/* * * * * * * * * * * * * * * * * * * * * * * * * * * * * * * * *
    USB 摄像头采集初始化
 * * * * * * * * * * * * * * * * * * * * * * * * * * * * * * * * */
void camera _ init( void)
{
    //打开 USB 设备文件句柄
    if( -1 = = ( grab _ fd = open( GRAB _ DEVICE, O _ RDWR))//打开摄像头设备文件
    {
        perror("open "GRAB _ DEVICE);
        exit(1);
    }
    printf("open camera successful!!! \n");
    grab _ pic. palette = GRAB _ PALETTE;
    if ( -1 = = ioctl( grab _ fd, VIDIOCGCHAN, &grab _ chan))        //获取摄像头通道信息
    {
        perror("ioctl VIDIOCGCHAN");
        exit(1);
    }
    grab _ buf. format = VIDEO _ PALETTE _ RGB24;                //设置采样图片格式
    grab _ buf. width = GRAB _ WIDTH;                            //图片宽度
    grab _ buf. height = GRAB _ HEIGHT;                          //图片高度
    grab _ size = grab _ buf. width * grab _ buf. height * 3;     //摄像头缓存区大小
    //开辟摄像头缓存区
    grab _ data = mmap(0, grab _ size, PROT _ READ|PROT _ WRITE, MAP _ SHARED, grab _
    fd, 0);
    if ( -1 = = ( int) grab _ data)
    {
        perror("mmap");
        exit(1);
    }
}
/* * * * * * * * * * * * * * * * * * * * * * * * * * * * * * * * * * * */
unsigned char * grab _ one( int * width, int * height) {
    for ( ; ; ) {
        if ( -1 = = ioctl( grab _ fd, VIDIOCMCAPTURE, &grab _ buf)) {  //设置采样图片信息
            perror("ioctl VIDIOCMCAPTURE");
```

```
    } else {
      if ( -1 = = ioctl( grab_fd,VIDIOCSYNC,&grab_buf)) {      //获取一幅图片
        perror("ioctl VIDIOCSYNC");
      } else {
        *width = grab_buf.width;
        *height = grab_buf.height;
        return grab_data;                                       //返回图片数据信息
      }
    }
  }
}
/* * * * * * * * * * * * * * * * * * * * * * * * * * * * * * * * * * */
void close_video( )
{
    munmap( grab_data,grab_size);                               //释放摄像头缓存区
    close("/dev/video0");                                       //关闭摄像头设备文件
}
/* * * * * * * * * * * * * * * * * * * * * * * * * * * * * * * * * * * */
int main( int argc,char * argv[ ])
{
    unsigned short * pic;
    if( argc ! = 2)
    {
        printf("please input file name\n");
        exit(1);
    }
    fout = fopen( argv[1],"wb");
    camera_init( );
    pic = ( unsigned short * )malloc( GRAB_HEIGHT * GRAB_WIDTH * 3);
    pic = grab_one( &width,&length);
    if( -1 = = fwrite( pic,1,width * height * 3,fout))          //将采集到的图片数据
                                                                信息写入文件
    {
        printf("write image data error !!! \n");
        exit(1);
    }
    fclose( fout);
    close_video( );
    return 0;
```

```
}
```

　　3. makefile 文件编写

```
/*********************************************/
# Path to source files
SOURCES  =  camera. c
# path to include file
INCPATH  =  /root/Linux - 2. 4. 21 - PXA270/include
# Path for binary output file
OUTPATH  =  . /
APPNAME  =  camera
# compiler
CC  =  /opt/xscalev1/bin/arm - Linux - gcc
# options
CFLAGS  =   - DLinux   - O2   - Wall   - I $ ( INCPATH )
#all：$ ( OBJS )
 $ ( OBJS )：led. c
    $ ( CC ) $ ( CFLAGS ) - c - o  $ ( OBJS ) $ ( SOURCES )
clean：
    rm - f * . o
/*********************************************/
```

　　4. 运行

　　运行 makefile，生成可执行文件 camera。通过串口将 camera 文件下载到 EELIOD 系统上，然后执行下列指令：

　　#. /camera image

　　程序运行完将会在同一目录下出现一个 image 的文件，该文件以 RGB24 格式保存图片。可以通过以下指令打开 image 文件，显示采集到的数据文件：

　　#cat image

7.4.4　Framebuffer 图片显示应用程序设计

　　Framebuffer（帧缓冲区）是显示屏用来临时存储显示信息的存储设备。EELIOD 系统使用从 SDRAM 中分配的一块空间用作 Framebuffer。

　　1. Framebuffer 驱动配置

　　利用 make menuconfig 命令对 Framebuffer 驱动进行配置，选中字符设备选项“Character devices - >”，如图 7.27 所示。按回车键，进入字符设备配置界面，如图 7.28 所示。在字符配置界面中，选中“Virtual terminal”，就可以使内核实现对字符驱动的支持，为 Framebuffer 设备提供编程接口。

　　2. Framebuffer 接口编程

　　通常要打开的 Framebuffer 设备文件是/dev/fb0，但是如果用户有多个视频卡和监视器的话，设备也可能不同。大多数应用通过读取环境变量 FRAMEBUFFER（用 getenv( ) 函数）

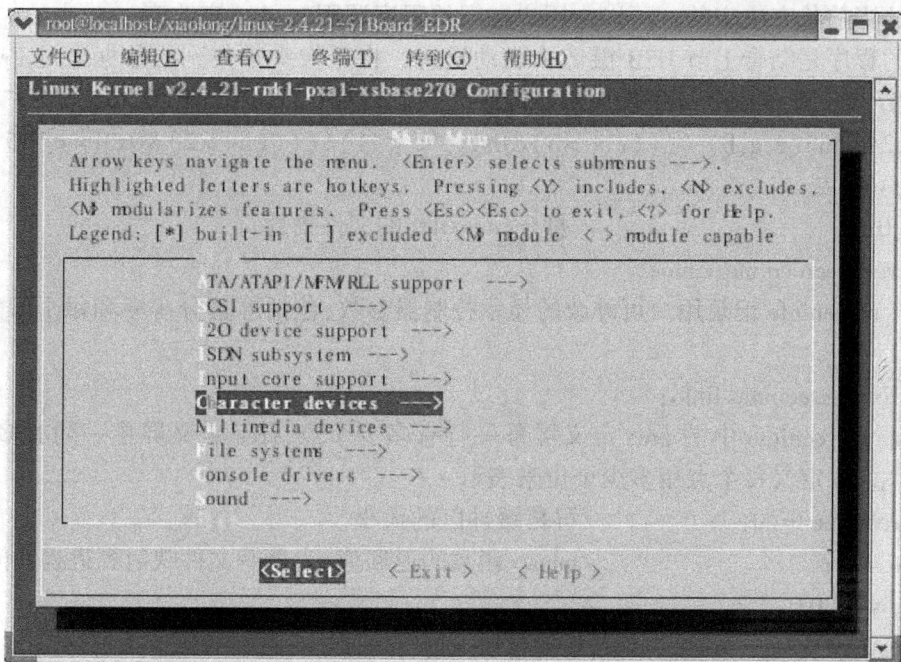

图 7.27 字符设备

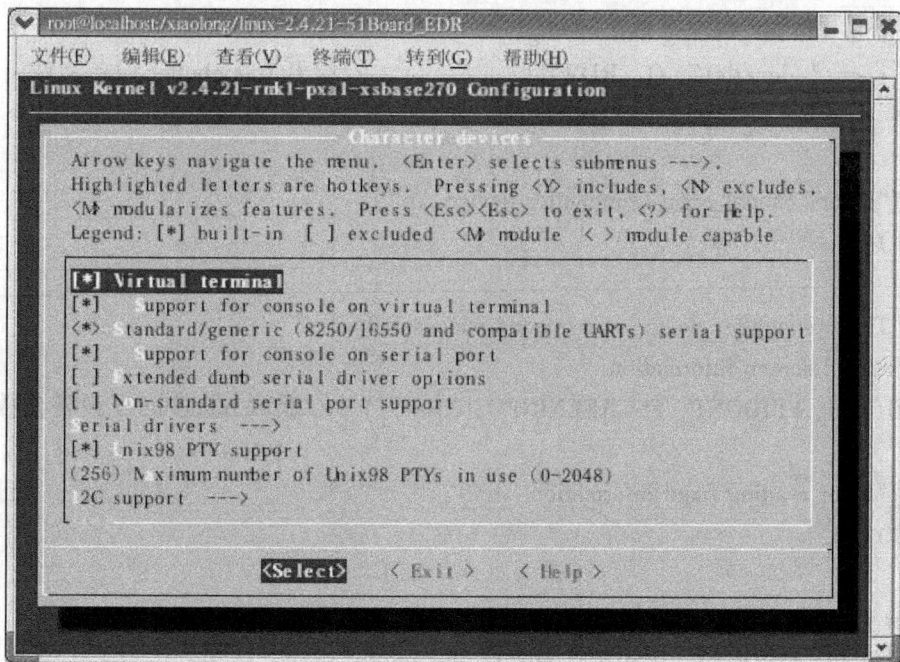

图 7.28 虚拟终端

来决定该使用哪个设备文件。如果该环境变量不存在，那么就用/dev/fb0。

在映射屏幕内存之前，需要知道能够映射多少，以及需要映射多少。第一件要做的事情就是从新得到的 Framebuffer 设备取回信息。有两个结构包含需要的信息，第一个包含固定的屏幕信息，这部分是由硬件和驱动的能力决定的；第二个包含着可变的屏幕信息，这部分是由硬件的当前状态决定的，可以由用户空间的程序调用 ioctl( )来改变。

下面的程序是结合上节 USB 摄像头驱动设置，将摄像头采集到的数据通过 Framebuffer 显示在 LCD 上，具体程序（摄像头部分程序见上节）如下：

```
#define rgb24to565(r,g,b) ((((r>>3)&0x1f)<<11)|(((g>>2)&0x3f)<<5)|((b>>3)&0x1f))
int fbfd = 0;                          // 打开/dev/fb0 的文件描述符
struct fb_var_screeninfo vinfo;
//fb_var_screeninfo 记录用户可修改的显示控制器参数,包括屏幕分辨率和每个像素点的比特数
struct fb_fix_screeninfo finfo;
/* fb_fix_screeninfo 中的 xres 定义屏幕一行有多少个点,yres 定义屏幕一列有多少个点,
bits_per_pixel 定义每个点用多少个位来表示 */
long int screensize = 0;              //屏幕缓冲区的大小
char *fbp = 0;                        //mmap 函数的返回值,为最后文件映射到进程空间的地址
int x = 0, y = 0;
long int location = 0;
int open_framebuffer(void)
{
    // Open the file for reading and writing
    fbfd = open("/dev/fb0", O_RDWR);              //打开 framebuffer 设备文件
    if (fbfd < 0)
    {
     printf("Error: cannot open framebuffer device. \n");
     exit(1);
    }
    printf("The framebuffer device was opened successfully. \n");
    // Get fixed screen information
    if (ioctl(fbfd, FBIOGET_FSCREENINFO, &finfo))    //获取 framebuffer 设备参数信息
    {
     printf("Error reading fixed information. \n");
     exit(2);
    }
    // Get variable screen information
    if (ioctl(fbfd, FBIOGET_VSCREENINFO, &vinfo))
    {
     printf("Error reading variable information. \n");
     exit(3);
    }
/* xres 和 yres 是在屏幕上可见的实际分辨率, 将 bits_per_pixel 设为 1、2、4、8、16、24
```

或 32 来改变颜色深度（color depth）*/

```
    printf ("% dx% d, % dbpp \ n", vinfo. xres, vinfo. yres, vinfo. bits _ per _ pixel);
    screensize = vinfo. xres * vinfo. yres * vinfo. bits _ per _ pixel / 8;
    // Map the device to memory
    fbp = (char *) mmap (0, screensize, PROT _ READ | PROT _ WRITE, MAP _
    SHARED, fbfd, 0);
    if ( (int) fbp = = - 1)                          //开辟 framebuffer 缓存区
    {
        printf ("Error: failed to map framebuffer device to memory. \ n");
        exit (4);
    }
    return 0;
}
/* * * * * * * * * * * * * * * * * * * * * * * * * * * * * * * * * * * * * * * * * * */
void close _ framebuffer (void)
{
    munmap (fbp, screensize);                         //释放 framebuffer 缓存区
    close (fbfd);                                     //关闭 framebuffer 设备文件
}
/* * * * * * * * * * * * * * * * * * * * * * * * * * * * * * * * * * * * * * * * * * */
void put _ pixel (int x, int y, unsigned short c)
{
    location = (x + vinfo. xoffset) * (vinfo. bits _ per _ pixel/8) + (y + vinfo. yoffset) * fin-
    fo. line _ length;
     * ( (unsigned short int *) (fbp + location)) = c; //将像素点数据写入 framebuffer 缓
                                                           存区
}
```

主函数如下：
```
/* * * * * * * * * * * * * * * * * * * * * * * * * * * * * * * * * * * * * * * * * * */
int main (int argc, char * argv [ ])
{
    int i, j, k;
    int width, height;
    camera _ init ();
    open _ framebuffer ();
    for ( ; ; )
    {
        k = 0;
        fbp = (Ipp8u *) grab _ one (&width, &height); //利用摄像头获取一幅图片
```

```
        for (j = picy; j < picy + height; j + +)
        {
            for (i = picx; i < picx + width; i + +)
            {
                * (pic + k) = rgb24to565 (* (fbp + 3 * k), * (fbp + 3 * k + 1),
                * (fbp + 3 * k + 2));
                put _ pixel (i, j, pic [k + +]);
            }
        }
    }
    close _ video ();
    close _ framebuffer ();
    return 0;
}
```

3. makefile 文件编写

```
/* * * * * * * * * * * * * * * * * * * * * * * * * * * * * * * * * * * * * * * */
# Path to source files
SOURCES = framebuffer. c
# path to include file
INCPATH = /root/Linux – 2. 4. 21 – 51Board _ EDR/include
# Path for binary output file
OUTPATH = ./
APPNAME = display
# compiler
CC = /opt/xscalev1/bin/arm – Linux – gcc
# options
CFLAGS = – DLinux – O2 – Wall – I $ (INCPATH)
#all：$ (OBJS)
 $ (OBJS)：led. c
    $ (CC) $ (CFLAGS) – c – o $ (OBJS) $ (SOURCES)
clean：
    rm – f * . o
/* * * * * * * * * * * * * * * * * * * * * * * * * * * * * * * * * * * * * * * */
```

4. 执行

运行 makefile，生成可执行文件 display。通过串口将 display 文件下载到 EELIOD 系统上，然后执行下列命令：

#. /display

将会在 LCD 上出现图 7. 29 所示的画面，该图片是摄像头采集的一帧画面。

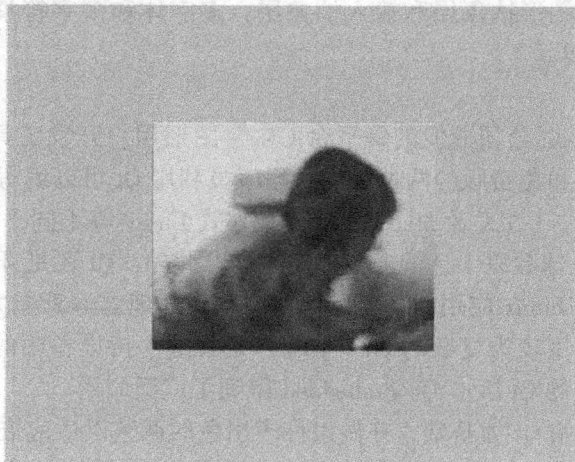

图 7. 29　Framebuffer 显示

7.5　嵌入式 GUI 简介

图形用户界面（GUI）是指利用图形表示用户的信息，能利用鼠标等外部设备进行大多数基础性操作的用户界面。利用操作系统提供 GUI 操作，能够使得对应用软件的操作感到方便、统一，并且能够减少开发负担。实现 GUI 的操作系统有 Microsoft 公司的 Windows 和 Apple 公司的 Mac OS 等。Linux 中比较常见的有以下几种 GUI 系统：精简的 X Window 系统、MiniGUI、MicroWindows、OpenGUI 及 Qt/Embedded 等。下面对常用的 GUI 系统做简单介绍。

1. MicroWindows

MicroWindows 是一个源代码开放的项目，目前由美国 Century Software 公司主持开发。MicroWindows 提供了现代图形窗口系统的一些特性。MicroWindows API 接口支持类似 Win32API，接口还实现了一些 Win32 用户模块功能。MicroWindows 采用分层设计方法，以便不同的层面在需要时改写，基本采用 C 语言实现。MicroWindows 支持 Intel 16 位和 32 位 CPU、MIPS R4000 及 ARM 处理器。MicroWindows 支持 GB2312 等字符集。但是作为窗口系统，该项目还有一些如键盘和鼠标等的驱动还不完善等问题。

2. OpenGUI

OpenGUI 在 Linux 系统上存在了很长时间了。最初的名字叫 FastGL，支持多种显示模式，也支持多种操作系统平台，比如 MS-DOS、QNX 和 Linux 等。OpenGUI 分三层。最底层是汇编编写的快速图形引擎；中间层提供了图形绘制 API，包括线条、矩形及圆弧等，并且兼容 Borland 的 BGI API。第三层用 C + + 编写，提供了完整的 GUI 对象集。OpenGUI 比较适合于基于 x86 平台的实时系统，可移植性较差。

3. MiniGUI

MiniGUI 主要运行于 Linux 控制台，也可以运行在任何一种有线程支持的 POSIX 兼容系统上。MiniGUI 是国内最早的自由软件项目之一，遵循 GPL 条款。其目标是为基于Linux 的实时嵌入式系统提供一个轻量级的图形用户界面支持系统。MiniGUI 具有以下特点：方便的编程接口，使用了图形抽象层和输入抽象层，多字体和多字符集支持（尤其是对中文的支持），多线程机制等。

4. Qt/Embedded

Qt 是由挪威 TrollTech 公司开发的跨平台 C++图形用户开发工具，也是该公司的一个标志性产品，有商业版和免费版的两种版本。程序员利用 Qt 可以编写单一代码的应用程序，并可在 Windows、Linux、UNIX 及 Mac OS X 和嵌入式 Linux 等不同平台上进行本地化运行。Qt 已被成功地应用于全球数以千计的商业应用程序。此外，Qt 还是开放源代码 KDE 桌面环境的基础。随着嵌入式 Linux 应用的不断发展，嵌入式处理器运算能力的不断增强，越来越多的嵌入式设备开始采用较为复杂的 GUI 系统，尤其是手持设备中的 GUI 系统发展得非常迅速，面向嵌入式系统的 Qt 版本 Qt/Embedded 得到了广泛应用。

Qt/Embedded 以原始 Qt 为基础，并做出许多出色的调整以适应嵌入式环境。Qt/Embedded 通过 Qt 的 API 与 Linux I/O 设备直接交互，成为嵌入式 Linux 端口。同 Qt/X11 相比，Qt/Embedded 节省内存。它在底层采用 Framebuffer 作为底层图形的引擎，Framebuffer 是出现在 Linux2.2.x 以上内核中的驱动程序接口。这种接口采用 mmap 系统调用，将显示设备抽象为 Framebuffer 区。正是 framebuffer 驱动程序才使系统屏幕能显示内容。

在任何 GUI 系统中，均有事件或消息驱动的概念。Qt/Embedded 是建立在事件基础上的。Qt/Embedded 中与用户输入事件相关的信号是建立在对底层输入设备的接口调用上的。Qt/Embedded 的输入设备分为鼠标类与键盘类。Qt/Embedded 3.0 支持的鼠标协议有：BusMouse、IntelliMouse、Microsoft 及 Mouseman。其中鼠标设备的抽象基类为 QWSMouse Handler，从该类又重新派生出一些具体的鼠标类设备的实现类。Qt/Embedded 支持标准的 101 键盘，通过 QWSeboardHandler 可以让 Qt/Embedded 支持更多的客户键盘和其他设备。

一个 Qt/Embedded 窗口系统包含了一个或多个进程，其中的一个进程可作为服务器。这个服务器进程会分配客户显示区域，以及产生鼠标和键盘事件。这个服务进程还能为已经运行的客户程序提供输入方法和用户接口。客户可以使用 QCOP 通道交换消息。服务进程简单的广播 QCOP 消息给所有监听指定通道的应用进程，接着应用进程可以把一个插槽连接到一个负责接收的信号上，从而对消息作出响应。消息的传递通常伴随着二进制数据的传输，这是通过一个 QDataStream 类的序列化过程来实现的。

Qt/Embedded 支持四种不同的字体格式：True Type（TTF）、Postscript Type1、位图发布字体（BDF）和 Qt 的 Pre-rendered 字体（QPF）。Qt 还可以通过增加 QFontFactory 的子类来支持其他字体，也可以支持以插件方式出现的反别名字体。

Qt/Embedded 是一个多平台的 C++图形用户界面开发工具包，它注重于能给用户提供精美的图形界面所需的所有元素，而且其开发过程基于面向对象的编程思想，并且 Qt/Embedded 支持真正的组件编程。

本 章 小 结

本章简要地介绍了嵌入式 Linux 操作系统，嵌入式 Linux 驱动程序设计，以及如何在嵌入式 Linux 下开发各种应用程序。

本章首先介绍了如何建立与使用嵌入式 Linux 的交叉开发环境与开发工具的相关知识；

其次，介绍了如何将 ARM Linux 移植到 EELIOD 系统，配置与编译 ARM Linux 的内核，建立 ARM Linux 文件系统，开发设备驱动程序及 ARM Linux 下应用程序的详细过程；最后简单介绍了图形用户界面 GUI 及 Linux 中比较常见的 GUI 系统。

每一小节都通过具体的实例，对所介绍的重点知识做了更进一步的说明和总结。

思考题与习题

7.1　学习掌握编写简单 makefile 的方法，创建多个 C 语言文件并用 makefile 实现编译、连接和生成目标文件。

7.2　简述 Linux 源代码各目录中的内容，并针对内核的目录绘制一个树形结构图。

7.3　分析 make config、make menuconfig、make xconfig 三个 Linux 内核配置界面的区别。

7.4　指出 Linux 内核编译命令 make、make zImage 和 make bzImage 的区别。

7.5　比较 romfs、extfs2 和 jffs2 文件系统的优缺点。

7.6　试分析 jffs2 文件系统的加载过程。

7.7　请制作一个 RamDisk 文件系统作为系统的根文件系统。

7.8　简述将新增设备驱动源代码添加到 Linux 内核中的步骤。

7.9　比较基于 PC 和 ARM 的串口程序的 makefile 文件，分析两者的区别。

第8章 ARM ADS 集成开发环境

前面章节已经对 ARM 的体系结构及其程序设计进行了介绍，在实际的嵌入式系统开发过程中，还需要借助 PC 的软硬件资源来编译、链接所设计的程序，以及使用相应的仿真工具来帮助开发者调试软硬件系统。本章将对 ARM 的开发工具及开发环境进行讲解，重点介绍程序实例的调试开发和具体实现过程。

8.1 ARM 开发工具及开发环境简介

目前，很多国内外的公司都有它们的 ARM 开发工具和开发环境产品，本节将针对 EE-LIOD 系统，重点介绍 Banyan-U ARM JTAG 仿真工具和 ARM ADS 集成开发环境。其他的仿真工具和开发环境在很多方面均与其类似，但在实际使用过程中，还需要参考其相应的技术文档。

8.1.1 ARM 开发工具简介

ARM 应用软件的开发工具根据功能的不同，分别有编译软件、汇编软件、链接软件、调试软件、嵌入式实时操作系统、函数库、评估板、JTAG 仿真器、在线仿真器等，目前世界上约有四十多家公司提供以上不同类别的产品。

用户选用 ARM 处理器开发嵌入式系统时，选择合适的开发工具可以加快开发进度，节省开发成本。因此一套含有编辑软件、编译软件、汇编软件、链接软件、调试软件、工程管理及函数库的集成开发环境（IDE）一般来说是必不可少的，至于嵌入式实时操作系统、评估板等其他开发工具则可以根据应用软件规模和开发计划选用。

使用集成开发环境开发基于 ARM 的应用软件，包括编辑、编译、汇编、链接等工作全部在 PC 上即可完成，调试工作则需要配合其他的模块或产品方可完成，目前常用的调试方法有以下几种：

1. 指令集模拟器

部分集成开发环境提供了指令集模拟器，如 ARM ADS 附带的调试器 ARMulator，它可方便用户在 PC 上完成一部分简单的调试工作，但由于指令集模拟器与真实的硬件环境相差很大，因此即使用户使用指令集模拟器调试通过的程序也有可能无法在真实的硬件环境下运行，用户最终必须在硬件平台上完成整个应用的开发。

2. 驻留监控软件

驻留监控软件（Resident Monitors）是一段运行在目标板上的程序，集成开发环境中的调试软件通过以太网口、并行端口、串行端口等通信端口与驻留监控软件进行交互，由调试软件发布命令通知驻留监控软件控制程序的执行、读写存储器、读写寄存器、设置断点等。

驻留监控软件是一种比较低廉、有效的调试方式，不需要任何其他的硬件调试和仿真设备。ARM 公司的 Angel 就是该类软件，大部分嵌入式实时操作系统也是采用该类软件进行调试，不同的是在嵌入式实时操作系统中，驻留监控软件是作为操作系统的一个任务存在的。

　　驻留监控软件的不便之处在于它对硬件设备的要求比较高，一般在硬件稳定之后才能进行应用软件的开发，同时它占用目标板上的一部分资源，而且不能对程序的全速运行进行完全仿真，所以对一些要求严格的情况不是很适合。

　　3. JTAG 仿真器

　　JTAG 仿真器也称为 JTAG 调试器，是通过 ARM 芯片的 JTAG 边界扫描端口进行调试的设备。JTAG 仿真器比较便宜，链接比较方便，通过现有的 JTAG 边界扫描端口与 ARM CPU 核通信，属于完全非侵入式（即不使用片上资源）调试，它无需目标存储器，不占用目标系统的任何端口，而这些是驻留监控软件所必需的。另外，由于 JTAG 调试的目标程序是在目标板上执行，仿真更接近于目标硬件，因此，许多接口问题，如高频操作限制、AC 和 DC 参数不匹配、导线长度的限制等被最小化了。使用集成开发环境配合 JTAG 仿真器进行开发是目前采用最多的一种调试方式。

　　4. 在线仿真器

　　在线仿真器使用仿真头完全取代目标板上的 CPU，可以完全仿真 ARM 芯片的行为，提供更加深入的调试功能。但这类仿真器为了能够全速仿真时钟速度高于 100MHz 的处理器，通常必须采用极其复杂的设计和工艺，因而其价格比较昂贵。在线仿真器通常用在 ARM 的硬件开发中，在软件的开发中较少使用，其价格高昂也是在线仿真器难以普及的因素。

　　在以下的篇幅中，选取上海弘诺信息技术有限公司的 Banyan-U ARM JTAG 仿真工具和 ARM 公司的 ARM ADS 集成开发环境向读者作一个简单的介绍，这些产品在国内有相对较畅通的销售渠道，用户容易购买。

8.1.2　Banyan-U ARM JTAG 仿真工具

　　1. 硬件特点

Banyan-U ARM JTAG 仿真工具硬件具有如下特点：

　　1）使用 CPLD 设计，下载速度远快于普通 JTAG 电缆，下载时间仅需普通 JTAG 电缆的几分之一。

　　2）由 USB 接口供电，无须独立的电源。

　　3）JTAG 接口信号电平由目标板决定。

　　4）支持 USB 2.0/USB 1.1 。

　　5）体积小，携带方便。

　　6）在以下 CPU 上测试通过，性能稳定：

- ARM7TDMI（AT91M40800，AT91M55800，AT91M40162，S3C4510B，S3C44B0x，TMS320VC5470）；
- ARM7TDMI-S（LPC2104）；
- ARM720T（HMS30C7202）；
- ARM920T（MC9328M81，AT91RM9200，Sumsung S3C2410）；
- ARM922T（KS8695）；
- ARM926E（M82，S3C2410）；

- ARM940T（C882100，S3C2510）；
- ARM946E（88E62）；
- XScale（PXA255，IXP425，PXA270，PXA271）。

2. 硬件连接

如图 8.1 所示，在关闭目标板电源的情况下，使用 Banyan-U 自带的 20 芯排线连接 Banyan-U 和目标板，然后使用 USB 电缆连接 Banyan-U 和计算机的 USB 接口。

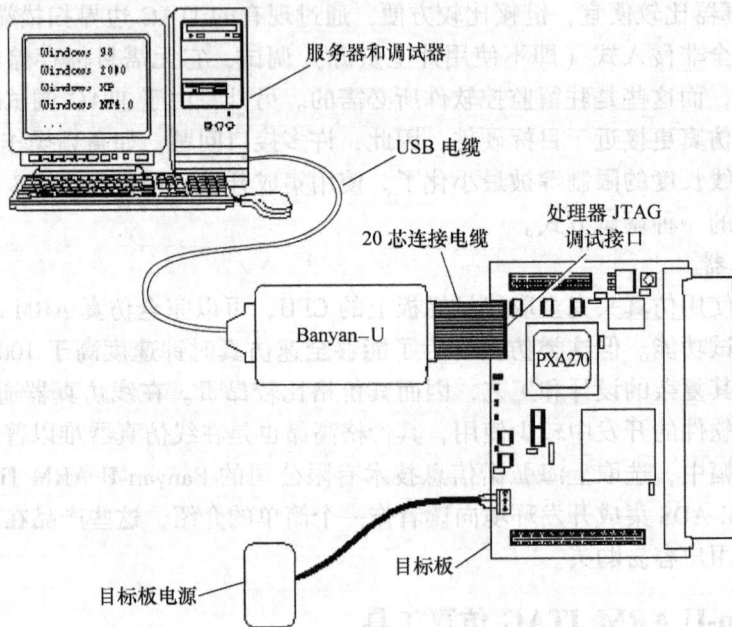

图 8.1 Banyan-U 仿真器与目标板及 PC 连接图

3. 软件特点（V1.8.0 版本）

USB Banyan Daemon（以下简称为 Daemon）为 Banyan-U 的驱动程序，具有以下功能：

1）支持 Windows 98/Windows 2000/Windows XP。

2）支持 SDT 2.51、ADS 1.2、RVDS、Codelab、CodeWarrior、IAR、GDB/Insight 源代码级调试。

3）支持 ARM7/ARM9/XScale 系列 CPU，支持 CPU 内核类型自动检测。

4）支持 PXA27x（PXA270/PXA271/ PXA272）。

5）支持多 ARM 内核处理器。

6）支持同时调试多内核处理器中的多个内核。

7）支持协处理器访问。

8）支持调试 Flash 中的程序。

9）支持硬件断点和无限个软件断点。

10）支持 ARM/Thumb 模式。

11）支持 Little/Big Endian 模式。

12）支持 MMU Enable 模式下调试。

13）支持 Cache Enable 模式下调试。

14）支持 DCC。

15）支持 Semihosting。

16）支持调试器直接下载程序到处理器内置 Flash（可以支持 Philips 的 LPC2888 系列，ATMEL SAM7 系列，ST ST7x 系列内置 Flash 的处理器）。

17）使用 RDI 接口，无需网卡的支持。

18）支持 NOR Flash 烧写（使用附带软件）。

19）支持 NAND Flash 烧写（使用附带软件）。

20）支持手动设定 CPU 内核类型。

4. 软件使用

一般按照如下步骤，软件即可正常使用：

1）连接好硬件，打开目标板电源。

2）首次使用，Windows 会提示找到新硬件，按照默认的方式安装驱动程序即可。

3）运行 DaemonU. exe。首次运行 DeamonU. exe 会提示找到新硬件，按照默认的方式安装驱动程序即可。

仿真器软件图标

4）DeamonU. exe 运行后会自动搜索硬件，并在系统区显示一小图标，如图 8.2 所示。

图 8.2　DeamonU. exe 的任务栏图标

5）搜索完硬件后，Daemon 最小化为一个图标。当此图标变为红绿灯闪烁时，表示 Daemon 正在访问硬件，请勿在此时关闭硬件电源。使用鼠标左键双击 Daemon 最小化图标可以"关闭/打开"主窗口，如图 8.3 所示。

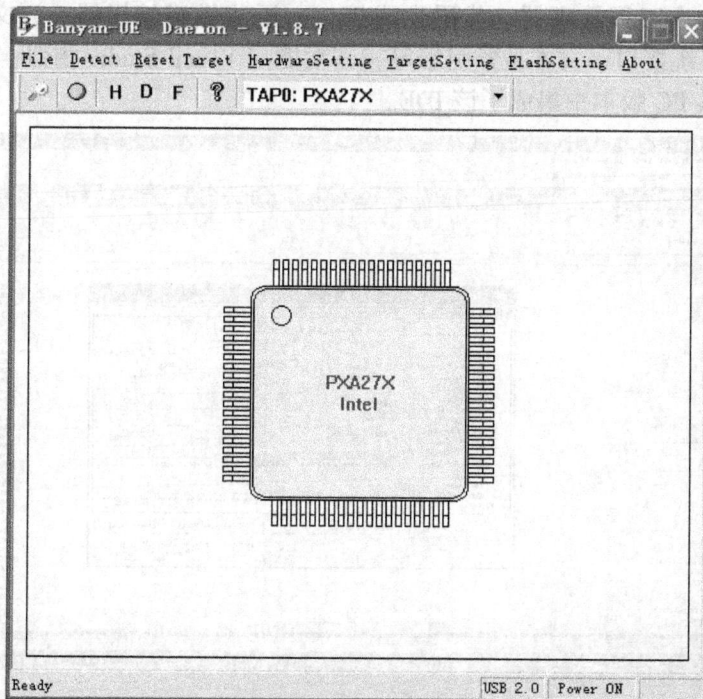

图 8.3　Daemon 的主窗口

8.1.3 ARM ADS 集成开发环境

ARM ADS 的英文全称为 ARM Developer Suite，是 ARM 公司推出的新一代 ARM 集成开发工具，用来取代 ARM 公司以前推出的开发工具 ARM SDT，目前 ARM ADS 的最新版本为 1.2。

ARM ADS 起源于 ARM SDT，对一些 SDT 的模块进行了增强并替换了一些 SDT 的组成部分，最大的变化是 ADS 用 CodeWarrior IDE 集成开发环境替代了 SDT 的 APM，用 AXD 替换了 ADW，现代集成开发环境的一些基本特性如源文件编辑器语法高亮，窗口驻留等功能在 ADS 中得以体现。

ARM ADS 支持所有 ARM 系列处理器，除了 ARM SDT 支持的运行操作系统外还可以在 Windows 2000/Me 以及 RedHat Linux 上运行。

ARM ADS 由 6 部分组成。

1. 代码生成工具

代码生成工具（Code Generation Tools）由源程序编译、汇编、链接工具集组成。ARM 公司针对 ARM 系列每一种结构都进行了专门的优化处理，这一点除了作为 ARM 结构设计者的 ARM 公司，其他公司都无法办到，ARM 公司宣称，其代码生成工具最终生成的可执行文件最多可以比其他公司工具套件生成的文件小 20%。

2. 集成开发环境

CodeWarrior IDE 是 Metrowerks 公司一套比较有名的集成开发环境（CodeWarrior IDE from Metrowerks），主界面如图 8.4 所示。有不少厂商将它作为界面工具集成在自己的产品中。CodeWarrior IDE 包含工程管理器、代码生成接口、语法敏感编辑器、源文件和类浏览器、源代码版本控制系统接口、文本搜索引擎等，其功能与 Visual Studio 相似，但界面风格比较独特。ADS 仅在其 PC 版本中集成了该 IDE。

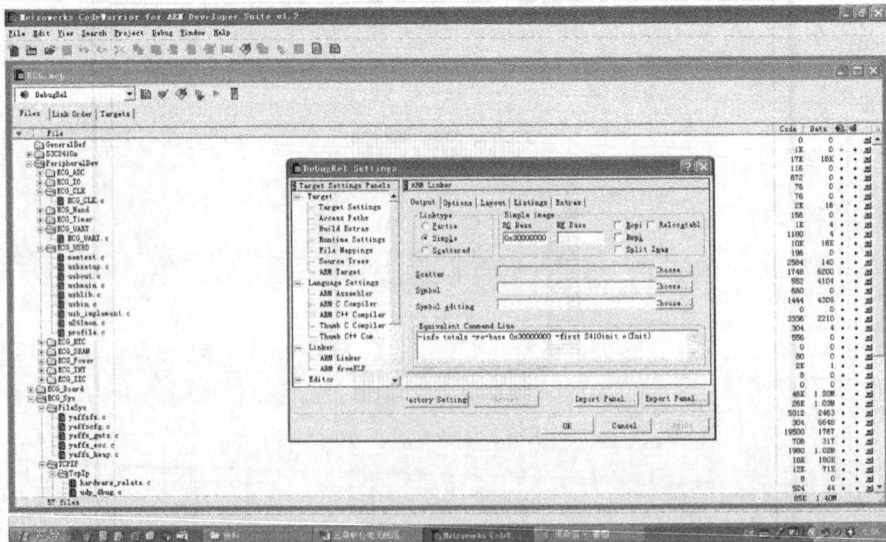

图 8.4　CodeWarrior IDE 集成开发环境主界面

3. 调试器

调试器（Debuggers）部分包括两个调试器：ARM 扩展调试器 AXD（ARM eXtended Debugger）、ARM 符号调试器 Armsd（ARM symbolic debugger）。

AXD 基于 Windows98/NT 风格，具有一般意义上调试器的所有功能，包括简单和复杂断点设置、栈显示、寄存器和存储区显示、命令行接口等，如图 8.5 所示。

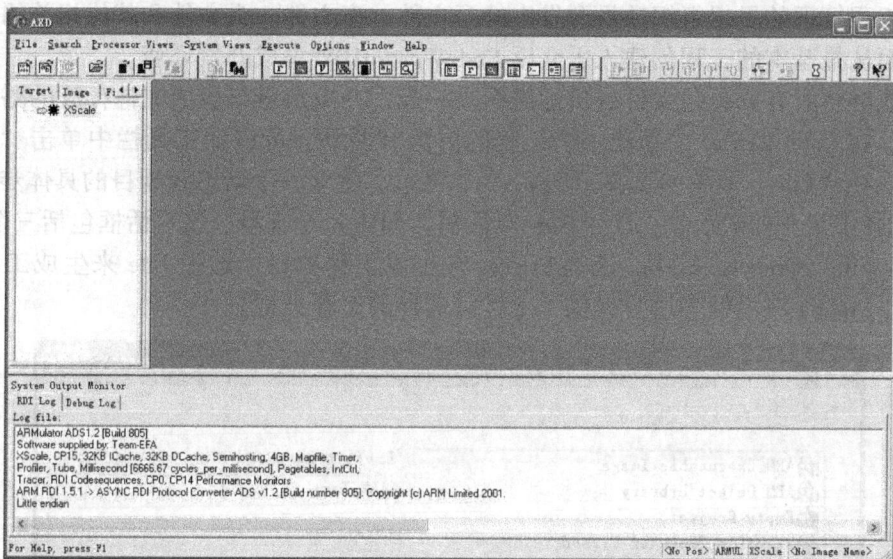

图 8.5 AXD 调试环境主界面

Armsd 是 ARM 和 Thumb 的符号调试器。它能够进行源码级的程序调试。用户可以在用 C 或汇编语言编写的代码中进行单步调试、设置断点、查看变量值和内存单元的内容。

4. 指令集模拟器

用户使用指令集模拟器（Instruction Set Simulators）无需任何硬件即可在 PC 上完成一部分调试工作。

5. ARM 开发包

ARM 开发包（ARM Firmware Suite）由一些底层的例程和库组成，帮助用户快速开发基于 ARM 的应用和操作系统。具体包括系统启动代码、串行口驱动程序、时钟例程、中断处理程序等，Angel 调试软件也包含在其中。

6. ARM 应用库

ADS 的 ARM 应用库（ARM Applications Library）完善和增强了 SDT 中的函数库，同时还包括一些相当有用的提供了源代码的例程。

用户使用 ARM ADS 开发应用程序与使用 ARM SDT 完全相同，可以选择配合 Angel 驻留模块或 JTAG 仿真器进行开发，目前大部分 JTAG 仿真器均支持 ARM ADS。

如何在集成开发环境下创建一个工程，并进行编译和链接，最终下载到目标板执行等，将在下一节详细介绍。

8.2　工程创建、调试和程序固化

8.2.1　工程创建及参数设置

ADS 中的 CodeWarriorIDE 是集管理、编辑、编译、链接于一体的集成开发环境。用户可以利用工程管理的思想组织项目开发中的源文件、库文件、头文件和其他相关的输入输出文件。下面从最基本的工程创建入手介绍 CodeWarriorIDE 集成开发环境。

工程能够将所有的源码文件有机地组织在一起，并决定最终生成文件存放的路径、输出的格式等。在 CodeWarrior 中新建一个工程的方法有两种，可以在工具栏中单击"New"按钮，也可以在"File"菜单中选择"New..."菜单。建立一个新工程项目的具体步骤如下：

1）选择 File→New 命令、打开 New 对话框，如图 8.6 所示。该对话框包括三个选项卡，即 Project、File、Object。其中，选择 Project 来生成工程项目，选择 File 来生成工程项目中的源文件。Project 对话框为用户提供了七种可选择的工程类型。

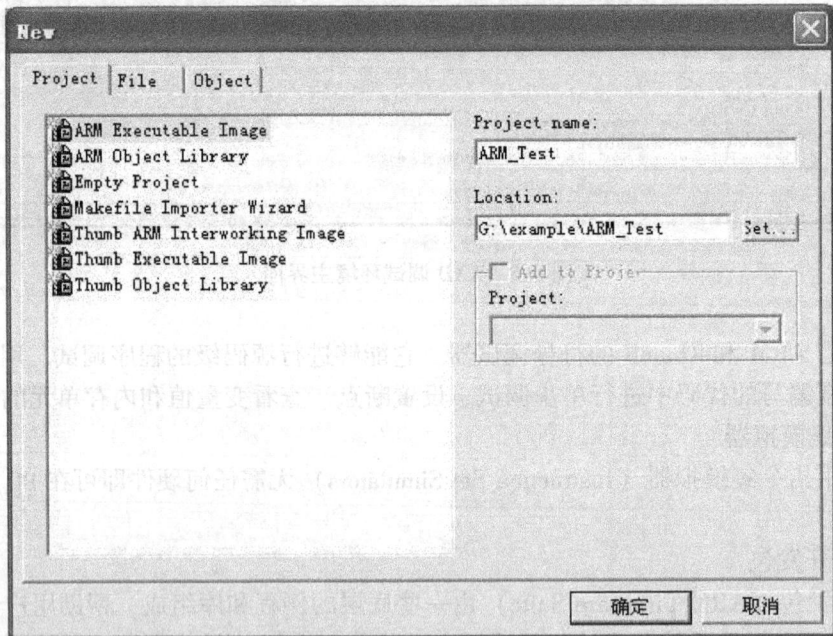

图 8.6　New 对话框

ARM Executable Image：用于由 ARM 指令代码生成一个 ELF（Executable and Linking Format）格式的可执行映像文件。

ARM Object Library：用于由 ARM 指令代码生成一个 armar 格式的目标文件库。

Empty Project：用于创建一个不包含任何库或源文件的工程。

Makefile Importer Wizard：用于将 Visual C 的 nmake 或 GNU make 文件添加到 CodeWarrior IDE 工程文件。

Thumb ARM Executable Image：用于由 ARM 指令和 Thumb 指令的混和代码生成一个 ELF 格式的可执行映像文件。

Thumb Executable Image：用于由 Thumb 指令代码生成一个 ELF 格式的可执行映像文件。

Thumb Object Library：用于由 Thumb 指令代码生成一个 armar 格式的目标文件库。

在这里选择 ARM Executable Image，在"Project name："中输入工程文件名，本例为 "ARM _ Test"，点击"Location："文本框的"Set..."按钮，浏览选择想要将该工程保存的 路径，设置完毕后，点击"确定"按钮，即可建立一个新的名为"ARM _ Test"的工程。 此时会出现 ARM _ Test. mcp 窗口，如图 8.7 所示，窗口中包含三个标签页，分别为 Files、 Link、Order、Targets。

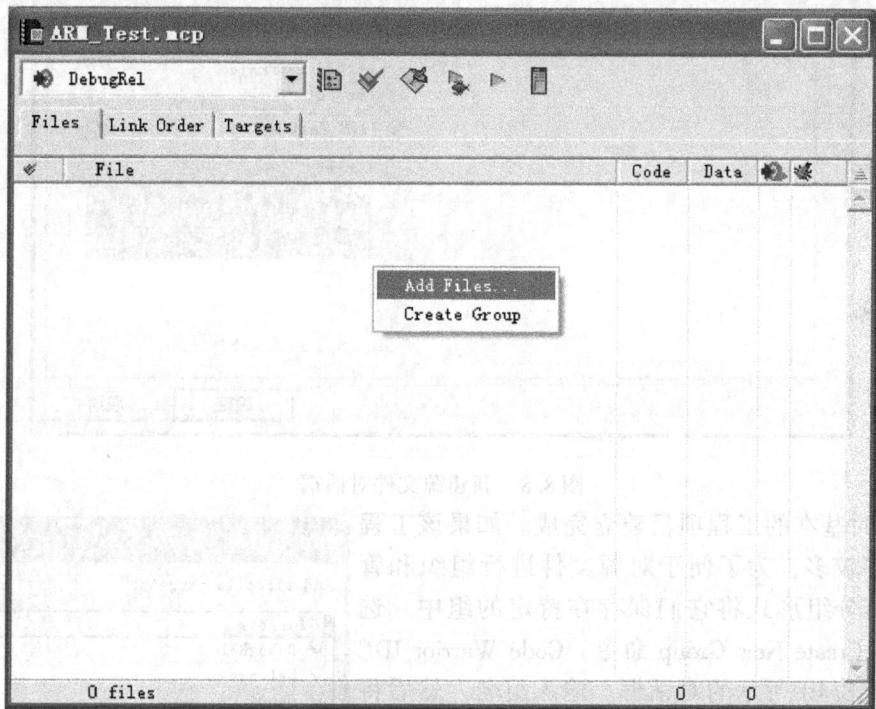

图 8.7　新建工程及添加源文件窗口

在创建新工程的 New 对话框中选择 Files 标签页，可在已有工程项目中添加源文件。选 择 Text File 选项生成一个文本文件，在"File name："中输入新建文件名称，"Location：" 是指定新建文件保存的路径。如果将新建源文件加入到当前工程项目中，选中 Add to Project 复选框。在 Project 下拉列表框中选择想要加入的工程项目名称。Targets 列表框是选择新建 文件加入的生成目标，此处三个生成目标中都包含这个新建文件，如图 8.8 所示。此外，还 有一种生成源文件的简单方法。在 CodeWarriorIDE 工具栏中点击 📄 图标，将生成一个无标 题的编辑窗口，输入所要编写的源代码保存到指定的工程项目目录下，就完成了源文件的建 立。

2）在建立工程项目及相应源代码文件后，需要将这些源代码文件加入到工程项目中。 加入过程可以通过在新建工程窗口中的 Files 标签页点击鼠标右键，选中 Add Files...，如图 8.7 所示，也可以通过菜单 Project→Add Files... 将要用到的源程序添加至工程中。在添加 过程中，如果工程项目中存在多个生成目标，则 CodeWarrior IDE 将弹出 Add Files 对话框， 如图 8.9 所示，用户选择加入文件所要生成的目标。图中将各文件加入到所有三个生成目标中。注意此时所选文件被加入的位置，位于工程项目窗口中当前被选文件的下面。如果当前工程项目窗口中没有文件被选，则被加入文件自动位于工程项目中最后一个文件的后面。

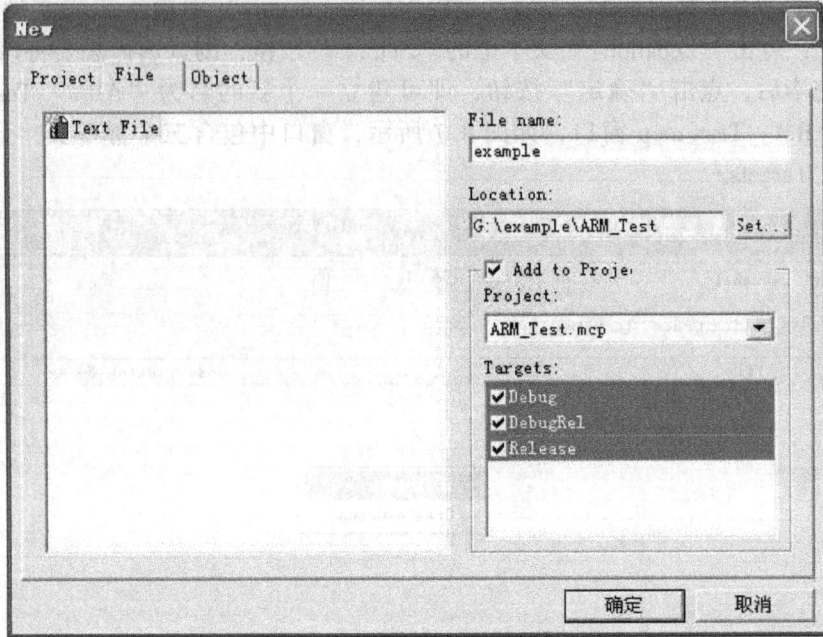

图 8.8　新建源文件对话框

3）此时基本的工程项目建立完成。如果该工程项目中文件较多，为了便于对源文件进行组织和管理，可利用分组形式将它们保存在特定的组中。选择 Project→Create New Group 命令，Code Warrior IDE 将弹出如图 8.10 所示的对话框。输入组名，然后将要放入该组的文件拖入该组中，利用同样的方法可建立多个组。

4）如果用户要删除该工程中的文件，只要选中该文件，按键盘上的 Delete 键或者右键选择 Delete 命令即可。

5）选择 Save 命令保存工程及文件，Code Warrior IDE 在多种情况下还可以自动保存文件，如关闭工程项目、改变工程中目标设置及用户设置等。

通过以上几步就可以建立一个简单的工程项目，但要想最终生成能够运行和调试的 Image 文件，还必须做好相应的参数设置工作。

首先是生成目标的设置，如图 8.11 所示。

每个工程项目都有三种生成目标：

Debug　　　　　　包含了所有调试信息。

DebugRel　　　　　包含了部分调试信息。

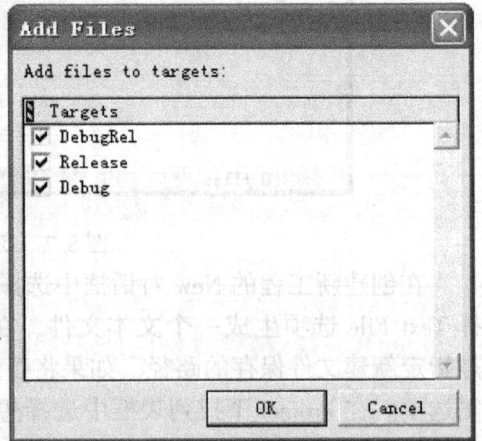

图 8.9　文件添加到指定目标

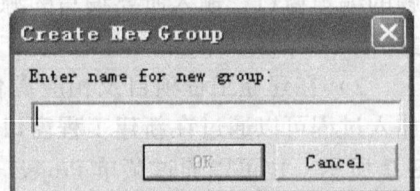

图 8.10　建立新文件组

Release　　　　　　不包含调试信息。

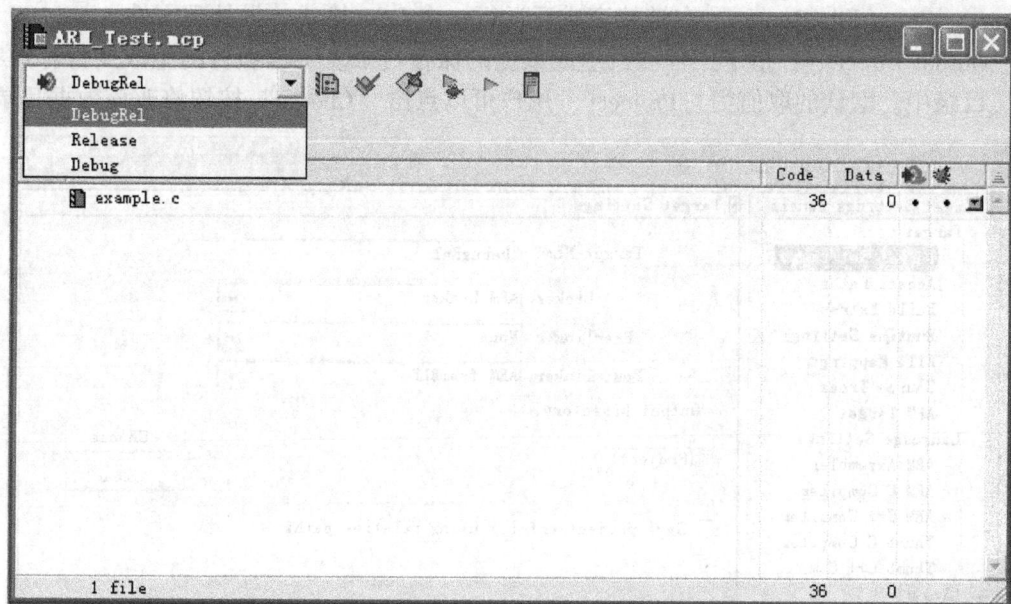

图 8.11　三种不同生成目标

如果项目编译只是为了调试使用，则选择 Debug 或 DebugRel 选项。如果要生成最后的可执行文件，则最好选择 Release 选项。用户选择不同的生成目标选项，对应编辑（Edit）菜单会有不同的设置选项。如果用户选择 Debug，则编辑（Edit）菜单会显示 Debug Setting 菜单。如果选择 DebugRel，则编辑（Edit）菜单会显示 DebugRel Setting 菜单。如果选择 Release，则编辑菜单（Edit）会显示 Release Setting 菜单。但是无论是 Debug Setting 菜单，还是 DebugRel Setting 菜单和 Release Setting 菜单，它们具体对话框的选项是差不多的，如图 8.12 所示 DebugRel Settings 设置对话框。这些选项决定了编译、链接等具体的设定方式，需要用户结合开发实际设置相应内容。

在 DebugRel Settings 对话框中的设置内容较多，在这里主要介绍一些最为常用的设置选项。

1. Target 设置选项

Target Settings 选项组中的选项如图 8.12 所示，具体各选项的含义及设置方式如下：

- Target Name：文本框显示了当前的目标设置。
- Linker：下拉列表框用于选择要使用的链接器。它决定了 Target Setting 对话框中其他选项的显示，可能的取值如下：
  - ARM Linker：选择使用 ARM 链接器 armlink 链接编译器和汇编器生成目标文件。
  - ARM Librarian：选择 ARM 的 librarian 工具，将编译器和链接器生成的文件转化成 ARM 库文件。
  - None：不使用任何链接器，此时工程中的文件不会被编译器或汇编器处理。
- Pre-linker：目前 CodeWarrior IDE 不支持该选项。
- Post-linker：用于选择对链接器输出文件的处理方式，可能的取值如下：
  - None：不进行链接后的处理。
  - ARM fromELF：使用 ARM 工具 fromELF 处理链接器输出的 ELF 格式文件，它可以将 ELF 格式文件转换成各种二进制文件格式。

◆　Batch File Runner：在链接完成后运行一个 DOS 格式的批处理文件。

● Output Directory：指定工程项目生成数据的保存目录。工程项目的生成文件存放在该目录中。默认的取值为 {Project}，用户可以点击 "Choose" 按钮修改该数据目录。

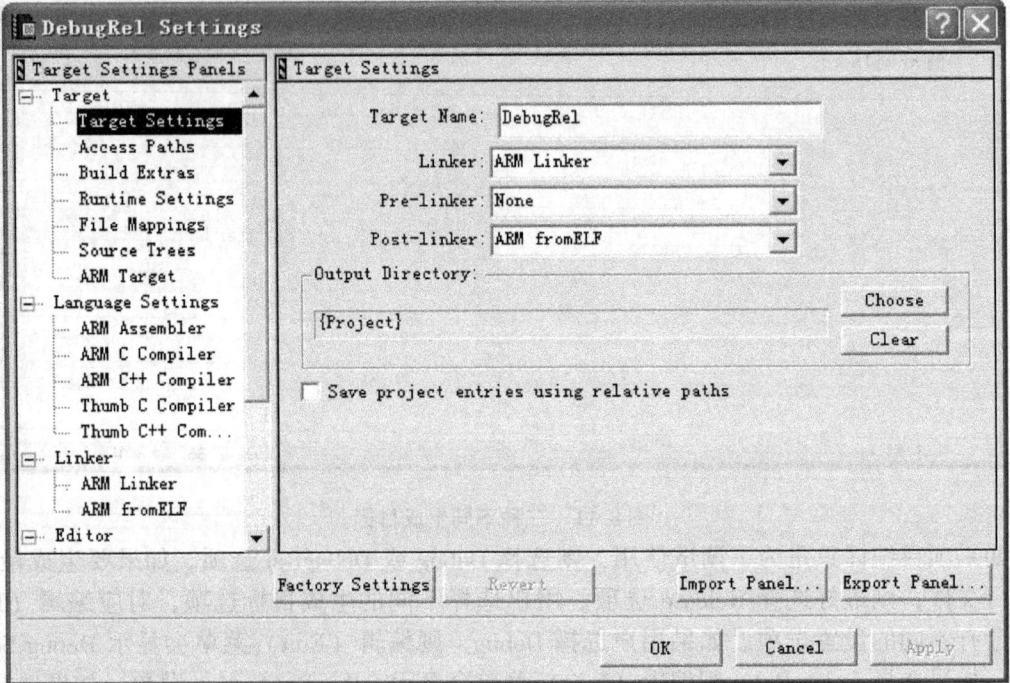

图 8.12　DebugRel Settings 设置对话框

2. Language Settings 设置选项

一般工程项目中包含有汇编源代码，要用到汇编器。在左侧 Target Setting Panels 列表框中选择 Language Settings 选项下的 ARM Assembler 选项，即可打开汇编器选项设置对话框，如图 8.13 所示。在该对话框中包括下面六个选项卡，分别为 Target、ATPCS、Options、Predefines、Listing Control 和 Extras 选项卡。

在每个选项卡中，Equivalent Command Line 列表框中列出了当前汇编器选项设置的对应命令行格式。有一些汇编器选项设置没有提供图形界面，需要使用命令行格式进行设置。

（1）Target 选项卡

Target 选项卡如图 8.13 所示，其中各选项的含义及设置方式如下：

● Architecture or Processor 下拉列表框用于选择目标系统的 ARM 体系结构版本号或处理器编号。

● Floating Point 下拉列表框用于选择系统中浮点单元机制，设置本选项后选定的浮点单元将替代 CPU 型号所固有的浮点单元部分。其可能的取值如下：

◆　FPA Formats and Instructions：选择使用浮点加速器（FPA）。

◆　VFPv1 Formats and Instructions：系统中包含硬件的向量浮点运算单元，如 ARM10v0，该部件符合 vfpv1 标准。

◆　VFPv2 Formats and Instructions：系统中包含硬件的向量浮点运算单元，如

ARM10v0,该部件符合 vfpv2 标准。

- Old-Style Mixed-Endian softfp:使用软件的浮点运算库,该浮点运算库支持混合的内存模式,可以为同时包含大端(big-endian)格式和小端(little-endian)格式。
- Pure-Endian softfp:使用软件的浮点运算库,该浮点运算库支持单一的内存模式,要么为大端(big-endian)格式,要么为小端(little-endian)格式。
- VFP with softvfp calling standard:使用本选项可以支持软件浮点运算库,也支持到硬件 VFP 的链接。这适合在系统中存在 Thumb 指令,同时包含硬件 VFP 的场合。
- No floating point:不支持浮点运算指令。

- Byte Order 选项组用于决定使用大端(big-endian)内存格式,还是使用小端(little-endian)内存格式。
- Initial State 选项组用于决定用户程序运行时,系统的状态为 ARM 状态还是 Thumb 状态。设置该选项并不能切换系统状态,程序中必须包含进行程序状态切换的代码。

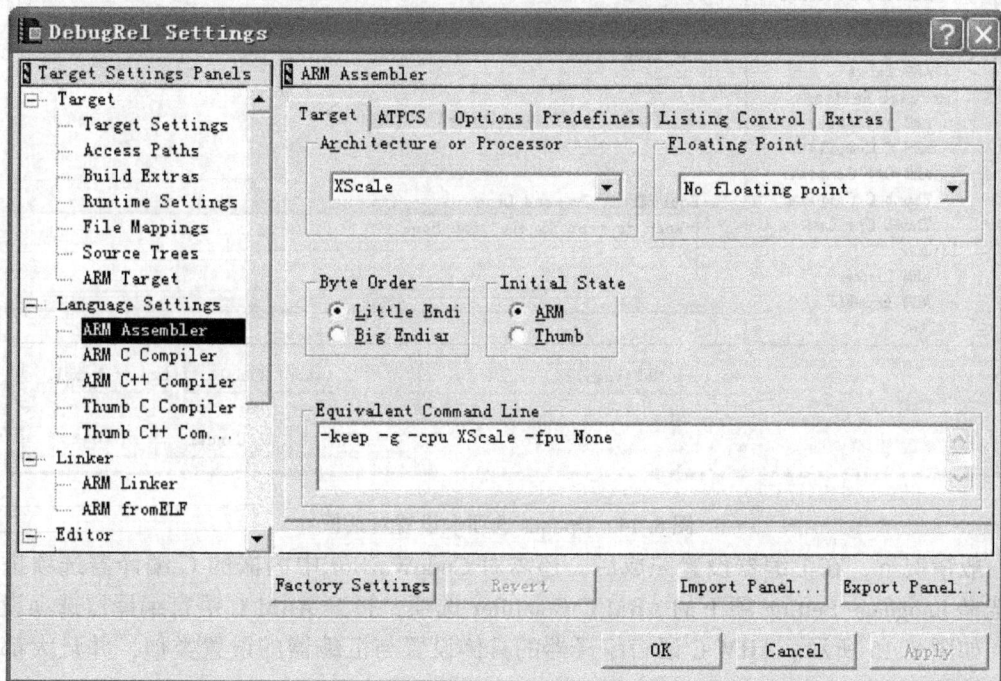

图 8.13 汇编器选项设置对话框

(2)Options 选项卡

Options 选项卡如图 8.14 所示,各选项的含义及设置方式如下:

- Check Register Lists:选中该复选框,则 ARM 汇编器检查指令 RLIST、LDM、STM 中的寄存器列表,保证寄存器列表中的寄存器是按照寄存器编号由小到大的顺序排列的,否则将产生警告信息。
- No Warnings:选中该复选框,则 ARM 汇编器不产生警告信息。
- Source Line Debug:选中该复选框,则 ARM 汇编器产生调试信息表。选中该复选框后,会自动选中 Keep Symbols 选项。
- Keep Symbols:选中该复选框,则 ARM 汇编器将局部符号保留在目标文件的符号表中，供调试器进行调试时使用。

- Ignore C-style escape characters：选中该复选框，则 ARM 汇编器忽略 C 风格的转义字符，如 "\ n"、"\ t" 等。
- Fault long running Load and Store Multiples：选中该复选框，若指令 LDM/STM 中的寄存器个数超标，ARM 汇编器将认为该指令错误。

在汇编器选项设置对话框中，其他选项卡的设置一般采用默认值即可，此处不再进行详细描述。

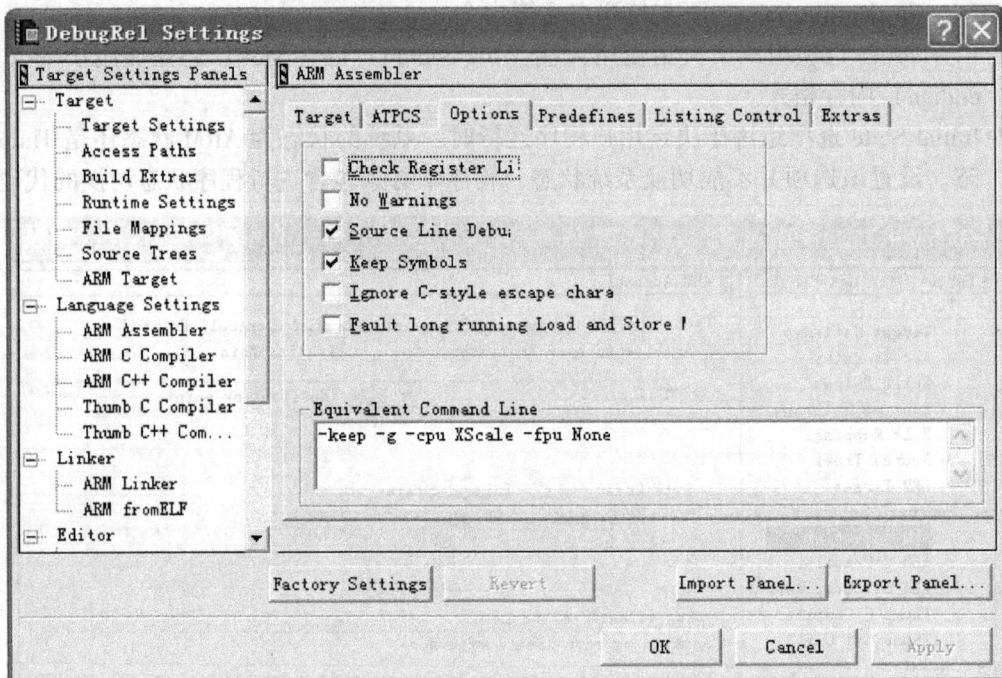

图 8.14 Options 选项卡设置对话框

一般情况下，在汇编器设置完成后，还需对 CodeWarrior 中内嵌的 C 编译器选项进行设置。选择 Language Setting 项下的 ARM C Compiler 选项，打开 ARM C 语言编译器选项设置对话框，如图 8.15 所示。ARM C 语言编译器的具体设置与汇编器的设置类似，并且大都可以采用默认值。

3. Linker 设置选项

用鼠标选中 ARM Linker，出现如图 8.16 所示对话框。这里详细介绍该对话框中标签页选项，因为这些选项对最终生成的文件有直接的影响。

（1）Output 选项卡

在标签页 Output 中，Linktype 提供了三种链接方式。

- Partial 方式表示链接器只进行部分链接，经过部分链接生成的目标文件，可以作为进一步链接时的输入文件；
- Simple 方式是默认的链接方式，也是最为频繁使用的链接方式，它链接生成简单的 ELF 格式的目标文件，使用的是链接器选项中指定的地址映射方式；
- Scattered 方式表示链接器要根据 scatter 格式文件中指定的地址映射，生成复杂的

ELF 格式的映像文件。

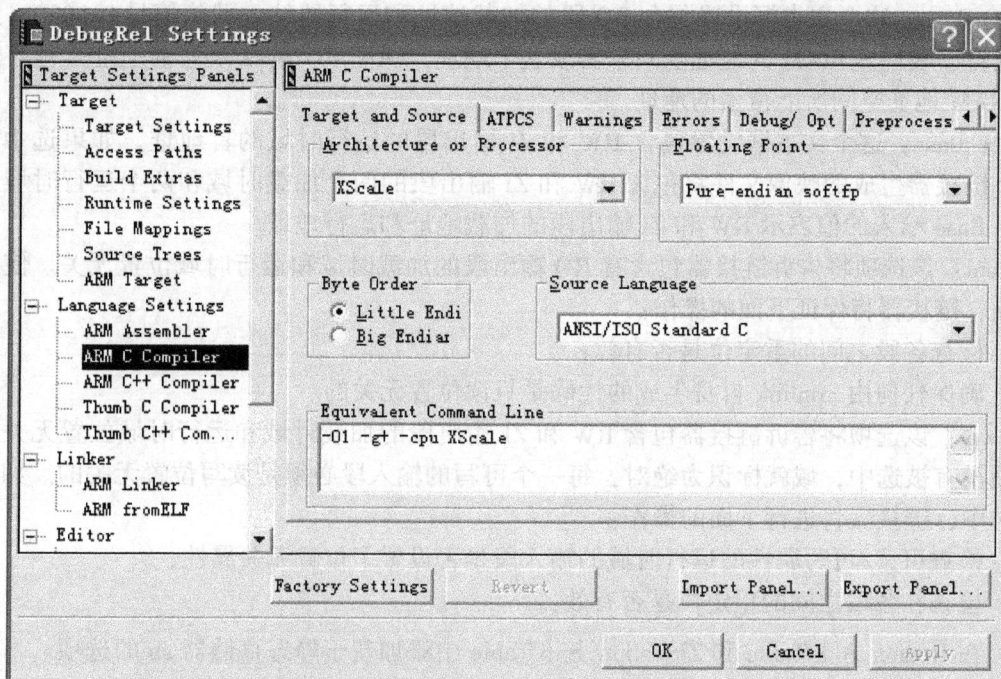

图 8.15　C 编译器选项设置对话框

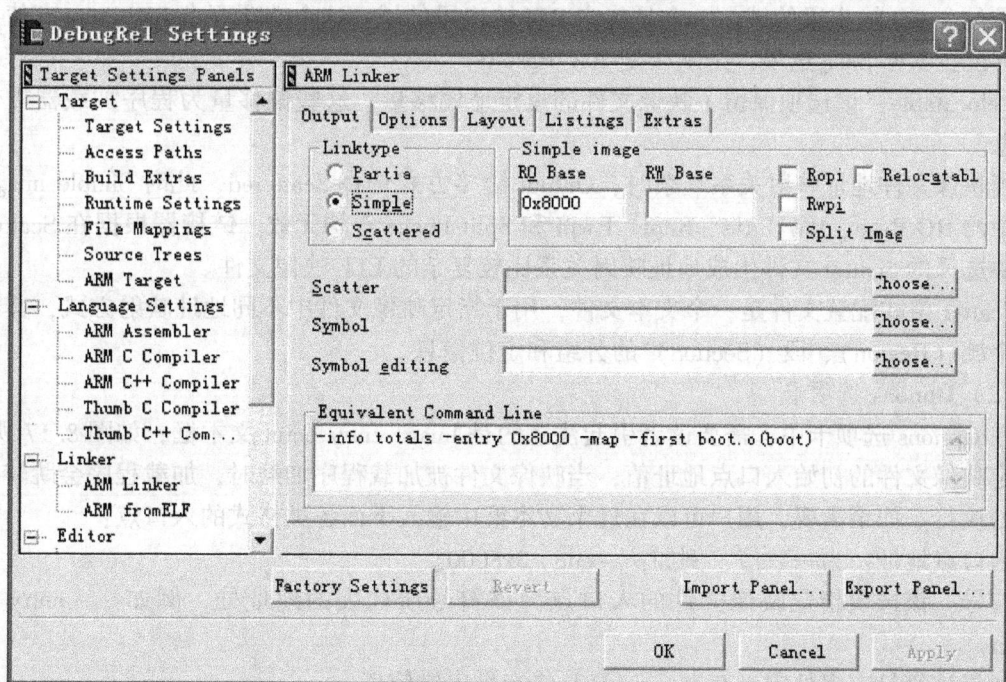

图 8.16　Linker 设置选项对话框

在映像文件中地址映射关系比较简单的情况下，Output 链接方式选择 Simple 方式就可以。在选中 Simple 方式后，就会出现对应的 Simple image 选项区。

RO Base：这个文本框设置包含 RO 段的加载地址和运行地址，默认值是 0x8000。用户要根据自己硬件 SDRAM 的地址空间来修改这个地址，保证 RO Base 填写的地址是程序运行时 SDRAM 地址空间所能覆盖的地址。

RW Base：这个文本框设置包含 RW 和 ZI 输出段的运行时域的首地址。如果选中 split 选项，链接器生成的映像文件将包含 RW 和 ZI 输出段的两个加载时域和两个运行时域，此时 RW Base 输入的值表示 RW 和 ZI 输出段的加载地址和运行地址。

Ropi：该选项将告诉链接器包含有 RO 输出段的加载时域和运行时域位置无关。使用这个选项，链接器将保证下面的操作：

- 检查各段之间的重定位是否有效；
- 确保任何由 armlink 自身生成的代码是只读位置无关的。

Rwpi：该选项将告诉链接器包含 RW 和 ZI 输出段的加载时域和运行时域位置无关。如果选项没有被选中，域就标识为绝对，每一个可写的输入段必须是读写位置无关的。如果选项被选中，链接器将进行下面的操作：

- 检查可读/可写属性的运行时域的输入段是否设置了位置无关属性；
- 检查在各段之间的重定位是否有效；
- 在 Region §§ Table 和 ZISection §§ Table 中添加基于静态存储器 sb 的选项。

该选项要求 RW Base 有值，如果没有给它指定数值的话，默认为 0。

Split Image：选择这个选项把包含 RO 和 RW 的输出段的加载时域分成两个加载时域：一个是包含 RO 输出段的域，一个是包含 RW 输出段的域。这个选项要求 RW Base 有值，如果没有设置 RW Base 选项，则默认是-RW Base 0。

Relocatable：该选项保留了映像文件的重定址偏移量。这些偏移量为程序加载器提供有用信息。

当映像文件地址映射关系复杂时，Output 链接方式选择 Scattered，此时 Simple image 选项区中的 RO Base、RW Base、Ropi、Rwpi 和 Split Image 等均无效。链接器根据在 Scatter 文本框中选择的 Scatter 文件生成地址映射关系比较复杂的 ELF 映像文件。

Scatter 格式配置文件是一个文本文件，用于指定映像文件中不同地址映射方式，其中包括各个域（Region）、段（Section）的分组和定位信息。

（2）Options 选项卡

在 Options 选项卡中，需要读者引起注意的是 Image entry point 文本框，如图 8.17 所示。它指定映像文件的初始入口点地址值，当映像文件被加载程序加载时，加载程序会跳转到该地址处执行。如果需要，用户可以在这个文本框中输入下面各类格式的入口点：

入口点地址：为一数值，例如：- entry 0x8000。

符号：该选项指定映像文件的入口点为该符号所代表的地址处，例如：- entry int _ handler。

如果该符号有多处定义存在，armlink 将产生出错信息。

offset + object（section）：该选项指定在某个目标文件的段内部某个偏移量处，为映像文件的入口地址，例如：- entry 8 + startup（startupseg）。

在此处指定的入口点用于设置 ELF 映像文件的入口地址。

需要引起注意的是，这里不允许用符号 main 作为入口点地址符号，否则将会出现类似 "Image does not have an entry point（Not specified or not set due to multiple choice）" 的错误信息。

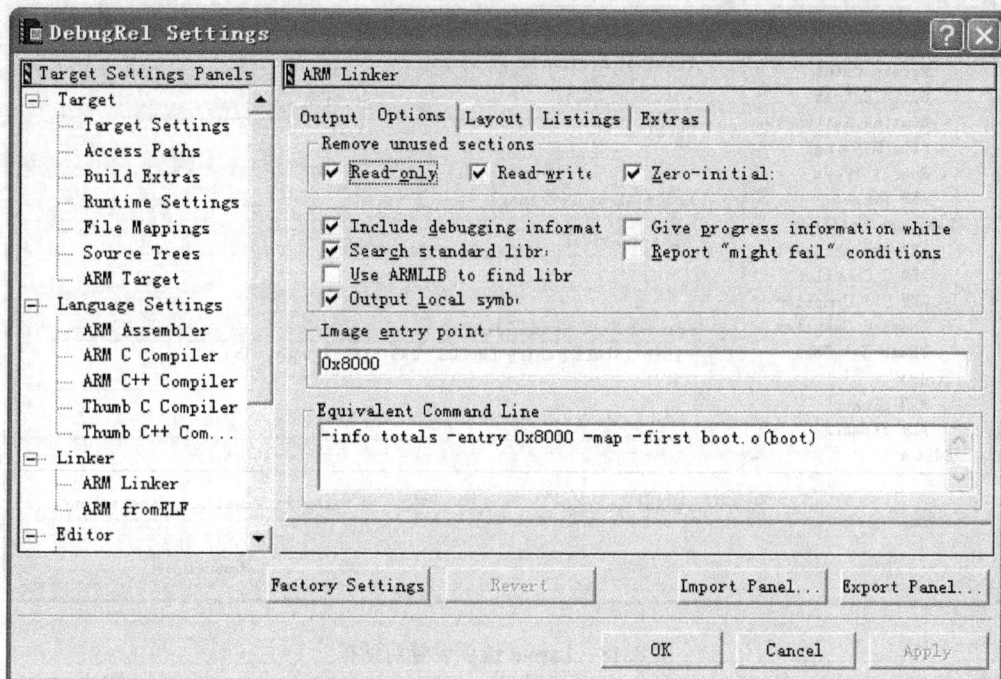

图 8.17 Options 选项设置对话框

（3）Layout 选项卡

Layout 选项卡只有在链接方式为 Simple 时才有效，它用来安排一些输入段在映像文件中的位置。Layout 选项卡如图 8.18 所示，各选项的含义及设置方式如下：

- Place at beginning of image 选项组用于指定将某个输入段放置所在运行时域的开头。比如包含复位异常中断处理程序的输入段通常放置在运行时域的开头，有下面两种方法来指定一个输入段：
  - 第一种方法是在 Object/Symbol 文本框中指定一个符号名称。这样，定义本符号的输入段被指定。
  - 第二种方法是在 Object/Symbol 文本框中指定一个目标文件名称，在 Section 文本框中指定一个输入段名称，从而确定一个输入段为指定的输入段。
- Place at end of image 选项组用于指定将某个输入段放置在它所在的执行时域的结尾。比如包含校验和数据的输入段通常放置在运行时域的结尾。指定一个输入段的两种方法与 Place at beginning of image 选项组中相同。

关于 ARM Linker 的设置还有很多，对于想进一步深入了解的读者，可以查看相应的帮助文件。

在 Linker 下还有一个 ARM fromELF，如图 8.19 所示，它实现将链接器、编译器或汇编器的输出代码进行格式转换的功能。例如，将 ELF 格式的可执行映像文件转换成可以烧写到 ROM 的二进制格式文件；对输出文件进行反汇编，从而提取出有关目标文件的大小，符号和字符串表以及重定位等信息。

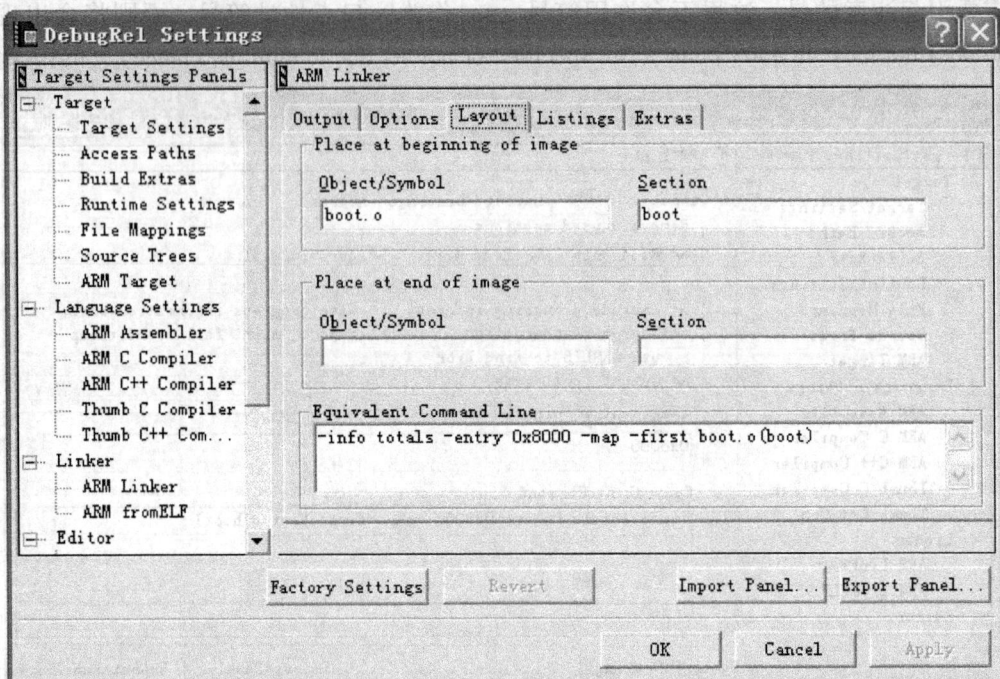

图 8.18　Layout 选项设置对话框

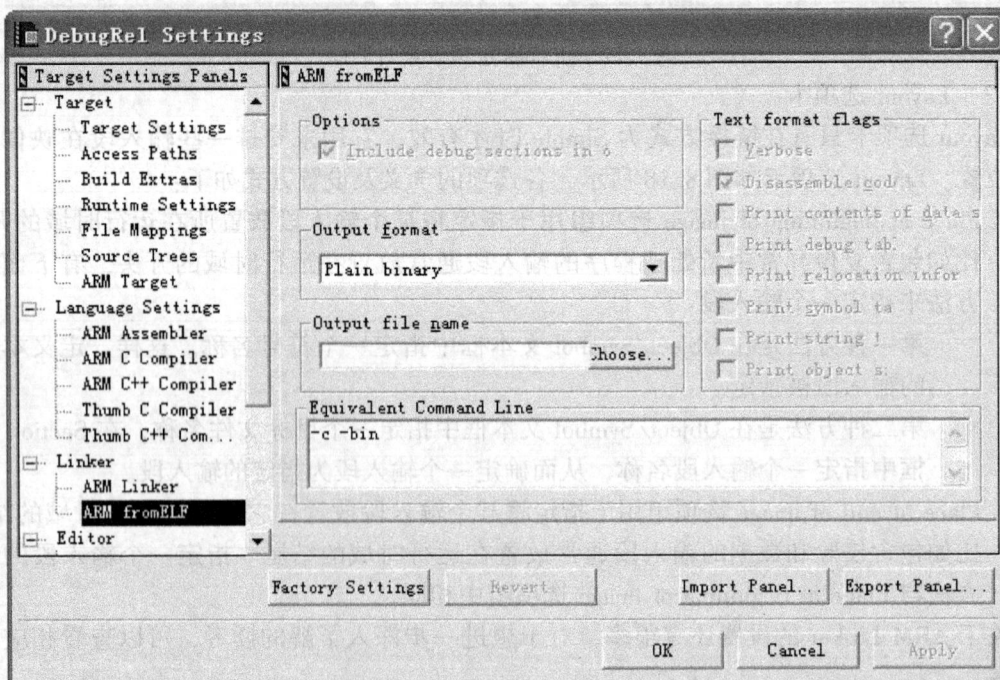

图 8.19　fromELF 设置选项对话框

在 Output format 下拉框中，为用户提供了多种可以转换的目标格式，本例选择 Plain bi-nary，这是一个二进制格式的可执行文件，可以被烧写到目标板的 Flash 中。

在 Output file name 文本框中输入希望生成的输出文件存放的路径，或通过点击 Choose... 按钮从文件对话框中选择输出文件。如果不输入路径名，则生成的二进制文件默认存放在工程所在的目录下。

完成了这些相关的设置内容，再对工程进行生成的时候，CodeWarrior IDE 就会在链接完成后调用 fromELF 来处理生成的映像文件。

8.2.2 使用 ARMulator 来调试简单程序

ARMulator 是一个 ARM 指令集仿真器，集成在 ARM 的调试器 AXD 中，它提供对 ARM 处理器指令集的仿真，为 ARM 和 Thumb 提供精确的模拟。利用 ARMulator 用户可以在没有硬件目标平台条件下开发、运行特定 ARM 处理器上的应用程序。由于 ARMulaor 可以提供指令执行时内部寄存器状况及执行周期，可以用来进行应用程序的性能分析，这样就为软硬件并行开发提供了极大的方便。

在此以第 4 章例 4.3 利用跳转表实现分支转移 C 语言程序代码为例，介绍 AXD 开发环境的一些基本调试方法。

将例 4.3 C 语言程序代码在 CodeWarrior 环境下编写和环境参数设置完成后，选择 Project →Compile 完成对程序代码的编译过程。在修改必要的错误和警告信息后，选择 Project→ Make 链接生成在 ARM fromELF 中设定的输出文件类型 ARM_Test.bin 文件。点击 AXD 图标将进入 AXD 调试开发环境。

在 AXD 菜单下选择 Options→Configure Target... 弹出 Choose Target 对话框，如图 8.20 所示，在 Target Environments 选项中列出了系统支持的 JTAG 仿真器目标环境，用户针对自身使用的硬件仿真器选择相应目标环境。如用户仿真器目标环境未被列出，也可通过右侧的 Add 添加到 Target Environments 选项中。此处使用不需要硬件目标支持的 ARMUL 实现应用程序的离线调试。

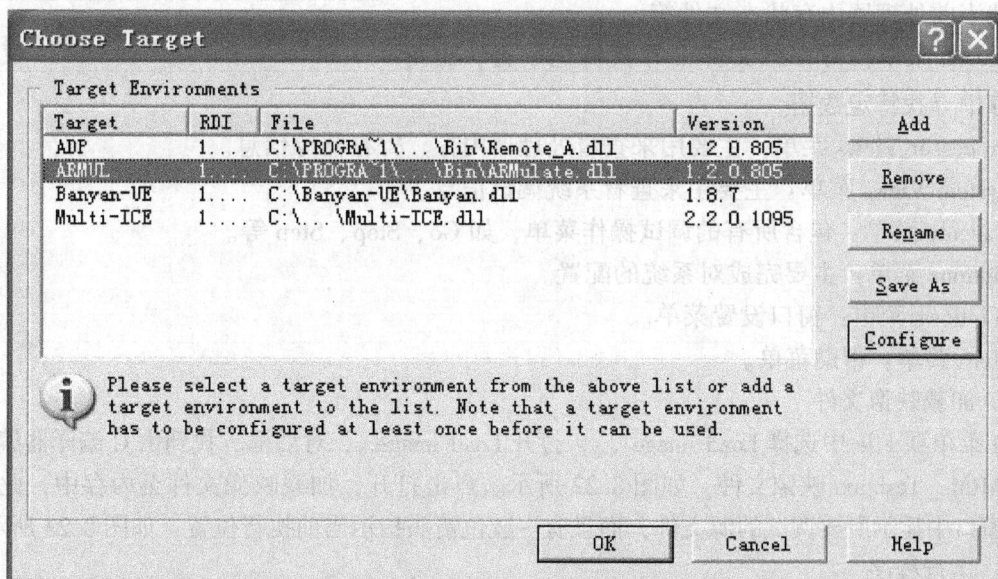

图 8.20 仿真器目标环境选项

点击 Configure，打开 ARMulator Configuration 对话框，如图 8.21 所示。下面对几个常用选项加以介绍。

Processor：从 Variant 下拉菜单中选择仿真目标的 ARM 处理器型号。

Clock：选择系统时钟的来源，可以是模拟时钟或实时时钟，如果选择模拟时钟还必须指定模拟时钟的频率。

Debug Endian：选择调试目标字数据存储的格式：大端（big-endian）格式、小端（little-endian）格式。

Floating Point Coprocessor：在 FPU 下拉菜单中选择使用的浮点协处理器。如果目标板中没有使用浮点协处理器，选择 NO_FPU，否则选择所列协处理器中的一个。

MMU/PU Initialization：若所选仿真目标处理器支持 MMU 则选择 DEFAULT_PAGETABLES；若不支持 MMU（Memory Management Unit）或处理器使用 PU（Protection Unit），则选择 NO_PAGETABLES。

1. AXD 调试环境

配置完成相应 ARMulator 参数后，就可以进入 AXD 调试开发环境，AXD 环境主界面如图 8.5 所示，以下对各菜单项功能介绍如下：

File 菜单：加载 Image 文件，保存和加载当前环境参数的 session 文件，重新加载当前 Image 文件，保存和加载当前处理器内存状态文件等。

Search 菜单：可在源文件中寻找特定字符，也可在内存中寻找特定数据。

图 8.21　配置 ARMulator 仿真器

Processor Views 菜单：主要用来查看处理器内存、寄存器等信息。

System Views 菜单：主要用来查看系统调试信息。

Execute 菜单：包含所有的调试操作菜单，如 Go、Stop、Step 等。

Options 菜单：主要完成对系统的配置。

Windows 菜单：窗口设置菜单。

Help 菜单：帮助菜单。

2. 加载映像文件

在菜单项 File 中选择 Load image...，打开 Load image... 对话框。找到由 C 编译器编译生成的 ARM_Test.axf 映像文件，如图 8.22 所示。点击打开，加载映像文件至内存中，此时在 AXD 窗口中显示所要调试的源文件，而且有一蓝色箭头指示当前执行位置，如图 8.23 所示。

3. 运行程序

在菜单项 Execute 中选择 Go（或按 F5 键）开始程序的执行。因为系统默认在 main（）函数处设置了断点，程序执行到此时将自动中止。红色实心圆点标记表示在该处为断点，程

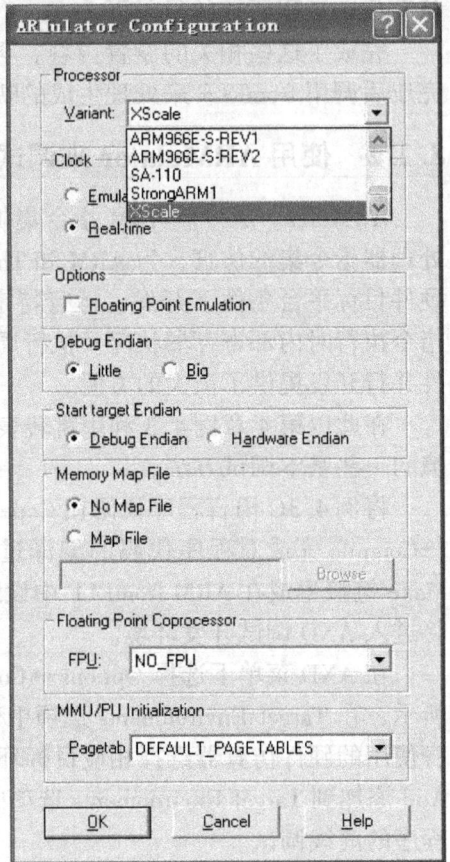

序执行到断点处会暂停运行。其
中，程序暂停时将自动显示该断
点处的相应程序代码，蓝色箭头
指向红色断点标记处，如图
8.23 所示。从菜单项 Execute 中
选择 Go（或按 F5 键）可以继续
程序的执行。Stop 将停止全速运
行程序的执行，蓝色箭头指示程
序当前执行所在位置。

此外，程序的执行除了 Go
全速运行外，还可以有多种运行
方式：Step In、Step、Step Out、
Run To Cursor。

Step In（或 F8 键）或工具
栏中 图标：单步跳入运行。
程序执行当前指令后停止。如果
当前指令是一个函数调用指令，
则程序停止到函数第一条可执行代码指令处。

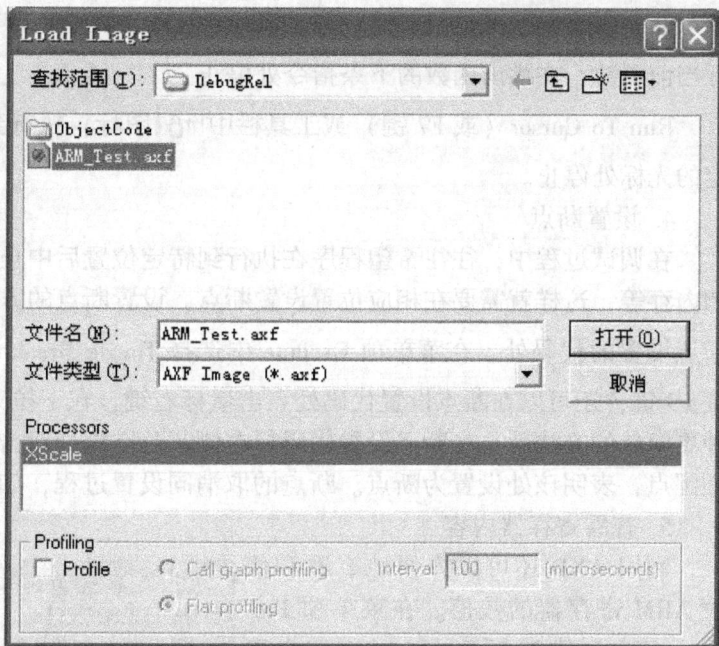

图 8.22　加载映像文件

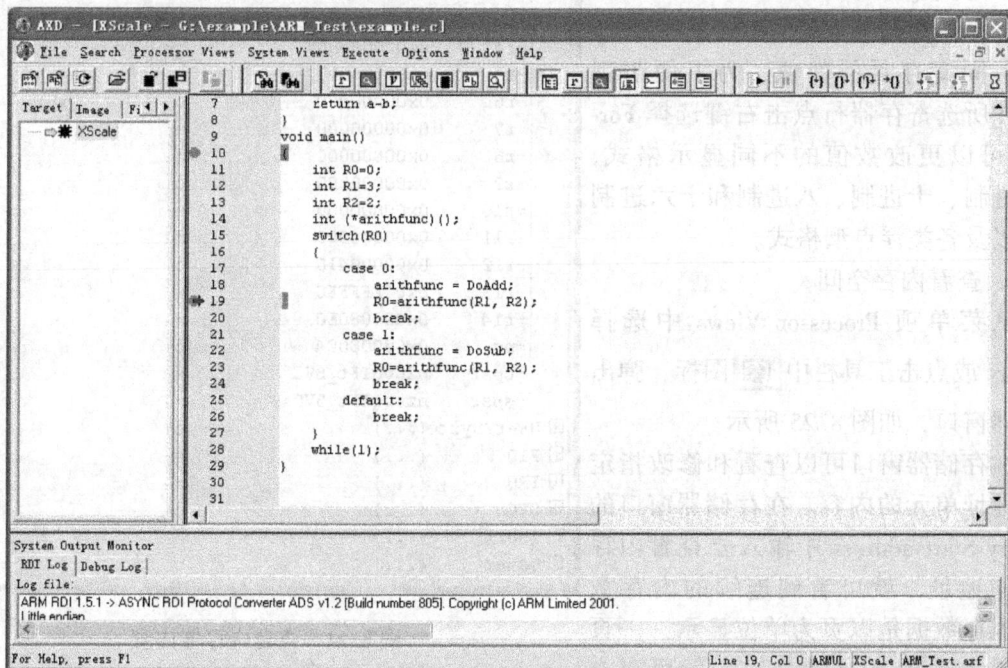

图 8.23　AXD 打开的源文件

Step（或 F10 键）或工具栏中 图标：单步运行。程序执行当前指令后停止。如果当前
指令是一个函数调用指令，程序执行完该函数后停止在当前函数调用指令的下一条指令处。

Step Out（或 Shift + F8 键）或工具栏中 {丹 图标：程序跳出。程序从当前指令处连续执行当前函数，在跳出函数的下条指令处停止。

Run To Cursor（或 F7 键）或工具栏中 →{} 图标：执行到光标处。程序连续执行直到设定的光标处停止。

4. 设置断点

在调试过程中，往往希望程序在执行到特定位置后中止，以便于查看寄存器状态、变量和内存等，这样就需要在相应位置设置断点。设置断点的方法比较多，将光标移动到要进行断点设置的代码处，在菜单项 Execute 中选择 Toggle Breakpoint 或点击工具栏中 图标或按 F9 键，还可以在断点设置代码处点击鼠标右键，在下拉菜单中选择 Toggle Breakpoint，一种更简单的方法就是在断点设置代码行右侧灰色空白处双击左键，就会在代码行出现红色实心圆点，表明该处设置为断点。断点的取消同设置过程，如图 8.23 所示。

5. 查看寄存器内容

利用 AXD 还可以方便地查看和修改 ARM 寄存器的数值。在菜单项 Processor Views 中选择 Registers 或点击工具栏中 F 图标会弹出寄存器窗口，如图 8.24 所示。

寄存器窗口中显示 ARM 的七种模式下不同寄存器的数值，为了便于观察，在所选寄存器行点击右键选择 Format，可以更改数值的不同显示格式，如二进制、十进制、八进制和十六进制等，以及各类浮点型格式。

6. 查看内存空间

从菜单项 Processor Views 中选择 Memory 或点击工具栏中 图标，弹出存储器窗口，如图 8.25 所示。

在存储器窗口可以查看和修改指定内存地址单元的内容。在存储器窗口的 Memory Start address 中输入要查看内存空间的地址，就可看到连续的内存数据。内存数据是以页为单位显示，一页默认的大小是 1024 个字节，但可在右

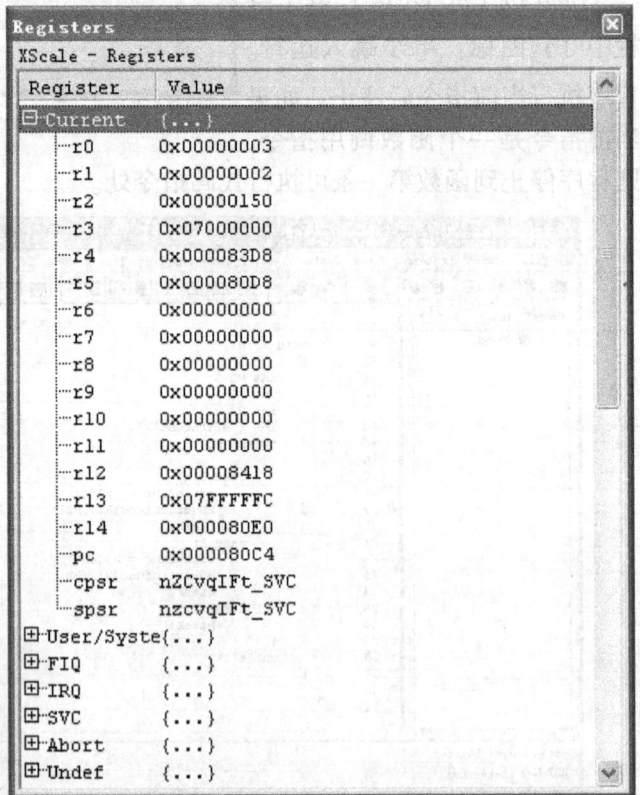

图 8.24　查看寄存器内容

键下拉菜单列表中选择 Properties... 改变一页所显示的字节数。

通常一行代表内存空间的 16 个字节，地址空间的首地址位于左侧，也可以在右键下拉菜单中改变数据显示位数及格式，一行还可以显示为 4 个 32 位的字和 8 个 16 位的半字。另外当显示为 16 个 8 位字节时，在行的右侧显示出 16 字节所代表的 ASCII 码。

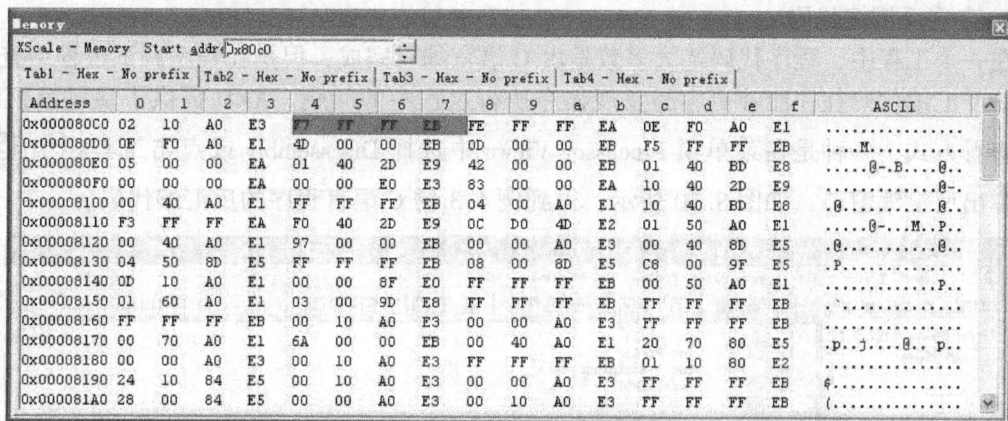

图 8.25 查看内存空间

在一个存储器窗口中有四个 Tab 标签，在每一个标签的 Memory Start address 中可以输入不同的内存空间地址，四个 Tab 标签地址单元可以重叠、相邻或是独立，而且数据显示位数和格式也可以单独配置。

7. 查看变量

在程序执行过程中，如果希望查看某个变量的数值，可以在菜单项 Processor Views 中选择 Watch 或点击工具栏中 图标，出现观察窗口，如图 8.26 所示，图中将 R0 作为需要查看的对象。

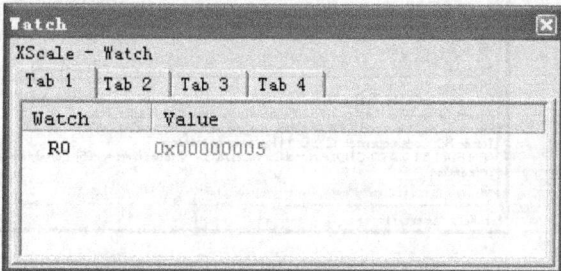

图 8.26 查看变量窗口

查看变量 R0 首先需要将 R0 添加到观察窗口中，用鼠标双击该变量，变量 R0 呈反色显示。在右键下拉菜单中选择 Add to watch，则 R0 就添加至观察窗口中，如图 8.27 所示，可以看出变量 R0 数值随着程序的运行不断变化。

变量的添加除了以上方法外，还可以在处理器变量窗口中选择一个或多个变量，在右键菜单中选择 Add to Processor Watch 也可以将变量添加到观察窗口中。

Watch 窗口还可以查看基于变量的表达式。表达式可支持复杂的逻辑运算和算术运算。在观察窗口点击右键选择 Add Watch... 可进行变量表达式的编辑，如图 8.28 所示。

在 C 程序中通常有许多变量，AXD 提供一种更方便的变量窗口。在菜单项 System Views 中选择 Variable 或点击工具栏中 图标，会出现变量窗口，如图 8.29 所示。

该窗口中包含局部变量、全局变量和当前类变量标签，可以方便地查看当前各局部变量值，以及全局变量的数值。图 8.29 中显示的变量值是程序运行完函数 DoAdd（）语句时，函数中各局部变量的结果。

一种实用的方法：如选中某一变量，点击右键选择 Location Using Value，则在存储器窗口中自动显示该变量数值结果作为地址所指向的内容，并以反色显示。该方法对于查看指针及指针所指向的内容尤为方便。

8. 查看反汇编代码

在一个工程中，程序代码绝大多数是由 C 语言编写完成，但是在程序调试过程中查看 C 语言的反汇编代码往往能够更容易发现程序执行过程中的问题。AXD 提供了多种反汇编程序的查看方式，一种是在菜单项 Processor Views 中选择 Disassembly 或点击工具栏中 图 图标，弹出反汇编窗口，如图 8.30 所示，得到例 4.3 的 C 语言程序的反汇编代码。

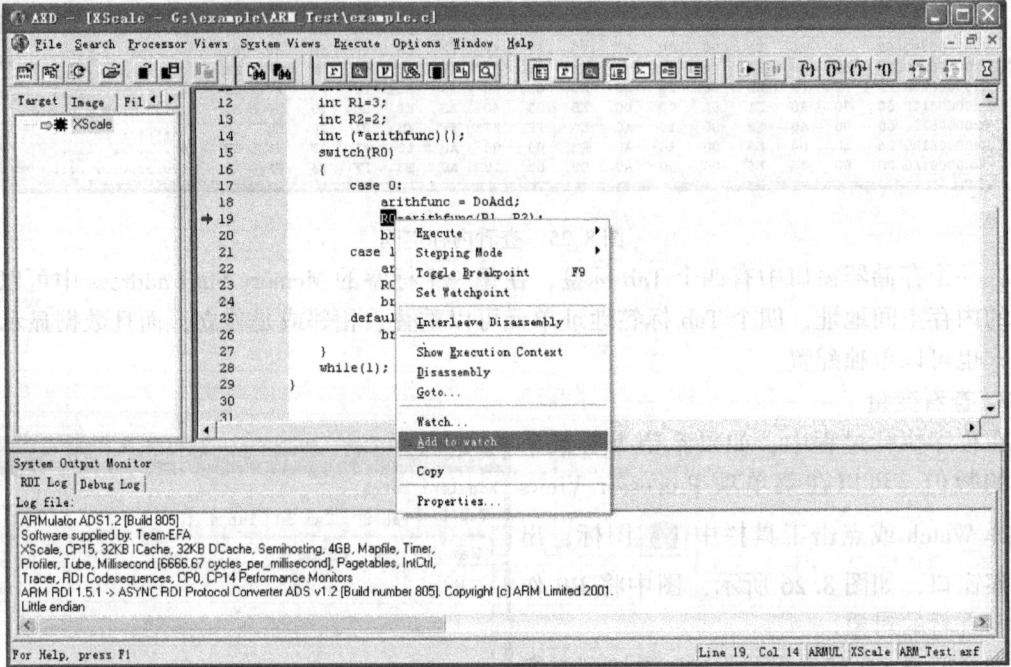

图 8.27　添加至观察窗口

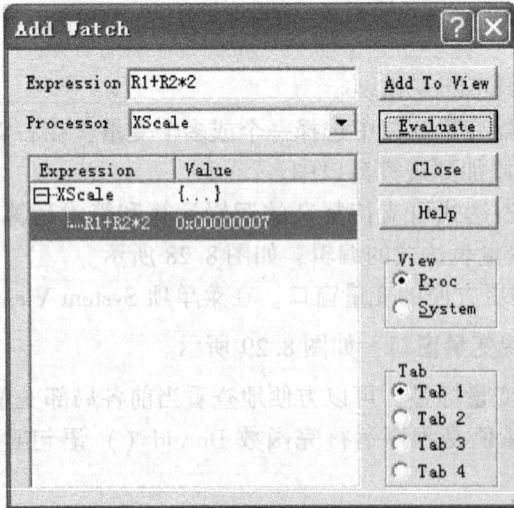

图 8.28　编辑变量表达式

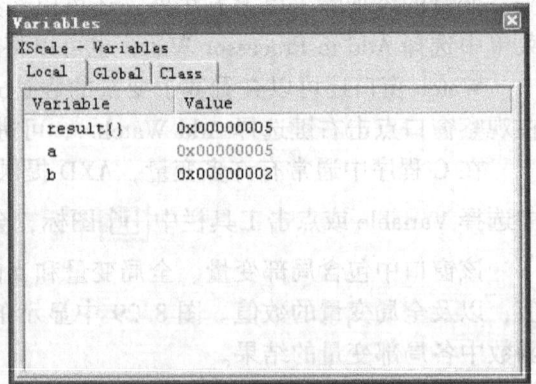

图 8.29　查看变量窗口

反汇编窗口中左侧为程序地址，右侧是汇编语句，中间为汇编语句对应的指令代码。蓝色光标代表程序执行当前指令的位置。在反汇编窗口中只显示汇编代码，对于 C 程序的执行过程并不直观。AXD 提供的混合显示方式能够比较好地解决这个问题。在菜单项 Execute 中选择或点击右键选择 Interleave Disassembly，打开混合显示窗口，如图 8.31 所示。

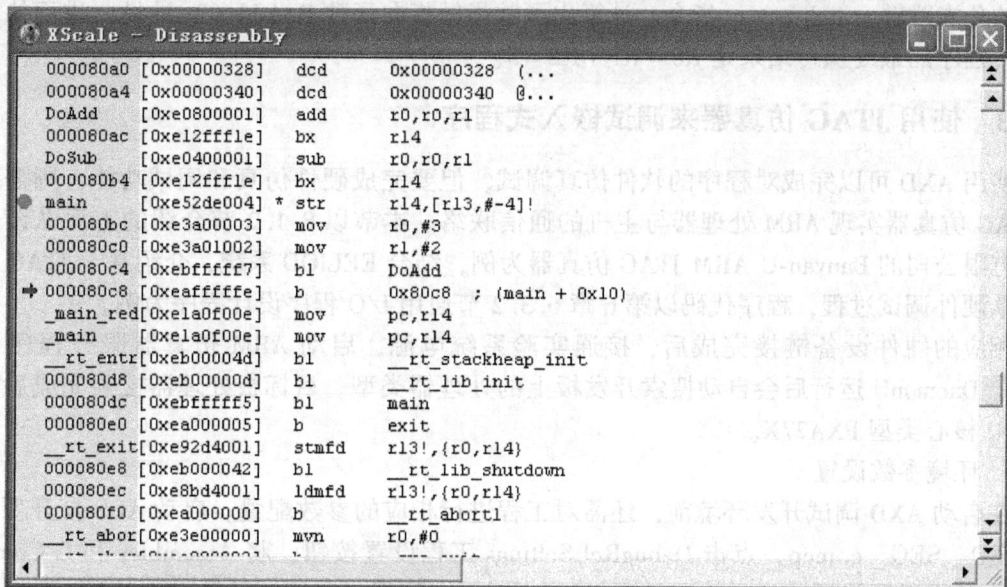

```
XScale - Disassembly
    000080a0 [0x00000328]   dcd      0x00000328  (...
    000080a4 [0x00000340]   dcd      0x00000340  @...
    DoAdd    [0xe0800001]   add      r0,r0,r1
    000080ac [0xe12fff1e]   bx       r14
    DoSub    [0xe0400001]   sub      r0,r0,r1
    000080b4 [0xe12fff1e]   bx       r14
●   main     [0xe52de004] * str      r14,[r13,#-4]!
    000080bc [0xe3a00003]   mov      r0,#3
    000080c0 [0xe3a01002]   mov      r1,#2
    000080c4 [0xebfffff7]   bl       DoAdd
➡   000080c8 [0xeafffffe]   b        0x80c8  ; (main + 0x10)
    _main_red[0xe1a0f00e]   mov      pc,r14
    _main    [0xe1a0f00e]   mov      pc,r14
    __rt_entr[0xeb00004d]   bl       __rt_stackheap_init
    000080d8 [0xeb00000d]   bl       __rt_lib_init
    000080dc [0xebfffff5]   bl       main
    000080e0 [0xea000005]   b        exit
    __rt_exit[0xe92d4001]   stmfd    r13!,{r0,r14}
    000080e8 [0xeb000042]   bl       __rt_lib_shutdown
    000080ec [0xe8bd4001]   ldmfd    r13!,{r0,r14}
    000080f0 [0xea000000]   b        __rt_abort1
    __rt_abor[0xe3e00000]   mvn      r0,#0
```

图 8.30　查看反汇编窗口

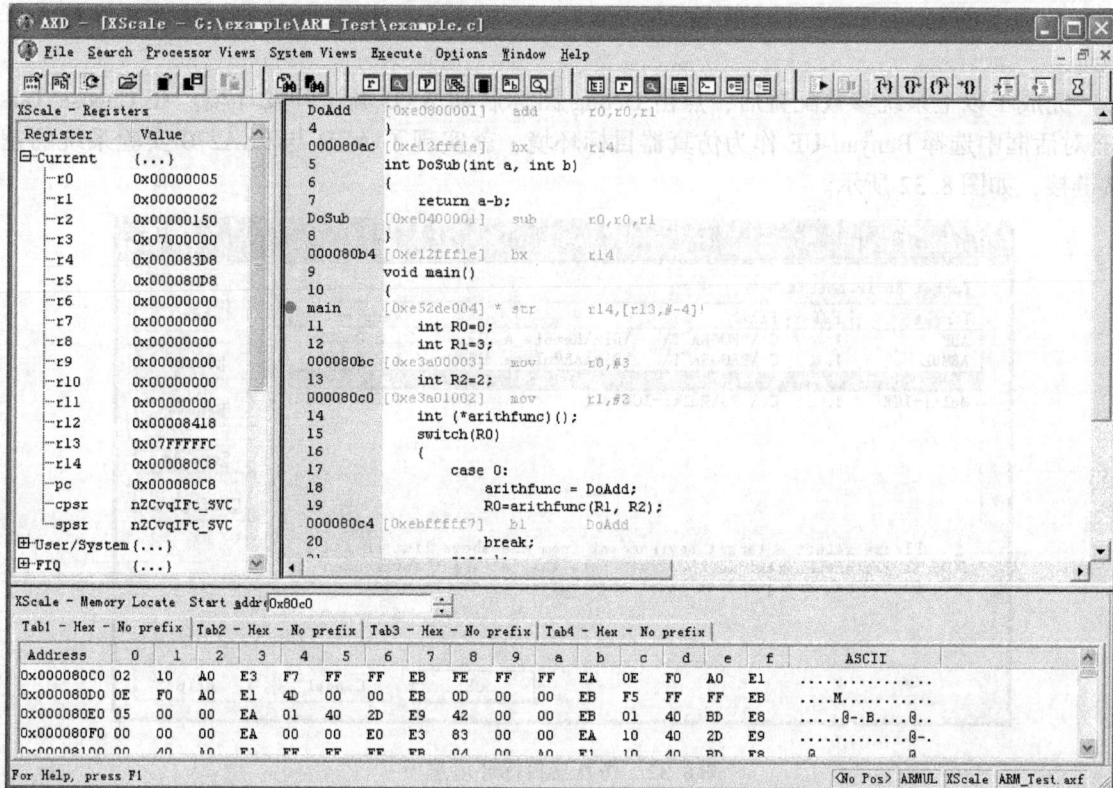

图 8.31　C 语言和汇编语言混合显示窗口

该模式下 C 语言和汇编语言同时显示，程序的执行过程按汇编语句顺序执行。

例 4.3 的 C 语言程序是一个非常简单的分支转移程序，根据变量 R0 赋值为 0，执行 C 语言的分支跳转 switch…case 指令，计算出函数指针指向函数 DoAdd（）地址，进而执行该函数，程序的最终执行结果是 R0 = R1 + R2 = 5。

8.2.3 使用 JTAG 仿真器来调试嵌入式程序

使用 AXD 可以完成对程序的软件仿真调试，但要完成硬件仿真和调试功能，则需要通过 JTAG 仿真器实现 ARM 处理器与主机的通信联络。本节以 8.1.2 节介绍的上海弘诺信息技术有限公司的 Banyan-U ARM JTAG 仿真器为例，结合 EELIOD 系统，介绍基于 JTAG 仿真器的软硬件调试过程，程序代码以第 6 章 6.3.2 节通用 I/O 程序设计程序为例。

相应的硬件设备链接完成后，接通实验系统电源，启动 ARM 仿真器服务程序 DaemonU。DaemonU 运行后会自动搜索开发板上的处理器类型，目标板处理器搜索完成后显示出 CPU 核心类型 PXA27X。

1. 环境参数设置

在启动 AXD 调试开发环境前，还需对工程进行相应的参数配置。启动 ADS 打开项目工程 8LED _ SEG _ c. mcp，点击 DebugRel Settings 工程设置按钮，将 Assembler 和 C Compiler 中的处理器选项设置为 XScale。选择 ARM Linker，依据 EELIOD 系统 SDRAM 地址空间将 Output 选项下的 RO Base 和 RW Base 地址分别修改为 0xA0000000、0xA0100000。在 Options 选项下的 Image entry point 栏输入：0 + boot. o（boot），用来指定 ELF 映像文件的入口地址。

完成了以上系统参数配置后，点击 Debug 图标启动 AXD 调试开发环境。在 Choose Target 对话框中选择 Banyan-UE 作为仿真器目标环境，就实现了 AXD 与 PXA270 实验系统的正常链接，如图 8.32 所示。

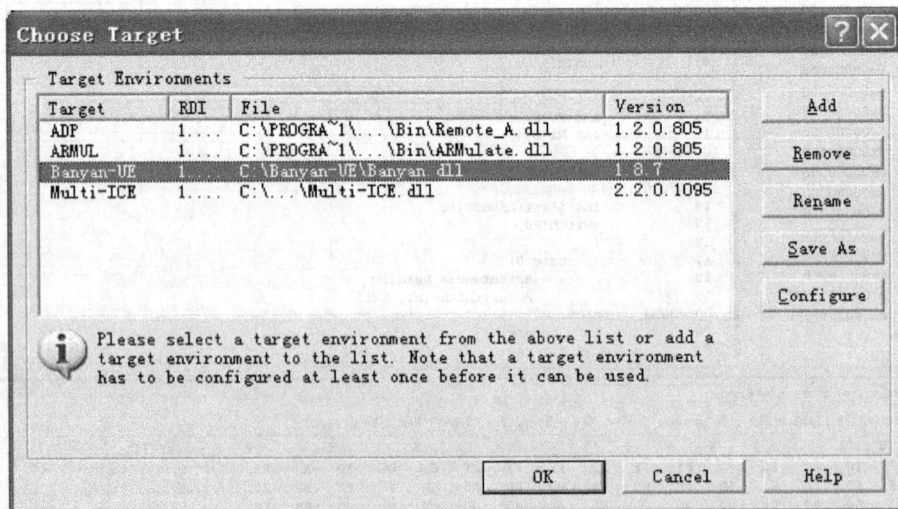

图 8.32 仿真器目标环境选项

2. 初始化存储器

通常 ARM 处理器都集成有 SDRAM 控制器。程序的在线调试实际上是要将程序代码通过 JTAG 仿真器下载到处理器的 SDRAM 空间执行，但是 SDRAM 在初始化上电时并不能直接访问，必须配置它的刷新计数值、刷新时间、刷新使能等后才可以访问。

初始化存储器就是设置 ARM 处理器的某些寄存器，实现对 SDRAM 存储空间映射的初始化过程。EELIOD 系统硬件决定了在进行 JTAG 调试时，一上电 SDRAM 并没有初始化，故不能直接访问，下载程序前需要先进行 SDRAM 的初始化工作。这一过程可以利用 AXD 提供的命令行配置完成。在菜单项 System Views 中选择 Command Line Interface 或点击工具栏中 ▣ 图标，弹出命令行窗口。执行 "obey c：/x270. ini" 就可以完成寄存器的配置，此时存储器就映射到了指定的地址空间。x270. ini 文件是初始化存储器的配置文件，该文件当前所在路径是 C 盘根目录，如图 8.33 所示。

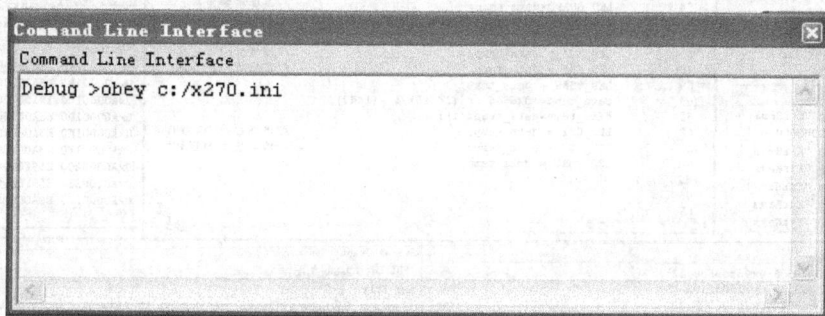

```
Command Line Interface                                    ×
Command Line Interface
Debug >obey c:/x270.ini
```

图 8.33　命令行初始化存储器

用记事本打开 x270. ini 文件，文件内容为：

setmem 　0x48000000, 0x02000AC9, 32

setmem 　0x48000004, 0x0011E018, 32

setmem 　0x48000008, 0x95C095C0, 32

setmem 　0x48000040, 0x320032,　32

setmem 　0x40e00064, 0x20000000, 32

setmem 　0x40e00014, 0x00004000, 32

每一条配置寄存器语句代表把指定的数据写入到指定的地址中，其格式满足 AXD 命令语句的语法规则。格式如下：

setmem 　ADDRESS, DATA, SIZE

其中，setmem 是 AXD 命令语句的命令码；ADDRESS 是寄存器地址；DATA 是写入该寄存器的数值；SIZE 是数据宽度，一般为 32 位。

命令行窗口还可以输入多种调试菜单命令项，或包含命令项的调试文件。这就提供了一种连续、可靠的系列命令执行方式，即输入一条指令可完成连续多条命令。命令行窗口输入的命令需满足一定的语法规则，详细介绍请参见 ARM 公司相关文档。

3. 程序调试

初始化存储器完成后就可以开始加载映像文件和调试程序过程，如图 8.34 所示。其中的各类调试方法在上一节已做过详细介绍，例如：断点设置、查看寄存器、查看变量等，在此不再赘述。

图 8.34   AXD 程序调试界面

8.2.4 Semihosting 调试技术

在 ADS 的 C 语言函数库中，某些 ANSI（American National Standards Institute）C 的功能是由主机的调试环境来提供的，这套机制有一个专门术语叫 Semihosting。具体来讲，Semihosting 是指一种让代码在 ARM 目标上运行，但使用了 ARM 目标调试器的主机上的 I/O 设备；也就是让 ARM 目标将输入/输出请求从应用程序代码传递到调试器的主机的一种机制。通常这些输入/输出设备包括键盘、屏幕和磁盘 I/O 等。

Semihosting 通过一组已定义的软件中断（SWI）指令来实现。在 ADS 的 C 语言库函数中，一些 ANSI C 的功能是由主机调试环境调用驱动程序级的函数完成的。例如，ADS 的库函数 printf（）把输出信息输出到调试器的控制台窗口，这个功能通过调用 __ syswrite（）实现，__ sys _ write（）执行了一个把字符串输出到主机控制台的 Semihosting 软中断服务程序。如图 8.35 所示，当一个 Semihosting 软中断被执行时，调试系统先识别这个 SWI 请求，然后挂起正在运行的程序，调用 Semihosting 的服务，并提供所需的与主机之间的

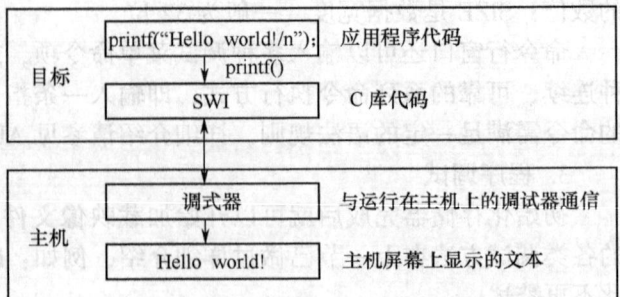

图 8.35   Semihosting 的实现原理

通信，完成后再恢复原来的程序执行。因此，主机执行的任务对于程序来说是透明的。多数情况下，Semihosting 软中断的接口函数是通用的。当半主机操作在硬件仿真器、指令集仿真器、RealMonitor 或 Angel 下执行时，不需要进行移植处理。

使用单个 SWI 编号请求半主机操作，其他的 SWI 编号可供应用程序或操作系统使用。用于半主机的 SWI 号，在 ARM 状态下是 0x123456，在 Thumb 状态下是 0xAB。SWI 编号向调试代理程序指示该 SWI 请求是半主机请求。要辨别具体的操作类型，可以用寄存器 r0 作为参数传递。r0 传递的可用半主机操作编号分配如下：

- 0x00～0x31：这些编号由 ARM 公司使用，分别对应 32 个具体的执行函数；
- 0x32～0xFF：这些编号由 ARM 公司保留，以备将来用作函数扩展；
- 0x100～0x1FF：这些编号保留给用户应用程序，但是，如果编写自己的 SWI 操作，建议直接使用 SWI 指令和 SWI 编号，而不要使用半主机 SWI 编号加这些操作类型编号的方法；
- 0x200～0xFFFFFFFF：这些编号未定义，当前未使用并且不推荐使用这些编号。

半主机 SWI 使用的软件中断编号也可以由用户自定义，但若是改变了缺省的软中断编号，需要做如下修改：

- 更改系统中所有代码（包括库代码）的半主机 SWI 调用；
- 重新配置调试器对半主机请求的捕捉与响应。

这样才能使用新的 SWI 编号。

缺省状态下 C 库函数利用 Semihosting 机制来实现设备驱动的功能。但一个真正的嵌入式系统，要使用到具体的外设或硬件独立于主机环境运行，这就需要根据目标环境裁减 C 库函数，这里涉及到两个问题：C 库函数重定向和在 C 语言库函数中禁用 Semihosting。

1）C 库函数重定向。顾名思义，用户可以定义自己的 C 语言库函数，链接器在链接时自动使用这些新的功能函数。举例来说，用户有一个 I/O 设备（如 UART），本来库函数 fputc（）是把字符输出到调试器的控制台窗口中去的，但用户把输出设备改成了 UART 端口，这样一来，所有基于 fputc（）函数的 printf（）系列函数输出都被重定向到 UART 端口上去了。

下面是实现 fputc（）重定向的一个例子：

```
extern void sendchar (char *ch);
int fputc (int ch, FILE *f)
{ /* e. g. writeacharactertoanUART */
    char tempch = ch;
    sendchar (&tempch);
    return ch;
}
```

这个例子简单地将输入字符重新定向到另一个函数 sendchar（），sendchar（）假定是一个另外定义的串口输出函数。此处 fputc（）就好像目标硬件和标准 C 库函数之间的一个抽象层。

2）在 C 语言库函数中禁用 Semihosting。在一个独立的嵌入式应用程序中，应该不存在 Semihosting SWI 操作。因此，用户必须确定在所有调用到的库函数中没有使用 Semihosting。

为了保证这一点，在程序中可以引进一个符号关键字__ use _ no _ semihosting _ swi。

在 C 代码中，使用如下代码：

#ifdef EMBEDDED

／* ensure no C library functions that uses semihosting SWIs are linked */

#pragma import （__ use _ no _ semihosting _ swi）

#endif

在汇编程序中，使用 IMPORT：

IMPORT __ use _ no _ semihosting _ swi

这样，当有使用 SWI 机制的库函数被链接时，链接器会报错：

Error：Symbol _ semihosting _ swi _ guard multiply defined

为了确定具体是哪一个函数，链接时打开-verbose -errors file. txt 选项。这样在结果信息输出时，该库函数上将有一个_ I _ use _ semihosting _ swi 的标记。用户必须把这些函数定义成自己的执行内容。

有一点需要注意，链接器只能报告库函数中被调用的 Semihosting，对用户自定义函数中使用的 Semihosting 则不会报错。

8.2.5 程序的固化

程序固化就是将调试完成后的程序代码烧写到非易失性存储介质中，常用介质包括 ROM、EEPROM 和 Flash 等。因为 Flash 具有存储容量大、重复烧写可达万次、成本低廉等优点，现在已经得到广泛应用。AXD 中有烧写 Flash 程序，但在本书中选用 BanyanU 仿真器自带的 FlashWrite 烧写程序完成代码程序的固化。程序代码仍以前一节通用 I/O 程序设计程序为例。

在程序固化开始前，需重新配置项目工程的 RO Base 和 RW Base，使 RO Base 指向上电复位后的首地址 0x0，RW Base 指向 256KB 片内 RAM 区首地址 0x5C000000。将工程重新链接生成用于下载的 8LED _ SEG _ c. bin 文件。

另外，除在 Simple 方式下直接指定映像文件的 RO Base 和 RW Base 外，还可以利用 Scatter 文件生成地址映射关系复杂的映像文件。此处引用第 4 章 4.6.3 节中介绍的一个简单的 Scatter 文件例子，此例所指定的地址映射关系同 Simple 方式下指定的映射关系是相同的。

程序下载前需连接好硬件系统，并打开 EELIOD 系统电源，执行 DaemonU. exe；运行烧写程序 FlashWrite. exe，主界面如图 8.36 所示。

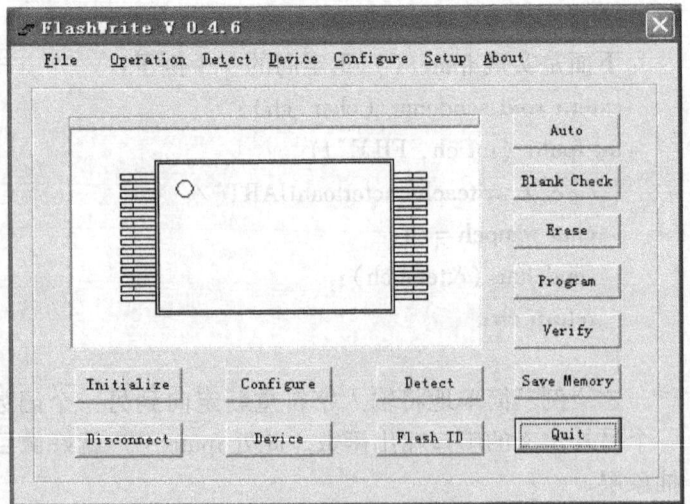

图 8.36 FlashWrite 烧写程序主界面

在 File 菜单下点击 Load Configuration...，加载处理器配置文件 PXA270. cfg，如图 8.37 所示。

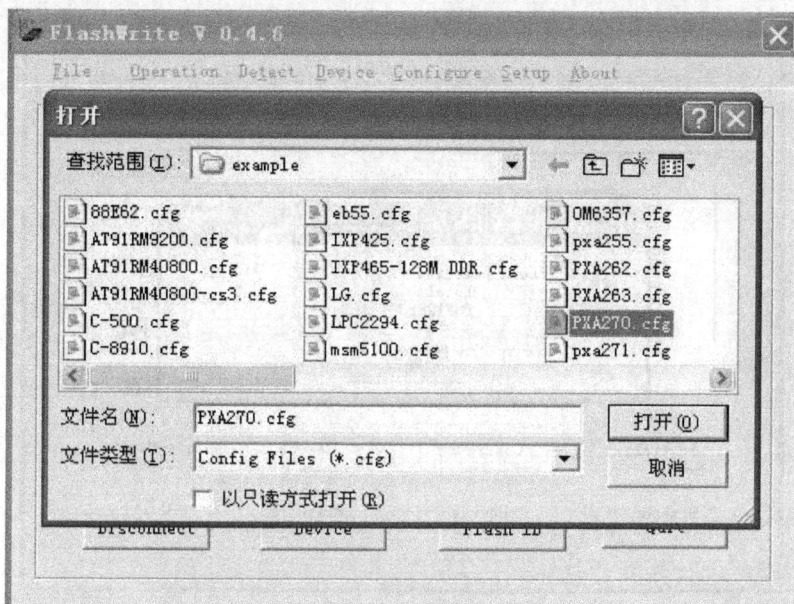

图 8.37　加载处理器配置文件

点击 Initialize，找到正确的目标系统，点击"确定"，如图 8.38 所示。

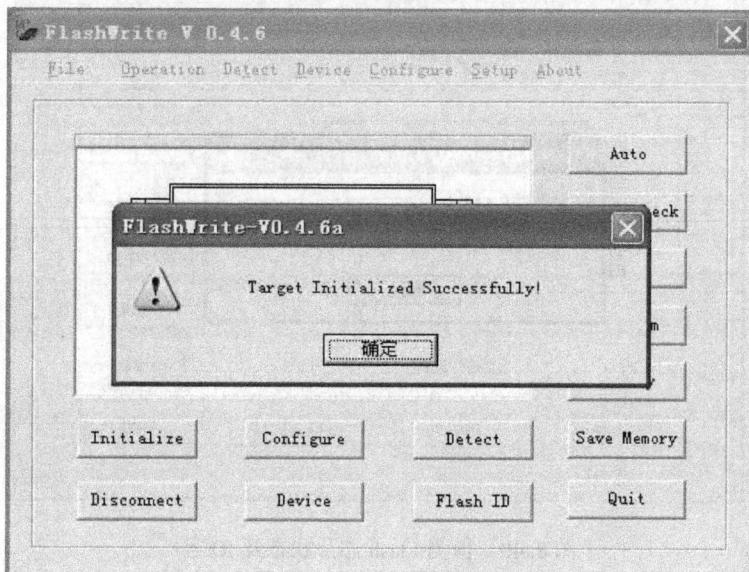

图 8.38　初始化目标系统

点击 Detect，搜索开发板上的 Flash，点击确认搜索到的 Flash 芯片，如图 8.39 所示。

点击 Flash ID，得到 Flash 芯片状态及 ID 号，如图 8.40 所示。

"Detect"和"Flash ID"并非必须的步骤，一般在首次使用时使用，以后执行 Flash-Write，FlashWrite 会加载上次的设置，不需要再次执行"Detect"和"Flash ID"的动作。在

FlashWrite 中的设置和操作，记录在自动生成的 default. cfg 文件中，每次执行 FlashWrite，都会自动加载该文件。

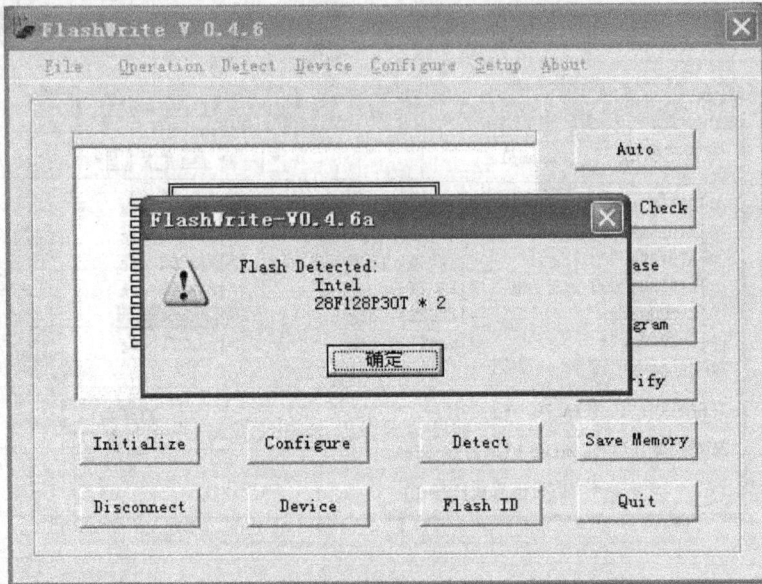

图 8.39　检测 Flash 芯片

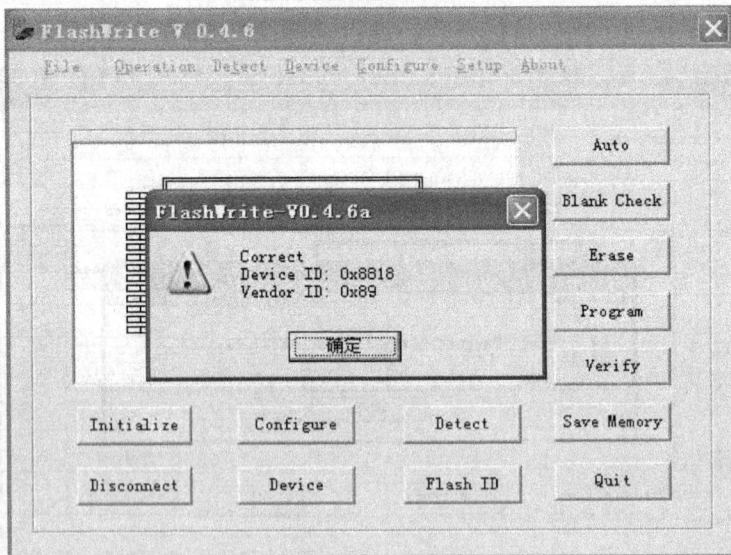

图 8.40　检测 Flash 芯片状态及 ID 号

接下来可以把程序写入 NOR Flash 了。点击 Auto，选择要写入的 8LED ＿ SEG ＿ c. bin 文件，再选择文件类型，然后输入 Flash 烧写的起始地址 0x0，如图 8.41 所示。

最后，选定操作选项，常用的选项如下：

Erase on not blank：先检查 Flash 是否为空，如果不为空，则擦除 Flash。如果不确定 Flash 是否为空，而且不希望进行不必要的擦除动作，请选择此项。

Erase：擦除 Flash。

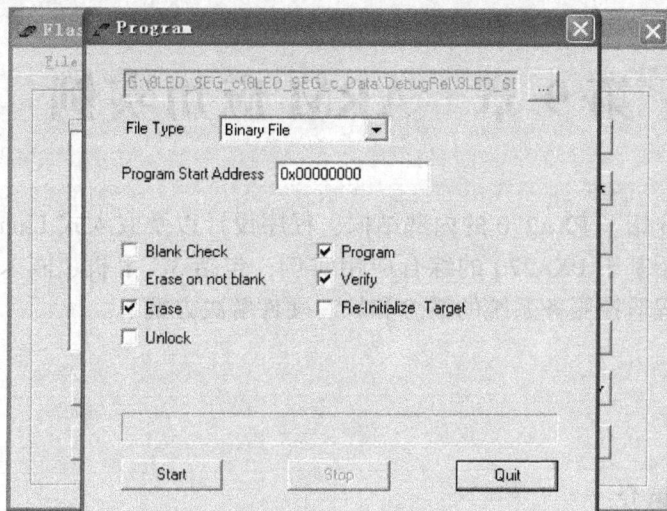

图 8.41　程序烧写至 Flash 操作

Program：将指定的文件写入 Flash。

Verify：校验；读出 Flash 中的数据，和指定文件进行比较。

选定操作选项后，点击 Start 开始烧写。

程序固化完成后，关闭电源，取下 BanyanU 仿真器，上电开机后系统自动完成程序加载，四个数码管均被点亮，显示为四个"4"，系统工作正常。

本 章 小 结

本章介绍了 ARM 应用系统的调试方法和调试工具，首先介绍了 ARM 开发工具和 ADS 集成开发环境，接着重点介绍了如何在 CodeWarrior IDE 环境下创建自己的工程，以及在编译、链接过程中必需的环境参数设置。结合两种较常用的 ARMulator 和 JTAG 调试方式详细介绍程序的调试开发过程。对于 Semihosting 半主机调试技术也给出较为详细的阐述。最后结合前面章节所列举的程序实例，介绍了程序固化的基本过程，使读者在理解 ARM 应用程序原理的基础上，得到程序的实际运行结果。

思考题与习题

8.1　结合前面章节介绍的 Linux 嵌入式操作系统知识，思考：可否使用 JTAG 仿真器和 ADS 开发环境来调试 Linux 环境下的设备驱动？如果能，写出你的思路；如果不能，请说明原因。

8.2　简述在嵌入式系统调试方式中使用 ARMulator 调试方式和 JTAG 调试方式有何异同？

8.3　在 Simple 方式下配置映像文件地址映射关系时，RO Base 地址和 RW Base 地址是依据何种理由配置完成的？请结合 EELIOD 系统加以说明。

8.4　可否利用 ARM ADS 附带的调试器 ARMulator 来调试带有 Semihosting 功能的程序？如果可以，请编写一段程序并在 AXD 的控制台打印出"Hello，ARM"；如果不可以，请说明原因。

8.5　请说明在程序固化时和程序调试时，RO Base 地址和 RW Base 地址为何指向不同的地址空间？

第 9 章　ARM 应用实例

前面章节详细介绍了 PXA270 的内部结构、程序设计以及嵌入式 Linux 的开发，在此基础上，本章重点介绍基于 PXA270 的综合应用实例，包括 3G 手机、嵌入式流媒体播放器，以及车载多媒体远程监控服务系统的概念和软、硬件解决方案。

9.1　3G 手机

9.1.1　3G 手机简介

3G 是英文 3rd Generation 的缩写，指第三代移动通信技术。相对第一代模拟制式手机（1G）和第二代 GSM、TDMA 等数字手机（2G），第三代手机一般是指将无线通信与国际互联网等多媒体通信相结合的新一代移动通信系统，它能够处理图像、音乐、视频流等多种媒体形式，提供包括网页浏览、电话会议、电子商务等多种信息服务。为了提供这种服务，无线网络必须能够支持不同的数据传输速度，也就是说在室内、室外和行车的环境中能够分别支持至少 2Mbit/s、384kbit/s 及 144kbit/s 的传输速度。

目前，国际上 3G 手机有三种制式标准：欧洲的 WCDMA 标准、美国的 CDMA2000 标准和由我国提出的 TD-SCDMA 标准。

1. WCDMA

WCDMA 是 WidebandCDMA 简写，也称为 CDMADirectSpread，意为宽频分码多重存取，其支持者主要是以 GSM 系统为主的欧洲厂商，日本公司也或多或少参与其中，包括欧美的爱立信、阿尔卡特、诺基亚、朗讯、北电，以及日本的 NTT、富士通、夏普等厂商。这套系统能够架设在现有的 GSM 网络上，对于系统提供商而言可以较轻易地过渡，GSM 系统相当普及的亚洲对这套新技术的接受度预计会相当高。因此，WCDMA 具有先天的市场优势。

2. CDMA2000

CDMA2000 也称为 CDMAMulti—Carrier，由美国高通北美公司为主导提出，摩托罗拉、Lucent 和后来加入的韩国三星都有参与，韩国现在成为该标准的主导者。这套系统是从窄频 CDMAOne 数字标准衍生出来的，可以从原有的 CDMAOne 结构直接升级到 3G，建设成本低廉。但目前使用 CDMA 的地区只有日、韩和北美，所以 CDMA2000 的支持者不如 WCDMA 多。不过 CDMA2000 的研发技术却是目前各标准中进度最快的，许多 3G 手机已经率先面世。

3. TD-SCDMA

该标准是由我国独自制定的 3G 标准，1999 年 6 月 29 日，我国原邮电部电信科学技术研究院（大唐电信）向 ITU 提出该标准。该标准将智能无线、同步 CDMA 和软件无线电等当今国际领先技术融于其中，具有在频谱利用率、对业务支持的灵活性、频率灵活性及成本等方面的独特优势。另外，由于中国的庞大的市场，该标准受到各大主要电信设备厂商的重视，全球一半以上的设备厂商都宣布可以支持 TD-SCDMA 标准。

为了实现 3G 商用，手机必须经过一系列技术改进。这些挑战包括在保持高速通信、高性能信号处理和提供很高的内存容量的同时，还要尽可能降低终端的功耗。现在高性能的 3G 手机应至少具有几年前的 PC 的性能，才可以满足用户的需求。

PXA270 系列处理器正是为移动应用所设计，它提供了最高 624MHz 的处理速度，能够同时处理多个无线宽频模式；内置 Intel 的无线 MMX 技术，显著提升了多媒体性能；它还包含 Intel 的 SpeedStep 技术，可以根据需要动态调节 CPU 的性能，大大降低电力消耗；PXA270 中还集成了一个重要的安全特性 WTP（Wireless Trusted Platform），也就是包括一块安全的存储空间，支持通用的安全协议，可以用来存储个人隐私信息以及密码等；它丰富的接口更是为 3G 手机的设计提供了便利。

9.1.2　3G 手机的功能

在人们的印象中，手机就是一个打电话的工具。到了 3G 时代，对于消费者而言，用手机不再只是打电话这么简单。厂商在对 3G 手机的定义中，加入了更多功能元素，比如，诺基亚把 3G 手机定位为移动商务解决方案的核心，摩托罗拉视 3G 手机为"无缝连接"的载体，索爱则希望 3G 手机成为多媒体智能终端，LG 电子给 3G 手机定位为新一代信息终端。这些整合了更多功能的 3G 手机除了带给消费者更多的应用体验外，还将给终端厂商和运营商带来丰厚的利润。

在 3G 时代，高端拍照手机欲取代低端数码相机。目前市场上已出现了 500 万像素的拍照手机。虽然当前在细节上拍照手机还无法与专业数码相机相抗衡，但足以超越一些低端数码相机。

3G 视频业务包括移动视频、视频共享和可视电话等。移动视频业务可以保证用户随时点播高清晰度的视频和音频节目，在点播的过程中还可以随时控制点播的进度。而且还可通过 3G 手机往固定电话拨打可视电话，同时也可把可视电话打到通过宽带接入互联网的 PC 上，完全实现"无缝"连接。

3G 手机还可以用来看电视，具体实现形式包括手机内置无线调谐器、运营商电信网络和卫星电视三种模式。韩国 SK 电信已在韩国正式商用了卫星 DMB 手机电视业务——利用卫星和移动网络向公众传送视频和音频节目的数字多媒体广播业务，用户需要支付不超过 1.3 万韩币（100 元人民币）的月费，就能享受到流畅的手机卫星电视节目。

3G 手机也可以用来播放数字音乐和视频。影音手机毫无疑问地赋予了手机娱乐功能，3G 时代的网络带宽可以充分保证手机自由下载、播放影音文件。

配合 GPS 全球卫星定位系统，3G 手机就可以显示自己的位置，这样就可以实现问路、导航服务，甚至可以用来防盗。

3G 手机还可以玩游戏。手机游戏除了像专业游戏那样在画面和整体游戏效果方面追求一定高度外，还有一大趋势便是网络化。作为天然的无线网络终端，手机拥有独有的优势。

3G 手机还可能成为你的"钱包"。据 iReseach 发布的《2005 年 3G 市场研究报告》显示，用户最感兴趣的 3G 手机功能是"移动钱包"，该比例为 46.2%。除此之外，依次为"视频邮件"、"在线支付"、"无线局域网"、"公交位置通知"、"家电遥控"等。

9.1.3 硬件方案

如图 9.1 所示，3G 手机的硬件组成与普通手机没有大的区别，只是模拟基带部分采用的是 3G 通信技术，并且使用了更多的外设。基于 PXA270 平台设计 3G 手机，既满足了高性能处理的要求，也可以方便地扩展 GPS、摄像头、存储卡等外设。

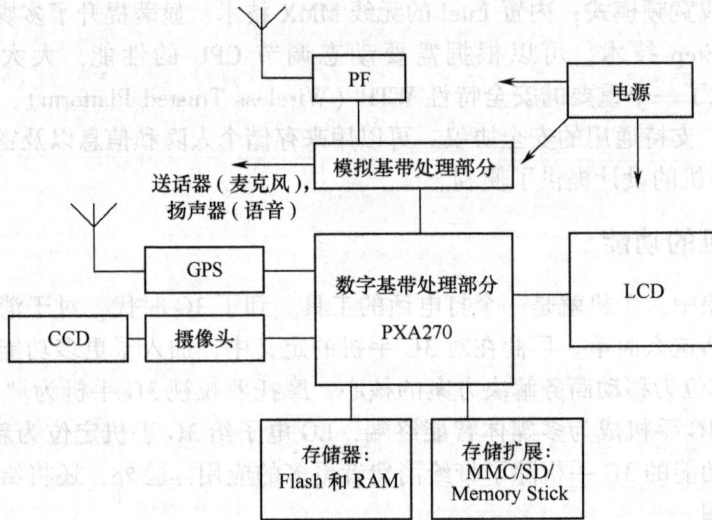

图 9.1 3G 手机硬件组成

9.1.4 软件方案

在软件设计上，3G 手机在提供传统 2G 手机的语音和文字通信的基础上，还必须能够提供各种其他的应用功能和服务，包括：

无线网络终端：电子邮件、手机上网、手机商务及其他定位服务和安全数据传输等重要功能。

PDA 功能：拥有操作系统（Symbian OS、Windows CE、Linux 等）所提供的功能。

高质量的多媒体功能：音视频播放器、视频电话、手机游戏平台等功能。

灵活的软件集成：Java，预装、下载第三方软件或用户自行开发的软件。

因此，3G 手机在软件的架构上是一个三层的架构，如图 9.2 所示。底层是移植 3G 手机所外接的多种设备的驱动程序，中间层采用嵌入式操作系统，上层是用户所使用的各种应用程序。

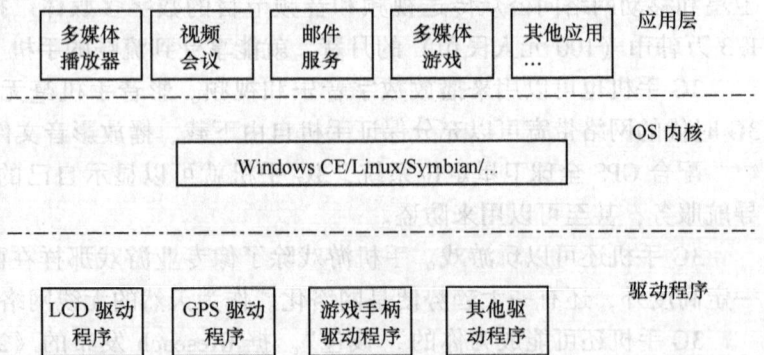

图 9.2 3G 手机软件架构

9.2 基于 PXA270 的嵌入式流媒体播放器

9.2.1 系统简介

近年来随着计算机、网络和多媒体技术的飞速发展，网络视频得到了越来越广泛的应用，且正在向嵌入式、便携式方向发展，嵌入式流媒体播放器就是发展趋势之一。传统的基于 PC 的流媒体播放器虽然具有强大的流媒体播放功能和方便的用户界面，但是用户必须掌握 PC 的操作，而且携带起来不方便。相对而言，基于嵌入式技术的流媒体播放器有效地将嵌入式技术和流媒体技术结合在一起，可以很好地解决基于 PC 的流媒体播放器在实际应用中存在的不便，它具有携带方便、体积小、稳定性高、成本较低、实时性好等特点。

流媒体播放器在 IP 网络上传输实时多媒体数据，要求能够及时地交互，即对传输实时性的要求远高于传输可靠性。然而，现在的 IP 互联网络并不是等时系统，发送的数据包可以被复制、延迟或不按顺序到达，抖动现象尤其普遍，这就会严重影响网络服务质量，使多媒体传输的实时性不复存在。为了解决上述问题，互联网工程任务组陆续提出了一系列新的协议，如 RTP/RTCP、RSVP 和 RTSP 等。它们协同工作，在很大程度上满足了实时数据的传输要求。

本小节所介绍的流媒体播放器首先通过实时流协议 RTSP 来建立传输通道，然后通过实时传输协议 RTP 来实现多媒体数据流的传输，并通过实时传输控制协议 RTCP 和 RTP 一起提供流量控制和拥塞控制服务，如图 9.3 所示。

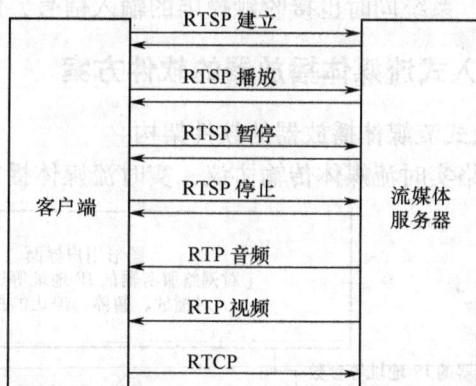

图 9.3 基于 RTSP 的流媒体服务器的实现过程框图

9.2.2 嵌入式流媒体播放器的硬件方案

嵌入式流媒体播放器以嵌入式处理器 PXA270 为核心，接收从网络传输过来的音频和视频码流，对视频码流进行 MPEG-4 视频解码，对音频码流进行 MP3 音频解码，输出 RGB565 格式的视频数据和 AC'97 格式的音频数据，并集成触摸屏/键盘输入、USB 主控、实时时钟、电源管理等功能，硬件结构框图如图 9.4 所示。

系统的工作流程如下：

第一步，系统模块通过以太网接收从流媒体服务器传输过来的音视频码流，在系统的控制下，对音视频码流进行解码，输出 RGB565 格式的视频数据和 AC'97 格式的音频数据。

第二步，RGB565 格式的视频数据通过 LCD 控制器驱动模块直接写入帧缓存（Frame Buffer）进行显示。

第三步，AC'97 格式的音频数据通过 Audio CODEC 进行数模转换，输出模拟音频信号。

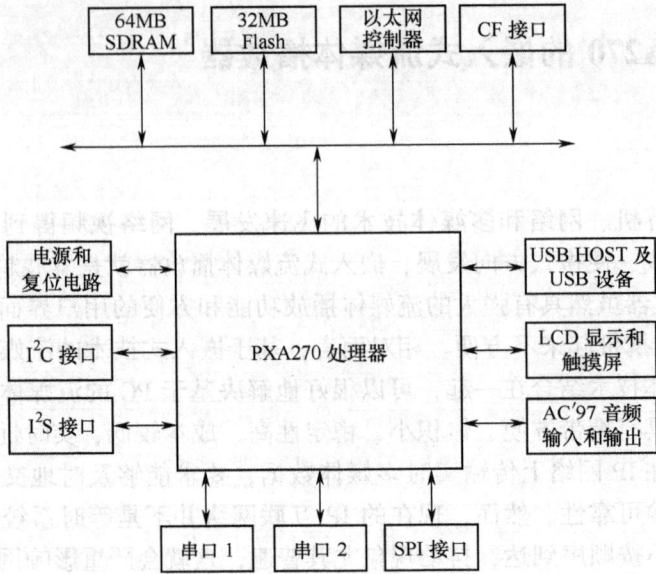

图 9.4　硬件结构框图

第四步，系统同时也接收触摸屏的输入信号，解析相关命令，并对其作出相应的控制。

9.2.3　嵌入式流媒体播放器的软件方案

1．嵌入式流媒体播放器的软件架构

基于网络实时流媒体传输协议，实时流媒体播放系统软件总体架构如图 9.5 所示。

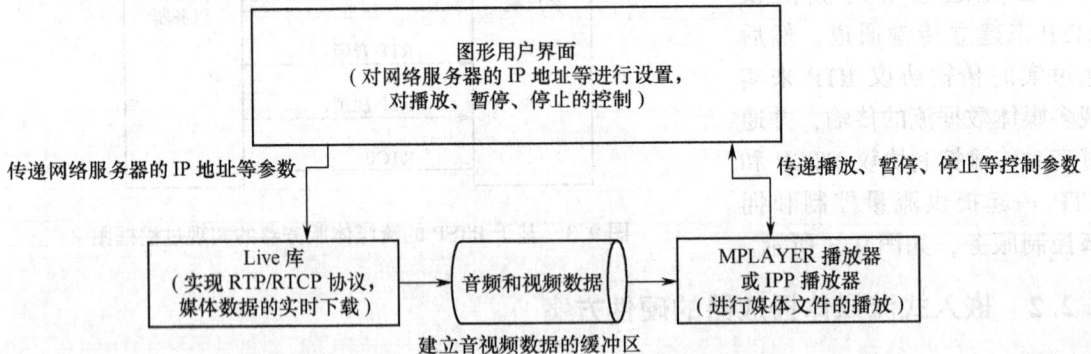

图 9.5　软件的总体架构

图形用户界面负责对网络服务器的地、缓冲时间、连接次数等参数的设置，还负责对媒体文件的播放、暂停、停止的控制。开源 Live 库负责实现 RTP/RTCP 等协议，媒体数据的实时下载，并接收图形用户界面中的参数，对 Live 库中的参数进行设置，实时下载的音视频数据放在缓冲区中，以供播放器使用。数据下载一部分后就可以进行实时的播放，即调用 MPlayer 播放器或者 IPP 库播放，并且接收用户的播放、暂停、停止命令。

2．网络接收模块的实现

流媒体网络接收模块的实现是在 Linux 平台上移植了开放源代码的 RTP 库 Live，Live 库是用 C＋＋语言编写的针对音视频网络流媒体服务的开源库，它支持 RTP/RTCP/RTSP/

SIP 等协议，适合于嵌入式或低成本的流媒体应用。

3. MPEG-4 的解码实现

为了充分发挥处理器的性能，利用 Intel 公司提供的针对 XScale 处理器的 IPP 库对视频（MPEG-4）进行解码。IPP 是 Integrated Performance Primitives 的缩写，中文名称是集成性能函数库。它提供的函数功能调用可广泛应用于多媒体领域，包括信号处理、图像处理（如 JPEG）、视频编解码（如 MPEG-4）、音频编解码、语音识别和计算机视觉等。利用 IPP 库提供的视频解码函数，对 MPEG-4 的解码流程图如图 9.6 所示。

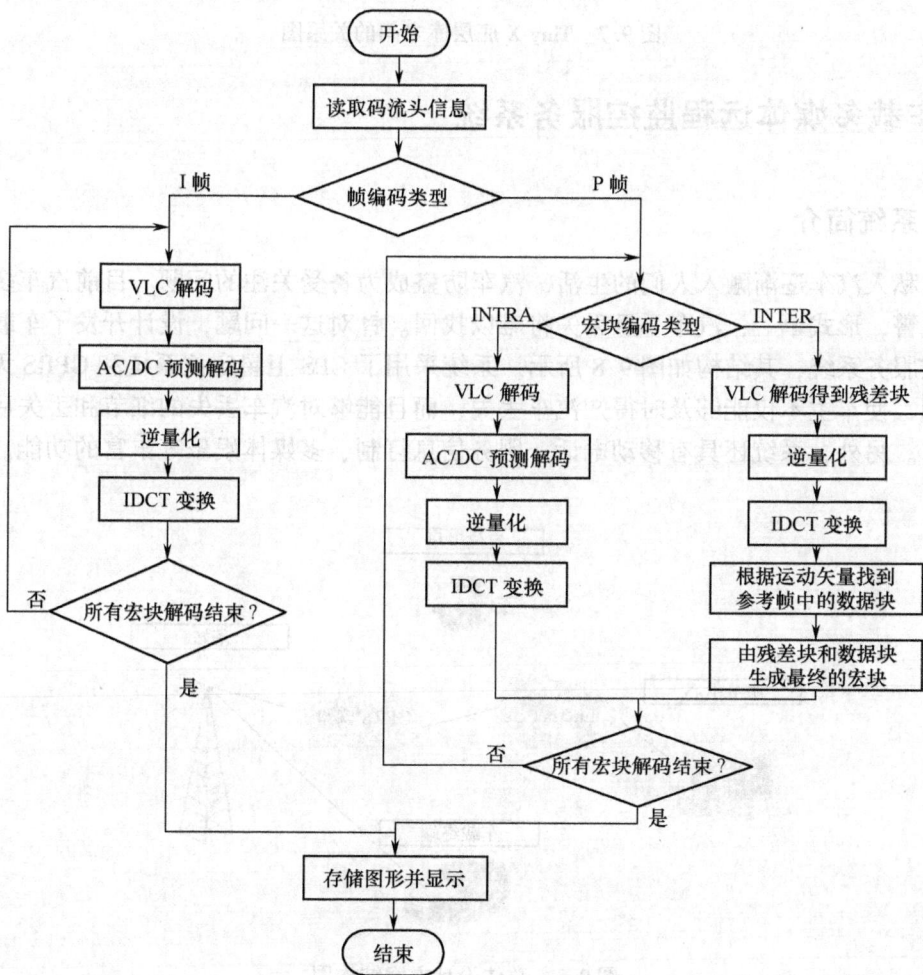

图 9.6 MPEG-4 解码流程图

4. 图形用户界面设计

系统的图形用户界面采用 Tiny-X 来设计。Tiny-X 专为嵌入式开发，适合用作嵌入式 Linux 的 GUI 系统。在嵌入式系统 GUI 开发中使用 Tiny-X 开发上层应用是比较方便的，在实际使用中 Tiny-X 底层要用到的库之间的关系如图 9.7 所示。

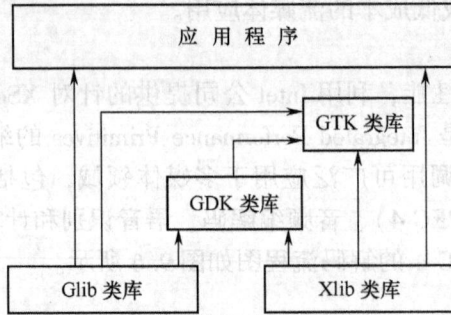

图 9.7   Tiny-X 底层库之间的关系图

9.3   车载多媒体远程监控服务系统

9.3.1   系统简介

随着私人汽车逐渐融入人们的生活，汽车防盗成为备受关注的问题。目前汽车多采用本地声光报警，形式单一，汽车一旦丢失将难以找回。针对这一问题，设计开发了车载多媒体远程监控服务系统，其结构如图 9.8 所示。系统采用了 GPS 卫星定位系统和 GPRS 无线数据传输技术，使车主不仅能够及时得知汽车丢失，而且能够对汽车丢失的细节和丢失后的情况了如指掌。另外，系统还具有移动电话、服务信息订制、多媒体娱乐等丰富的功能。

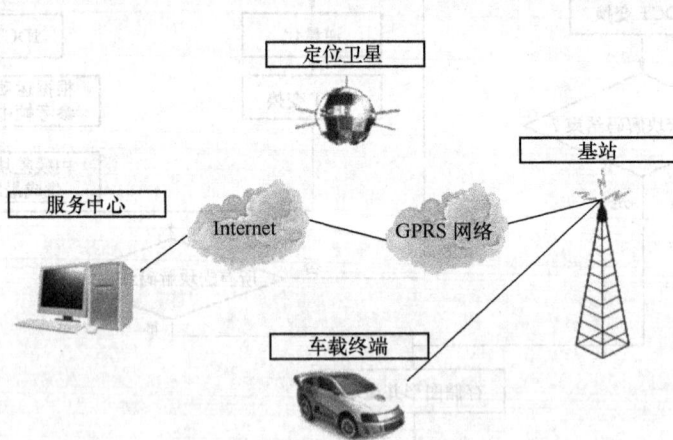

图 9.8   总体设计方案结构图

9.3.2   功能与指标

1）指纹防盗：车主通过指纹验证才能开启汽车，否则车载终端提示登录失败，并声光报警。

2）报警及监控：当驾驶者未通过指纹验证，但汽车有移动时，为非法状态，车载终端将通过 GPRS 网络自动向服务中心报警。服务中心接受报警后，可控制车载摄像头对车内拍照，并控制车载 GPS 模块获得 GPS 定位信息。照片和 GPS 经纬度信息通过 GPRS 不间断地传输到服务中心。服务中心管理人员可以通过集成软件查看汽车内的情况，并在电子地图上查看汽车位置，以便协助警方找到丢失的汽车，服务中心也可以解除对车载终端的控制。

3）移动电话功能：能够拨打、接听电话，具有来电显示、电话本、电话记录等功能。

4）信息服务功能：通过车载终端图形用户界面可以订制服务信息，服务中心根据订制信息发送新闻、天气预报、路况、医院、饭店、修车场、GPS 定位信息给车载终端，并在图形用户界面显示。其中除新闻和天气预报外的信息都是根据汽车当前的位置实时提供的。

5）多媒体功能：能够播放含有 MPEG-4 视频流的 avi 文件和 mp3 文件，具有简单的操作界面，能够选择打开文件，开始、暂停、停止播放。具有录像（格式为 MPEG-4）、录音（格式为 MP3）、拍照（格式为 JPEG）的功能，并将文件存于 U 盘中。

9.3.3　方案设计

1. 硬件设计方案

系统硬件设计框图如图 9.9 所示，车载终端以 PXA270 处理器为核心，COM0 口连接 GPS 模块，COM1 口连接 GPRS 模块，COM2 口连接指纹识别模块，USB HOST1 连接 U 盘，USB HOST2 连接摄像头，还外接了音箱和送话器（麦克风）。

2. 软件设计方案

软件设计主要包括两大部分，车载终端系统的开发和服务中心软件的开发。车载终端系统主要是在 Linux 平台下的 C 编程和 QT/E 图形用户界面开发；服务中心软件则是在 Windows 环境下的视窗程序设计。

软件系统的总体结构如图 9.10 所示，其中车载终端系统又分为前台图形用户界面和后台程序两部分。用户只可以通过用

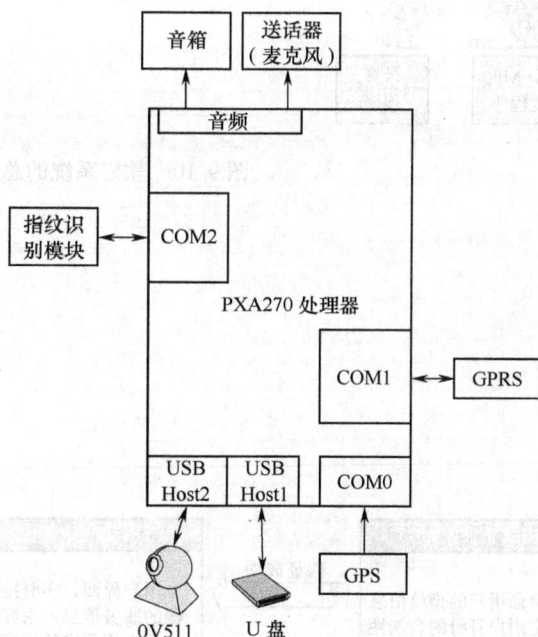

图 9.9　系统硬件设计框图

户界面和系统交互，后台程序除了监视汽车状态以外，还负责各个软件模块之间的消息的转发。

前台程序的功能框图如图 9.11 所示，系统每次启动后，首先要求车主先验证指纹，验证成功，将进入图形用户主界面。主界面包括电话功能界面、多媒体功能界面、拍摄功能界面、设定功能界面和收信箱功能界面。

后台程序一直运行于系统中，每隔一秒钟醒来一次，对信息进行监控处理。它不断地检测汽车的状态，如果汽车未经过指纹验证而位置却有改变，则立刻向服务台报警，然后对汽

车进行监控。同时通过后台监控程序，服务器可以获取汽车的 GPS 信息，汽车也可以向服务器请求相关的服务信息。后台程序主要有四个消息队列，这四个消息队列分别是 QT、监控、GPRS 的收队列和发队列，用于系统各个模块间的消息传送。其程序流程如图 9.12 所示。

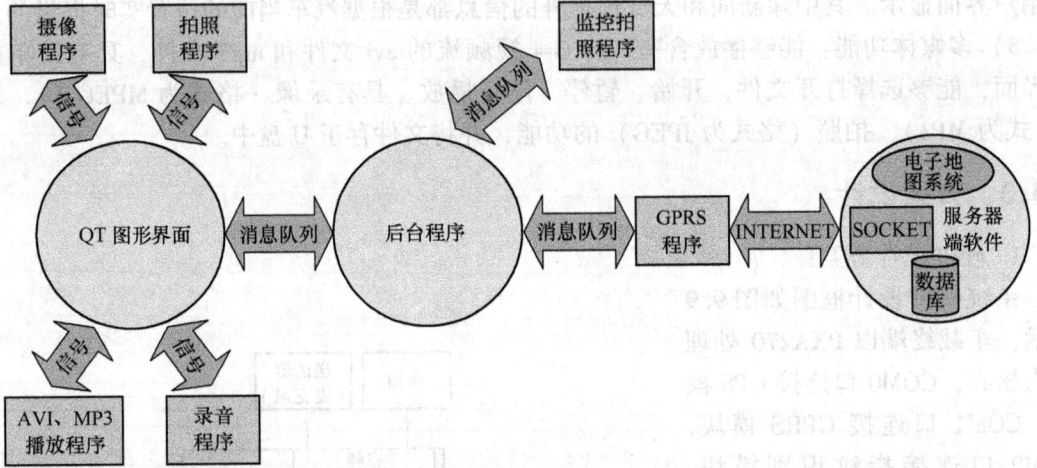

图 9.10   软件系统的总体结构图

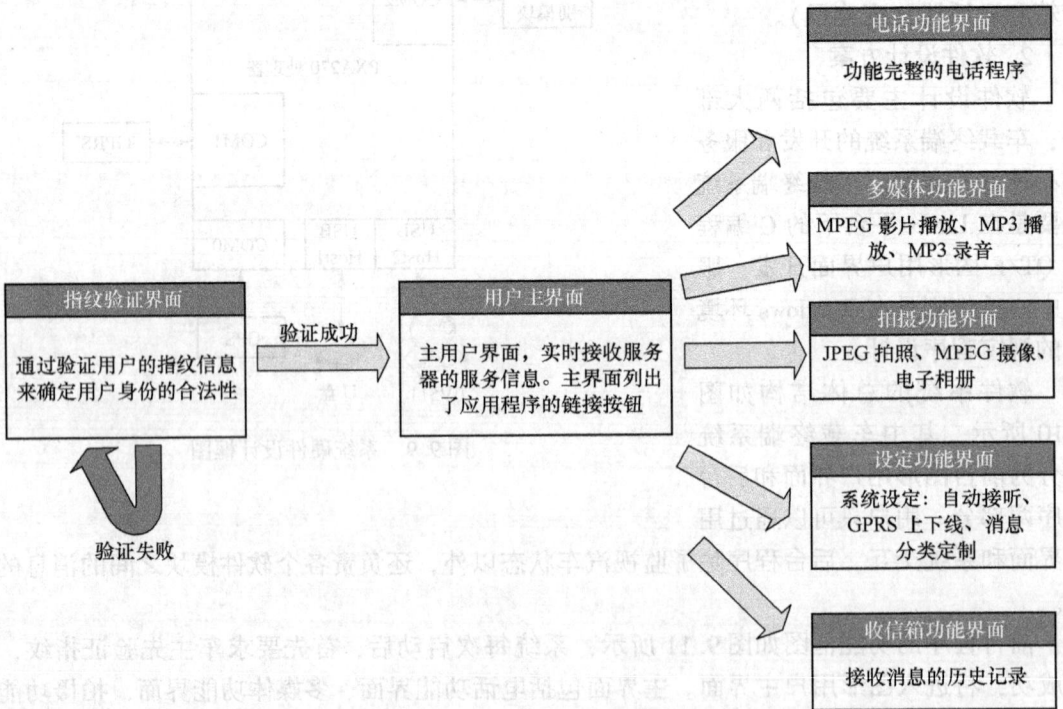

图 9.11   前台程序的功能框图

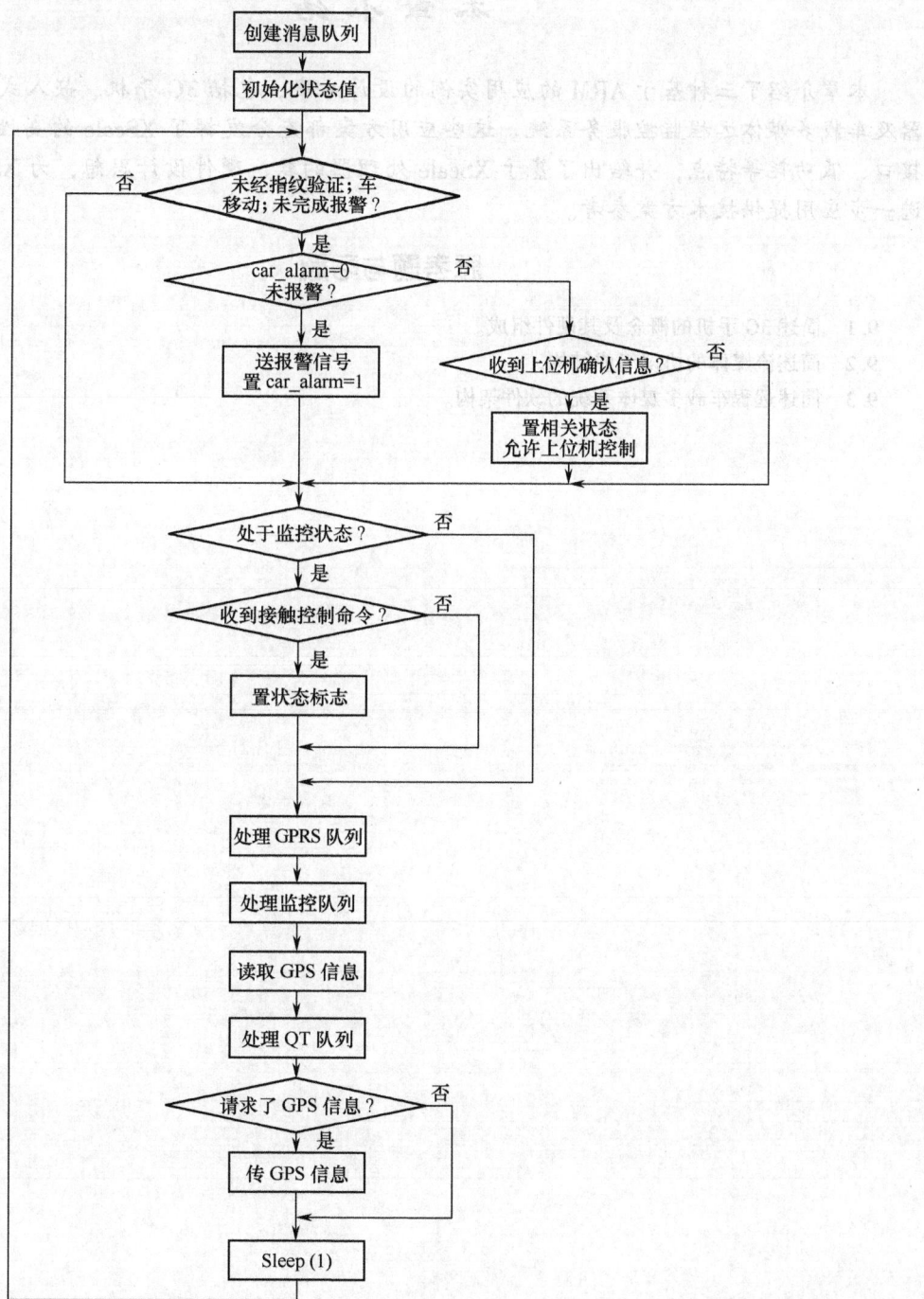

图 9.12 后台程序基本流程图

本 章 小 结

本章介绍了三种基于 ARM 的应用实例的设计方案，包括 3G 手机、嵌入式流媒体播放器及车载多媒体远程监控服务系统。这些应用方案都充分发挥了 XScale 的高性能、丰富的接口、低功耗等特点，并给出了基于 XScale 处理器的软、硬件设计思想，为 XScale 处理器进一步应用提供技术方案参考。

思考题与习题

9.1 简述 3G 手机的概念及其硬件组成。

9.2 简述流媒体的协议组成结构。

9.3 简述远程车载多媒体系统的软件架构。

参考文献

[1] 李驹光.ARM 应用系统开发详解——基于 S3C4510B 的系统设计 [M].2 版.北京：清华大学出版社，2004.

[2] 马忠梅，李善平，康慨，叶楠.ARM&Linux 嵌入式系统教程 [M].北京：北京航空航天大学出版社，2004.

[3] 杜春雷.ARM 体系结构与编程 [M].北京：清华大学出版社，2003.

[4] Andrew N Sloss，Dominic Symes.ARM 嵌入式系统开发——软件设计与优化 [M].沈建华，译.北京：北京航空航天大学出版社，2005.

[5] 陈章龙，涂时亮.嵌入式系统——Intel StrongARM 结构与开发 [M].北京：北京航空航天大学出版社，2002.

[6] 马忠梅，马广云，等.ARM 嵌入式处理器结构与应用基础 [M].北京：北京航空航天大学出版社，2002.

[7] 周立功，等.ARM 微控制器基础与实战 [M].2 版.北京：北京航空航天大学出版社，2005.

[8] Daniel P Bovet，Marco Cesat.深入理解 Linux 内核 [M].陈莉君，冯锐，牛欣源，译.2 版.北京：中国电力出版社.2004.

[9] Steve Furber.ARM SoC 体系结构 [M].田泽，于敦山，盛世敏，译.北京：北京航空航天大学出版社，2003.

[10] 王田苗.嵌入式系统设计与实例开发——基于 ARM 微处理器与 μC/OS-Ⅱ实时操作系统 [M].北京：清华大学出版社，2002.

[11] 全国大学生嵌入式系统专题竞赛组委会.全国大学生嵌入式系统专题邀请赛优秀作品选编（2004）[C].上海：上海交通大学出版社，2005.

[12] 周立功.ARM 嵌入式系统基础教程 [M].北京：北京航空航天大学出版社，2005.

[13] 周立功.ARM 嵌入式系统实验教程（一）[M].北京：北京航空航天大学出版社，2003.

[14] 周立功.ARM 嵌入式系统实验教程（二）[M].北京：北京航空航天大学出版社，2005.

[15] 周立功.ARM 嵌入式系统实验教程（三）[M].北京：北京航空航天大学出版社，2005.

[16] 周立功.ARM 嵌入式系统软件开发实例（一）[M].北京：北京航空航天大学出版社，2004.

[17] 田泽.嵌入式系统开发与应用教程 [M].北京：北京航空航天大学出版社，2005.

[18] 田泽.嵌入式系统开发与应用实验教程 [M].2 版.北京：北京航空航天大学出版社，2005.

[19] 陈赜，秦贵和，徐华中，王磊，等.ARM9 嵌入式技术及 Linux 高级实践教程 [M].北京：北京航空航天大学出版社，2005.

[20] 陈赜.ARM 嵌入式技术实践教程 [M].北京：北京航空航天大学出版社，2005.

[21] 胥静.嵌入式系统设计与开发实例详解——基于 ARM 的应用 [M].北京：北京航空航天大学出版社，2005.

[22] 张茹，孙松林，于晓刚.嵌入式系统技术基础 [M].北京：北京邮电大学出版社，2006.

[23] 陈文智，等.嵌入式系统开发原理与实践 [M].北京：清华大学出版社，2005.

[24] 廖日坤.ARM 嵌入式应用开发技术白金手册 [M].北京：中国电力出版社，2005.

[25] 张绮文，谢建雄，谢劲心.ARM 嵌入式常用模块与综合系统设计实例精讲 [M].北京：电子工业出版社，2007.

[26] 于明，范书瑞，曾祥烨.ARM9 嵌入式系统设计与开发教程 [M].北京：电子工业出版社，2006.

[27] 费浙平.基于 ARM 的嵌入式系统程序开发要点（一）——嵌入式程序开发基本概念 [J]. 单片机与嵌入式系统应用，2003（8）.

[28] 费浙平.基于 ARH 的嵌入式系统程序开发要点（二）——系统的初始化过程 [J]. 单片机与嵌入式系统应用，2003（9）.

[29] 费浙平.基于 ARM 的嵌入式系统程序开发要点(三)——如何满足嵌入式系统的灵活要求 [J]. 单片机与嵌入式系统应用，2003（10）.

[30] 费浙平.基于 ARM 的嵌入式系统程序开发要点（四）——异常处理机制的设计 [J]. 单片机与嵌入式系统应用，2003（11）.

[31] 费浙平.基于 ARM 的嵌入式系统程序开发要点（五）——ARM/Thumb 的交互工作 [J]. 单片机与嵌入式系统应用，2003（11）.

[32] 费浙平.基于 ARM 的嵌入式系统程序开发要点（六）——开发高效程序的技巧 [J]. 单片机与嵌入式系统应用，2004（1）.

[33] 何小庆.嵌入式实时操作系统的形状和未来 [J]. 单片机与嵌入式系统应用，2001（3）.

[34] 吕京建，肖海桥.面向二十一世纪的嵌入式系统综述 [J]. 电子质量，2001（8）.